2016年度

中国科技论文统计与分析

年度研究报告

中国科学技术信息研究所

科学技术文献出版社
SCIENTIFIC AND TECHNICAL DOCUMENTATION PRESS
·北京·

图书在版编目（CIP）数据

2016年度中国科技论文统计与分析：年度研究报告 / 中国科学技术信息研究所著. —北京：科学技术文献出版社，2018. 9

ISBN 978-7-5189-4241-1

Ⅰ. ①2… Ⅱ. ①中… Ⅲ. ①科学技术—论文—统计分析—中国—2016 Ⅳ. ①N53

中国版本图书馆CIP数据核字（2018）第084427号

2016年度中国科技论文统计与分析（年度研究报告）

策划编辑：张　丹　责任编辑：张　丹　马新娟　李　鑫　责任校对：文　浩　责任出版：张志平

出 版 者　科学技术文献出版社
地　　址　北京市复兴路15号　邮编　100038
编 务 部　（010）58882938，58882087（传真）
发 行 部　（010）58882868，58882870（传真）
邮 购 部　（010）58882873
官方网址　www.stdp.com.cn
发 行 者　科学技术文献出版社发行　全国各地新华书店经销
印 刷 者　北京地大彩印有限公司
版　　次　2018年9月第1版　2018年9月第1次印刷
开　　本　787×1092　1/16
字　　数　522千
印　　张　23
书　　号　ISBN 978-7-5189-4241-1
定　　价　150.00元

学术顾问：

武夷山　张玉华

主　　编：

潘云涛　马　峥

编写人员（按姓氏笔画排序）：

马　峥　王　璐　王海燕　田瑞强　许晓阳

苏　成　杨　帅　张玉华　郑雯雯　俞征鹿

贾　佳　高继平　郭　玉　翟丽华　潘云涛

目　录

1 绪论

“2016年度中国科技论文统计与分析”项目现已完成，统计结果和简要分析分列于后。为使广大读者能更好地了解我们的工作，本章将对中国科技论文引文数据库（CSTPCD）的统计来源期刊（中国科技核心期刊）的选取原则、标准及调整做一简要介绍；对国际论文统计选用的国际检索系统（包括SCI、Ei、Scopus、CPCI-S、SSCI、MEDLINE和Derwent专利数据库等）的统计标准与口径，论文的归属统计方式和学科的设定等方面做出必要的说明。自1987年以来连续出版的《中国科技论文统计与分析（年度研究报告）》和《中国科技期刊引证报告（核心版）》，是中国科技论文统计分析工作的主要成果，受到广大的科研人员、科研管理人员和期刊编辑人员的关注和欢迎。我们热切希望大家对论文统计分析工作继续给予支持和帮助。

1.1 关于统计源

1.1.1 国内科技论文统计源

国内科技论文的统计分析是使用中国科学技术信息研究所自行研制的中国科技论文与引文数据库（CSTPCD），该数据库2016年选用我国2396种中国科技核心期刊（中国科技论文统计源期刊），其中含95种英文版期刊。中国科技核心期刊在自然科学领域有2008种、社会科学领域有395种，其中少量交叉领域的期刊同时分别列入自然科学领域和社会科学领域。中国科技核心期刊遴选过程和遴选程序在中国科学技术信息研究所网站进行公布，同时通过每年公开出版的《中国科技期刊引证报告（核心版）》和《中国科技论文统计与分析（年度研究报告）》，公布期刊的各项指标和相关统计分析数据结果。此项工作不向期刊编辑部收取任何费用。

中国科技核心期刊的选择过程和选取原则如下：

一、遴选原则

按照公开、公平、公正的原则，采取以定量评估数据为主、专家定性评估为辅的方法，开展中国科技核心期刊遴选工作。遴选结果通过网上发布和正式出版《中国科技期刊引证报告（核心版）》两种方式向社会公布。

参加中国科技核心期刊遴选的期刊须具备下述条件：

①有国内统一刊号（CN-××××）；

②属于学术和技术类科技期刊，不对科普、编译、检索和指导等类期刊进行遴选；

③期刊刊登的文章属于原创性科技论文。

二、遴选程序

中国科技核心期刊每年评估一次。评估工作在每年的3—9月进行。

1. 样刊报送

期刊编辑部在正式参加评估的前一年，须在每期期刊出刊后，将样刊寄到中国科学技术信息研究所科技论文统计组。这项工作用来测度期刊出版，是否按照出版计划定期定时出版，是否有延期出版的情况。

2. 书面申请

期刊编辑部须在每年3月1日前，向中国科学技术信息研究所科技论文统计组提交书面申请一份和上一年度期刊合订本一套。书面申请须包括下述内容：

（1）期刊介绍

包括期刊的办刊宗旨、目标、主管单位、主办单位、期刊沿革、期刊定位、所属学科、期刊在学科中的作用、期刊特色、同类期刊的比较、办刊单位背景、单位支持情况、主编及主创人员情况。

（2）稿件审稿流程说明

主要包括期刊的投稿和编辑审稿流程，是否有同行评议、二审、三审制度。编辑部需提供审稿单的复印件，举例说明本期刊的审稿流程，并提供主要审稿人的名单。

（3）期刊编委会组成

包括编委会的人员名单、组成，编委情况，编委责任。

（4）证明期刊质量的其他书面材料

如期刊获奖情况、各级主管部门（学会）的评审或推荐材料、被各重要数据库收录情况。

3. 定量数据采集与评估

①中国科学技术信息研究所制定中国科技期刊综合评价指标体系，用于中国科技核心期刊遴选评估。中国科技期刊综合评价指标体系对外公布。

②中国科学技术信息研究所科技论文统计组按照中国科技期刊综合评价指标体系，采集当年申报期刊的各项指标数据，进行数据统计和各项指标计算，并在期刊所属的学科内进行比较，确定各学科均线和入选标准。

4. 专家评审

①定性评价分为专家函审和终审两种形式。

②对于所选指标加权评分数排在本学科前1/3的期刊，免于专家函审，直接进入年度入选候选期刊名单；定量指标在均线以上的或新创刊5年以内的新办期刊，需要通过专家函审，才能入选候选期刊名单。

③对于需函审的期刊，邀请多位学科专家对期刊进行函审。其中，若有2/3以上函

审专家同意，则视为该期刊通过专家函审。

④由中国科学技术信息研究所成立的专家评审委员会对年度入选候选期刊名单进行审查，采用票决制决定年度入选中国科技核心期刊名单。

三、退出机制

中国科技核心期刊制定了退出机制，综合指标连续两年排在本学科末位的期刊将自动退出。存在其他违反国家出版管理各项规定及存在诚信问题的期刊也会退出。对某些指标反映出明显问题的期刊，我们会采用预警信方式与期刊编辑部进行沟通，若期刊接到预警后没有明显改进，也会退出中国科技核心期刊。

1.1.2 国际科技论文统计源

考虑到论文统计的连续性，2016 年度的国际论文数据仍采集自 SCI、Ei、CPCI-S、SSCI、MEDLINE 和 Scopus 等论文检索系统和 Derwent 专利数据库等。

SCI 是 Science Citation Index 的缩写，由美国科学情报所（ISI，现并入科睿唯安公司）创制。SCI 不仅是功能较为齐全的检索系统，同时也是文献计量学研究和应用的科学评估工具。

要说明的是，本书所列出的“中国论文数”同时存在 2 个统计口径：在比较各国论文数排名时，统计的中国论文数包括中国作为第一作者和非第一作者参与发表的论文，这与其他各个国家论文数的统计口径是一致的；在涉及中国具体学科、地区等统计结果时，统计范围只是中国内地作者为论文第一作者的论文。本书附表中所列的各系列单位排名是按第一作者论文数作为依据排出的。在很多高等院校和研究机构的配合下，对于 SCI 数据加工过程中出现各类标识错误，我们尽可能地根据原文做了更正。

Ei 是 Engineering Index 的缩写，创办于 1884 年，已有 100 多年的历史，是世界著名的工程技术领域的综合性检索工具。主要收集工程和应用科学领域 5000 余种期刊、会议论文和技术报告的文献，数据来自 50 多个国家和地区，语种达十余个，主要涵盖的学科有：化工、机械、土木工程、电子电工、材料和生物工程等。

我们以 Ei Compendex 核心部分的期刊论文作为统计来源。在我们的统计系统中，由于有关国际会议的论文已在我们所采用的另一专门收录国际会议论文的统计源 CPCI-S 中得以表现，故在作为地区、学科和机构统计用的 Ei 论文数据中，已剔除了会议论文的数据，仅包括期刊论文，而且仅选择核心期刊采集出的数据。

CPCI-S（Conference Proceedings Citation Index）目前是科睿唯安公司的产品，从 2008 年开始代替 ISTP（Index to Scientific and Technical Proceeding）。在世界每年召开的上万个重要国际会议中，该系统收录了约 70% ～ 90% 的会议文献，汇集了自然科学、农业科学、医学和工程技术领域的会议文献。在科研产出中，科技会议文献是对期刊文献的重要补充，所反映的是学科前沿性、迅速发展学科的研究成果，一些新的创新思想和概念往往先于期刊出现在会议文献中，从会议文献可以了解最新概念的出现和发展，并可掌握某一学科最新的研究动态和趋势。

SSCI（Social Science Citation Index）是科睿唯安编制的反映社会科学研究成果的大

型综合检索系统，已收录了社会科学领域期刊3000多种，另对约1400种与社会科学交叉的自然科学期刊中的论文予以选择性收录。其覆盖的领域涉及人类学、社会学、教育、经济、心理学、图书情报、语言学、法学、城市研究、管理、国际关系和健康等55个学科门类。通过对该系统所收录的中国论文的统计和分析研究，可以从一个方面了解中国社会科学研究成果的国际影响和国际地位。为了帮助广大社会科学工作者与国际同行交流与沟通，也为了促进中国社会科学及与之交叉的学科的发展，从2005年开始，我们对SSCI收录的中国论文情况做出统计和简要分析。

MEDLINE（美国《医学索引》）创刊于1879年，由美国国立医学图书馆（National Library of Medicine）编辑出版，收集世界70多个国家（地区），40多种文字、4800种生物医学及相关学科期刊，是当今世界较权威的生物医学文献检索系统，收录文献反映了全球生物医学领域较高水平的研究成果，该系统还有较为严格的选刊程序和标准。从2006年度起，我们就已利用该系统对中国的生物医学领域的成果进行统计和分析。

Scopus数据库是Elsevier公司研制的大型文摘和引文数据库，收录全世界范围内经过同行评议的学术期刊、书籍和会议录等类型的文献内容，其中包括丰富的非英语发表的文献内容。Scopus覆盖的领域包括科学、技术、医学、社会科学、艺术与人文等领域。

对SCI、CPCI-S、MEDLINE、Scopus系统采集的数据时间按照出版年度统计；Ei系统采用的是按照收录时间统计，即统计范围是在当年被数据库系统收录的期刊文献。

1.2 论文的选取原则

在对SCI、Ei、CPCI-S和Scopus收录的论文进行统计时，为了能与国际做比较，选用第一作者单位属于中国的文献作为统计源。在SCI数据库中，涉及的文献类型包括Article、Review、Letter、News、Meeting Abstracts、Correction、Editorial Material、Book Review、Biographical-Item等。从2009年度起选择其中部分主要反映科研活动成果的文献类型作为论文统计的范围。初期是以Article、Review、Letter和Editorial Material四类文献按论文计来统计SCI收录的文献。近年来，中国作者在国际期刊中发表的文献数量越来越多，为了鼓励和引导科技工作者们发表内容比较翔实的文献，而且便于和国际检索系统的统计指标相比较，选取范围又进一步调整。目前，SCI论文的统计和机构排名中，我们仅选Article和Review两类文献作为进行各单位论文数的统计依据。这两类文献报道的内容详尽，叙述完整，著录项目齐全。

同时，在统计国内论文的文献时，也参考了SCI的选用范围，对选取的论文做了如下的限定：

①论著：记载科学发现和技术创新的学术研究成果；

②综述和评论：评论性文章、研究述评；

③一般论文和研究快报：短篇论文、研究快报、文献综述、文献复习；

④工业工程设计：设计方案、工业或建筑规划、工程设计。

在中国科技核心期刊上发表的研究材料，以及标准文献、交流材料、书评、社论、消息动态、译文、文摘和其他文献不计入论文统计范围。

1.3 论文的归属（按第一作者的第一单位归属）

作者发表论文时的署名不仅是作者的权益和学术荣誉，更重要的是还要承担一定的社会和学术责任。按国际文献计量学研究的通行做法，论文的归属按第一作者所在的地区和单位确定，所以我国的论文数量是按论文第一作者属于中国大陆的数量而定的。例如，一位外国研究人员所从事的研究工作的条件由中国提供，成果公布时以中国单位的名义发表，则论文的归属应划作中国，反之亦然。若出现第一作者标注了多个不同单位的情况，则按作者署名的第一单位统计。

为了尽可能全面统计出各大学、研究院（所）、医院和企业的论文产出量，我们尽量将各类实验室归到所属的机构（大学、研究所、医院和企业）进行统计。对于以中国科学院所属各开放实验室名义发表的论文，都已归属到分管实验室的研究所。

经教育部正式批准合并的高等院校，我们也随之将原各校的论文进行了合并。由于部分高等院校改变所属关系，进行了多次更名和合并，使高等院校论文数的统计和排名可能会有微小差异，敬请谅解。

1.4 论文和期刊的学科确定

论文统计学科的确定依据是国家技术监督局颁布的《学科分类与代码》，在具体进行分类时，一般是依据参考论文所载期刊的学科类别和每篇论文的内容。由于学科交叉和细分，论文的学科分类问题十分复杂，现暂仅分类至一级学科，共划分了 39 个学科类别，且是按主分类划分。一篇文献只作一次分类。在对 SCI 文献进行分类时，我们主要依据 SCI 划分的 176 个主题学科进行归并，综合类学术期刊中的论文分类将参考内容进行。Ei 和 Scopus 的学科分类参考了检索系统标引的分类代码。

通过文献计量指标对期刊进行评估，很重要的一点是要分学科进行。目前，我们对期刊学科的划分大部分仅分到一级学科，主要是依据各期刊编辑部在申请办刊时选定的学科；但有部分期刊，由于刊载的文献内容并未按最初的规定，出现了一些与刊名及办刊宗旨不符的内容，使期刊的分类不够准确，故在数据加工过程中做了一定修改。而对一些期刊数量（种类）较多的学科，如医药、地学类，我们对期刊又做了二级学科细分。

1.5 关于中国期刊的评估

科技期刊是反映科学技术产出水平的窗口之一，一个国家科技水平的高低可通过期刊的状况得以反映。从论文统计工作开始之初，我们就对中国科技期刊的编辑状况和质量水平十分关注。1990 年，我们首次对 1227 种统计源期刊的 7 项指标做了编辑状况统计分析，统计结果为我们调整统计源期刊提供了编辑规范程度的依据。1994 年，我们开始了国内期刊论文的引文统计分析工作，为期刊的学术水平评价建立了引文数据库。从 1997 年开始，编辑出版《中国科技期刊引证报告》，对期刊的评价设立了多项指标。为使各期刊编辑部能更多地获取科学指标信息，在基本保持了上一年所设立的评价指标的基础上，常用指标的数量保持不减，并根据要求和变化增加一些指标。主要指标的定义如下：

（1）总被引用次数

指评价期刊历年发表的论文在评价当年被其他期刊和期刊本身引用的总次数，以表明该期刊在科学交流中被使用的程度和影响。

（2）影响因子

指期刊近两年文献的平均被引用率，即被评价期刊前两年发表的论文在评价当年每篇论文被引用的平均次数。影响因子越大，相对来说影响也越大，学术水平也越高。影响因子按评估涉及的时间跨度分为2年及5年影响因子。当前，国际上较多使用2年影响因子来评估期刊。

（3）扩散因子

评估期刊真实影响力的学术指标，显示总被引次数所涵盖的期刊范围。

（4）平均引文数

指期刊中每一篇论文平均引用的参考文献数，是衡量论文吸收外部科学信息能力的指标。

（5）即年指标

是表征期刊即时反应速率的指标，即该期刊在评价当年发表的论文被引用的平均次数。

（6）期刊被引用半衰期

是衡量期刊老化速度快慢的一种指标，即指某一期刊论文在某年被引用的全部次数中，较新的一半论文发表的时间跨度。一般来说，被引半衰期表明期刊的经典性程度，半衰期长的期刊比短的期刊影响更深远一些。

（7）期刊载文量的地区分布数

是衡量期刊论文地区覆盖率的评价指标，我们按全国31个省（市、自治区）计。

（8）期刊刊载的基金论文比

是表明期刊所载论文学术水平和质量的一个重要指标，期刊刊载的基金资助论文比例高，表明该刊学术论文具有较高的创新性。

（9）他引率

指该期刊全部被引次数中被其他期刊引用次数所占的比例，这个指标是《中国科技期刊引证报告》最早提出来的，通常用于表征期刊科技交流中的范围和程度。

（10）海外作者论文比

期刊刊载论文中，海外作者来稿数与总论文数之比，是显示期刊国际化程度的指标之一。

（11）平均作者数

来源期刊中平均每篇论文所附的作者数，是衡量期刊科学生产能力的指标。

（12）学科扩散指标

指在统计源期刊范围内，引用该刊的期刊数量与其所在学科全部期刊数量之比。

（13）学科影响指标

指期刊所在学科内，引用该刊的期刊数量占全部期刊数量的比例。

（14）文献选出率

按统计源期刊选取论文的原则选出的论文数与期刊发表的全部文献数之比。

（15）AR 论文数

在期刊刊载的全部文献中，能达到论著（Article）和研究型述评（Review）标准的论文数量，与来源文献数、文献选出率等对照使用，可用于体现期刊的学术色彩。

（16）权威因子

利用 Page Rank 算法计算出来的来源期刊在统计当年的 Page Rank 值。它考虑了不同引用之间的重要性差异，因此更能较合理地反映期刊的权威性。

随着期刊的变化和发展及管理部门对期刊评价的要求，我们还在增加和调整评价的指标。例如，2016 年度新发布的期刊“红点指标”：一篇论文可能标引多个关键词，若其中有一个或一个以上的关键词属于高频关键词集合，就认定该篇论文的关键词与高频关键词相重合。在评价时间窗口内，被评价期刊发表的关键词与其所在学科同期高频关键词重合的论文，在该期刊同期发表全部论文中所占的比例，定义为该期刊的红点指标。红点指标从内容层面对期刊的质量和影响潜力进行预先评估。

期刊的引证情况每年会有变化，为了动态地表达各期刊的引证情况，《中国科技期刊引证报告》将每年公布，用于提供一个客观分析工具，促进中国期刊更好地发展。在此需强调的是，期刊计量指标只是评价期刊的一个重要方面，对期刊的评估应是一个综合的工程。因此，在使用各计量指标时应慎重对待。

1.6 关于科技论文的评估

随着中国科技投入的加大，中国论文数越来越多，但学术水平参差不齐。为了促进中国高影响高质量科技论文的发表，进一步提高中国的国际科技影响力，我们需要做一些评估，以引领优秀论文的出现。

基于研究水平和写作能力的差异，科技论文的质量水平也是不同的。根据多年来对科技论文的统计和分析，中国科学技术信息研究所提出一些评估论文质量的文献计量指标，供读者参考和讨论。这里所说的“评估”是“外部评估”，即文献计量人员或科技管理人员对论文的外在指标的评估，不同于同行专家对论文学术水平的评估。

这里提出的仅是对期刊论文的评估指标，随着统计工作的深入和指标的完善，所用指标会有所调整。

（1）论文的类型

作为信息交流的文献类型是多种多样的，但不同类型的文献，其反映内容的全面性、文献著录的详尽情况是不同的。一般来说，各类文献检索系统依据自身的情况和检索系统的作用，收录的文献类型也是不同的。目前，我们在统计 SCI 论文时将文献类型是 Article 和 Review 的作为论文统计；统计 Ei 论文时将文献类型是 Journal 和 Article 的作为论文统计；在统计 CSTPCD 论文时将论著、研究型综述、一般论文、工业工程设计类型的文献按论文统计。

（2）论文发表的期刊影响

在评定期刊的指标中，较能反映期刊影响的指标是期刊的总被引次数和影响因子。我们通常说的影响因子是指期刊的影响情况，是表示期刊中所有文献被引次数的平均值，即篇均被引次数，并不是指哪一篇文献的被引用数值。影响因子的大小受多个因素的制约，关键是刊发的文献的水平和质量。一般来说，在高影响因子期刊上能发表的文献都应具备一定的水平。发表的难度也较大。影响因子的相关因素较多，一定要慎用，而且要分学科使用。

（3）文献发表的期刊的国际显示度

是指期刊被国际检索系统收录的情况，以及主编和编辑部的国际影响。

（4）论文的基金资助情况（评估论文的创新性）

一般来说，科研基金申请时条件之一是项目的创新性，或成果具有明显的应用价值。特别是一些经过跨国合作、受多项资助产生的研究成果的科技论文更具重要意义。

（5）论文合著情况

合作（国际、国内合作）研究是增强研究力量、互补优势的方式，特别是一些重大研究项目，单靠一个单位，甚至一个国家的科技力量都难以完成。因此，合作研究也是一种趋势，这种合作研究的成果产生的论文显然是重要的。特别是以中国为主的国际合作产生的成果。

（6）论文的即年被引用情况

论文被他人引用数量的多少是表明论文影响力的重要指标。论文发表后什么时候能被引用，被引次数多少等因素与论文所属的学科密切相关。论文发表后能在较短时间内获得引用，反映这类论文的研究项目往往是热点，是科学界本领域非常关注的问题，这类论文是值得重视的。

（7）论文的合作者数

论文的合作者数可以反映项目的研究力量和强度。一般来说，研究作者多的项目研究强度高，产生的论文影响大，可按研究合作者数大于、等于和低于该学科平均作者数统计分析。

（8）论文的参考文献数

论文的参考文献数是该论文吸收外部信息能力的重要依据，也是显示论文质量的指标。

（9）论文的下载率和获奖情况

可作为评价论文的实际应用价值及社会与经济效益的指标。

（10）发表于世界著名期刊的论文

世界著名期刊往往具有较大的影响力，世界上较多的原创论文都首发于这些期刊上，这类期刊上发表的文献其被引用率也较高，尽管在此类期刊中发表文献的难度也大，但世界各国的学者们还是很倾向于在此类刊物中发表文献以显示他们的成就，以期和世界同行们进行广泛交流。

（11）作者的贡献

在论文的署名中，作者的排序（署名位置）一般情况可作为作者对本篇论文贡献大小的评估指标。

根据以上的指标，课题组在咨询部分专家的基础上，选择了论文发表期刊的学术影响位置、论文的原创性、世界著名期刊上发表的论文情况、论文即年被引情况、论文的参考文献数及论文的国际合作情况等指标，对 SCI 收录的论文做了综合评定，选出了百篇国际高影响力的优秀论文。对 CSTPCD 中高被引的论文进行了评定，也选出了百篇国内高影响力的优秀论文。

2 中国国际科技论文数量总体情况分析

2.1 引言

科技论文作为科技活动产出的一种重要形式，从一个侧面反映了一个国家基础研究和应用研究等方面的情况，在一定程度上反映了一个国家的科技水平和国际竞争力水平。本章利用 SCI、Ei 和 CPCI-S 三大国际检索系统数据，结合 ESI 的数据，对中国论文数和被引用情况进行统计，分析中国科技论文在世界所占的份额及位置，对中国科技论文的发展状况做出评估。

2.2 数据与方法

SCI、CPCI-S 和 ESI 的数据取自科睿唯安的 Web of Knowledge 平台，Ei 数据取自 Engineering Village 平台。

2.3 研究分析与结论

2.3.1 SCI 收录中国科技论文数情况

2016 年，SCI 收录的世界科技论文总数为 189.67 万篇，比 2015 年增长了 4.4%。2016 年收录中国科技论文为 32.42 万篇，连续第 8 年排在世界第 2 位（如表 2-1 所示），占世界科技论文总数的 17.1%，所占份额提升了 0.8 个百分点。排在世界前 5 位的有美国、中国、英国、德国和日本。排在第 1 位的美国，其论文数量为 50.23 万篇，是中国的 1.5 倍，占世界份额的 26.5%。

表 2-1 SCI 收录的中国科技论文数量世界排名变化

年份	2007	2008	2009	2010	2011	2012	2013	2014	2015	2016
世界排名	5	4	2	2	2	2	2	2	2	2

中国作为第一作者共计发表 29.06 万篇论文，比 2015 年增长 9.5%，占世界总数的 15.3%。若按此论文数排序，中国也排在世界第 2 位，仅次于美国。

2.3.2 Ei收录中国科技论文情况

2016年，Ei收录世界科技论文总数为68.31万篇，比2015年增长0.47%。Ei收录中国论文为22.65万篇，比2015年增长4.2%，占世界论文总数的33.2%，所占份额增加了1.2个百分点，排在世界第1位。排在世界前5位的国家分别是中国、美国、德国、英国和印度。

Ei收录的第一作者为中国的科技论文共计21.34万篇，比2015年增长了2.9%，占世界总数的31.2%，较2015年度增加了0.7个百分点。

2.3.3 CPCI-S收录中国科技会议论文情况

2016年，CPCI–S收录世界重要会议论文总数为56.24万篇，比2015年增长了20.4%。CPCI–S共收录了中国作者科技会议论文7.82万篇，比2015年增长了9.8%，占世界科技会议论文总数的13.9%，排在世界第2位。排在世界前5位的国家分别是美国、中国、英国、德国和印度。CPCI–S收录的美国科技会议论文13.86万篇，占世界论文总数的24.6%。

CPCI–S收录第一作者单位为中国的科技会议论文共计7.15万篇。2016年中国科技人员共参加了在86个国家（地区）召开的3007个国际会议。

2016年中国科技人员发表国际会议论文数最多的10个学科分别为：工程与技术基础学科，电子、通信与自动控制，临床医学，能源科学技术，物理学，计算技术，药物学，材料科学，环境科学和生物学。

2.3.4 SCI、Ei和CPCI-S收录中国科技论文情况

2016年，SCI、Ei和CPCI–S三系统共收录中国科技人员发表的科技论文628920篇，比2015年增加了42594篇，增长7.3%。中国科技论文数占世界科技论文总数的20.0%，比2015年的19.8%增加了0.2个百分点。从表2–2看，近几年，中国科技论文数占世界科技论文数比例一直保持上升态势。

表2–2 2007—2016年三系统收录中国科技论文数及其在世界排名

年份	论文篇数	比上年增加篇数	增长率	占世界比例	世界排名
2007	207865	35987	20.9%	9.8%	2
2008	270878	63013	30.3%	11.5%	2
2009	280158	9280	3.4%	12.3%	2
2010	300923	20765	7.4%	13.7%	2
2011	345995	45072	15.0%	15.1%	2
2012	394661	48666	14.1%	16.5%	2
2013	464259	69598	15.0%	17.3%	2
2014	494078	29819	6.4%	18.4%	2

续表

年份	论文篇数	比上年增加篇数	增长率	占世界比例	世界排名
2015	586326	92248	18.7%	19.8%	2
2016	628920	42594	7.3%	20.0%	2

从表2-3看，近5年，中国科技论文数排名一直稳定在世界第2位，排在美国之后。2016年排名居前6位的国家分别为美国、中国、英国、德国、日本和印度。2012—2016年，中国科技论文的年均增长率达6.76%。与其他几个国家相比，中国科技论文年均增长率排名居第2位；印度科技论文年均增长率最大，达到7.66%；日本科技论文年均增长率最小，只有1.57%。

表2-3　2012—2016年三系统收录的部分国家科技论文数增长情况

国家	2012年		2013年		2014年		2015年		2016年		年均增长率	2016年占世界总数比例
	排名	论文篇数	排名	论文篇数	排名	论文篇数	排名	论文篇数	排名	论文篇数		
美国	1	601552	1	687621	1	686882	1	721792	1	762105	6.1 %	24.28%
中国	2	394661	2	464259	2	494078	2	586326	2	628920	12.4 %	20.01%
英国	3	165930	3	182090	3	189163	3	208118	3	213990	6.6 %	6.82%
德国	4	159946	4	172178	4	174344	4	191949	4	197212	5.4 %	6.28%
日本	5	139324	5	150195	5	143160	5	152456	5	156038	2.9 %	4.97%
印度	9	84038	9	98336	9	105753	7	126174	6	139813	13.6 %	4.46%
法国	6	111489	6	122899	6	122193	6	136315	7	138964	5.7 %	4.43%

注：年均增长率 $= \left(\sqrt[4]{\dfrac{\text{2016年科技论文数}}{\text{2012年科技论文数}}} - 1 \right) \times 100\%$。

2.3.5 中国科技论文数被引用情况

2007—2017年（截至2017年10月）中国科技人员共发表国际论文205.82万篇，继续排在世界第2位，数量比2016年统计时增加了18.1%；论文共被引1935.00万次，增长了29.9%，排在世界第2位，比2016年上升了2位。中国国际科技论文被引次数增长的速度显著超过其他国家。2017年，中国平均每篇论文被引9.40次，比2016年度统计时的8.55次提高了9.9%。世界整体篇均被引次数为11.80次/篇，中国平均每篇论文被引次数虽与世界水平还有一定的差距，但提升速度相对较快（如表2-4所示）。

表2-4　中国各十年段科技论文被引次数世界排名变化

时间段	1996—2006年	1997—2007年	1998—2008年	1999—2009年	2000—2010年	2001—2011年	2002—2012年	2003—2013年	2004—2014年	2005—2015年	2006—2016年	2007—2017年
世界排名	13	13	10	9	8	7	6	5	4	4	4	2

注：根据ESI数据库统计。

2007—2017 年发表科技论文累计超过 20 万篇以上的国家（地区）共有 21 个，按平均每篇论文被引次数排名，中国排在第 15 位，与 2016 年度统计时相同。每篇论文被引次数大于世界整体水平（11.80 次）的国家有 12 个。瑞士、荷兰、美国、英国、瑞典、德国、加拿大和法国的论文篇均被引次数均超过 15 次（如表 2-5 所示）。

表 2-5　2007—2017 年发表科技论文数 20 万篇以上的国家（地区）论文数及被引情况

国家（地区）	论文数		被引情况		篇均被引情况	
	篇数	排名	次数	排名	次数	排名
美国	3804470	1	66447423	1	17.47	3
中国	2058212	2	19349987	2	9.40	15
英国	1061626	3	18375664	3	17.31	4
德国	1005277	4	16237514	4	16.15	6
法国	704949	6	10867562	5	15.42	8
加拿大	623599	7	9953329	6	15.96	7
日本	811829	5	9715749	7	11.97	12
意大利	605437	8	8821841	8	14.57	10
澳大利亚	506090	11	7430719	9	14.68	9
西班牙	523397	9	7130458	10	13.62	11
荷兰	361078	14	6901306	11	19.11	2
瑞士	264539	16	5326866	12	20.14	1
韩国	487963	12	4807868	13	9.85	14
印度	518495	10	4269776	14	8.23	17
瑞典	240241	19	4084463	15	17.00	5
巴西	382343	13	3020930	16	7.90	18
中国台湾	264098	17	2648900	17	10.03	13
波兰	235209	20	1958150	18	8.33	16
俄罗斯	313934	15	1910455	19	6.09	21
土耳其	255508	18	1739067	20	6.81	20
伊朗	231496	21	1579376	21	6.82	19

注：根据 ESI 数据库统计。

2.3.6　中国 TOP 论文情况

根据 ESI 数据库统计，中国 TOP 论文居世界第 3 位，为 22113 篇（如表 2-6 所示）。其中美国以 73033 篇遥遥领先，英国以 25914 篇略微领先于中国位居第 2 位。分列第 4 ～第 10 位的国家有：德国、法国、加拿大、澳大利亚、意大利、荷兰和西班牙。

表 2-6 世界 TOP 论文数居前 10 位的国家

排名	国家	TOP 论文篇数	排名	国家	TOP 论文篇数
1	美国	73033	6	加拿大	11890
2	英国	25914	7	澳大利亚	10038
3	中国	22113	8	意大利	9388
4	德国	17885	9	荷兰	9169
5	法国	11897	10	西班牙	7837

2.3.7 中国高被引论文情况

根据 ESI 数据库统计，中国高被引论文也居世界第 3 位，为 22032 篇（如表 2-7 所示）。其中美国以 72863 篇遥遥领先，英国以 25835 篇略微领先于中国居第 2 位。分列第 4 ～第 10 位的国家有：德国、法国、加拿大、澳大利亚、意大利、荷兰和西班牙。高被引论文数与 TOP 论文数居前 10 位的国家一样。

表 2-7 世界高被引论文数居前 10 位的国家

排名	国家	高被引论文篇数	排名	国家	高被引论文篇数
1	美国	72863	6	加拿大	11863
2	英国	25835	7	澳大利亚	10018
3	中国	22032	8	意大利	9369
4	德国	17841	9	荷兰	9149
5	法国	11870	10	西班牙	7822

2.3.8 中国热点论文情况

根据 ESI 数据库统计，中国热点论文居世界第 3 位，为 756 篇（如表 2-8 所示）。其中美国以 1690 篇遥遥领先居第 1 位，英国以 837 篇略微领先于中国。分列第 4 ～第 10 位的国家有：德国、加拿大、澳大利亚、法国、意大利、西班牙和荷兰。

表 2-8 世界热点论文数居前 10 位的国家

排名	国家	热点论文篇数	排名	国家	热点论文篇数
1	美国	1690	6	澳大利亚	336
2	英国	837	7	法国	329
3	中国	756	8	意大利	288
4	德国	467	9	西班牙	258
5	加拿大	369	10	荷兰	258

2.4 讨论

2016 年，SCI 收录中国科技论文 32.42 万篇，连续第 8 年排在世界第 2 位，占世界份额的 17.1%，所占份额提升了 0.8 个百分点。Ei 收录中国论文 22.65 万篇，比 2015 年增长了 4.2%，占世界论文总数的 33.2%，所占份额增加了 1.2 个百分点，排在世界第 1 位。CPCI-S 收录了中国科技会议论文 7.82 万篇，比 2015 年增长了 9.8%，占世界的科技会议论文 13.9%，排在世界第 2 位。但总的来说，发表国际科技论文数量和占比都是增加的。

2007—2017 年（截至 2017 年 10 月）中国科技人员发表的国际论文共被引 1935.00 万次，增长了 29.9%，排在世界第 2 位，比 2016 年上升了 2 位。中国国际科技论文被引次数增长的速度显著超过其他国家。2017 年，中国平均每篇论文被引 9.40 次，比 2016 年度统计时的 8.55 次提高了 9.9%。世界整体篇均被引次数为 11.80 次 / 篇，中国平均每篇论文被引用次数虽与世界平均值还有一定的差距，但提升速度相对较快。中国 TOP 论文数、高被引论文数和热点论文数均居世界第 3 位，但与居第 1 位的美国之间的差距还很大。

3 中国科技论文学科分布情况分析

3.1 引言

美国著名高等教育专家伯顿·克拉克认为，主宰学者工作生活的力量是学科而不是所在院校，学术系统中的核心成员单位应是以学科为中心的。学科指一定科学领域或一门科学的分支，如自然科学中的化学、物理学，社会科学中的法学、社会学等。学科是人类科学文化成熟的知识体系和物质体现，学科发展水平既决定着一所研究机构的人才培养质量和科学研究水平，也是一个地区乃至一个国家知识创新力和综合竞争力的重要表现。学科的发展和变化无时不在进行，新的学科分支和领域也在不断涌现，这给许多学术机构的学科建设带来了一些问题，如重点发展的学科及学科内的发展方向。因此，详细分析了解学科的发展状况将有助于解决这些问题。

本章运用科学计量学方法，通过对各学科被国际重要检索系统 SCI、Ei、CPCI-S 和 CSTPCD 收录情况，以及被 SCI 被引情况的分析，研究了中国各学科发展的状况、特点和趋势。

3.2 数据与方法

3.2.1 数据来源

（1）CSTPCD

“中国科技论文与引文数据库”（CSTPCD）是中国科学技术信息研究所在 1987 年建立的，收录中国各学科重要科技期刊，其收录期刊称为“中国科技论文统计源期刊”，即中国科技核心期刊。

（2）SCI

SCI 即科学引文索引数据库（Science Citation Index Expanded）。

（3）Ei

Ei 即“工程索引”（The Engineering Index）创刊于 1884 年，是美国工程信息公司（Engineering Information Inc.）出版的著名工程技术类综合性检索工具。

（4）CPCI-S

CPCI-S（Conference Proceedings Citation Index-Science），原名 ISTP。ISTP 即“科技会议录索引”（Index to Scientific & Technical Proceedings）创刊于 1978 年。该索引收录生命科学、物理与化学科学、农业、生物与环境科学、工程技术和应用科学等学科的会议文献，包括一般性会议、座谈会、研究会、讨论会和发表会等。

3.2.2 学科分类

学科分类采用《中华人民共和国学科分类与代码国家标准》（简称《学科分类与代码》，标准号是“GB/T 13745—1992”）。《学科分类与代码》共设五个门类、58 个一级学科、573 个二级学科和近 6000 个三级学科。我们根据《学科分类与代码》并结合工作实际制定本书的学科分类体系（如表 3–1 所示）。

表 3–1 中国科学技术信息研究所学科分类体系

学科名称	分类代码	学科名称	分类代码
数学	O1A	工程与技术基础学科	T3
信息、系统科学	O1B	矿山工程技术	TD
力学	O1C	能源科学技术	TE
物理学	O4	冶金、金属学	TF
化学	O6	机械、仪表	TH
天文学	PA	动力与电气	TK
地学	PB	核科学技术	TL
生物学	Q	电子、通信与自动控制	TN
预防医学与卫生学	RA	计算技术	TP
基础医学	RB	化工	TQ
药物学	RC	轻工、纺织	TS
临床医学	RD	食品	TT
中医学	RE	土木建筑	TU
军事医学与特种医学	RF	水利	TV
农学	SA	交通运输	U
林学	SB	航空航天	V
畜牧、兽医	SC	安全科学技术	W
水产学	SD	环境科学	X
测绘科学技术	T1	管理学	ZA
材料科学	T2	其他	ZB

3.3 研究分析与结论

3.3.1 2016 年中国各学科收录论文的分布情况

我们对不同数据库收录的中国论文按照学科分类进行分析，主要分析各数据库中排名居前 10 位的学科。

（1）SCI

2016 年，SCI 收录中国论文居前 10 位的学科如表 3–2 所示，其中居前 9 位的学科发表的论文均超过 10000 篇。

表 3-2 2016 年 SCI 收录中国论文居前 10 位的学科

排名	学科	论文篇数	排名	学科	论文篇数
1	化学	45506	6	基础医学	19259
2	生物学	34658	7	电子、通信与自动控制	13013
3	临床医学	32108	8	计算技术	11401
4	物理学	29470	9	地学	10538
5	材料科学	21992	10	药物学	8839

（2）Ei

2016 年，Ei 收录中国论文居前 10 位的学科如表 3-3 所示，其中居前 9 位的学科发表的论文均超过 10000 篇。

表 3-3 2016 年 Ei 收录中国论文居前 10 位的学科

排名	学科	论文篇数	排名	学科	论文篇数
1	环境科学	37948	6	地学	12944
2	材料科学	20354	7	动力与电气	12798
3	生物学	16966	8	物理学	10571
4	土木建筑	15622	9	计算技术	10503
5	电子、通信与自动控制	14757	10	能源科学技术	9665

（3）CPCI-S

2016 年，CPCI-S 收录中国论文居前 10 位的学科如表 3-4 所示，其中居前 2 位的学科发表的论文均超过 10000 篇，遥遥领先于其他学科。

表 3-4 2016 年 CPCI-S 收录中国论文居前 10 位的学科

排名	学科	论文篇数	排名	学科	论文篇数
1	电子、通信与自动控制	17964	6	机械、仪表	3331
2	计算技术	17915	7	能源科学技术	3281
3	物理学	4082	8	材料科学	2398
4	工程与技术基础学科	3785	9	地学	1992
5	临床医学	3713	10	土木建筑	1694

（4）CSTPCD

2016 年，CSTPCD 收录中国论文居前 10 位的学科如表 3-5 所示，居前 10 位的学科发表的论文均超过 10000 篇，其中临床医学超过了 13 万篇，遥遥领先于其他学科。

表 3-5　2016 年 CSTPCD 收录中国论文居前 10 位的学科

排名	学科	论文篇数	排名	学科	论文篇数
1	临床医学	136606	3	电子、通信与自动控制	25108
2	计算技术	29799	4	中医学	21727
5	农学	21203	8	环境科学	14922
6	基础医学	17311	9	生物学	14217
7	预防医学与卫生学	16100	10	地学	14068

3.3.2　各学科产出论文数量及影响与世界平均水平比较分析

分析各学科论文数量和被引次数其占世界的比例，中国有 14 个学科产出论文的比例超过世界该学科论文的 10%。其中，材料科学论文的被引次数排名居世界第 1 位。

另有 8 个领域论文的被引次数排名居世界第 2 位，分别是：农业科学、化学、计算机科学、工程技术、环境与生态学、数学、药学与毒物学、物理学。地学和综合类排在世界第 3 位，生物与生物化学和植物学与动物学排在世界第 4 位，微生物学排名世界第 5 位。与 2016 年度统计相比，有 8 个学科领域的论文被引用次数排名有所上升（如表 3-6 所示）。

表 3-6　2007—2017 年中国各学科产出论文与世界平均水平比较

学科	论文篇数	占世界比例	被引次数	占世界比例	世界排名	位次变化趋势	篇均被引次数	相对影响
农业科学	45005	11.40 %	378519	11.39 %	2	—	8.41	1.00
生物与生物化学	93579	13.33 %	936249	8.24 %	4	↑ 1	10.00	0.62
化学	392086	24.03 %	4902936	21.53 %	2	—	12.5	0.90
临床医学	203954	7.88 %	1641481	5.07 %	10	—	8.05	0.64
计算机科学	63906	19.01 %	347922	15.74 %	2	—	5.44	0.83
经济贸易	11888	4.66 %	66599	3.34 %	9	↑ 1	5.60	0.72
工程技术	229606	19.93 %	1497844	18.71 %	2	—	6.52	0.94
环境与生态学	60129	14.00 %	569489	10.60 %	2	↑ 1	9.47	0.76
地学	69797	16.53 %	672127	13.47 %	3	↑ 1	9.63	0.81
免疫学	18260	7.46 %	201196	4.39 %	11	—	11.02	0.59
材料科学	221817	29.56 %	2354095	27.52 %	1	↑ 1	10.61	0.93
数学	77379	19.06 %	316571	18.53 %	2	—	4.09	0.97
微生物学	22357	11.45 %	191928	6.58 %	5	—	8.58	0.57
分子生物学与遗传学	62476	14.15 %	734204	6.96 %	6	↑ 1	11.75	0.49
综合类	2590	13.26 %	31237	11.54 %	3	—	12.06	0.87

续表

学科	论文篇数	占世界比例	被引次数	占世界比例	世界排名	位次变化趋势	篇均被引次数	相对影响
神经科学与行为学	36310	7.37 %	358487	4.12 %	10	—	9.87	0.56
药学与毒物学	51966	13.97 %	461777	9.97 %	2	—	8.89	0.71
物理学	220506	20.25 %	1877360	15.72 %	2	—	8.51	0.78
植物学与动物学	66691	9.53 %	543058	8.63 %	4	—	8.14	0.91
精神病学与心理学	8671	2.28 %	64550	1.41 %	15	↑ 1	7.44	0.62
空间科学	12258	8.58 %	144872	5.79 %	13	—	11.82	0.67
社会科学	18855	2.22 %	121886	2.20 %	11	↑ 1	6.46	0.99

注：1. 统计时间截至2017年9月。

2. "↑ 1"的含义是：与上年度统计相比，排名上升了1位；"—"表示排名未变。

3. 相对影响：中国篇均被引次数与该学科世界平均值的比值。

3.3.3 学科的质量与影响力分析

科研活动具有继承性和协作性，几乎所有科研成果都是以已有的成果为前提的。学术论文、专著等科学文献是传递新学术思想、成果的最主要的物质载体，它们之间并不是孤立的，而是相互联系的，突出表现在相互引用的关系，这种关系体现了科学工作者们对以往的科学理论、方法、经验及成果的借鉴和认可。论文之间的相互引证，能够反映学术研究之间的交流与联系。通过论文之间的引证与被引证关系，我们可以了解某个理论与方法是如何得到借鉴和利用的。某些技术与手段是如何得到应用和发展的。从横向的对应性上，我们可以看到不同的实验或方法之间是如何互相参照和借鉴的；我们也可以将不同的结果放在一起进行比较，看他们之间的应用关系。从纵向的继承性上，我们可以看到一个课题的基础和起源是什么，我们也可以看到一个课题的最新进展情况是怎样的。关于反面的引用，它反映的是某个学科领域的学术争鸣。论文间的引用关系能够有效地阐明学科结构和学科发展过程，确定学科领域之间的关系，测度学科影响。

表3-7显示的是2007—2016年SCIE收录的中国科技论文累计被引次数排名居前10位的学科分布情况。由表可见，国际被引论文篇数居前10位的学科主要分布在基础学科、医学领域和工程技术领域。其中，化学被引次数超过了523万次，以较大优势领先于其他学科。

表3-7 2007—2016年SCIE收录的中国科技论文累计被引次数居前10位的学科

排名	学科	被引次数	排名	学科	被引次数
1	化学	5235373	6	基础医学	865668
2	生物学	2155470	7	环境科学	666017
3	物理学	1624315	8	地学	601650

续表

排名	学科	被引次数	排名	学科	被引次数
4	材料科学	1475518	9	电子、通信与自动控制	573343
5	临床医学	1403242	10	计算技术	487048

3.4 讨论

中国近 10 年来的学科发展相当迅速，不仅论文的数量有明显的增加，并且被引次数也有所增长。但是数据显示，中国的学科发展呈现一种不均衡的态势，有些学科的论文篇均被引次数的水平已经接近世界平均水平，但仍有一些学科的该指标值与世界平均水平差别较大。

中国有 14 个学科产出论文的比例超过世界该学科论文的 10%。其中，材料科学论文的被引次数排名居世界第 1 位，另有 8 个领域论文的被引次数排名居世界第 2 位。

从论文的被引情况来看，中国的学科发展不均衡，其中化学、生物学、物理学、材料科学和临床医学等表现较好。

目前我们正在建设创新型国家，应该在加强相对优势学科领域的同时，资源重点向农学、卫生医药和高新技术等领域倾斜。

4 中国科技论文地区分布情况分析

本章运用文献计量学方法对中国 2016 年的国际和国内科技论文的地区分布进行了分析，并结合国家统计局科技经费数据和国家知识产权局专利统计数据对各地区科研经费投入及产出进行了分析。通过研究分析出了中国科技论文的高产地区、快速发展地区和高影响力地区。同时，分析了各地区在国际权威期刊上发表论文的情况，从不同角度反映了中国科技论文在 2016 年度的地区特征。

4.1 引言

科技论文作为科技活动产出的一种重要形式，能够反映基础研究和应用研究等方面的情况。对全国各地区的科技论文产出分布进行统计与分析，可以从一个侧面反映出该地区的科技实力和科技发展潜力，是了解区域优势及科技环境的决策参考因素之一。

本章通过对中国 31 个省（市、自治区，不含港澳台地区）的国际国内科技论文产出数量、论文被引情况、科技论文数 3 年平均增长率、各地区科技经费投入、论文产出与发明专利产出状况等数据的分析与比较，反映中国科技论文在 2016 年度的地区特征。

4.2 数据与方法

本章的数据来源：①国内科技论文数据来自中国科学技术信息研究所自行研制的“中国科技论文与引文数据库”（CSTPCD）；②国际论文数据采集自 SCI、Ei 和 CPCI-S 检索系统；③各地区国内发明专利数据来自国家知识产权局 2016 年专利统计年报；④各地区 R&D 经费投入数据来自国家统计局全国科技经费投入统计公报。

本章运用文献计量学方法对中国 2016 年的国际科技论文和中国国内论文的地区分布、论文数增长变化和论文影响力状况进行了比较分析，并结合国家统计局全国科技经费投入数据及国家知识产权局专利统计数据对 2016 年中国各地区科研经费的投入与产出进行了分析。

4.3 研究分析与结论

4.3.1 国际论文产出分析

（1）国际论文产出地区分布情况

本章所统计的国际论文数据主要取自国际上颇具影响的文献数据库：SCI、Ei 和 CPCI-S。2016 年，国际论文数（SCI、Ei、CPCI-S 三大检索论文总数）产出居前 10 位的地区与 2015 年的基本一致，只是排名有所变化（如表 4-1 所示）。

表 4-1 2016 年中国国际论文数居前 10 位的地区

排名	地区	2015 年论文篇数	2016 年论文篇数	增长率
1	北京	93502	101170	8.20%
2	江苏	51602	59837	15.96%
3	上海	42902	47371	10.42%
4	陕西	28572	34595	21.08%
5	广东	25847	31836	23.17%
6	湖北	26789	31048	15.90%
7	山东	22209	27228	22.60%
8	浙江	24335	26796	10.11%
9	四川	21581	25119	16.39%
10	辽宁	20874	22473	7.66%

（2）国际论文产出快速发展地区

科技论文数量的增长率可以反映该地区科技发展的活跃程度。2014—2016 年各地区的国际科技论文数都有不同程度的增长。如表 4-2 所示，论文基数较大的地区不容易有较高增长率，增速较快的地区多数是国际论文数较少的地区。反之，论文基数较小的地区，如青海、西藏、贵州、宁夏和海南等地区的论文年均增长率都较高。这些地区的科研水平暂时不高，但是具有很大的发展潜力，山东、陕西和江苏是论文数排名居前 10 位、增速排名也居前 10 位的地区。

表 4-2 2014—2016 年国际科技论文数增长率居前 10 位的地区

地区	国际科技论文篇数			年均增长率	排名
	2014 年	2015 年	2016 年		
青海	250	309	467	36.67%	1
西藏	30	44	53	32.92%	2
贵州	1244	1547	2149	31.43%	3
宁夏	345	454	566	28.09%	4
海南	673	886	1101	27.90%	5
山东	18647	22209	27228	20.84%	6
陕西	24683	28572	34595	18.39%	7
新疆	1848	2223	2584	18.25%	8
山西	4133	5116	5757	18.02%	9
江苏	43846	51602	59837	16.82%	10

注：1. “国际科技论文数”指 SCI、Ei 和 CPCI-S 三大检索系统收录的中国科技人员发表的论文数之和。

2. 年均增长率 = $\left(\sqrt{\dfrac{2016\text{年科技论文数}}{2014\text{年科技论文数}}}-1\right)\times 100\%$。

（3）SCI 论文 10 年被引地区排名

论文被他人引用数量的多少是表明论文影响力的重要指标。一个地区的论文被引数量不仅可以反映该地区论文的受关注程度，同时也是该地区科学研究活跃度和影响力的重要指标。2007—2016 年度 SCI 收录论文被引篇数、被引次数和篇均被引次数情况如表 4-3 所示。其中，SCI 收录的北京地区论文被引篇数和被引次数以绝对优势位居榜首。

各个地区的国际论文被引次数与该地区国际论文总数的比值（篇均被引次数）是衡量一个地区论文质量的重要指标之一。该值消除了论文数量对各个地区的影响，篇均被引次数可以反映出各地区论文的平均影响力。从 SCI 收录论文 10 年的篇均被引次数看，各省（市）的排名顺序依次是吉林、福建、上海、安徽、北京、甘肃、天津、辽宁、湖北和浙江。其中，北京、上海、浙江、湖北、辽宁和吉林这 6 个省（市）的被引次数和篇均被引次数居全国前 10 位。

表 4-3 2007—2016 年 SCI 收录论文各地区被引情况

地区	被引论文篇数	被引次数	被引次数排名	篇均被引次数	篇均被引次数排名
北京	248395	3418365	1	10.92	5
天津	39127	518577	12	10.52	7
河北	14730	128731	20	6.24	24
山西	11099	101923	23	6.81	21
内蒙古	3232	22861	27	4.91	28
辽宁	52913	688326	7	10.29	8
吉林	37054	581886	10	12.53	1
黑龙江	35533	416499	15	9.24	13
上海	137909	1958373	2	11.44	3
江苏	131560	1594668	3	9.54	12
浙江	73339	904636	5	9.77	10
安徽	37577	535708	11	11.38	4
福建	27241	396207	16	11.74	2
江西	11159	106743	22	6.86	20
山东	62816	667096	8	8.21	15
河南	23851	210574	19	6.35	23
湖北	69736	893506	6	10.22	9
湖南	43543	478506	14	8.60	14
广东	76044	954160	4	9.72	11
广西	8665	73634	24	6.23	25
海南	1972	13414	28	4.54	29
重庆	26632	271967	18	7.74	16
四川	51911	506269	13	7.32	19
贵州	3695	33810	26	6.38	22
云南	13073	125250	21	7.37	18
西藏	54	422	31	4.31	30
陕西	63081	620565	9	7.56	17
甘肃	22484	297432	17	10.86	6
青海	846	6795	29	5.69	26
宁夏	896	5582	30	4.27	31
新疆	5247	42749	25	5.64	27

（4）SCI 收录论文数较多的城市

如表 4-4 所示，2016 年，SCI 收录论文较多的城市除北京、上海、天津等直辖市外，南京、武汉、广州、西安、杭州、成都和长沙等省会城市被收录的论文也较多，论文数均超过了 8000 篇。

表 4-4　2016 年 SCI 收录论文居前 10 位的城市

排名	城市	SCI 收录论文总篇数	排名	城市	SCI 收录论文总篇数
1	北京	48578	6	西安	13153
2	上海	26306	7	杭州	10478
3	南京	18973	8	成都	10470
4	武汉	14395	9	天津	8510
5	广州	14149	10	长沙	8083

（5）卓越国际论文数较多的地区

若在每个学科领域内，按统计年度的论文被引次数世界均值画一条线，则高于均线的论文为卓越论文，即论文发表后的影响超过其所在学科的一般水平。2009 年我们第一次公布了利用这一方法指标进行的统计结果，当时称为“表现不俗论文”，受到国内外学术界的普遍关注。

根据 SCI 统计，2016 年中国作者为第一作者的论文共 290647 篇，其中卓越国际论文数为 126562 篇，占总数的 43.54%。产出卓越国际论文居前 3 位的地区为北京、江苏和上海，卓越国际论文数排名居前 10 位的地区卓越论文数占其 SCI 论文总数的比例均在 39% 以上。其中，湖北、上海、江苏和广东的比例最高，均在 45% 以上，具体如表 4-5 所示。

表 4-5　2016 年卓越国际论文数居前 10 位的地区

排名	地区	卓越国际论文篇数	SCI 收录论文总篇数	卓越论文占比
1	北京	21537	48578	44.33%
2	江苏	14058	30948	45.42%
3	上海	11970	26306	45.50%
4	广东	8203	18145	45.21%
5	湖北	7091	15444	45.91%
6	浙江	6372	14741	43.23%
7	山东	6279	15114	41.54%
8	陕西	6272	15160	41.37%
9	四川	4784	12231	39.11%
10	辽宁	4695	10572	44.41%

从城市分布看，与 SCI 收录论文较多的城市相似，产出卓越论文较多的城市除北京、上海、天津等直辖市外，南京、武汉、广州、西安、杭州、成都和长沙等省会城市的卓

越国际论文也较多（如表4-6所示）。在发表卓越国际论文较多的城市中，武汉、天津、南京、广州和上海的卓越论文数占SCI收录论文总数的比例较高，均在45%以上。

表4-6 2016年卓越国际论文数居前10位的城市

排名	城市	卓越国际论文篇数	SCI收录论文总篇数	卓越论文占比
1	北京	21536	48578	44.33%
2	上海	11970	26306	45.50%
3	南京	8688	18973	45.79%
4	武汉	6689	14395	46.47%
5	广州	6440	14149	45.52%
6	西安	5395	13153	41.02%
7	杭州	4629	10478	44.18%
8	成都	4158	10470	39.71%
9	天津	3919	8510	46.05%
10	长沙	3598	8083	44.51%

（6）在高影响国际期刊中发表论文数量较多的地区

按期刊影响因子可以将各学科的期刊划分为几个区，发表在学科影响因子前1/10的期刊上的论文即为在高影响国际期刊中发表的论文。虽然利用期刊影响因子直接作为评价学术论文质量的指标具有一定的局限性，但是基于论文作者、期刊审稿专家和同行评议专家对于论文质量和水平的判断，高学术水平的论文更容易发表在具有高影响因子的期刊上。在相同学科和时域范围内，以影响因子比较期刊和论文质量，具有一定的可比性，因此发表在高影响期刊上的论文也可以从一个侧面反映出一个地区的科研水平。如表4-7所示为2016年高影响国际期刊上发表论文数居前10位的地区。由表可知，北京在高影响国际期刊上发表的论文数和占SCI收录论文总数的比例都位居榜首。

表4-7 在学科影响因子前1/10的期刊上发表论文数居前10位的地区

排名	地区	前1/10论文篇数	SCI收录论文总篇数	占比
1	北京	8197	48578	16.87%
2	江苏	4292	30948	13.87%
3	上海	4210	26306	16.00%
4	广东	2879	18145	15.87%
5	湖北	2429	15444	15.73%
6	陕西	2028	15160	13.38%
7	浙江	2003	14741	13.59%
8	山东	1769	15114	11.70%
9	四川	1448	12231	11.84%
10	天津	1326	8510	15.58%

从城市分布看，与发表卓越国际论文较多的城市情况相似，在学科影响因子前1/10的期刊上发表论文数较多的城市除北京、上海和天津等直辖市外，南京、武汉、广州、

西安、杭州、成都和合肥等省会城市发表论文也较多（如表 4-8 所示）。在发表高影响国际论文数量较多的城市中，合肥、北京、武汉和上海在学科前 1/10 期刊上发表的论文数占其 SCI 收录论文总数的比例较高，均在 16% 以上。

表 4-8 在学科影响因子前 1/10 的期刊上发表论文数居前 10 位的城市

排名	城市	前 1/10 论文篇数	SCI 收录论文总篇数	占比
1	北京	8197	48578	16.87%
2	上海	4210	26306	16.00%
3	南京	2710	18973	14.28%
4	武汉	2350	14395	16.33%
5	广州	2258	14149	15.96%
6	西安	1763	13153	13.40%
7	杭州	1545	10478	14.75%
8	天津	1326	8510	15.58%
9	成都	1289	10470	12.31%
10	合肥	1177	6361	18.50%

4.3.2 国内论文产出分析

（1）国内论文产出较多的地区

本章所统计的国内论文数据主要来自 CSTPCD，2016 年国内论文数居前 10 位的地区与 2015 年相同，只是排名有所不同。其中，北京、上海、陕西、湖北和四川的论文数比 2015 年有所增长，其他省（市）的论文数则有不同程度下降（如表 4-9 所示）。

表 4-9 2016 年中国国内论文数居前 10 位的地区

排名	地区	2015 年论文篇数	2016 年论文篇数	增长率
1	北京	66096	66620	0.79%
2	江苏	44718	44201	-1.16%
3	上海	28980	29534	1.91%
4	陕西	27247	29390	7.87%
5	广东	29751	28382	-4.60%
6	湖北	25236	25956	2.85%
7	四川	22772	23388	2.71%
8	山东	22176	22045	-0.59%
9	辽宁	20078	19955	-0.61%
10	浙江	21565	19445	-9.83%

（2）国内论文增长较快的地区

国内论文数 3 年年均增长率居前 10 位的地区如表 4-10 所示。国内论文数增长较快的地区为西藏、贵州、青海和内蒙古，这 4 个省（自治区）的 3 年年均增长率均在 7% 以上。

通过与表4-2，即2014—2016年国际论文数增长率居前10位的地区的比较发现，西藏、贵州、青海、海南、陕西和新疆，这6个省（自治区）不仅国际论文总数3年平均增长率居全国前10位，而且国内论文总数3年平均增长率亦是如此。这表明，2014—2016年这3年间，这些地区的科研产出水平和科研产出质量都取得了快速发展。

表4-10 2014—2016年国内科技论文数增长率居前10位的地区

排名	地区	国内科技论文篇数			年均增长率
		2014年	2015年	2016年	
1	西藏	230	258	303	14.78%
2	贵州	5355	5893	6377	9.13%
3	青海	1249	1304	1463	8.23%
4	内蒙古	4287	4772	4918	7.11%
5	海南	3037	3282	3426	6.21%
6	陕西	26452	27247	29390	5.41%
7	湖北	23855	25236	25956	4.31%
8	新疆	8077	8178	8698	3.77%
9	云南	7559	7840	8015	2.97%
10	河北	17671	18881	18476	2.25%

注：年均增长率 $= \left(\sqrt{\frac{2016\text{年科技论文数}}{2014\text{年科技论文数}}}-1\right)\times 100\%$。

（3）中国卓越国内科技论文较多的地区

根据学术文献的传播规律，科技论文发表后会在3~5年的时间内形成被引用的峰值。这个时间窗口内较高质量科技论文的学术影响力会通过论文的引用水平表现出来。为了遴选学术影响力较高的论文，我们为近5年中国科技核心期刊收录的每篇论文计算了“累计被引时序指标”——n指数。

n指数的定义方法是：若一篇论文发表n年之内累计被引次数达到n次，同时在$n+1$年累计被引次数不能达到$n+1$次，则该论文的“累计被引时序指标”的数值为n。

对各个年度发表在中国科技核心期刊上的论文被引次数设定一个n指数分界线，各年度发表的论文中，被引次数超越这一分界线的就被遴选为“卓越国内科技论文”。我们经过数据分析测算后，对近5年的“卓越国内科技论文”分界线定义为：论文n指数大于发表时间的论文是“卓越国内科技论文”。例如，论文发表1年之内累计被引达到1次的论文，n指数为1；发表2年之内累计被引超过2次，n指数为2。以此类推，发表5年之内累计被引用达到5次，n指数为5。

按照这一统计方法，我们据近5年（2012—2016年）的CSTPCD统计，共遴选出“卓越国内科技论文”137081篇，占这5年CSTPCD收录全部论文的比例约为5.43%，表4-11为2012—2016年中国卓越国内科技论文较多的地区。由表所见，发表卓越国内科技论文居前10位的地区与发表国内论文数居前10位的地区一致，只是排名略有不同。

表 4-11 2012—2016 年卓越国内科技论文数居前 10 位的地区

排名	地区	卓越国内论文篇数	排名	地区	卓越国内论文篇数
1	北京	27760	6	湖北	6091
2	江苏	13126	7	浙江	5645
3	广东	7986	8	山东	5612
4	上海	7806	9	四川	5507
5	陕西	7036	10	辽宁	4745

4.3.3 各地区 R&D 投入产出分析

据国家统计局全国科技经费投入统计公报中定义研究与试验发展（R&D）经费是指该统计年度内全社会实际用于基础研究、应用研究和试验发展的经费。包括实际用于 R&D 活动的人员劳务费、原材料费、固定资产购建费、管理费及其他费用支出。基础研究指为了获得关于现象和可观察事实的基本原理的新知识（揭示客观事物的本质、运动规律，获得新发展、新学说）而进行的实验性或理论性研究，它不以任何专门或特定的应用或使用为目的。应用研究指为了确定基础研究成果可能的用途，或是为达到预定的目标探索应采取的新方法（原理）或新途径而进行的创造性研究。应用研究主要针对某一特定的目的或目标。试验发展指利用从基础研究、应用研究和实际经验所获得的现有知识，为产生新的产品、材料和装置，建立新的工艺、系统和服务，以及对已产生和建立的上述各项做实质性的改进而进行的系统性工作。

2015 年，全国共投入 R&D 经费 14169.9 亿元，比 2014 年增加 1154.3 亿元，增长 8.9%；R&D 经费投入强度（R&D 经费与国内生产总值之比）为 2.07%，比 2014 年提高 0.05 个百分点。按 R&D 人员（全时当量）计算的人均经费为 37.7 万元，比 2014 年增加 2.6 万元。其中，用于基础研究的经费为 716.1 亿元，比 2014 年增长 16.7%；应用研究经费 1528.7 亿元，增长 9.3%；试验发展经费 11925.1 亿元，增长 8.4%。基础研究、应用研究和试验发展占 R&D 经费当量的比例分别为 5.1%、10.8% 和 84.1%。

从地区分布看，2015 年 R&D 经费较多的 5 个省（市）为江苏、广东、山东、北京和浙江。R&D 经费投入强度（地区 R&D 经费与地区生产总值之比）达到或超过全国平均水平的地区有北京、上海、天津、江苏、广东、浙江、山东和陕西 8 个省（市）。

R&D 经费投入可以作为评价国家或地区科技投入、规模和强度的指标，同时科技论文和专利又是 R&D 经费产出的两大组成部分。充足的 R&D 经费投入可以为地区未来几年科技论文产出、发明专利活动提供良好的经费保障。

从 2014—2015 年 R&D 经费与 2016 年的科技论文和专利授权情况看（如表 4-12 所示），经费投入量较大的江苏、广东、山东、北京、浙江、上海、湖北和四川等地区，论文产出和专利授权数也居前 10 位。2014—2015 年江苏在 R&D 经费投入方面仍居全国首位，其 2016 年国际与国内论文发表总数和国内发明专利授权数分别居全国各省（市、自治区）的第 2 和第 1 位。北京在 R&D 经费投入方面落后于江苏、广东和山东，居全国第 4 位，但其 2016 年国际与国内发表论文总数和国内发明专利授权数分别居全国第 1 和第 2 位。

表4-12 2016年各地区论文数、专利数与2014—2015年R&D经费比较

地区	2016年国际与国内发表论文情况		2016年国内发明专利授权数情况		R&D经费			
	篇数	排名	件数	排名	2014年/亿元	2015年/亿元	2014—2015年合计/亿元	排名
北京	132833	1	40602	2	1268.8	1384	2652.8	4
天津	23787	13	5185	15	464.7	510.2	974.9	8
河北	23378	14	4247	19	313.1	350.9	664	16
山西	11661	22	2411	21	152.2	132.5	284.7	20
内蒙古	6130	27	871	27	122.1	136.1	258.2	22
辽宁	32418	10	6731	14	435.2	363.4	798.6	12
吉林	17637	18	2428	20	130.7	141.4	272.1	21
黑龙江	20355	17	4345	18	161.3	157.7	319	19
上海	61729	3	20086	5	862	936.1	1798.1	6
江苏	82170	2	40952	1	1652.8	1801.2	3454	1
浙江	37555	9	26576	4	907.9	1011.2	1919.1	5
安徽	21577	15	15292	7	393.6	431.8	825.4	11
福建	16490	19	7170	11	355	392.9	747.9	15
江西	11139	24	1914	24	153.1	173.2	326.3	18
山东	39889	7	19404	6	1304.1	1427.2	2731.3	3
河南	26933	11	6811	13	400	435	835	10
湖北	45971	6	8517	9	510.9	561.7	1072.6	7
湖南	26151	12	6967	12	367.9	412.7	780.6	13
广东	50708	4	38626	3	1605.4	1798.2	3403.6	2
广西	11329	23	5159	16	111.9	105.9	217.8	23
海南	4309	28	383	29	16.9	17	33.9	29
重庆	20863	16	5044	17	201.9	247	448.9	17
四川	38431	8	10350	8	449.3	502.9	952.2	9
贵州	8122	26	2036	23	55.5	62.3	117.8	26
云南	11837	21	2125	22	85.9	109.4	195.3	24
西藏	362	31	33	31	2.4	3.1	5.5	31
陕西	47098	5	7503	10	366.8	393.2	760	14
甘肃	12984	20	1308	25	76.9	82.7	159.6	25
青海	1795	30	271	30	14.3	11.6	25.9	30
宁夏	2576	29	560	28	23.9	25.5	49.4	28
新疆	10702	25	910	26	49.2	52	101.2	27

注：1.“国际论文”指SCI收录的中国科技人员发表的论文。

2.“国内论文”指中国科学技术信息研究所研制的CSTPCD收录的论文。

3.专利数据来源：2016年国家知识产权局统计数据。

4.R&D经费数据来源：2014年和2015年全国科技经费投入统计公报。

图 4-1 为 2016 年中国各地区的 R&D 经费投入及论文和专利产出情况。由图中不难看出，目前中国各地区的论文产出水平和专利产出水平仍存在较大差距。论文总数显著高过发明专利数，反映出专利产出能力依旧薄弱的状况。加强中国专利的生产能力是需要我们重视的问题。此外，一些省（市）R&D 经费投入虽然不是很大，但相对的科技产出量还是较大的，如安徽和陕西这两个地区的投入量分别排在第 11 与第 14 位，但专利授权数分别排在第 7 和第 10 位。

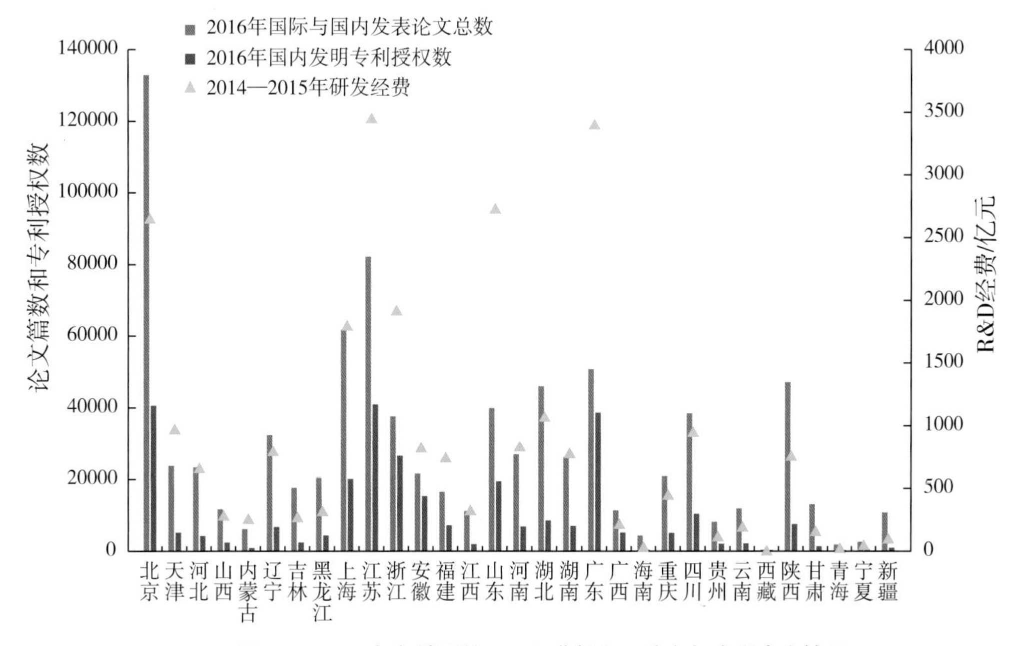

图 4-1　2016 年各地区的 R&D 经费投入及论文与专利产出情况

4.3.4 各地区科研产出结构分析

（1）国际国内论文比

国际国内论文比是某地区当年的国际论文总数除以该地区的国内论文数，该比值能在一定程度上反映该地区的国际交流能力及影响力。

2016 年中国国际国内论文比居前 10 位的地区大部分与 2015 年的相同，如表 4-13 所示。总体上，这 10 个地区的国际国内论文比都大于 1，表明这 10 个地区的国际论文产量均超过了国内论文。与 2015 年中国国际国内论文比居前 10 位的地区情况不同的是，2016 年安徽和山东取代福建和湖北进入排名的前 10 位。国际国内论文比大于 1 的地区还有湖北、福建、陕西、辽宁、广东、重庆和四川。国际国内论文比较小的地区为贵州、海南、青海、新疆、宁夏和西藏这几个边远的省（自治区），这些地区的国际国内论文比都低于 0.35。

表 4-13　2016 年各地区中国国际国内论文比情况

排名	地区	国际论文总篇数	国内论文总篇数	国际国内论文比
1	吉林	14019	8520	1.65
2	上海	47371	29534	1.60
3	北京	101170	66620	1.52
4	黑龙江	17425	11486	1.52
5	湖南	20393	14036	1.45
6	浙江	26796	19445	1.38
7	江苏	59837	44201	1.35
8	天津	17440	13296	1.31
9	安徽	15633	12447	1.26
10	山东	27228	22045	1.24
11	湖北	31048	25956	1.20
12	福建	10429	8745	1.19
13	陕西	34595	29390	1.18
14	辽宁	22473	19955	1.13
15	广东	31836	28382	1.12
16	重庆	13154	12081	1.09
17	四川	25119	23388	1.07
18	江西	6392	6817	0.94
19	甘肃	7355	8120	0.91
20	山西	5757	7933	0.73
21	河南	12958	17945	0.72
22	云南	5119	8015	0.64
23	河北	8977	18476	0.49
24	广西	4083	8416	0.49
25	内蒙古	1967	4918	0.40
26	贵州	2149	6377	0.34
27	海南	1101	3426	0.32
28	青海	467	1463	0.32
29	新疆	2584	8698	0.30
30	宁夏	566	2124	0.27
31	西藏	53	303	0.17

（2）国际权威期刊载文分析

SCIENCE、NATURE 和 CELL 是国际公认的 3 个享有最高学术声誉的科技期刊。发表在三大名刊上的论文，往往都是经过世界范围内知名专家层层审读、反复修改而成的高质量、高水平的论文。2016 年以上 3 种期刊共刊登论文 6005 篇，比 2015 年减少了 6 篇。其中，中国论文为 298 篇，论文数增加了 8 篇，排在世界第 5 位，与 2015 年排名相同。美国仍然排在首位，论文数为 2559 篇。英国、德国和法国分列第 2~ 第 4 位，排在中国之前。若仅统计 Article 和 Review 两种类型的论文，则中国论文数为 212 篇，仍排在世界第 5 位。

如表 4–14 所示，按第一作者地址统计，2016 年中国内地第一作者在三大名刊上发表的论文（文献类型只统计了 Article 和 Review）共 83 篇，其中在 NATURE 上发表 41 篇，SCIENCE 上发表 27 篇，CELL 上发表 15 篇。这 83 篇论文中，北京以发表 44 篇排名居第 1 位；上海以发表 17 篇排名居第 2 位；广州和合肥均发表了 3 篇，并列第 3 位；福州、武汉和西安均发表 2 篇，并列第 5 位；其他城市均只有一个机构发表了 1 篇论文。

表 4–14 2016 年中国内地第一作者发表在三大名刊上的论文城市分布

城市	机构总数	论文总篇数	城市	机构总数	论文总篇数
北京	15	44	哈尔滨	1	1
上海	11	17	杭州	1	1
广州	3	3	南京	1	1
合肥	1	3	青岛	1	1
福州	1	2	厦门	1	1
武汉	2	2	苏州	1	1
西安	1	2	长春	1	1
成都	1	1	重庆	1	1
大连	1	1			

注：“机构总数”指在 SCIENCE、NATURE 和 CELL 上发表的论文第一作者单位属于该地区的机构总数。

4.4 讨论

2016 年中国科技人员共发表国际论文 575494 篇。北京、江苏、上海、陕西、广东和湖北仍为产出国际论文数居前 6 位的地区；从论文被引情况看，这 6 个地区的论文被引次数也是排名居前 10 位的地区。青海、西藏、贵州、宁夏和海南等偏远地区由于论文基数较小，3 年国际论文总数平均增长速度较快。山东、陕西和江苏是论文数排名居前 10 位、增速排名也居前 10 位的地区。

2016 年中国科技人员共发表国内论文 494207 篇。北京、江苏、上海、陕西、广东、湖北、四川、山东、辽宁和浙江仍是国内论文高产地区，情况与 2015 年相似。西藏、贵州、青海和内蒙古等省（自治区）3 年国内论文总数平均增长率位居全国前列，是 2016 年国内论文快速发展地区。

与 2013—2014 年度统计结果一样，2014—2015 年 R&D 经费投入量较多的地区有江苏、广东、山东、北京和浙江等地区，这几个地区 2016 年发表的科技论文总数和专利授权数也较多。北京 R&D 经费投入排名居全国第 4 位，但其国际与国内发表论文总数和国内发明专利授权数分别居全国第 1 和第 2 位。

国际论文产量在所有科技论文中所占比例越来越大，国际论文数量超过国内论文数量的省（市）已达 17 个。2016 年中国内地第一作者在三大名刊上发表的论文共 83 篇，分属 17 个城市。其中，北京和上海发表的三大名刊论文数最多。

参考文献

[1] 中国科学技术信息研究所. 2015 年度中国科技论文统计与分析（年度研究报告）[M]. 北京：科学技术文献出版社，2017：23 － 36.

[2] 中国科学技术信息研究所. 2014 年度中国科技论文统计与分析（年度研究报告）[M]. 北京：科学技术文献出版社，2016：24 － 34.

[3] 国家知识产权局. http：//www.sipo.gov.cn/tjxx/.

5　中国科技论文的机构分布情况分析

5.1　引言

科技论文作为科技活动产出的一种重要形式，能够在很大程度上反映科研机构的研究活跃度和影响力，是评估科研机构科技实力和运行绩效的重要依据。为全面系统地考察 2016 年中国科研机构的整体发展状况及发展趋势，本章从国际上 3 个重要的检索系统（SCI、Ei、CPCI-S）和国内数据库（CSTPCD）出发，从发文量、总被引次数、学科分布等多角度分析了 2016 年中国不同类型科研机构的论文发表状况。

5.2　数据与方法

数据采集自 SCI、Ei、CPCI-S 三大国际检索系统及 CSTPCD 国内数据库。

SCI 数据是基于 Article 和 Review 两类文献进行统计，CSTPCD 数据是基于论著、综述、研究快报和工业工程设计四类文献进行统计。还需指出的是，机构类型由二级单位性质决定，如高等院校附属医院归类于医疗机构。

下载的数据通过自编程序导入到数据库 Foxpro 中。尽管这些数据库整体数据质量都不错，但还是存在不少不完全、不一致甚至是错误的现象，在统计分析之前，必须对数据进行清洗规范。本章所涉及的数据处理主要包括：

①分离出论文的第一作者及第一作者单位。

②作者单位不同写法标准化处理。例如，把单位的中文写法、英文写法、新旧名、不同缩写形式等采用程序结合人工方式统一编码处理。

③单位类型编码。采用机器结合人工方式给单位类型编码。

本章主要采用的方法有文献计量法、文献调研法、数据可视化分析等。为更好地反映中国科研机构研究状况，基于文献计量法思想，我们设计了发文量、总被引总次数、篇均被引次数、未被引率等指标。

5.3　研究分析与结论

5.3.1　各机构类型 2016 年发表论文情况分析

2016 年 SCI、CPCI-S、Ei 和 CSTPCD 收录中国科技论文的机构类型分布如表 5-1 所示。从表 5-1 可以看出，无论是国际论文（SCI、CPCI-S、Ei）还是国内论文（CSTPCD），高等院校都是中国科技论文产出的主要贡献者，这主要还是因为高等院校一般都有鼓励发表国际论文的科研奖励政策。不过与国际论文份额相比，高等院校的国内论文份额相对较低，为48.2%。相反的是医疗机构发表国内论文占比31.8%，SCI占比16.3%，CPCI-S收录占比3.9%，Ei收录占比0.3%，医疗机构的国内论文与国际期刊论文占比相比则较高，国际论文中国际会议论文与工程类论文占比差距则更大。研究机构发表国内论文占比11.4%，SCI占比10.3%，CPCI-S占比5.3%，Ei占比8.3%，国内与国际会议的占比较为接近，国际会议论文占比最低。

表5-1 2016年SCI、CPCI-S、Ei、CSTPCD收录中国科技论文的机构类型分布

机构类型	SCI		CPCI-S		Ei		CSTPCD		合计	
	论文篇数	占比	论文篇数	占比	论文篇数	占比	论文篇数	占比	论文篇数	占比
高等院校	204566	70.3%	54663	76.5%	182847	85.7%	237963	48.2%	680039	63.6%
研究机构	29860	10.3%	3789	5.3%	17619	8.3%	56447	11.4%	107715	10.1%
医疗机构	47541	16.3%	2765	3.9%	646	0.3%	157097	31.8%	208049	19.4%
企业	922	0.3%	1497	2.1%	0	0.0%	22715	4.6%	25134	2.3%
其他	8051	2.8%	8748	12.2%	12273	5.8%	19985	4.0%	49057	4.6%
总计	290940	100.0%	71462	100.0%	213385	100.0%	494207	100.0%	1069994	100.0%

5.3.2 各机构类型被引情况分析

论文的被引情况可以大致反映论文的质量。表5-2为2007—2016年SCI收录的中国科技论文累计被引情况。从表5-2可以看出，中国科技论文的篇均被引次数为9.8次，未被引论文占比为21.4%。从篇均被引次数来看，研究机构发表论文的篇均被引次数最高，为13.4，高于平均水平9.8。除高等院校（8.8次）略高外，其他类型机构发表论文的篇均被引次数均低于平均水平，分别为企业的5.5次和医疗机构的5.0次。从未被引论文占比来看，研究机构发表的论文中未被引论文占比最低，为16.4%，其次为高等院校的20.5%，这两者都低于平均水平。高于平均水平的为企业的34.6%和医疗机构的33.6%。

表5-2 SCI收录中国科技论文的各机构类型被引情况

机构类型	论文篇数	未被引论文篇数	总被引次数	篇均被引次数	未被引论文占比
高等院校	1267687	260242	12520335	9.9	20.5%
研究机构	225084	36952	3019532	13.4	16.4%
医疗机构	182521	61295	914759	5.0	33.6%
企业	5210	1803	28878	5.5	34.6%
总计	1680502	360292	16483504	9.8	21.4%

数据来源：2007—2016年SCI收录的中国科技论文。

5.3.3 各机构类型发表论文学科分布分析

表 5-3 为 CSTPCD 收录的各机构类型发表论文占比居前 10 位的学科。从表中可以看出，在高等院校发表论文中，数学，信息、系统科学，管理学，力学，计算技术，材料科学，工程与技术基础学科，物理学，动力与电气和机械、仪表等学科论文占比较高，均超过了 75%，其中数学和信息、系统科学超过了 90%。从学科性质看，高等院校是基础科学等理论性研究的绝对主体。在研究机构发表的论文中，天文学、核科学技术、水产学、农学、航空航天、地学、林学、能源科学技术、预防医学与卫生学和畜牧、兽医等偏工程技术方面的应用性研究学科占比较多。在医疗机构发表论文中，学科占比居前 10 位的为临床医学、军事医学与特种医学、基础医学、药药学、中医学、预防医学与卫生学、生物学、管理学、水产和核科学技术等。值得注意的是，其中有管理学和生物学，查看其详细论文列表可以发现，管理学中多为医学管理方面论文，生物学中多是分子生物学等与医学关系密切的学科。在企业发表的论文中，学科占比居前 10 位的学科为矿山工程技术，能源科学技术，交通运输，轻工纺织，化工，冶金、金属学，土木建筑，核科学技术，水利和动力与电气等。

表 5-3 CSTPCD 收录的各机构类型发表论文占比居前 10 位的学科分布

高等院校		研究机构		医疗机构		企业	
学科	占比	学科	占比	学科	占比	学科	占比
数学	96.2 %	天文学	45.1 %	临床医学	86.4 %	矿山工程技术	30.6 %
信息、系统科学	91.0 %	核科学技术	44.2 %	军事医学与特种医学	74.7 %	能源科学技术	24.2 %
管理学	89.8 %	水产学	34.5 %	基础医学	56.6 %	交通运输	19.8 %
力学	85.7 %	农学	32.4 %	药物学	51.1 %	轻工、纺织	16.8 %
计算技术	84.7 %	航空航天	28.1 %	中医学	45.8 %	化工	15.7 %
材料科学	83.3 %	地学	27.9 %	预防医学与卫生学	39.5 %	冶金、金属学	15.5 %
工程与技术基础学科	82.2 %	林学	25.9 %	生物学	7.8 %	土木建筑	12.2 %
物理学	78.2 %	能源科学技术	24.7 %	管理学	5.7 %	核科学技术	11.9 %
动力与电气	77.7 %	预防医学与卫生	23.5 %	水产学	2.0 %	水利	11.4 %
机械、仪表	76.7 %	畜牧、兽医	23.2 %	核科学技术	1.6 %	动力与电气	10.2 %

5.3.4 SCI、CPCI-S、Ei 和 CSTPCD 发表论文较多的高等院校

从表 5-4 可以看出，2016 年 SCI 收录中国论文数居前 10 位的高等院校论文总数 46101 篇，占收录的所有高等院校论文数的 22.5%；Ei 收录论文数居前 10 位的高等院校论文总数 35235 篇，占收录的所有高等院校论文数的 19.3%；CPCI-S 收录论文数居前 10 位的高等院校论文总数 12837 篇，占收录的所有高等院校论文数的 23.5%；CSTPCD

收录论文数居前10位的高等院校论文总数38843篇，占收录的所有高等院校论文数的16.3%。这说明中国高等院校发文集中在少数高等院校，并且国际论文集中度高于国内论文。

表5-4 2016年SCI、Ei、CPCI-S和CSTPCD收录的高等院校TOP 10论文占比

SCI			Ei			CPCI-S			CSTPCD		
TOP 10	总篇数	占比	TOP 10	总篇数	占比	TOP 10	总篇数	占比	TOP 10	总篇数	占比
46101	204566	22.5%	35235	182847	19.3%	12837	54663	23.5%	38843	237963	16.3%

表5-5列出了2016年SCI、CPCI-S、Ei和CSTPCD收录论文数居前10位的高等院校。4个列表均进入前10位的高等院校有：上海交通大学和华中科技大学。进入3个列表的高等院校有：清华大学、浙江大学和西安交通大学。进入2个列表的高等院校有：北京大学、吉林大学、四川大学、哈尔滨工业大学、北京航空航天大学和中南大学。只进入1个列表的高等院校有：复旦大学、山东大学、天津大学、华南理工大学、北京邮电大学、电子科技大学、国防科学技术大学、首都医科大学、同济大学、武汉大学和中山大学。应该指出的是，我们不能简单地认为4个列表均进入前10位的学校就比只进入2个或1个列表前10位的学校要好。但是，进入前10位列表越多，大致可以说明该机构学科发展的覆盖程度和均衡程度较好。

从表5-5还可以看出，在被收录论文数居前10位的高等院校中，被收录的国际论文数已经超出了国内论文数。这说明中国较好高等院校的科研人员倾向在国际期刊、国际会议上发表论文。

表5-5 2016年SCI、Ei、CPCI-S和CSTPCD收录论文数居前10位的高等院校

排名	SCI	Ei	CPCI-S	CSTPCD
	高等院校（论文篇数）	高等院校（论文篇数）	高等院校（论文篇数）	高等院校（论文篇数）
1	浙江大学（6231）	清华大学（5160）	清华大学（1764）	首都医科大学（5998）
2	上海交通大学（6215）	哈尔滨工业大学（4165）	北京航空航天大学（1597）	上海交通大学（5738）
3	清华大学（5023）	浙江大学（4090）	上海交通大学（1454）	北京大学（4277）
4	北京大学（4500）	天津大学（3617）	哈尔滨工业大学（1409）	武汉大学（4102）
5	华中科技大学（4310）	上海交通大学（3521）	西安交通大学（1184）	四川大学（3768）
6	四川大学（4157）	西安交通大学（3325）	国防科学技术大学（1177）	中南大学（3119）
7	复旦大学（3970）	华中科技大学（2984）	浙江大学（1162）	华中科技大学（3038）
8	西安交通大学（3948）	北京航空航天大学（2943）	电子科技大学（1102）	吉林大学（3006）
9	山东大学（3923）	华南理工大学（2720）	北京邮电大学（1010）	同济大学（2921）
10	吉林大学（3824）	中南大学（2710）	华中科技大学（978）	中山大学（2876）

注：按第一作者第一单位统计。

5.3.5 SCI、Ei、CPCI-S 和 CSTPCD 收录论文较多的研究机构

从表 5-6 可以看出，2016 年 SCI 收录中国论文居前 10 位的研究机构论文总数 5824 篇，占收录的所有研究机构论文数的 19.5%；Ei 收录中国论文居前 10 位的研究机构论文总数 5172 篇，占收录的所有研究机构论文数的 29.4%；CPCI-S 收录中国论文居前 10 位的研究机构论文总数 1424 篇，占收录的所有研究机构论文数的 37.6%；CSTPCD 收录中国论文居前 10 位的研究机构论文总数 6409 篇，占收录的所有研究机构论文数的 11.4%。与高等院校情况类似，中国研究机构被收录的论文也较为集中，并且国际论文集中度高于国内论文。与 TOP 10 高等院校被收录论文占比相比，TOP 10 研究机构被 Ei 和 CPCI-S 收录的论文占比要高，而被 SCI 和 CSTPCD 收录论文的占比要低。说明研究机构在 SCI 和国内论文中的集中度低于高等院校，而在 Ei 和 CPCI-S 中的集中度高于高等院校。可能的原因是高等院校更侧重于国际论文中的 SCI 论文和国内论文，而研究机构对于国际论文的重视则更为均衡。

表 5-6 2016 年 SCI、Ei、CPCI-S 和 CSTPCD 收录的研究机构 TOP 10 论文占比

SCI			Ei			CPCI-S			CSTPCD		
TOP 10 篇数	总篇数	占比	TOP 10 篇数	总篇数	占比	TOP 10 篇数	总篇数	占比	TOP 10 篇数	总篇数	占比
5824	29860	19.5%	5172	17619	29.4%	1424	3789	37.6%	6409	56447	11.4%

表 5-7 列出了 2016 年 SCI、CPCI-S、Ei 和 CSTPCD 收录论文居前 10 位的研究机构。中国工程物理研究院是唯一在 4 个列表中均进入前 10 位的研究机构。进入 2 个列表前 10 位的研究机构有：中国科学院大连化学物理研究所、中国科学院地理科学与资源研究所、中国科学院过程工程研究所、中国科学院合肥物质科学研究院、中国科学院化学研究所、中国科学院生态环境研究中心、中国科学院长春应用化学研究所和中国科学院自动化研究所。只进入 1 个列表前 10 位的研究机构有：中国科学院地质与地球物理研究所、中国科学院物理研究所、中国科学院电工研究所、中国科学院电子学研究所、中国科学院计算技术研究所、中国科学院深圳先进技术研究院、中国科学院沈阳自动化研究所、中国科学院声学研究所、中国科学院信息工程研究所、中国科学院遥感与数字地球研究所、中国科学院金属研究所、中国科学院长春光学精密机械与物理研究所、江苏省农业科学院、军事医学科学院、中国疾病预防控制中心、中国林业科学研究院、中国农业科学院农业质量标准与检测技术研究所、中国热带农业科学院、中国水产科学研究院和中国中医科学院

由表 5-7 可以看出，在被收录论文数靠前的研究机构中，被收录的国际论文数也超过了国内科技论文数，但程度要比高等院校弱一些。

表 5-7 2016 年 SCI、CPCI-S、Ei 和 CSTPCD 收录论文居前 10 位的研究机构

排名	SCI	CPCI-S	Ei	CSTPCD
	研究机构（论文篇数）	研究机构（论文篇数）	研究机构（论文篇数）	研究机构（论文篇数）
1	中国科学院合肥物质科学研究院（740）	中国科学院自动化研究所（212）	中国工程物理研究院（780）	中国中医科学院（1138）
2	中国科学院化学研究所（739）	中国科学院遥感与数字地球研究所（181）	中国科学院合肥物质科学研究院（700）	中国疾病预防控制中心（888）
3	中国工程物理研究院（721）	中国科学院信息工程研究所（172）	中国科学院化学研究所（591）	中国林业科学研究院（672）
4	中国科学院长春应用化学研究所（716）	中国工程物理研究院（153）	中国科学院长春应用化学研究所（542）	中国水产科学研究院（665）
5	中国科学院大连化学物理研究所（624）	中国科学院深圳先进技术研究院（142）	中国科学院长春光学精密机械与物理研究所（488）	中国农业科学院农业质量标准与检测技术研究所（628）
6	中国科学院生态环境研究中心（537）	中国科学院沈阳自动化研究所（123）	中国科学院自动化研究所（474）	中国科学院地理科学与资源研究所（523）
7	中国科学院物理研究所（465）	中国科学院电工研究所（112）	中国科学院大连化学物理研究所（454）	军事医学科学院（498）
8	中国科学院地理科学与资源研究所（442）	中国科学院电子学研究所（111）	中国科学院金属研究所（402）	中国工程物理研究院（492）
9	中国科学院过程工程研究所（423）	中国科学院声学研究所（111）	中国科学院过程工程研究所（371）	中国热带农业科学院（458）
10	中国科学院地质与地球物理研究所（417）	中国科学院计算技术研究所（107）	中国科学院生态环境研究中心（370）	江苏省农业科学院（447）

注：按第一作者第一单位统计。

5.3.6 SCI、CPCI-S 和 CSTPCD 收录论文较多的医疗机构

由表 5-8 可以看出，2016 年 SCI 收录的中国论文居前 10 位的医疗机构论文总数 6593 篇，占收录的所有医疗机构论文数的 13.9%；CPCI-S 收录的中国论文居前 10 位的医疗机构论文总数 759 篇，占收录的所有研究机构论文数的 27.5%；CSTPCD 收录的中国论文居前 10 位的医疗机构论文总数 11187 篇，占收录的所有医疗机构论文数的 7.1%。与高等院校、研究机构情况类似的是，中国医疗机构国际论文集中度高于国内论文。其中，被 CPCI-S 收录的 TOP 10 医疗机构的论文占比最高为 27.5%。国内论文中收录的论文居前 10 位的医疗机构论文占医疗机构论文总数的 7.1%，与高等院校的 16.3% 和研究机构的 11.4% 相比差距较大。

表 5-8 2016 年 SCI、CPCI-S 和 CSTPCD 收录的医疗机构 TOP 10 论文占比

SCI			CPCI-S			CSTPCD		
TOP 10 篇数	总篇数	占比	TOP 10 篇数	总篇数	占比	TOP 10 篇数	总篇数	占比
6593	47541	13.9%	759	2765	27.5%	11187	157097	7.1%

表 5-9 列出了 2016 年 SCI、CPCI-S 和 CSTPCD 收录的论文居前 10 位的医疗机构。3 个列表均进入前 10 位的医疗机构有 2 个：解放军总医院和四川大学华西医院。2 个列表均进入前 10 位的医疗机构有 6 个：北京协和医院、华中科技大学附属同济医院、浙江大学医附属第一医院、郑州大学第一附属医院、中山大学附属第一医院和江苏省人民医院。只进入 1 个列表前 10 位的有：吉林大学附属白求恩第一医院、山东大学齐鲁医院、中南大学湘雅医院、北京大学人民医院、第四军医大学西京医院、复旦大学附属中山医院、广州医科大学第一附属医院、中山大学附属第三医院、武汉大学人民医院、新疆医科大学第一附属医院、中国医科大学附属盛京医院和重庆医科大学附属第一医院。与高等院校和研究机构不同，被收录的论文数居前的医疗机构一般国际论文要少于国内论文。

表 5-9　2016 年 SCI、CPCI-S 和 CSTPCD 收录的论文居前 10 位的医疗机构

排名	SCI	CPCI-S	CSTPCD
1	四川大学华西医院（1224）	中山大学附属第一医院（100）	解放军总医院（1833）
2	解放军总医院（903）	四川大学华西医院（97）	四川大学华西医院（1409）
3	北京协和医院（622）	中山大学附属第三医院（88）	武汉大学人民医院（1272）
4	华中科技大学附属同济医院（585）	复旦大学附属中山医院（77）	北京协和医院（1234）
5	中南大学湘雅医院（570）	广州医科大学第一附属医院（75）	中国医科大学附属盛京医院（1105）
6	郑州大学第一附属医院（569）	解放军总医院（69）	华中科技大学附属同济医院（1020）
7	山东大学齐鲁医院（569）	第四军医大学西京医院（69）	江苏省人民医院（847）
8	浙江大学医附属第一医院（542）	浙江大学第一附属医院（66）	新疆医科大学第一附属医院（847）
9	中山大学附属第一医院（515）	江苏省人民医院（61）	郑州大学第一附属医院（843）
10	吉林大学附属白求恩第一医院（494）	北京大学人民医院（57）	重庆医科大学附属第一医院（777）

5.4　讨论

从国内外 4 个重要检索系统收录的 2016 年中国科技论文的机构分布情况可以看出，高等院校是国际论文（SCI、Ei、CPCI-S）发表的绝对主体，平均占比将近 80%，在国内论文发表上占据 48.2%，将近一半。医疗机构是国内论文发表的重要力量，占 31.8%，但它的国际论文占比要小得多。研究机构的国内论文发表占比则高于国际论文。

从篇均被引次数和未被引率来看，研究机构发表论文的总体质量相对是最高的，其次为高等院校。

从学科性质看，高等院校是基础科学等理论性研究的绝对主体；研究机构在应用性研究学科方面相对活跃；医疗机构是医学领域研究的重要力量；企业在矿山工程技术，能源科学技术，交通运输，轻工、纺织，化工，冶金、金属学和土木建筑等领域相对活跃。

中国高等院校发文集中度高，并且国际论文集中度高于国内论文的集中度。中国研究机构发文集中度也高，国际论文集中度高于国内论文的集中度。研究机构的 Ei 和

CPCI-S国际论文集中度要高于高等院校，而SCI和国内论文的集中度要低于高等院校。医疗机构国内论文集中度远远低于高等院校和研究机构。

在被收录论文数居前的高等院校中，国际论文数已经超出了国内论文。被收录论文数居前的研究机构中，国际论文数也超出了国内论文，但程度要比高等院校弱一些。与高等院校和研究机构不同，被收录论文数居前的医疗机构一般国际论文要少于国内论文。

参考文献

[1] 中国科学技术信息研究所. 2014年度中国科技论文统计与分析（年度研究报告）[M]. 北京：科学技术文献出版社，2016.

[2] 中国科学技术信息研究所. 2015年度中国科技论文统计与分析（年度研究报告）[M]. 北京：科学技术文献出版社，2017.

6　中国科技论文被引情况分析

6.1　引言

论文是科研工作产出的重要体现。对科技论文的评价方式主要有 3 种：基于同行评议的定性评价、基于科学计量学指标的定量评价及二者相结合的评价方式。虽然对具体的评价方法存在诸多争议，但被引情况仍不失为重要的参考指标。在《自然》（NATURE）的一项关于计量指标的调查中，当允许被调查者自行设计评价的计量指标时，排在第 1 位的是在高影响因子的期刊上所发表的论文数量，被引情况排在第 3 位。

分析研究中国科技论文的国际、国内被引情况，可以从一个侧面揭示中国科技论文的影响，为管理决策部门和科研工作提供数据支撑。

6.2　数据与方法

本章在进行被引情况国际比较时，采用的是科睿唯安（Clarivate Analytics）出版的 ESI 数据。ESI 数据包括第一作者单位和非第一作者单位的数据统计。具体分析地区、学科和机构等分布情况时采用的数据有：2007—2016 年 SCI 收录的中国科技人员作为第一作者的论文累计被引数据；1988—2016 年 CSTPCD 收录的论文在 2016 年度被引数据。

6.3　研究分析与结论

6.3.1　国际比较

（1）总体情况

《国家中长期科学和技术发展规划纲要（2006—2020 年）》指出，到 2020 年，中国国际科学论文被引数进入世界前 5 位。由表 6-1 可以看出，中国（含香港和澳门）国际论文被引次数排名逐年提高，从 1996—2006 年的第 13 位上升到 2007—2017 年的第 2 位，提前完成了纲要目标。

表 6-1　中国各十年段科技论文被引次数世界排名变化

时间段	1996—2006 年	1997—2007 年	1998—2008 年	1999—2009 年	2000—2010 年	2001—2011 年	2002—2012 年	2003—2013 年	2004—2014 年	2005—2015 年	2006—2016 年	2007—2017 年
世界排名	13	13	10	9	8	7	6	5	4	4	4	2

注：按 ESI 数据库统计，检索时间 2017 年 9 月。

2007—2017年（截至2017年10月）中国科技人员共发表国际论文205.82万篇，继续排在世界第2位，比2016年统计时增加了18.1%；论文共被引1935.00万次，增加了29.9%，排在世界第2位，比2016年上升2位（表6-2）。中国国际科技论文被引次数增长的速度显著超过其他国家。中国平均每篇论文被引9.40次，比2016年度统计时的8.55次提高了9.9%。世界平均值为11.80次/篇，中国平均每篇论文被引次数虽与世界水平还有一定的差距，但提升速度相对较快。

以SCI收录论文统计，在2007—2017年发表科技论文超过20万篇以上的国家（地区）共有21个，按平均每篇论文被引次数排名，中国排在第15位，与2016年度统计相同。每篇论文被引次数大于世界平均值（11.80次）的国家有12个。瑞士、荷兰、英国、美国、瑞典、德国、加拿大和法国的论文篇均被引次数超过15次。

表6-2 2007—2017年发表科技论文数20万篇以上的国家（地区）论文数及被引情况

国家（地区）	论文数		被引情况		篇均被引情况	
	篇数	排名	次数	排名	次数	排名
美国	3804470	1	66447423	1	17.47	3
中国	2058212	2	19349987	2	9.40	15
英国	1061626	3	18375664	3	17.31	4
德国	1005277	4	16237514	4	16.15	6
法国	704949	6	10867562	5	15.42	8
加拿大	623599	7	9953329	6	15.96	7
日本	811829	5	9715749	7	11.97	12
意大利	605437	8	8821841	8	14.57	10
澳大利亚	506090	11	7430719	9	14.68	9
西班牙	523397	9	7130458	10	13.62	11
荷兰	361078	14	6901306	11	19.11	2
瑞士	264539	16	5326866	12	20.14	1
韩国	487963	12	4807868	13	9.85	14
印度	518495	10	4269776	14	8.23	17
瑞典	240241	19	4084463	15	17.00	5
巴西	382343	13	3020930	16	7.90	18
中国台湾	264098	17	2648900	17	10.03	13
波兰	235209	20	1958150	18	8.33	16
俄罗斯	313934	15	1910455	19	6.09	21
土耳其	255508	18	1739067	20	6.81	20
伊朗	231496	21	1579376	21	6.82	19

注：1. 按ESI数据库统计，检索时间2017年9月。
2. 中国数据包括中国香港和澳门。

（2）学科比较

表6-3列出了2007—2017年中国各学科产出论文被引情况。分析各学科论文数量、被引次数及其占世界的比例，中国有14个学科产出论文的比例超过世界该学科论文的10%。其中，材料科学论文的被引次数排在世界第1位，农业科学、化学、计算机科学、

工程技术、环境与生态学、数学、药学与毒物学和物理学 8 个领域论文的被引次数排在世界第 2 位，地学和综合类排在世界第 3 位，生物与生物化学和植物学与动物学排在世界第 4 位，微生物学排在世界第 5 位。与 2016 年度统计相比，有 8 个学科领域的论文被引次数排名有所上升。

表 6-3 2007—2017 年中国各学科产出论文与世界平均水平比较

学科	论文情况		被引情况				篇均被引次数	相对影响
	论文篇数	占世界比例	次数	占世界比例	世界排名	排名变化		
农业科学	45005	11.40%	378519	11.39%	2	—	8.41	1.00
生物与生物化学	93579	13.33%	936249	8.24%	4	↑ 1	10	0.62
化学	392086	24.03%	4902936	21.53%	2	—	12.5	0.90
临床医学	203954	7.88%	1641481	5.07%	10	—	8.05	0.64
计算机科学	63906	19.01%	347922	15.74%	2	—	5.44	0.83
经济贸易	11888	4.66%	66599	3.34%	9	↑ 1	5.6	0.72
工程技术	229606	19.93%	1497844	18.71%	2	—	6.52	0.94
环境与生态学	60129	14.00%	569489	10.60%	2	↑ 1	9.47	0.76
地学	69797	16.53%	672127	13.47%	3	↑ 1	9.63	0.81
免疫学	18260	7.46%	201196	4.39%	11	—	11.02	0.59
材料科学	221817	29.56%	2354095	27.52%	1	↑ 1	10.61	0.93
数学	77379	19.06%	316571	18.53%	2	—	4.09	0.97
微生物学	22357	11.45%	191928	6.58%	5	—	8.58	0.57
分子生物学与遗传学	62476	14.15%	734204	6.96%	6	↑ 1	11.75	0.49
综合类	2590	13.26%	31237	11.54%	3	—	12.06	0.87
神经科学与行为学	36310	7.37%	358487	4.12%	10	—	9.87	0.56
药学与毒物学	51966	13.97%	461777	9.97%	2	—	8.89	0.71
物理学	220506	20.25%	1877360	15.72%	2	—	8.51	0.78
植物学与动物学	66691	9.53%	543058	8.63%	4	—	8.14	0.91
精神病学与心理学	8671	2.28%	64550	1.41%	15	↑ 1	7.44	0.62
空间科学	12258	8.58%	144872	5.79%	13	—	11.82	0.67
社会科学	18855	2.22%	121886	2.20%	11	↑ 1	6.46	0.99

注：1. 统计时间截至 2017 年 9 月。
2. “↑ 1” 的含义是：与上年度统计相比，排名上升了 1 位；“—” 表示位次未变。
3. 相对影响：中国篇均被引次数与该学科世界平均值的比值。

（3）高被引论文

中国各学科论文在 2007—2017 年被引次数进入世界前 1% 的高被引论文为 20131 篇，比 2016 年统计时增长 18.7%，占世界的 14.7%，占世界的份额提升了近 1.9 个百分点，排在世界第 3 位，位次与 2016 年度持平。美国排在第 1 位，高被引论文数为 69976 篇，占世界的 51.2%，比 2016 年度增加了 0.2 个百分点。英国排名第 2 位，高被引论文数为 25880 篇。德国和法国分别排在第 4 位和第 5 位，高被引论文数分别为 17055 篇和 11356 篇。

（4）热点论文

近两年发表的论文在最近两个月得到大量引用，且被引次数进入本学科前 0.1% 的论文称为热点论文，这样的文章往往反映了最新的科学发现和研究动向，可以说是科学研究前沿的风向标。截至 2017 年 10 月，统计出的中国热点论文数为 703 篇，占世界热点论文总数的 25.1%，排在世界第 3 位，与 2016 年持平。美国热点论文数最多，为 1553 篇，占世界热点论文总量的 55.5%；其次为英国，热点论文数是 820 篇，德国和法国分别位列第 3 位和第 4 位，热点论文数分别是 455 篇和 330 篇。

其中被引最高的一篇论文是 2016 年 3 月发表在《CA：A Cancer Journal For Clinicians》上的论文，题为《Cancer Statistics in China，2015》，截至 2017 年 10 月 27 日已被引 1330 次，由 9 位作者署名、7 个机构参与、2 个国家基金项目共同资助。

（5）CNS 论文

《科学》（SCIENCE）、《自然》（NATURE）和《细胞》（CELL）是国际公认的 3 个享有最高学术声誉的科技期刊。发表在三大名刊上的论文，往往都是经过世界范围内知名专家层层审读、反复修改而成的高质量、高水平的论文。2016 年以上 3 种期刊共刊登论文 6000 篇，比 2015 年减少了 11 篇。其中，中国论文为 298 篇，论文数增加了 8 篇，排在世界第 5 位，与 2015 年持平；美国仍然排在首位，论文数为 2558 篇；英国、德国和法国分列第 2 ～第 4 位，排在中国之前。若仅统计 Article 和 Review 两种类型的论文，则中国有 206 篇，仍排在世界第 5 位。

（6）最具影响力期刊上发表的论文

2016 年被引次数超过 10 万次且影响因子超过 35 的国际期刊有 7 种（NEW ENGL J MED、CHEM REV、LANCET、JAMA-J AM MED ASSOC、NATURE、CHEM SOC REV、SCIENCE），2016 年共发表论文 11233 篇，其中中国论文 640 篇，占总数的 5.7%，排在世界第 4 位。若仅统计 Article 和 Review 两种类型的论文，则中国有 355 篇，排在世界第 5 位。

各学科领域影响因子最高的期刊可以被看作是世界各学科最具影响力期刊。2016 年 177 个学科领域中高影响力期刊共有 177 种，2016 年各学科高影响力期刊上的论文总数为 63412 篇。中国在这些期刊上发表的论文数为 8662 篇，比 2015 年增加 376 篇，占世界的 13.6%，排在世界第 2 位；美国有 20240 篇，占 31.9%。中国在这些高影响力期刊上发表的论文中有 3704 篇是受国家自然科学基金资助产出的，占 42.8%。发表在世界各学科高影响力期刊上的论文较多的中国高等院校是：清华大学（298 篇）、中山大学（287 篇）、北京大学（257 篇）、浙江大学（250 篇）和哈尔滨工业大学（249 篇）。

6.3.2 时间分布

图 6-1 为 2007—2016 SCI 年收录中国科技论文在 2015 年度被引的分布情况。可以发现，SCI 被引的峰值为 2015 年，表明 SCI 收录论文更倾向于引用较新的文献。

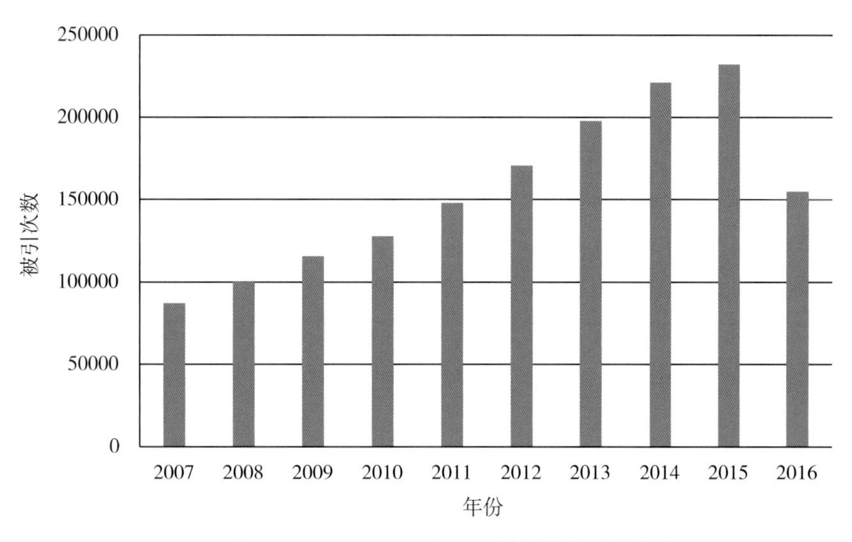

图 6-1 2007—2016 年 SCI 被引情况时间分布

6.3.3 地区分布

2007—2016 年 SCI 收录论文总被引次数居前 3 位的地区为北京、上海和江苏，篇均被引次数居前 3 位的地区为吉林、福建和上海，未被引论文比例较低的 3 个地区为甘肃、福建和上海（如表 6-4 所示）。进入 3 个排名列表前 10 位的地区有辽宁、浙江、上海、北京、湖北和吉林；进入 2 个排名列表前 10 位的地区有天津、福建、甘肃和安徽；只进入 1 个列表前 10 位的地区有陕西、江苏、广东和山东。

表 6-4 2007—2016 年 SCI 收录中国科技论文被引情况地区分布

排名	总被引情况		篇均被引情况		未被引情况	
	地区	总被引次数	地区	篇均被引次数	地区	比例
1	北京	3418365	吉林	12.53	甘肃	17.89%
2	上海	1958373	福建	11.74	福建	19.30%
3	江苏	1594668	上海	11.44	上海	19.42%
4	广东	954160	安徽	11.38	安徽	20.18%
5	浙江	904636	北京	10.92	吉林	20.21%
6	湖北	893506	甘肃	10.86	湖北	20.25%
7	辽宁	688326	天津	10.52	天津	20.64%
8	山东	667096	辽宁	10.29	北京	20.67%
9	陕西	620565	湖北	10.22	浙江	20.78%
10	吉林	581886	浙江	9.77	辽宁	20.90%

6.3.4 学科分布

2007—2016 年 SCI 收录论文总被引次数居前 3 位的学科为化学、生物学和物理学，篇均被引次数居前 3 位的学科为化学、环境科学和能源科学技术，未被引论文比例较低的 3 个学科为测绘科学技术、化工和天文学（如表 6–5 所示）。进入 3 个排名列表前 10 位的学科有化学和环境科学 2 个学科；进入 2 个排名列表前 10 位的学科有能源科学技术、天文学、化工、食品、材料科学、生物学和地学 7 个学科；只进入 1 个列表前 10 位的学科有临床医学，动力与电气，农学，基础医学，测绘科学技术，物理学，轻工、纺织，安全科学技术、电子、通信与自动控制和计算技术。

表 6–5 2007—2016 年 SCI 收录中国科技论文被引情况学科分布

排名	总被引次情况		篇均被引情况		未被引情况	
	学科	总被引次数	学科	篇均被引次数	学科	占比
1	化学	5235373	化学	15.25	测绘科学技术	5.88%
2	生物学	2155470	环境科学	13.61	化工	12.30%
3	物理学	1624315	能源科学技术	12.61	天文学	12.95%
4	材料科学	1475518	化工	12.43	食品	13.00%
5	临床医学	1403242	天文学	12.03	轻工、纺织	13.79%
6	基础医学	865668	材料科学	10.62	化学	13.98%
7	环境科学	666017	生物学	10.44	动力与电气	14.19%
8	地学	601650	农学	10.31	环境科学	14.83%
9	电子、通信与自动控制	573343	食品	9.57	能源科学技术	15.56%
10	计算技术	487048	地学	9.57	安全科学技术	16.27%

6.3.5 高被引论文

中国各学科论文在 2007—2017 年的被引次数处于世界前 1% 的高被引论文为 20131 篇，数量比 2016 年统计时增长 18.7%，排在世界第 3 位，位次与 2016 年度持平，占世界份额的 14.7%，提升了近 1.9 个百分点。美国排在第 1 位，高被引论文数为 69976 篇，占世界份额的 51.2%，比 2016 年度增加了 0.2 个百分点；英国排在第 2 位，高被引论文数为 25880 篇；德国和法国分别排在第 4 位和第 5 位，高被引论文数分别为 17055 篇和 11356 篇。表 6–6 列出了其中被引次数最高的 10 篇论文。

表 6–6 2007—2017 年中国高被引论文中被引次数居前 10 位的论文

学科	累计被引次数	单位	作者	来源
分子生物学与遗传学	3036	华大基因	Qin JJ，Li RQ，Raes J	NATURE 2010，464（7285）：59–U70

续表

学科	累计被引次数	单位	作者	来源
化学	2798	浙江大学	Cui YJ，Yue YF，Qian GD	CHEMICAL REVIEWS 2012，112（2）：1126-1162
物理学	2642	华南理工大学	He ZC，Zhong CM，Su SJ	NATURE PHOTONICS 2012，6（9）：591-595
化学	2100	清华大学	Xu YX，Bai H，Lu GW	JOURNAL OF THE AMERICAN CHEMICAL SOCIETY 2008，130（18）：5856+
分子生物学与遗传学	2058	南京大学	Chen X，Ba Y，Ma LJ	CELL RESEARCH 2008，18（10）：997-1006
化学	1996	温州医学院	Qu LT，Liu Y，Baek JB	ACS NANO 2010，4（3）：1321-1326
化学	1980	北京科技大学	Lu T，Chen FW	JOURNAL OF COMPUTATIONAL CHEMISTRY 2012，33（5）：580-592
化学	1957	中国科学院金属研究所	Liu C，Li F，Ma LP	ADVANCED MATERIALS 2010，22（85）：E28+
化学	1953	中南大学	Wang GP，Zhang L，Zhang JJ	CHEMICAL SOCIETY REVIEWS 2012，41（2）：797-828
材料科学	1907	厦门大学	Tian N，Zhou ZY，Sun SG	SCIENCE 2007，316（5825）：732-735

注：1. 统计截至 2017 年 10 月。
2. 对于作者总人数超过 3 人的论文，本表作者栏中仅列出前 3 位。

6.3.6 机构分布

（1）高等院校

表 6-7 列出了 CSTPCD 被引篇数、被引次数和 SCI 被引篇数、被引次数这 4 个列表中排名居前的高等院校。

其中，浙江大学的 CSTPCD 被引篇数及被引次数均排名第一，SCI 被引篇数排名第一，SCI 被引次数排名第二；清华大学的 CSTPCD 被引篇数及被引次数均排名第二，SCI 被引篇数排名第二，SCI 被引次数排名第一；同济大学的 CSTPCD 被引篇数排名第三；上海交通大学的 SCI 被引篇数排名第三。

表 6-7 CSTPCD 和 SCI 被引情况排名居前的高等院校

高等院校	CSTPCD 被引情况				SCI 被引情况			
	篇数	排名	次数	排名	篇数	排名	次数	排名
浙江大学	10560	1	18881	1	33197	1	496683	2
清华大学	9468	2	17328	2	29799	2	507907	1

续表

高等院校	CSTPCD 被引情况				SCI 被引情况			
	篇数	排名	次数	排名	篇数	排名	次数	排名
同济大学	7177	3	11924	5	10113	25	121045	28
西北农林科技大学	6724	4	13288	3	6218	42	57403	48
上海交通大学	6658	5	10425	8	22475	3	306129	5
中南大学	6626	6	10772	7	11966	17	130336	25
哈尔滨工业大学	6279	7	10137	9	18906	5	238130	8
西北工业大学	5897	8	8417	16	8682	30	76827	40
北京大学	5720	9	12413	4	21832	4	390177	3
重庆大学	5615	10	9807	11	8451	31	79341	39
华南理工大学	5569	11	8938	13	11949	18	175900	16
华中科技大学	5219	12	8183	17	15504	10	200558	13
天津大学	5200	13	8451	15	14168	14	168388	18
中国农业大学	5156	14	10856	6	9811	26	124281	27
南京农业大学	5008	15	9997	10	6660	38	82829	35

（2）研究机构

表 6-8 列出了 CSTPCD 被引篇数、被引次数和 SCI 被引篇数、被引次数排名居前的研究机构。其中，中国科学院地理科学与资源研究所的 CSTPCD 被引篇数及被引次数均排名第一；中国科学院地质与地球物理研究所的 CSTPCD 被引篇数及被引次数均排名第二；中国疾病预防控制中心的 CSTPCD 被引篇数及被引次数均排名第三。

表 6-8 CSTPCD 和 SCI 被引情况居前的研究机构

研究机构	CSTPCD 被引情况				SCI 被引情况			
	篇数	排名	次数	排名	篇数	排名	次数	排名
中国科学院地理科学与资源研究所	1315	1	4091	1	990	51	7676	84
中国科学院地质与地球物理研究所	826	2	2296	2	2696	12	48307	13
中国疾病预防控制中心	804	3	1708	3	1745	27	29454	22
中国科学院寒区旱区环境与工程研究所	747	4	1561	5	1542	31	17715	40
中国科学院生态环境研究中心	597	5	1597	4	3622	7	72829	9
中国科学院南京土壤研究所	554	6	1435	6	1321	35	20466	37
中国科学院广州地球化学研究所	550	7	1220	9	2056	22	43927	14
中国科学院沈阳应用生态研究所	530	8	1207	10	1098	48	14060	47
中国电力科学研究院	519	9	1420	7	103	199	669	220
中国科学院东北地理与农业生态研究所	513	10	1146	12	738	70	6658	92
中国科学院大气物理研究所	491	11	1114	14	2097	20	28650	23
中国科学院植物研究所	469	12	1195	11	1922	25	33768	17
中国科学院长春光学精密机械与物理研究所	462	13	724	27	1423	33	20769	36

续表

研究机构	CSTPCD 被引情况				SCI 被引情况			
	篇数	排名	次数	排名	篇数	排名	次数	排名
中国科学院南京地理与湖泊研究所	441	14	1126	13	888	59	12103	57
中国科学院新疆生态与地理研究所	440	15	952	17	914	56	8944	74
江苏省农业科学院	437	16	764	22	468	111	3384	132

（3）医疗机构

表 6-9 列出了 CSTPCD 被引篇数、被引次数和 SCI 被引篇数、被引次数排名居前的医疗机构。其中，解放军总医院的 CSTPCD 被引篇数及被引次数均排名第一；中国人民解放军总医院的 CSTPCD 被引篇数及被引次数均排名第二；南京军区南京总医院的 CSTPCD 被引篇数及被引次数均排名第三；四川大学华西医院 SCI 被引篇数及被引次数均排名第一；解放军总医院 SCI 被引篇数及被引次数均排名第二。

表 6-9 CSTPCD 和 SCI 被引情况居前的医疗机构

医疗机构	CSTPCD 被引情况				SCI 被引情况			
	篇数	排名	次数	排名	篇数	排名	次数	排名
解放军总医院	1760	1	2503	1	20647	2	1788	2
中国人民解放军总医院	997	2	1449	2	1048	222	113	242
南京军区南京总医院	865	3	1361	3	1345	169	116	236
四川大学华西医院	733	4	1063	4	29447	1	4129	1
北京协和医院	587	5	876	6	653	302	149	196
北京大学第一医院	565	6	926	5	3315	54	330	85
广州军区广州总医院	504	7	631	12	1565	145	191	151
中日友好医院	483	8	814	8	3093	61	163	176
华中科技大学同济医院	477	9	638	11	2045	116	189	152
中国医科大学附属盛京医院	464	10	608	13	5652	21	992	17
北京大学人民医院	442	11	835	7	2805	70	373	70
北京大学第三医院	432	12	641	10	2387	89	413	58
第二军医大学附属长海医院	427	13	599	15	1315	175	123	224
广东省人民医院	394	14	643	9	3949	38	400	64
卫生部北京医院	394	14	594	16	1085	216	205	143

6.4 讨论

从 10 年段国际被引来看，中国科技论文被引次数、世界排名均呈逐年上升趋势，这说明中国科技论文的国际影响力在逐步上升。尽管中国篇均论文被引次数与世界平均值还有一定的差距，但提升速度相对较快。

中国各学科论文在 2007—2017 年 10 年段的被引次数处于世界前 1% 的高被引论文

为20131篇，数量比2016年统计时增长18.7%，排在世界第3位，位次与2016年度持平，占世界份额的14.7%，提升了近1.9个百分点。近两年发表的论文在最近两个月得到大量引用，且被引次数进入本学科前0.1%的论文称为热点论文，中国热点论文数为703篇，占世界热点论文总数的25.1%，排在世界第3位，与2016年持平。SCIENCE、NATURE和CELL是国际公认的3个享有最高学术声誉的科技期刊。中国论文为298篇，论文数增加了8篇，排在世界第5位，与2015年持平。

SCI收录论文总被引次数居前3位的地区为北京、上海和江苏，篇均被引次数居前3位的地区为吉林、福建和上海，未被引论文比例较低的3个地区为甘肃、福建和上海。

SCI收录论文总被引次数居前3位的学科为化学、生物学和物理学，篇均被引次数居前3位的学科为化学、环境科学和能源科学技术，未被引论文比例较低的3个学科为测绘科学技术、化工和天文学。

7　中国各类基金资助产出论文情况分析

本章以 2016 年 CSTPCD 和 SCI 为数据来源，对中国各类基金资助产出论文情况进行了统计分析，主要分析了基金资助来源、基金论文的文献类型分布、机构分布、学科分布、地区分布、合著情况及其被引情况，此外还对 3 种国家级科技计划项目的投入产出效率进行了分析。统计分析表明，中国各类基金资助产出的论文处于不断增长的趋势之中，且已形成了一个以国家自然科学基金、科技部计划项目资助为主，其他部委和地方基金、机构基金、公司基金、个人基金和海外基金为补充的、多层次的基金资助体系。对比分析发现，CSTPCD 和 SCI 数据库收录的基金论文在基金资助来源、机构分布、学科分布、地区分布上存在一定的差异，但整体上保持了相似的分布格局。

7.1　引言

早在 17 世纪之初，弗兰西斯・培根就曾在《学术的进展》一书中指出，学问的进步有赖于一定的经费支持。科学基金制度的建立和科学研究资助体系的形成为这种支持的连续性和稳定性提供了保障。中华人民共和国成立以来，我国已经初步形成了国家（国家自然科学基金、科技部 973 计划、863 计划和科技支撑计划等基金）为主，地方（各省级基金）、机构（大学、研究机构基金）、公司（各公司基金）、个人（私人基金）和海外基金等为补充的多层次的资助体系。这种资助体系作为科学研究的一种运作模式，为推动中国科学技术的发展发挥了巨大作用。

由基金资助产出的论文称为基金论文，对基金论文的研究具有重要意义：基金资助的课题研究都是在充分论证的基础上展开的，其研究内容一般都是国家目前研究的热点问题；基金论文是分析基金资助投入与产出效率的重要基础数据之一；对基金资助产出论文的研究，是不断完善中国基金资助体系的重要支撑和参考依据。

中国科学技术信息研究所自 1989 年起每年都会在其《中国科技论文统计与分析》年度研究报告中对中国的各类基金资助产出论文情况进行统计分析，其分析具有数据质量高、更新及时、信息量大的特征，是及时了解相关动态的最重要的信息来源。

7.2　数据与方法

本章研究的基金论文主要来源于两个数据库：CSTPCD 和 SCI 网络版。本章所指的中国各类基金资助限定于附表 39 列出的科学基金与资助。

2016 年 CSTPCD 延续了 2015 年对基金资助项目的标引方式，最大限度地保持统计项目、口径和方法的延续性。SCI 数据库自 2009 年起其原始数据中开始有基金字段，中国科学技术信息研究所也自 2009 年起开始对 SCI 收录的基金论文进行统计。SCI 数据的标引采用了与 CSTPCD 相一致的基金项目标引方式。

CSTPCD 和 SCI 数据库分别收录符合其遴选标准的中国和世界范围内的科技类期刊，CSTPCD 收录论文以中文为主，SCI 收录论文以英文为主。两个数据库收录范围互为补充，能更加全面地反映中国各类基金资助产出科技期刊论文的全貌。值得指出的是，由于 CSTPCD 和 SCI 收录期刊存在少量重复现象，所以在宏观的统计中其数据加和具有一定的科学性和参考价值，但是用于微观的计算时两者基金论文不能做简单的加和。在后文的统计分析中，本章将对这两个数据库收录的基金论文进行统计分析，必要时对比归纳了两个数据库收录基金论文在对应分析维度上的异同。文中的“全部基金论文”指所论述的单个数据库收录的全部基金论文。

本章的研究主要使用统计分析的方法，对 CSTPCD 和 SCI 收录的中国各类基金资助产出论文的基金资助来源、文献类型分布、机构分布、学科分布、地区分布、合著情况进行分析，并在最后计算出 3 种国家级科技计划项目的投入产出效率。

7.3 研究分析与结论

7.3.1 中国各类基金资助产出论文的总体情况

（1）CSTPCD 收录基金论文的总体情况

根据 CSTPCD 数据统计，2016 年中国各类基金资助产出论文共计 325900 篇，占当年全部论文总数（494207 篇）的 65.94%。如表 7-1 所示，与 2015 年相比，2016 年基金论文总数增加了 26669 篇，基金论文增长率为 8.91%。

表 7-1 2011—2016 年 CSTPCD 收录中国各类基金资助产出论文情况

年份	论文总篇数	基金论文篇数	基金论文比	全部论文增长率	基金论文增长率
2011	530087	232744	43.91%	-0.10%	-2.14%
2012	523589	248434	47.45%	-1.23%	6.74%
2013	516883	297358	57.53%	-1.28%	19.69%
2014	497849	306789	61.62%	-3.68%	3.17%
2015	493530	299231	60.63%	-0.87%	-2.46%
2016	494207	325900	65.94%	0.14%	8.91%

（2）SCI 收录基金论文的总体情况

2016 年，SCI 收录中国科技论文（Article 和 Review 类型）总数为 302098 篇，其中 263942 篇是在基金资助下产生，基金论文比为 87.37%。如表 7-2 所示，2016 年中国全部 SCI 论文总量较 2015 年增长 19.13%，基金论文总数与 2015 年相比增长了 90554 篇，增长率为 52.23%。

表 7-2 2011—2016 年 SCI 收录中国各类基金资助产出论文情况

年份	论文总篇数	基金论文篇数	基金论文比	全部论文增长率	基金论文增长率
2011	143636	100829	70.20%	-0.1%	4.7%
2012	158615	124668	78.60%	10.4%	23.6%

续表

年份	论文总篇数	基金论文篇数	基金论文比	全部论文增长率	基金论文增长率
2013	192697	167003	82.96%	21.5%	34.0%
2014	225097	196890	87.47%	16.81%	17.90%
2015	253581	173388	68.38%	12.65%	-11.94%
2016	302098	263942	87.37%	19.13%	52.23%

（3）中国各类基金资助产出论文的历时性分析

图 7-1 以红色柱状图和绿色折线图分别给出了 2011—2016 年 CSTPCD 收录基金论文的数量和基金论文比；以紫色柱状图和蓝色折线图分别给出了 2011—2016 年 SCI 收录基金论文的数量和基金论文比。综合表 7-1、表 7-2 及图 7-1 可知，CSTPCD 收录中国各类基金资助产出的论文数和基金论文比在 2011—2016 年都保持了较为平稳的上升态势，2015 年略有下降。SCI 收录的中国各类基金资助产出的论文数和基金论文比在 2011—2014 年一直平稳上升，2015 年下降明显，2016 年上升明显。

总体来说，随着中国科技事业的发展，中国的科技论文数量有较大提高，基金论文数也平稳增长，基金论文在所有论文中所占比重也在不断增长，基金资助正在对中国科技事业的发展发挥越来越大的作用。

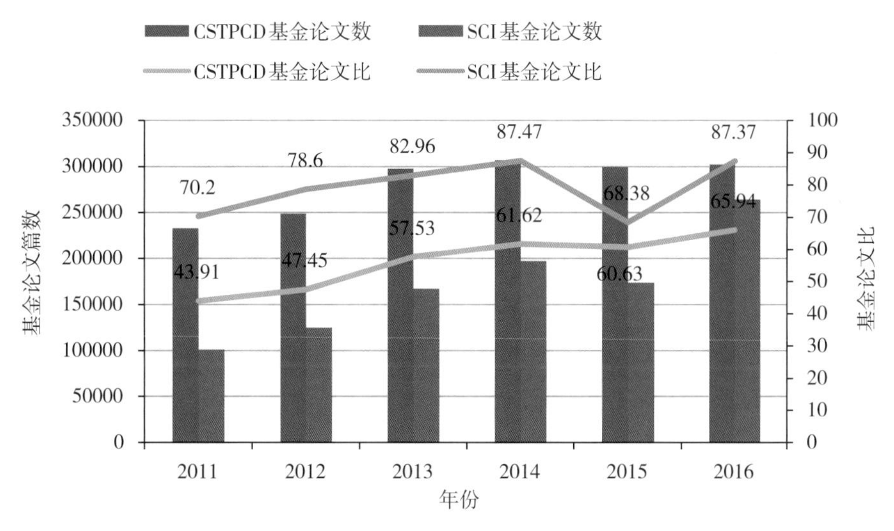

图 7-1 2011—2016 年基金资助产出论文的历时性变化

7.3.2 基金资助来源分析

（1）CSTPCD 收录基金论文的基金资助来源分析

附表 39 列出了 2016 年 CSTPCD 所统计的中国各类基金与资助产出的论文数及占全部基金论文的比例。表 7-3 列出了 2016 年产出基金论文数居前 10 位的国家级和各部委基金资助来源及其产出论文的情况（不包括省级各项基金项目资助）。

由表7-3可以看出，在CSTPCD数据库中，2016年中国各类基金资助产出论文排在首位的仍然是国家自然科学基金委员会，其次是科技部，由这两种基金资助来源产出的论文占到了全部基金论文的49.38%。

根据CSTPCD数据统计，2016年由国家自然科学基金委员会资助产出论文共计123889篇，占全部基金论文的38.01%，这一比例较2015年下降了0.68个百分点。与2015年相比，2016年由国家自然科学基金委员会资助产出的基金论文增加了8102篇，增长了7.00个百分点。

2016年由科技部的基金资助产出论文共计37060篇，占全部基金论文的11.37%，这一比例较2015年下降了2.81个百分点。与2015年相比，2016年由科学技术部的基金资助产出的基金论文减少了5361篇，减幅为12.64%。

表7-3 2016年产出论文数居前10位的国家级和各部委基金资助来源

基金资助来源	2016年			2015年		
	基金论文篇数	占全部基金论文的比例	排名	基金论文篇数	占全部基金论文的比例	排名
国家自然科学基金委员会	123889	38.01%	1	115787	38.69%	1
科技部	37060	11.37%	2	42421	14.18%	2
教育部	3497	1.07%	3	4882	1.63%	3
农业部	2828	0.87%	4	3544	1.18%	4
军队系统基金	2686	0.82%	5	1722	0.58%	6
国家社会科学基金	2480	0.76%	6	2364	0.79%	5
中国科学院	1432	0.44%	7	36	0.01%	55
国家中医药管理局	958	0.29%	8	1063	0.36%	9
国家卫生计生委	523	0.16%	9	1200	0.40%	8
国土资源部	499	0.15%	10	639	0.21%	38

数据来源：CSTPCD。

省一级地方（包括省、自治区、直辖市）设立的地区科学基金产出论文是全部基金资助产出论文的重要组成部分。根据CSTPCD数据统计，2016年省级基金资助产出论文73467篇，占全部基金论文产出数的24.69%。如表7-4所示，江苏省、广东省基金资助产出论文数均超过了5000篇，在全国31个省级基金资助中位列前茅。地区科学基金的存在，有力地促进了中国科技事业的发展，丰富了中国基金资助体系层次。

表7-4 2016年产出论文数居前10位的省级基金资助来源

基金资助来源	2016年			2015年		
	基金论文篇数	占全部基金论文的比例	排名	基金论文篇数	占全部基金论文的比例	排名
江苏	6204	1.90%	1	7174	2.40%	2
广东	5445	1.67%	2	7574	2.53%	1
河北	4675	1.43%	3	4228	1.41%	4

续表

基金资助来源	2016 年			2015 年		
	基金论文篇数	占全部基金论文的比例	排名	基金论文篇数	占全部基金论文的比例	排名
上海	4670	1.43%	4	5435	1.82%	3
北京	4597	1.41%	5	1222	0.41%	21
浙江	4171	1.28%	6	1851	0.62%	16
陕西	4108	1.26%	7	3875	1.29%	6
四川	3763	1.15%	8	3667	1.23%	8
河南	3743	1.15%	9	3776	1.26%	7
山东	3368	1.03%	10	3980	1.33%	5

数据来源：CSTPCD。

由科技部设立的中国的科技计划主要包括：基础研究计划［国家自然科学基金和国家重点基础研究发展计划（973 计划）］、国家科技支撑计划、高技术研究发展计划（863 计划）、科技基础条件平台建设和政策引导类计划等。此外教育部、国家卫生计生委等部委及各省级政府科技厅、教育厅、卫生计生委都分别设立了不同的项目以支持科学研究。表 7-5 列出了 2016 年产出基金论文数居前 10 位的基金资助计划（项目）。根据 CSTPCD 数据统计，2016 年产出论文数超过 9000 篇的基金资助计划（项目）有两个，依次是国家自然科学基金项目和国家科技支撑计划。其中，国家自然科学基金项目以产出 123889 篇论文遥居首位。

表 7-5　2016 年产出基金论文数居前 10 位的基金资助计划（项目）

排名	基金资助计划（项目）	基金论文篇数	占全部基金论文的比例
1	国家自然科学基金委员会	123889	38.01%
2	国家科技支撑计划	9566	2.94%
3	国家重点基础研究发展计划（973 计划）	8618	2.64%
4	国家科技重大专项	7929	2.43%
5	江苏省基金	6204	1.90%
6	国家高技术研究发展计划（863 计划）	6139	1.88%
7	广东省基金	5445	1.67%
8	河北省基金	4675	1.43%
9	上海市基金	4670	1.43%
10	北京市基金	4597	1.41%

数据来源：CSTPCD。

（2）SCI 收录基金论文的基金资助来源分析

2016 年，SCI 收录中国各类基金资助产出论文共计 263942 篇。表 7-6 列出了产出基金论文数居前 6 位的国家级和各部委基金资助来源。其中，国家自然科学基金委员会以支持产生 146896 篇论文高居首位，占全部基金论文的 55.65%；排在第 2 位的是科学技术部，在其支持下产出了 32659 篇论文，占全部基金论文的 12.37%；中国科学院以支持产生2691篇论文位列第3位。

表7-6　2016年产出基金论文数居前6位的国家级和各部委基金资助来源

基金资助来源	2016年			2015年		
	基金论文篇数	占全部基金论文的比例	排名	基金论文篇数	占全部基金论文的比例	排名
国家自然科学基金委员会	146896	55.65%	1	100183	57.78%	1
科技部	32659	12.37%	2	32235	18.59%	2
中国科学院	2691	1.02%	3	2262	1.30%	4
教育部	2405	0.91%	4	3546	2.05%	3
人力资源和社会保障部	2397	0.91%	5	1430	0.82%	5
农业部	418	0.16%	6	1044	0.60%	6

数据来源：SCI。

根据SCI数据统计，2016年省一级地方（包括省、自治区、直辖市）设立的地区科学基金产出论文24118篇，占全部基金论文的9.14%。表7-7列出了2016年产出基金论文数居前10位的省级基金资助来源，其中江苏以支持产出3310篇基金论文位居第1位，其后分别是广东和浙江，分别支持产出2923篇和2490篇基金论文。

表7-7　2016年产出基金论文数居前10位的省级基金资助来源

基金资助来源	2016年			2015年		
	基金论文篇数	占全部基金论文的比例	排名	基金论文篇数	占全部基金论文的比例	排名
江苏	3310	1.25%	1	2372	1.37%	1
广东	2923	1.11%	2	1303	0.75%	4
浙江	2490	0.94%	3	1512	0.87%	3
上海	2164	0.82%	4	1837	1.06%	2
山东	1736	0.66%	5	957	0.55%	6
北京	1582	0.60%	6	1221	0.70%	5
四川	846	0.32%	7	495	0.29%	8
湖北	657	0.25%	8	391	0.23%	12
天津	655	0.25%	9	351	0.20%	17
河北	645	0.24%	10	397	0.23%	10

数据来源：SCI。

根据SCI数据统计，2016年有两种基金资助计划（项目）产出论文数超过了10000篇，分别是国家自然科学基金委员会项目产出146896篇论文，占全部基金论文数的55.65%；国家重点基础研究发展计划（973计划）产出18445篇论文，占全部基金论文数的6.86%（如表7-8所示）。

表 7-8　2016 年产出基金论文数居前 10 位的基金资助计划（项目）

排名	基金资助计划（项目）	基金论文篇数	占全部基金论文的比例
1	国家自然科学基金委员会	146896	55.65%
2	国家重点基础研究发展计划（973 计划）	18445	6.99%
3	国家高技术研究发展计划（863 计划）	4969	1.88%
4	江苏省基金	3310	1.25%
5	广东省基金	2923	1.11%
6	中国科学院	2691	1.02%
7	国家重点实验室	2669	1.01%
8	浙江省基金	2490	0.94%
9	教育部	2405	0.91%
10	人力资源和社会保障部	2397	0.91%

数据来源：SCI。

（3）CSTPCD 和 SCI 收录基金论文的基金资助来源的异同

通过对 CSTPCD 和 SCI 收录基金论文的分析可以看出，目前中国已经形成了一个以国家（国家自然科学基金、科技部 973 计划、863 计划和科技支撑计划等）为主，地方（各省级基金）、机构（大学、研究机构基金）、公司（各公司基金）、个人（私人基金）和海外基金等为补充的多层次的资助体系。无论是 CSTPCD 收录的基金论文或是 SCI 收录的基金论文，都是在这一资助体系下产生，所以其基金资助来源必然呈现出一定的一致性，这种一致性主要表现在：

①国家自然科学基金在中国的基金资助体系中占据了绝对的主体地位。在 CSTPCD 数据库中，由国家自然科学基金资助产出的论文占该数据库全部基金论文的 38.01%；在 SCI 数据库中，国家自然科学基金资助产出的论文更是高达 55.65% 的比例。

②科技部在中国的基金资助体系中发挥了极为重要的作用。在 CSTPCD 数据库中，科技部资助产出的论文占该数据库全部基金论文的 14.18%；在 SCI 数据库中，科技部资助产出的论文占 12.37%。

③省一级地方（包括省、自治区、直辖市）是中国基金资助体系的有力补充。在 CSTPCD 数据库中，由省一级地方基金资助产出的论文占该数据库基金论文总数的 24.66%；在 SCI 数据库中，省一级地方基金资助产出的论文占 9.14%。

7.3.3　基金资助产出论文的文献类型分布

（1）CSTPCD 收录基金论文的文献类型分布与各类型文献基金论文比

根据 CSTPCD 数据统计，论著（Article）、综述和评论（Review）类型论文的基金论文比高于其他类型的文献。2016 年 CSTPCD 收录论著类型论文 359117 篇，其中 266308 篇由基金资助产生，基金论文比为 74.16%；收录综述和评论类型论文 28220 篇，其中 19373 篇由基金资助产生，基金论文比为 68.65%；收录其他类型文献（短篇论文、研究快报和工业工程设计）共计 106870 篇，其中 40219 篇由基金资助产生，基金论文比为 37.63%。论著、综述和评论这两种类型论文的基金论文比远高于其他类型的文献。

CSTPCD收录的基金论文中，论著（Article）、综述和评论（Review）类型的论文占据了主体地位。2016年CSTPCD收录由基金资助产出的论文共计325900篇，其中论著266308篇，综述与评论28220篇，这两种类型的文献占全部基金论文总数的87.66%。如图7-2所示为基金和非基金论文文献类型分布情况。

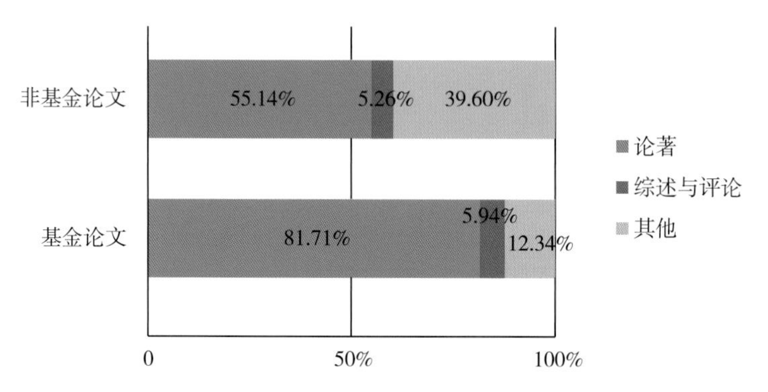

图7-2　基金和非基金论文文献类型分布

（2）SCI收录基金论文的文献类型分布与各类型文献基金论文比

如表7-9所示，2016年SCI收录中国论文316833篇（不包含港澳台地区），其中A、R两种类型（Article、Review）的论文有302098篇，其他类型（Bibliography、Biographical-Item、Book Review、Correction、Editorial Material、Letter、Meeting Abstract、News Item、Proceedings Paper和Reprint等）论文14735篇。

SCI收录基金论文中，A、R类型论文占据了绝对的主体地位。如表7-9所示，2016年SCI收录中国基金论文265127篇，其中A、R类型论文共计263942篇，A、R论文所占比例达99.54%。2016年SCI收录A、R论文的基金论文比为87.16%。

表7-9　2016年基金资助产出论文的文献类型与基金论文比

	论文总篇数	基金论文篇数	基金论文比
A、R论文	302098	263942	87.37%
其他类型	14735	1185	8.04%
合计	316833	265127	83.68%

数据来源：SCI。

7.3.4　基金论文的机构分布

（1）CSTPCD收录基金论文的机构分布

2016年，CSTPCD收录中国各类基金资助产出论文在各类机构中的分布情况见附表40和图7-3。多年来，高等院校一直是基金论文产出的主体力量，由其产出的基金论文占全部基金论文的比例长期保持在60%以上。从CSTPCD的统计数据可以看到，2016

年有 67.19% 的基金论文产自高等院校。自 2009 年起，高等院校产出基金论文连续 5 年保持在了 18 万篇以上的水平，2016 年达到了 21 万篇之上。基金论文产出的第二力量来自医疗机构，2016 年由医疗结构产出的基金论文共计 49475 篇，占全部基金论文的 15.18%。

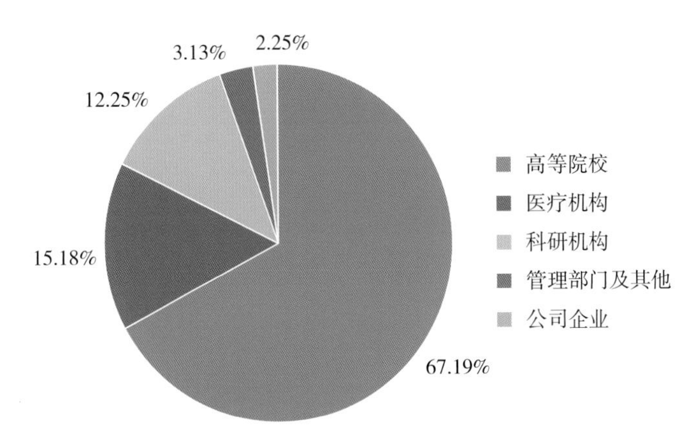

图 7-3 2016 年 CSTPCD 收录中国各类基金资助产出论文在各类机构中的分布

注：医疗机构数据不包括高等院校附属医院。

各类型机构产出基金论文数占该类型机构产出论文总数的比例，称之为该种类型机构的基金论文比。根据 CSTPCD 数据统计，2016 年不同类型机构的基金论文比存在一定差异。如表 7-10 所示，高等院校和科研机构的基金论文比明显高于其他类型的机构。这一现象与科研中高等院校和科研机构是主体力量、基金资助在这两类机构的科研人员中有更高的覆盖率的事实是相一致的。

表 7-10 2016 年各类型机构的基金论文比

机构类型	基金论文篇数	论文总篇数	基金论文比
高等院校	218985	275728	79.42%
医疗机构	49475	119406	41.43%
科研机构	39929	56367	70.84%
管理部门及其他	10188	19991	50.96%
公司企业	7323	22715	32.24%
合计	325900	494207	65.94%

注：医疗机构数据不包括高等院校附属医院。

数据来源：CSTPCD。

根据 CSTPCD 数据统计，中国高等院校 2016 年产出基金论文数居前 50 位的机构见附表 43。表 7-11 列出了产出基金论文数居前 10 位的高等院校。2016 年进入前 10 位的高等院校的基金论文有 3 所超过了 2000 篇，2015 年 5 所高等院校、2014 年 5 所高等院校、2013 年 10 所高等院校、2012 年 5 所高等院校产出基金论文数超过 2000 篇。

表 7-11　2016 年产出基金论文数居前 10 位的高等院校

排名	机构名称	基金论文篇数	占全部基金论文的比例
1	武汉大学	2357	1.08%
2	上海交通大学	2247	1.03%
3	中南大学	2042	0.93%
4	浙江大学	1946	0.89%
5	中国石油大学	1802	0.82%
6	四川大学	1790	0.82%
6	同济大学	1790	0.82%
8	天津大学	1761	0.80%
9	吉林大学	1681	0.77%
10	中国矿业大学	1615	0.74%

注：高等院校数据包括其附属医院。

数据来源：CSTPCD。

根据 CSTPCD 数据统计，中国科研院所 2016 年产出基金论文数居前 50 位的机构见附表 44。表 7-12 列出了产出基金论文数居前 10 位的科研院所。2011 年，仅中国中医科学院的基金论文数超过了 600 篇；2012 年，基金论文数超过 600 篇的机构有 2 家，分别是中国中医科学院 719 篇、中国林业科学研究院 640 篇；2013 年，基金论文数超过 600 篇的机构有 3 家，分别是中国中医科学院 924 篇、中国科学院长春光学精密机械与物理研究所 668 篇和中国林业科学研究院 647 篇；2014 年，基金论文数超过 600 篇的机构有 4 家，分别是中国林业科学院 655 篇、中国科学院长春光学精密机械与物理研究所 634 篇、中国医学科学院 603 篇、中国水产科学研究院 602 篇；2015 年，仅中国科学院长春光学精密机械与物理研究所 1 家机构的基金论文数超过 600 篇；2016 年，有 2 家机构的基金论文数超过 600 篇，分别是中国林业科学研究院 658 篇和中国水产科学研究院 656 篇。

表 7-12　2016 年产出基金论文数居前 10 位的科研院所

排名	机构名称	基金论文篇数	占全部基金论文的比例
1	中国林业科学研究院	658	1.65%
2	中国水产科学研究院	656	1.64%
3	中国农业科学院农业质量标准与检测技术研究所	593	1.49%
4	中国疾病预防控制中心	531	1.33%
5	中国科学院地理科学与资源研究所	512	1.28%
6	中国热带农业科学院	434	1.09%
6	江苏省农业科学院	434	1.09%
8	中国科学院大学	430	1.08%
9	中国科学院长春光学精密机械与物理研究所	360	0.90%
10	山西省农业科学院	320	0.80%

数据来源：CSTPCD。

（2）SCI 收录基金论文的机构分布

2016 年，SCI 收录中国各类基金资助产出论文在各类机构中的分布情况如图 7-4 所示。根据 SCI 数据统计，2016 年高等院校共产出基金论文 205779 篇，占 77.96%；科研院所共产出基金论文 27272 篇，占 10.33%；医疗机构共产出基金论文 4848 篇，占 1.84%；公司企业基金论文数不足总数的 1%。

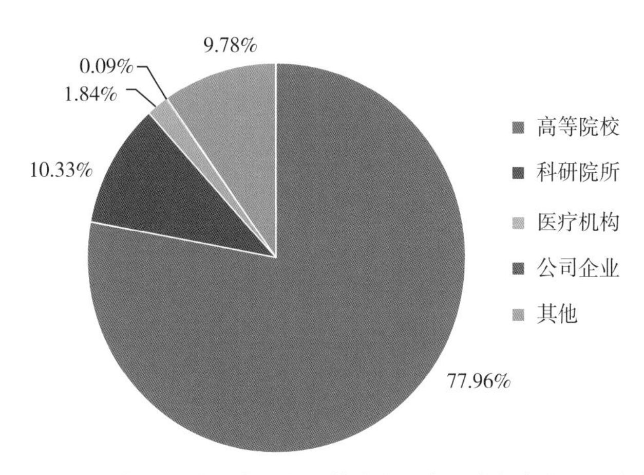

图 7-4 2016 年 SCI 收录中国各类基金资助产出论文在各类机构中的分布

注：医疗机构数据不包括高等院校附属医院。

如表 7-13 所示，不同类型机构的基金论文比存在一定差异的现象同样存在于 SCI 数据库中。根据 SCI 数据统计，医疗机构、公司企业等的基金论文比明显低于高等院校和科研院所。其中，科研院所产出论文的基金论文比为 92.77%，高等院校产出论文的基金论文比为 88.60%。

表 7-13 2016 年各类型机构的基金论文比

机构类型	基金论文数篇数	论文总篇数	基金论文比
科研院所	27272	29398	92.77%
高等院校	205779	232258	88.60%
公司企业	225	309	72.82%
医疗机构	4848	8916	54.37%
其他	25818	31217	82.70%
合计	263942	302098	87.37%

注：医疗机构数据不包括高等院校附属医院。

数据来源：SCI。

表 7-14 列出了根据 SCI 数据统计出的 2016 年中国产出基金论文数居前 10 位的高等院校。在高等院校中，浙江大学是基金论文最大的产出机构，共产出 5492 篇，占全部基金论文的 2.08%；其次是上海交通大学，共产出 5310 篇，占全部基金论文的 2.014%；排在第 3 位的是清华大学，共产出 4557 篇，占全部基金论文的 1.73%。

表 7-14 2016 年中国产出基金论文数居前 10 位的高等院校

排名	机构名称	基金论文篇数	占全部基金论文的比例
1	浙江大学	5492	2.08%
2	上海交通大学	5310	2.01%
3	清华大学	4557	1.73%
4	北京大学	3960	1.50%
5	华中科技大学	3705	1.40%
6	西安交通大学	3415	1.29%
7	复旦大学	3369	1.28%
8	四川大学	3367	1.28%
9	哈尔滨工业大学	3338	1.26%
10	中山大学	3179	1.20%

注：高等院校数据包括其附属医院

数据来源：SCI。

表 7-15 列出了根据 SCI 数据统计出的 2016 年中国产出基金论文数居前 10 位的科研院所。在科研院所中，中国科学院化学研究所和中国科学院长春应用化学研究所是基金论文最大的两个产出机构，分别产出 706 篇和 689 篇，分别占全部基金论文的 0.27% 和 0.26%；排在第 3 位的是中国科学院合肥物质科学研究院，共产出 629 篇，占全部基金论文的 0.24%。

表 7-15 2016 年产出基金论文数居前 10 位的科研院所

排名	机构名称	基金论文篇数	占全部基金论文的比例
1	中国科学院化学研究所	706	0.27%
2	中国科学院长春应用化学研究所	689	0.26%
3	中国科学院合肥物质科学研究院	629	0.24%
4	中国科学院大连化学物理研究所	599	0.23%
5	中国工程物理研究院	562	0.21%
6	中国科学院生态环境研究中心	523	0.20%
7	中国科学院物理研究所	456	0.17%
8	中国科学院地理科学与资源研究所	429	0.16%
9	中国科学院过程工程研究所	408	0.15%
10	中国水产科学研究院	391	0.15%

数据来源：SCI。

（3）CSTPCD 和 SCI 收录基金论文机构分布的异同

长期以来，高等院校和科研院所一直是中国科学研究的主体力量，也是中国各类基金资助的主要资金流向。高等院校和科研院所的这一主体地位反映在基金论文上便是：

无论在 CSTPCD 或是在 SCI 数据库中，高等院校和科研院所产出的基金论文数均较多，占的比例也较大。2016 年，CSTPCD 数据库收录高等院校和科研院所产出的基金论文共 258914 篇，占该数据库收录基金论文总数的 79.45%；SCI 数据库收录高等院校和科研院所产出的基金论文共 233051 篇，占该数据库收录基金论文总数的 88.30%。

以上是 CSTPCD 和 SCI 收录基金论文机构分布的相同点。与此同时，这两个数据库收录基金论文的机构分布也存在一些不同。例如，在两个数据库中 2016 年产出基金论文数居前 10 位的高等院校和科研院所的名单存在较大差异；SCI 数据库中，基金论文集中在少数机构中产生，而在 CSTPCD 数据库中，基金论文的机构分布较 SCI 数据库更为分散。

7.3.5 基金论文的学科分布

(1) CSTPCD 收录基金论文的学科分布

根据 CSTPCD 数据统计，2016 年中国各类基金资助产出论文在各学科中的分布情况见附表 41。表 7-16 所示为基金论文数居前 10 位的学科，进入该名单的学科与 2015 年一致，排名略有差别。

表 7-16 2016 年基金论文数居前 10 位的学科

学科	2016 年			2015 年		
	基金论文篇数	占全部基金论文的比例	排名	基金论文篇数	占全部基金论文的比例	排名
临床医学	60068	18.43%	1	53112	17.75%	1
计算技术	22917	7.03%	2	23046	7.70%	2
农学	19576	6.01%	3	19302	6.45%	3
电子、通信与自动控制	17718	5.44%	4	16292	5.44%	4
中医学	15772	4.84%	5	13333	4.46%	5
生物学	13234	4.06%	6	11544	3.86%	6
地学	12673	3.89%	7	10815	3.61%	8
环境科学	12227	3.75%	8	11251	3.76%	7
基础医学	11453	3.51%	9	10757	3.59%	9
冶金、金属学	9792	3.00%	10	8047	2.69%	11

数据来源：CSTPCD。

(2) SCI 收录基金论文的学科分布

根据 SCI 数据统计，2016 年中国各类基金资助产出论文在各学科中的分布情况如表 7-17 所示。基金论文最多的来自于化学领域，共计 45190 篇，占全部基金论文的 17.12%；其次是生物学，33604 篇基金论文来自该领域，占全部基金论文的 12.73%；排在第 3 位的是物理学，28671 篇基金论文来自该领域，占全部基金论文的 10.86%。

表7-17 2016年各学科基金论文数及基金论文比

学科	基金论文篇数	占全部基金论文的比例	基金论文数排名	论文总篇数	基金论文比
化学	45190	17.12%	1	48147	93.86%
生物学	33604	12.73%	2	36892	91.09%
物理学	28671	10.86%	3	31932	89.79%
材料科学	20937	7.93%	4	23159	90.41%
临床医学	20186	7.65%	5	28485	70.87%
基础医学	14110	5.35%	6	18985	74.32%
电子、通信与自动控制	11982	4.54%	7	13877	86.34%
计算技术	10648	4.03%	8	12252	86.91%
地学	10163	3.85%	9	11465	88.64%
环境科学	8643	3.27%	10	9246	93.48%
数学	8584	3.25%	11	9503	90.33%
药物学	6773	2.57%	12	8528	79.42%
能源科学技术	6106	2.31%	13	6868	88.91%
化工	4259	1.61%	14	4729	90.06%
农学	3836	1.45%	15	4020	95.42%
机械、仪表	3794	1.44%	16	4468	84.91%
预防医学与卫生学	2738	1.04%	17	3266	83.83%
力学	2679	1.01%	18	2937	91.22%
土木建筑	2359	0.89%	19	2681	87.99%
天文学	2171	0.82%	20	2253	96.36%
食品	1975	0.75%	21	2095	94.27%
水利	1750	0.66%	22	1891	92.54%
冶金、金属学	1488	0.56%	23	1693	87.89%
工程与技术基础学科	1356	0.51%	24	1522	89.09%
畜牧、兽医	1335	0.51%	25	1432	93.23%
水产学	1300	0.49%	26	1353	96.08%
核科学技术	1026	0.39%	27	1337	76.74%
中医学	976	0.37%	28	1086	89.87%
管理学	833	0.32%	29	950	87.68%
航空航天	767	0.29%	30	918	83.55%
信息、系统科学	763	0.29%	31	832	91.71%
林学	722	0.27%	32	744	97.04%
交通运输	692	0.26%	33	777	89.06%
动力与电气	687	0.26%	34	774	88.76%
矿山工程技术	365	0.14%	35	383	95.30%

续表

学科	基金论文篇数	占全部基金论文的比例	基金论文数排名	论文总篇数	基金论文比
军事医学与特种医学	244	0.09%	36	310	78.71%
安全科学技术	98	0.04%	38	115	85.22%
轻工、纺织	6	0.00%	39	7	85.71%
其他	126	0.05%	37	186	67.74%
总计	263942	100.00%		302098	87.37%

数据来源：SCI。

（3）CSTPCD 和 SCI 收录基金论文学科分布的异同

通过以上两节的分析可以看出，CSTPCD 和 SCI 数据库收录基金论文在学科分布上存在较大差异：

① CSTPCD 收录基金论文数居前 3 位的学科分别是临床医学、计算技术和农学；SCI 收录基金论文数居前 3 位的学科分别是化学、生物学和物理学。

②与 CSTPCD 数据库相比，SCI 数据库收录的基金论文在学科分布上呈现了更明显的集中趋势。在 CSTPCD 数据库中，基金论文数排名居前 7 位的学科集中了 50% 以上的基金论文；居前 18 位的学科集中了 80% 以上的基金论文。在 SCI 数据库中，基金论文数排名居前 5 位的学科集中了 50% 以上的基金论文；居前 11 位的学科集中了 80% 以上的基金论文。

7.3.6 基金论文的地区分布

（1）CSTPCD 收录基金论文的地区分布

CSTPCD 2016 收录各类基金资助产出论文的地区分布情况见附表 42。表 7-18 给出了 2016 年基金资助产出论文数居前 10 位的地区。根据 CSTPCD 数据统计，2016 年基金论文数居首位的仍然是北京，产出 42314 篇，占全部基金论文的 12.98%。排在第 2 位的是江苏，产出 29641 篇基金论文，占全部基金论文的 9.10%。位列其后的陕西、上海、广东、湖北、四川、山东、辽宁和浙江基金论文数均超过了 12000 篇。

表 7-18 2016 年产出基金论文数居前 10 位的地区

地区	2016 年			2015 年		
	基金论文篇数	占全部基金论文的比例	排名	基金论文篇数	占全部基金论文的比例	排名
北京	42314	12.98%	1	38308	12.80%	1
江苏	29641	9.10%	2	27938	9.34%	2
陕西	19214	5.90%	3	16880	5.64%	5
上海	19171	5.88%	4	17829	5.96%	4

续表

地区	2016年			2015年		
	基金论文篇数	占全部基金论文的比例	排名	基金论文篇数	占全部基金论文的比例	排名
广东	18764	5.76%	5	18099	6.05%	3
湖北	15691	4.81%	6	13303	4.45%	6
四川	14040	4.31%	7	12385	4.14%	8
山东	13812	4.24%	8	12650	4.23%	7
辽宁	13113	4.02%	9	12336	4.12%	9
浙江	12530	3.84%	10	12103	4.04%	10

数据来源：CSTPCD。

各地区的基金论文数占该地区全部论文数的比例，称之为该地区的基金论文比。2015—2016年各地区产出基金论文比与基金论文变化情况如表7-19所示。2016年基金论文比最高的地区是西藏，其基金论文比为77.42%；最低的地区是天津，其基金论文比为56.62%。

表7-19 2015—2016年各地区基金论文比与基金论文数变化情况

地区	基金论文比			基金论文数（篇）		
	2016年	2015年	变化（百分点）	2016年	2015年	增长率
北京	63.61%	57.96%	5.65	42314	38308	10.46%
江苏	67.04%	62.48%	4.56	29641	27938	6.10%
陕西	65.43%	61.95%	3.48	19214	16880	13.83%
上海	64.92%	61.52%	3.40	19171	17829	7.53%
广东	66.14%	60.83%	5.31	18764	18099	3.67%
湖北	60.37%	52.71%	7.66	15691	13303	17.95%
四川	60.01%	54.39%	5.62	14040	12385	13.36%
山东	62.71%	57.04%	5.67	13812	12650	9.19%
辽宁	65.94%	61.44%	4.50	13113	12336	6.30%
浙江	64.34%	56.12%	8.22	12530	12103	3.53%
河南	64.95%	59.62%	5.33	11656	10495	11.06%
湖南	73.90%	69.82%	4.08	10376	9889	4.92%
天津	56.62%	59.71%	–3.09	10005	8128	23.09%
河北	65.38%	47.44%	17.94	9281	8958	3.61%
黑龙江	74.31%	71.41%	2.90	8534	8127	5.01%
安徽	67.25%	61.70%	5.55	8333	7980	4.42%
重庆	68.27%	62.80%	5.47	8246	7827	5.35%
新疆	74.29%	65.92%	8.37	6450	5391	19.64%
福建	73.17%	69.41%	3.76	6397	6066	5.46%
广西	75.31%	70.06%	5.25	6327	6202	2.02%

续表

地区	基金论文比			基金论文数（篇）		
	2016 年	2015 年	变化（百分点）	2016 年	2015 年	增长率
吉林	71.98%	67.60%	4.38	6141	5866	4.69%
云南	73.12%	66.84%	6.28	6058	5240	15.61%
甘肃	73.50%	67.67%	5.83	5984	5684	5.28%
山西	65.68%	62.94%	2.74	5211	4810	8.34%
江西	76.37%	72.14%	4.23	5196	4855	7.02%
贵州	77.23%	70.25%	6.98	4941	4140	19.35%
内蒙古	67.37%	61.50%	5.87	3309	2935	12.74%
海南	62.46%	58.44%	4.02	2186	1918	13.97%
宁夏	70.84%	68.86%	1.98	1504	1413	6.44%
青海	59.88%	58.28%	1.60	876	760	15.26%
西藏	77.42%	65.89%	11.53	24	170	-85.88%
不详	34.14%	43.58%	-9.44	575	546	5.31%
合计	65.94%	60.63%	5.31	325900	299231	8.91%

数据来源：CSTPCD。

（2）SCI 收录基金论文的地区分布

根据 SCI 数据统计，2016 年中国各类基金资助产出论文的地区分布情况如表 7-20 所示。

2016 年，中国各类基金资助产出论文最多的地区是北京，产出 40517 篇，占全部基金论文的 15.35%；其次是江苏，产出 27069 篇，占全部基金论文的 10.26%；排在第 3 位的是上海，产出 21657 篇，占全部基金论文的 8.21%。

表 7-20 2016 年各地区基金论文比与基金论文数变化情况

排名	地区	基金论文篇数	占全部基金论文的比例	论文篇数	基金论文比
1	北京	40517	15.35%	46018	88.05%
2	江苏	27069	10.26%	29934	90.43%
3	上海	21657	8.21%	24790	87.36%
4	广东	14960	5.67%	16800	89.05%
5	湖北	13231	5.01%	14904	88.77%
6	陕西	12961	4.91%	14709	88.12%
7	浙江	12229	4.63%	14013	87.27%
8	山东	12011	4.55%	14624	82.13%
9	四川	9757	3.70%	11616	84.00%
10	辽宁	8932	3.38%	10226	87.35%
11	湖南	7942	3.01%	9169	86.62%
12	天津	7192	2.72%	8223	87.46%
13	安徽	6796	2.57%	7525	90.31%

续表

排名	地区	基金论文篇数	占全部基金论文的比例	论文篇数	基金论文比
14	黑龙江	6675	2.53%	7556	88.34%
15	重庆	5765	2.18%	6501	88.68%
16	吉林	5729	2.17%	6775	84.56%
17	福建	5137	1.95%	5597	91.78%
18	河南	5050	1.91%	6416	78.71%
19	甘肃	3545	1.34%	3865	91.72%
20	河北	2800	1.06%	3585	78.10%
21	江西	2572	0.97%	2902	88.63%
22	山西	2556	0.97%	2853	89.59%
23	云南	2543	0.96%	2791	91.11%
24	广西	1830	0.69%	2088	87.64%
25	新疆	1281	0.49%	1453	88.16%
26	贵州	976	0.37%	1113	87.69%
27	内蒙古	777	0.29%	875	88.80%
28	海南	558	0.21%	594	93.94%
29	宁夏	271	0.10%	292	92.81%
30	青海	212	0.08%	239	88.70%
31	西藏	22	0.01%	28	78.57%
	不详	20389	7.72%	24024	84.87%
	合计	263942	100.00	302098	87.37%

数据来源：SCI。

（3）CSTPCD与SCI收录基金论文地区分布的异同

CSTPCD和SCI两个数据库收录基金论文地区分布的相同点主要表现在：无论在CSTPCD还是在SCI数据库中，产出基金论文数居前2位的地区都是北京、江苏。

CSTPCD和SCI两个数据库收录基金论文地区分布的不同点主要表现为：SCI数据库中基金论文的地区分布更为集中。例如，在CSTPCD数据库中，基金论文数居前8位的地区产出了50%以上的基金论文，基金论文数居前17位的地区产出了80%以上的基金论文；在SCI数据库中，基金论文数居前7位的地区产出了50%以上的基金论文，基金论文数居前16位的地区产出了80%以上的基金论文。

7.3.7 基金论文的合著情况分析

（1）CSTPCD收录基金论文合著情况分析

如图7–5所示，2016年CSTPCD收录基金论文325900篇，其中313896篇是合著论文，合著论文比例为96.32%，这一值较CSTPCD收录所有论文的合著比例（92.52%）高了3.80个百分点。

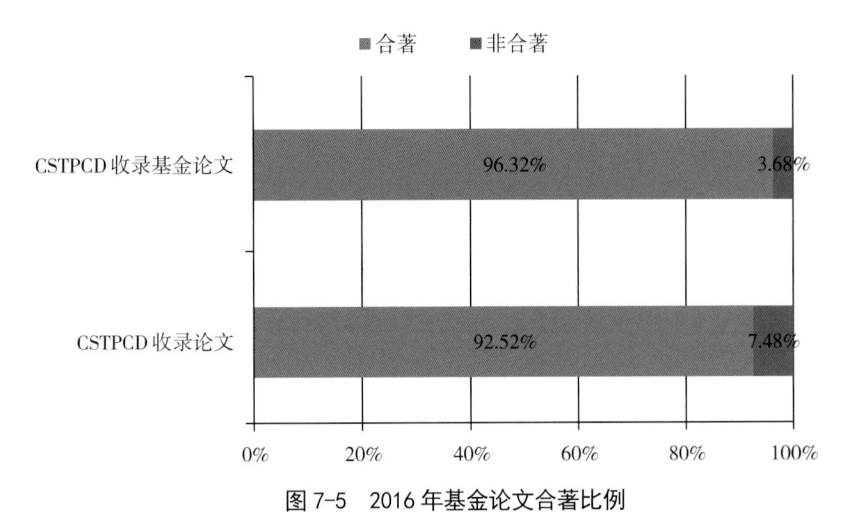

图 7-5　2016 年基金论文合著比例

数据来源：CSTPCD。

2016 年，CSTPCD 收录所有论文的篇均作者数为 4.16 人 / 篇，该数据库收录基金论文篇均作者数为 4.50 人 / 篇，基金论文的篇均作者数较所有论文的篇均作者数高出 0.34 人 / 篇。

如表 7-21 所示，CSTPCD 收录基金论文中的合著论文以 4 位作者论文最多，共计 65629 篇，占全部基金论文总数的 20.14%；5 位作者论文所占比例排名居第 2 位，共计 58858 篇，占全部基金论文总数的 18.06%；排在第 3 位的是 3 位作者论文，共计 58178 篇，占全部基金论文的 17.85%。

表 7-21　2016 年不同作者数的基金论文数

作者数	基金论文篇数	占全部基金论文的比例	作者数	基金论文篇数	占全部基金论文的比例
1	12004	3.68%	7	24693	7.58%
2	38830	11.91%	8	12572	3.86%
3	58178	17.85%	9	10200	3.13%
4	65629	20.14%	10	1005	0.31%
5	58858	18.06%	≥ 11 及不详	981	0.30%
6	42950	13.18%	总计	325900	100.00%

数据来源：CSTPCD。

表 7-22 列出了基金论文的合著论文比例与篇均作者数的学科分布。根据 CSTPCD 数据统计，各学科基金论文中合著论文比例最高的是材料科学，为 100.00%；水产学，畜牧、兽医，动力与电气，生物学，核科学技术，航空航天，化学，药物学，工程与技术基础学科，农学，食品这 11 个学科基金论文的合著论文比例也都超过了 98.00%；数学学科基金论文的合著比例最低，为 85.07%；排在倒数第 2 位的是矿山工程技术，该学科基金论文的合著比例为 89.40%。如表 7-22 所示，各学科篇均作者数在 2.47 ～ 6.00 人 / 篇之间，篇均作者数最高的是畜牧兽医，为 6.00 人 / 篇；其次是水产学，为 5.55 人 / 篇；

排在第3位的是军事医学与特种医学，为5.37人/篇。

表7-22　2016年基金论文的合著论文比例与篇均作者数的学科分布

学科	基金论文篇数	合著论文篇数	合著论文比例	篇均作者数/（人/篇）
临床医学	60068	57941	96.46%	4.90
计算技术	22917	21778	95.03%	3.42
农学	19576	19216	98.16%	5.37
电子、通信与自动控制	17718	16980	95.83%	3.97
中医学	15772	15183	96.27%	4.76
生物学	13234	13033	98.48%	5.08
地学	12673	12322	97.23%	4.66
环境科学	12227	11963	97.84%	4.71
基础医学	11453	11216	97.93%	5.18
冶金、金属学	9792	9458	96.59%	4.37
土木建筑	8693	8340	95.94%	3.71
化学	8606	8462	98.33%	4.79
化工	8564	8335	97.33%	4.60
预防医学与卫生学	8207	7960	96.99%	5.09
食品	7634	7493	98.15%	4.98
机械、仪表	7323	7101	96.97%	3.85
药物学	7153	7030	98.28%	4.98
交通运输	7024	6753	96.14%	3.64
畜牧、兽医	5682	5625	99.00%	6.00
数学	5103	4341	85.07%	2.47
物理学	5071	4900	96.63%	4.60
能源科学技术	4268	4064	95.22%	4.77
矿山工程技术	4228	3780	89.40%	3.79
工程与技术基础学科	3691	3627	98.27%	4.38
林学	3419	3345	97.84%	4.87
航空航天	3353	3298	98.36%	3.89
动力与电气	2982	2945	98.76%	4.35
水利	2515	2429	96.58%	3.88
测绘科学技术	2338	2251	96.28%	3.79
水产学	1814	1796	99.01%	5.55
力学	1628	1575	96.74%	3.54
轻工、纺织	1588	1516	95.47%	4.29
军事医学与特种医学	1165	1141	97.94%	5.37
管理学	815	746	91.53%	2.78
核科学技术	651	641	98.46%	5.18
天文学	475	451	94.95%	4.59
信息、系统科学	298	277	92.95%	2.91

续表

学科	基金论文篇数	合著论文篇数	合著论文比例	篇均作者数 /（人 / 篇）
安全科学技术	221	209	94.57%	3.85
材料科学	4	4	100.00%	5.25
其他	15957	14371	90.06%	3.35
合计	325900	313896	96.32%	4.50

数据来源：CSTPCD。

（2）SCI 收录基金论文合著情况分析

2016 年 SCI 收录中国基金论文 263942 篇，其中 260702 篇是合著论文，合著论文比例为 98.77%，这一值较 SCI 收录所有论文的合著比例 98.58% 高了 0.19 个百分点（如图 7-6 所示）。

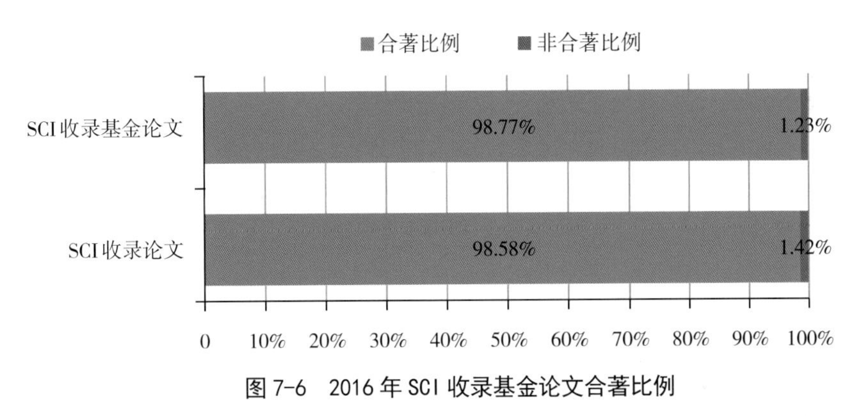

图 7-6 2016 年 SCI 收录基金论文合著比例

数据来源：SCI。

如表 7-23 所示，SCI 收录基金论文中的合著论文以 5 位作者最多，共计 44005 篇，占全部基金论文总数的 16.67%；其次是 4 位作者论文，共计 41149 篇，占全部基金论文总数的 15.59%；排在第 3 位的是 6 位作者论文，共计 38894 篇，占全部基金论文总数的 14.74%。

表 7-23 2016 年不同作者数的基金论文数

作者数	基金论文篇数	占全部基金论文的比例	作者数	基金论文篇数	占全部基金论文的比例
1	3240	1.23%	8	20277	7.68%
2	16556	6.27%	9	13949	5.28%
3	30549	11.57%	10	9522	3.61%
4	41149	15.59%	11	5509	2.09%
5	44005	16.67%	12	3577	1.36%
6	38894	14.74%	≥ 13	8713	3.30%
7	28002	10.61%	总计	263942	100.00%

数据来源：SCI。

表7–24列出了基金论文的合著论文比例与篇均作者数的学科分布。根据SCI数据统计，基金论文数超过100篇的学科中，合著论文比例最高的是畜牧、兽医和食品。如表7–24所示，各学科篇均作者数在2.52~9.94人/篇，篇均作者数最高的是天文学，为9.94人/篇；其次是预防医学与卫生学，为7.73人/篇。

表7–24 基金论文的合著论文比例与篇均作者数的学科分布

学科	基金论文篇数	合著论文篇数	合著论文比例	篇均作者数/（人/篇）
化学	45190	45033	99.65%	5.97
生物学	33604	33462	99.58%	7.10
物理学	28671	28137	98.14%	5.69
材料科学	20937	20834	99.51%	5.69
临床医学	20186	20148	99.81%	7.59
基础医学	14110	14081	99.79%	7.00
电子、通信与自动控制	11982	11808	98.55%	4.38
计算技术	10648	10429	97.94%	4.02
地学	10163	10046	98.85%	5.21
环境科学	8643	8591	99.40%	5.64
数学	8584	7416	86.39%	2.52
药物学	6773	6752	99.69%	7.06
能源科学技术	6106	6058	99.21%	5.19
化工	4259	4247	99.72%	5.42
农学	3836	3829	99.82%	6.51
机械、仪表	3794	3755	98.97%	4.39
预防医学与卫生学	2738	2729	99.67%	7.73
力学	2679	2602	97.13%	3.70
土木建筑	2359	2336	99.03%	4.09
天文学	2171	2088	96.18%	9.94
食品	1975	1972	99.85%	6.08
水利	1750	1734	99.09%	5.08
冶金、金属学	1488	1479	99.40%	4.86
工程与技术基础学科	1356	1315	96.98%	3.55
畜牧、兽医	1335	1333	99.85%	7.56
水产学	1300	1294	99.54%	6.11
核科学技术	1026	1017	99.12%	6.44
中医学	976	973	99.69%	7.10
管理学	833	811	97.36%	3.55
航空航天	767	754	98.31%	3.89
信息、系统科学	763	730	95.67%	3.19
林学	722	718	99.45%	5.87

续表

学科	基金论文篇数	合著论文篇数	合著论文比例	篇均作者数 /（人 / 篇）
交通运输	692	680	98.27%	3.97
动力与电气	687	684	99.56%	4.61
矿山工程技术	365	363	99.45%	4.83
军事医学与特种医学	244	242	99.18%	7.42
安全科学技术	98	97	98.98%	3.64
轻工、纺织	6	6	100.00%	6.29
其他	126	119	94.44%	4.63
总计	263942	260702	98.77%	5.93

数据来源：SCI。

7.3.8 国家自然科学基金委员会项目投入与论文产出的效率

根据 CSTPCD 数据统计，2016 年国家自然科学基金委员会项目论文产出效率如表 7-25 所示。一般说来，国家科技计划（项目）资助时间在 1 ～ 3 年。我们以统计当年之前 3 年的投入总量作为产出的成本，计算中国科技论文的产出效率，即用 2016 年基金项目论文数除以 2013—2015 年基金项目投入的总额。从表 7-25 中可以看到，2013—2015 年，国家自然科学基金项目的基金论文产出效率达到约 174.94 篇 / 亿元。

表 7-25　2016 年国家自然科学基金委员会项目国内论文产出效率

基金资助项目	2016 年论文篇数	资助总额 / 亿元				基金论文产出效率 /（篇 / 亿元）
		2013 年	2014 年	2015 年	总计	
国家自然科学基金委员会项目	123889	235.24	250.68	222.28	708.20	174.94

注：2016 年论文数的数据来源于 CSTPCD，资助金额数据来源于国家自然科学基金委员会统计年报。

根据 SCI 数据统计，2016 年国家自然科学基金委员会项目论文产出效率如表 7-26 所示。2013—2015 年，国家自然科学基金委员会项目的投入产出效率约 207.42 篇 / 亿元。

表 7-26　2016 年国家自然科学基金委员会项目 SCI 论文产出效率

基金资助项目	2016 年论文篇数	资助总额 / 亿元				基金论文产出效率 /（篇 / 亿元）
		2013 年	2014 年	2015 年	总计	
国家自然科学基金委员会项目	146896	235.24	250.68	222.28	708.20	207.42

注：2016 年论文数的数据来源于 SCI，资助金额数据来源于国家自然科学基金委员会统计年报。

7.4 讨论

本章对CSTPCD和SCI收录的基金论文从多个维度进行了分析，包括基金资助来源，基金论文的文献类型分布、机构分布、学科分布、地区分布、合著情况及3个国家级科技计划（项目）的投入产出效率。通过以上分析，主要得到了以下结论：

①中国各类基金资助产出论文数在整体上保持了上升的态势，基金论文在所有论文中所占比重也在不断增长，基金资助正在对中国科技事业的发展发挥越来越大的作用。

②中国目前已经形成了一个以国家自然科学基金、科技部计划（项目）资助为主，其他部委基金和地方基金、机构基金、公司基金、个人基金和海外基金为补充的多层次的基金资助体系。

③ CSTPCD和SCI收录的基金论文在文献类型分布、机构分布、地区分布上具有一定的相似性；其各种分布情况与2015年相比也具有一定的稳定性。SCI收录基金论文在文献类型分布、机构分布和地区分布上与CSTPCD收录基金论文表现出了许多相近的特征。

④基金论文的合著论文比例和篇均作者数高于平均水平，这一现象同时存在于CSTPCD和SCI这两个数据库中。

⑤ 2016年国家自然科学基金项目的资助规模有所下降，但论文产出效率有所提升。

参考文献

[1] 培根．学术的进展[M]. 刘运同，译．上海：上海人民出版社，2007：58.

[2] 中国科学技术信息研究所.2015年度中国科技论文统计与分析（年度研究报告）[M]. 北京：科学技术文献出版社，2016.

[3] 中华人民共和国科学技术部．国家科技计划年度报告2016[EB/OL].[2017-11-29]. http：//www.most.gov.cn/ndbg/2016ndbg/

[4] 国家自然科学基金委员会．2015年度报告[EB/OL]. [2017-11-29].http：//www.nsfc.gov.cn/nsfc/cen/ndbg/2015ndbg/index.html.

8 中国科技论文合著情况统计分析

科技合作是科学研究工作发展的重要模式。随着科技的进步、全球化趋势的推动，以及先进通信方式的广泛应用，科学家能够克服地域的限制，参与合作的方式越来越灵活，合著论文数一直保持着增长的趋势。中国科技论文统计与分析项目自1990年起对中国科技论文的合著情况进行了统计分析。2016年合著论文的数量及所占比例与2015年基本持平。2016年数据显示，无论西部地区还是其他地区，都十分重视并积极参与科研合作。各个学科领域内的合著论文比例与其自身特点相关。同时，对国内论文和国际论文的统计分析表明，中国与其他国家（地区）的合作论文情况总体保持稳定。

8.1 CSTPCD 2016收录的合著论文统计与分析

8.1.1 概述

“2016年中国科技论文与引文数据库”（CSTPCD 2016）收录中国机构作为第一作者单位的自然科学领域论文494207篇，这些论文的作者总人次达到2057194人次，平均每篇论文由4.16个作者完成，其中合著论文总数为456857篇，所占比例为92.4%，比2015年的92.3%增加了0.1个百分点。有37350篇是由一位作者独立完成的，数量比2015年的37852篇有所减少，在全部中国论文中所占的比例为7.6%，与2015年基本持平。

表8-1列出了1994—2016年CSTPCD论文篇数、作者数、篇均作者人数、合著论文篇数及比例的变化情况。从表中可以看出，篇均作者人数值除2007年和2012年略有波动外，一直保持增长的趋势，2014年之后篇均作者人数一直保持在4人以上。

由表8-1还可以看出，合著论文的比例在2005年以后一般都保持在88%以上。虽然在2007年略有下降，但是在2008年以后又开始回升，保持在88%以上的水平波动，2015年的合著论文比例与2015年基本持平。

表8-1 1994—2016年CSTPCD收录论文作者数及合作情况

年份	论文篇数	作者人数	篇均作者人数	合著论文篇数	合著比例
1994	107492	295125	2.75	76556	71.2%
1995	107991	304651	2.82	81110	75.1%
1996	116239	340473	2.93	88673	76.3%
1997	120851	366473	3.03	95510	79.0%
1998	133341	413989	3.10	107989	81.0%
1999	162779	511695	3.14	132078	81.5%
2000	180848	580005	3.21	151802	83.9%
2001	203299	662536	3.25	169813	83.5%

续表

年份	论文篇数	作者人数	篇均作者人数	合著论文篇数	合著比例
2002	240117	796245	3.32	203152	84.6%
2003	274604	929617	3.39	235333	85.7%
2004	311737	1077595	3.46	272082	87.3%
2005	355070	1244505	3.50	314049	88.4%
2006	404858	1430127	3.53	358950	88.7%
2007	463122	1615208	3.49	403914	87.2%
2008	472020	1702949	3.61	419738	88.9%
2009	521327	1887483	3.62	461678	88.6%
2010	530635	1980698	3.73	467857	88.2%
2011	530087	1975173	3.72	466880	88.0%
2012	523589	2155230	4.12	466864	89.2%
2013	513157	1994679	3.89	460100	89.7%
2014	497849	1996166	4.01	454528	91.3%
2015	493530	2074142	4.20	455678	92.3%
2016	494207	2057194	4.16	456857	92.4%

如图8-1所示，合著论文的数量在持续快速增长，但是在2008年合著论文数量的变化幅度明显小于相邻年度。这主要是2008年论文总数增长幅度也比较小，比2007年仅增长8898篇，增幅只有2%，因此导致尽管合著论文比例增加，但是数量增幅较小。而在2009年，随着论文总数增幅的回升，在比例保持相当水平的情况下，合著论文数量的增幅也有较明显的回升。2009年以后合著论文的增减幅度基本持平。相对2010年，2011年合著论文减少了977篇，降幅约为0.2%。相对2011年，2012年论文总数减少了6498篇，降幅约为1.2%，合著论文的数量和2011年相对持平，论文的合著比例显著增加。与2015年相比，2016年合著论文数量有所增加。

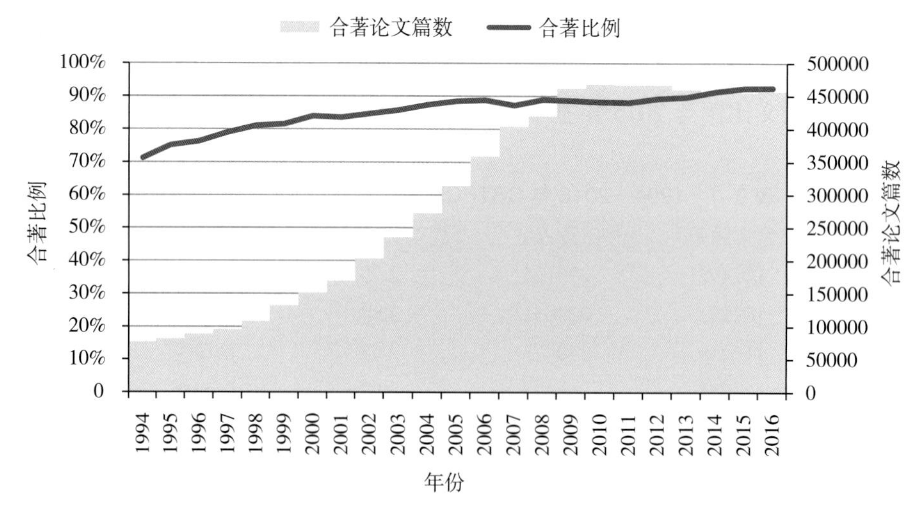

图8-1 1994—2016年CSTPCD收录中国科技论文合著论文数和合著论文比例的变化

图 8-2 所示为 1994—2016 年 CSTPCD 收录中国科技论文论文数和篇均作者的变化情况。CSTPCD 收录的论文数由于收录的期刊数量增加而持续增长，特别是在 2001—2008 年，每年增幅一直持续保持在 15% 左右；2009 年以后增长的幅度趋缓，2010 年的增幅约为 1.8%，2011 年和 2013 年相对持平。论文篇均作者人数的曲线显示，尽管在 2007 年出现下降，但是从整体上看仍然呈现缓慢增长的趋势，至 2009 年以后呈平稳趋势。2011 年论文篇均作者人数是 3.72 人，与 2010 年的 3.73 人基本持平。2016 年论文篇均作者人数是 4.16 人，较 2015 年略有下降。

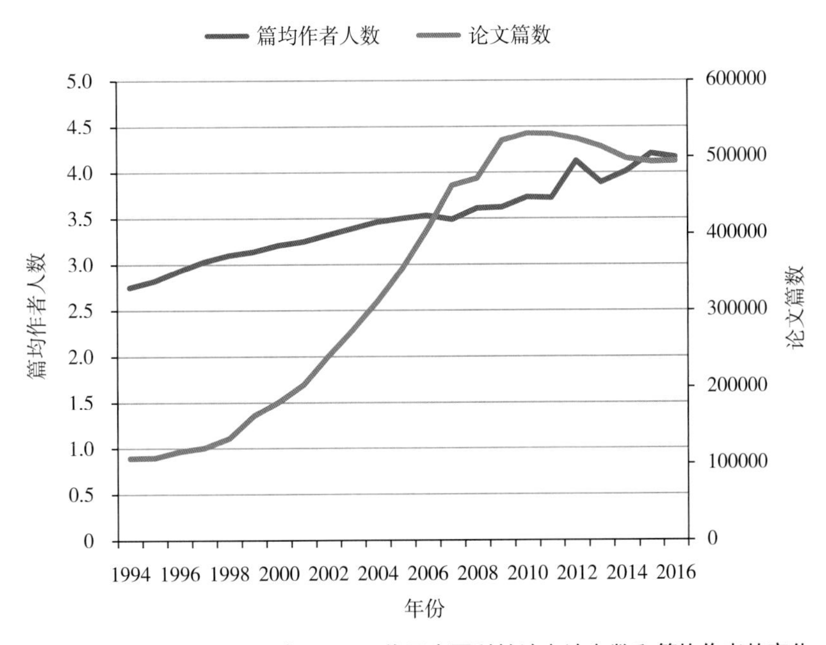

图 8-2　1994—2016 年 CSTPCD 收录中国科技论文论文数和篇均作者的变化

论文体现了科学家进行科研活动的成果，近年的数据显示大部分的科研成果由越来越多的科学家参与完成，并且这一比例还保持着增长的趋势。这表明中国的科学技术研究活动，越来越依靠科研团队的协作。同时数据也反映出合作研究有利于学术发展和研究成果的产出。2007 年数据显示，合著论文的比例和篇均作者人数开始下降，这是由于论文数的快速增长导致这些相对指标的数值降低。2007 年合著论文比例和篇均作者人数两项指标同时下降，到了 2008 年又开始回升，而在 2009 年和 2010 年数值又恢复到 2006 年水平，2011 年基本与 2010 年的数值持平，2012 年合著论文的比例持续上升，同时篇均作者人数指标大幅上升。2013 年论文继续下降，篇均作者人数回落到了 2011 年的水平，2014 年论文数仍然在下降，但是篇均作者人数又出现小幅回升。这种数据的波动有可能是达到了合著论文比例增长态势从快速上升转变为相对稳定的信号，合著论文的比例大体将稳定在 90% 左右的水平；篇均作者人数大体将维持在 4 人左右，2016 年依旧延续了这种趋势。

8.1.2 各种合著类型论文的统计

与往年一样，我们将中国作者参与的合著论文按照参与合著的作者所在机构的地域关系进行了分类，按照4种合著类型分别统计。这4种合著类型分别是：同机构合著、同省不同机构合著、省际合著和国际合著。表8-2分类列出了2014—2016年不同合著类型论文数和在合著论文总数中所占的比例。

通过3年数值的对比，可以看到各种合著类型所占比例大体保持稳定。图8-3显示了各种合著类型论文所占比例，从中可以看出2014年、2015年与2016年3年的论文数和各种类型论文的比例有些变化。2016年的同机构合著类型比例和国际合著类型比例与2015年保持一致，分别为63.3%和0.9%；同省不同机构合著类型论文数有所下降，比例由2015年的21.3%降到2016年的20.8%；省际合著论文数有所增长，比例由2015年的14.5%上升到2016年的15.0%。

同时由表8-2中还可以看到同省不同机构合著和省际合著类型的论文数略有起伏，而同机构合著和国际合著论文数与比例变化却呈现出趋弱的态势。2016年，国际合著论文数上升到4175，比2015年增加228篇。各类型合著论文的比例变化如图8-3所示。

表8-2 2014—2016年CSTPCD收录各种类型合著论文数及比例

合作类型	论文篇数			占合著论文总数的比例		
	2014年	2015年	2016年	2014年	2015年	2016年
同机构合著	288858	288455	289323	63.6%	63.3%	63.3%
同省不同机构合著	95129	97251	94910	20.9%	21.3%	20.8%
省际合著	66562	66025	68449	14.6%	14.5%	15.0%
国际合著	3979	3947	4175	0.9%	0.9%	0.9%
总数	454528	455678	456857	100%	100%	100.0%

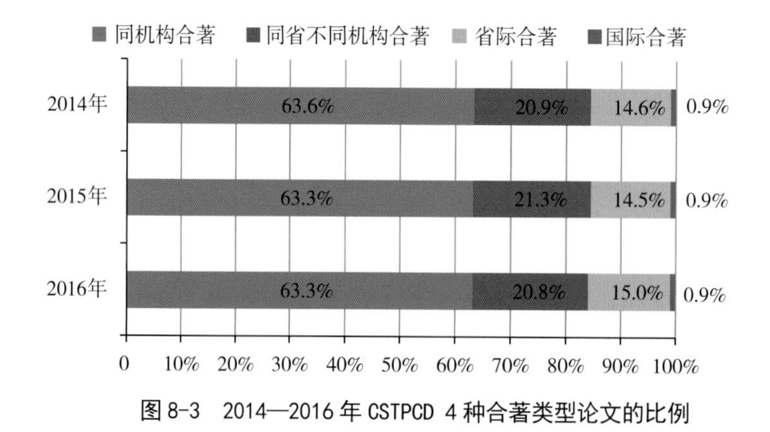

图8-3 2014—2016年CSTPCD 4种合著类型论文的比例

CSTPCD 2016收录中国科技论文合著关系的学科分布详见附表45，地区分布详见附表46。

以下分别详细分析论文的各种类型的合著情况。

（1）同机构合著情况

2016 年同机构合著论文在全部论文中所占的比例达到了 58.5%，与 2015 年的 58.4% 相比略有增加，在各个学科和各个地区的统计中，同机构合著论文所占比例同样是最高的。

由附表 45 中的数据可以看到，工程与技术基础学科同机构合著论文比例为 66.9%，也就说该学科论文有近七成是同机构的作者合著完成。由附表 45 还可以看到这一类型合著论文比例最低的学科与往年一样，仍然是能源科学技术，比例为 41.2%，与 2015 年相比增加了 0.8%。

由附表 46 中可以看出，同机构合著论文所占比例最高的为上海，为 63.7%。这一比例数值较高的地区还有黑龙江、重庆、安徽、辽宁、江苏、湖北、江西和福建，这些地区的数值都超过了 60%。这一比例数值最小的地区是西藏，比例为 38.7%。同时由附表 46 还可以看出，同一机构合著论文比例数值较小的地区大都为整体科技实力相对薄弱的西部地区。

（2）同省不同机构合著论文情况

2016 年同省内不同机构间的合著论文占全部论文总数的 19.2%。

由附表 45 可以看出，中医学同省不同机构间的合著论文比例最高，达到了 31.3%；畜牧、兽医和农学等农业学科同省不同机构间的合著论文比例普遍比较高。比例最低的学科是天文学和航空航天，为 11.2%。

附表 46 显示，各个省的同省不同机构合著论文比例数值大都集中在 10% ～ 25% 的范围。比例最高的省份是山东，达到 24.5%。比例最低的省份是重庆，为 15.5%。

（3）省际合著论文情况

2016 年不同省区的科研人员合著论文占全部论文总数的 13.9%。

附表 45 中还列出了不同学科的省际合著论文比例。可以看到，能源科学技术是省际合著比例最高的学科，比例达 34.4%，是总体比例（13.9%）的 2.5 倍以上。比例超过 25% 的学科还有地学、测绘科学技术和天文学。比例最低的学科是临床医学，仅为 7.7%。同时由表中还可以看出，医学领域这个比例数值普遍较低，预防医学与卫生学、中医学、药物学、军事医学与特种医学等学科的比例都比较低。不同学科省际合著论文比例的差异与各个学科论文总数及研究机构的地域分布有关系。研究机构地区分布较广的学科，省际合作的机会比较多，省际合著论文比例就会比较高，如地学、矿山工程技术和林学。而医学领域的研究活动的组织方式具有地域特点，这使得其同单位的合作比例最高，同省次之，省际合作的比例较少。

附表 46 中所列出的各省省际合著论文比例最高的是西藏，比例最低的是广东。大体上可以看出这样的规律：科技论文产出能力比较强的地区省际合著论文比例低一些，反之论文产出数量较少的地区省际合著论文比例就高一些。这表明科技实力较弱的地区在科研产出上，对外依靠的程度相对高一些。但是对比北京、江苏、广东和上海这几个论文产出数量较多的地区，可以看到北京省际合著论文比例为 16.4%，明显高于江苏（12.7%）、广东（10.8%）和上海（11.5%）。

（4）国际合著论文情况

如附表45所示，2016年国际合著论文比例最高的学科是天文学，比例数值达到8.4%，其后是物理学、地学、管理学和生物学，都超过了2%。从数量上看，篇数最多的是临床医学，达到了428篇，远远超过其他学科。

如附表46所示，国际合著论文比例居前2位的地区是北京和上海，分别1.4%和1.2%。北京地区的国际合著论文数量为919篇，远远领先于其他省区。江苏和上海的国际合著论文数量均超过了300篇，排在第二阵营。

（5）西部地区合著论文情况

交流与合作是西部地区科技发展与进步的重要途径。将各省的省际合著论文比例与国际合著论文比例的数值相加，作为考察各地区与外界合作的指标。图8-4对比了西部地区和其他地区的这一指标值，可以看出西部地区和其他地区之间并没有明显差异，13个西部地区省际合著论文比例与国际合著论文比例的数值相加超过15.0%的有8个，特别是西藏地区对外合著的比例高达35.5%，明显高于其他省区。而其他18个地区中也只有10个达到15.0%。这表明西部地区由于科技实力相对较弱而科技发展需求较强，与外界合作的势头还要强一些。

图8-5是各省的合著论文比例与论文总数对照的散点图。从横坐标方向数据点分布可以看到，西部地区的合著论文产出数量明显少于其他地区；但是从纵坐标方向数据点分布看，西部地区数据点的分布在纵坐标方向整体上与其他地区没有十分明显的差异。除山西、内蒙古、陕西和青海外，西部地区合著产生的论文比例均超过90%；新疆地区合著论文比例最高，达到95.8%。

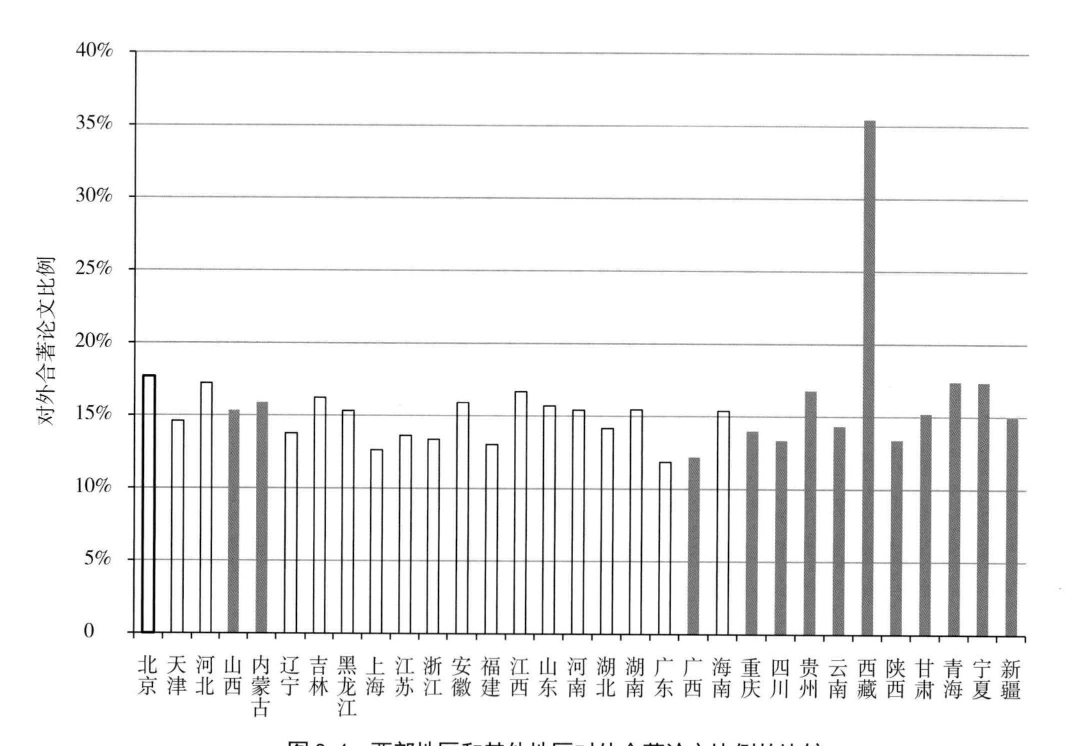

图8-4 西部地区和其他地区对外合著论文比例的比较

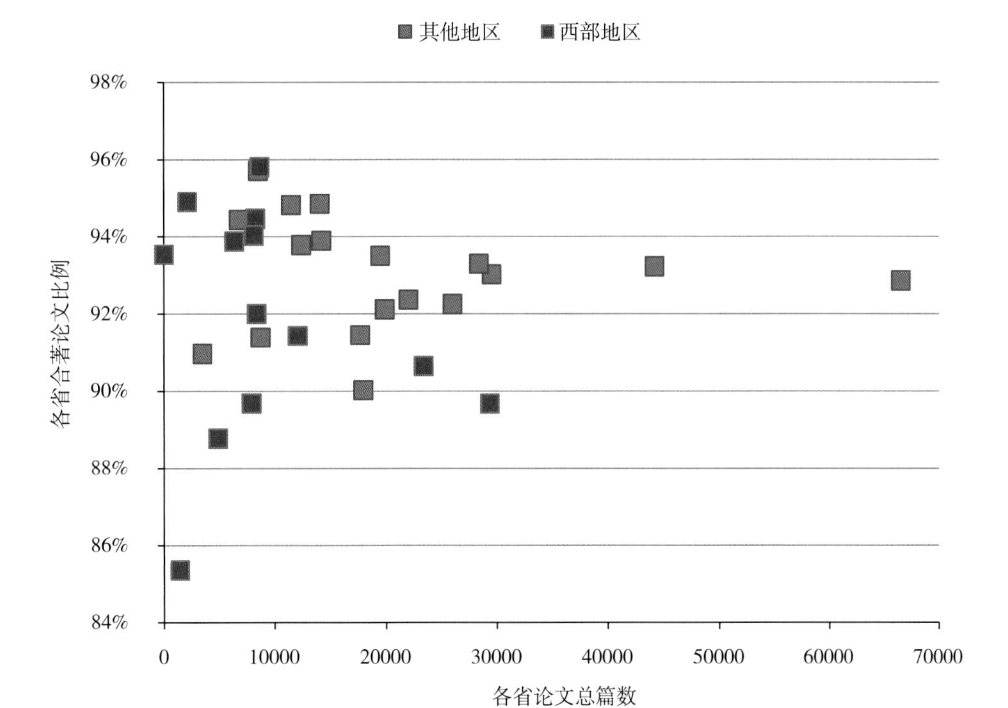

图 8-5 CSTPCD 2016 收录各省论文总数和合著论文比例

表 8-3 列出了西部各省区的各种合著类型论文比例的分布数值。从数值上看，大部分西部省区的各种类型合著论文的分布情况与全部论文计算的数值差别并不是很大，但国际合著论文的比例除个别地区外，普遍低于整体水平。

表 8-3 2016 年西部各省区的各种合著类型论文比例

地区	单一作者比例	同机构合著比例	同省不同机构合著比例	省际合著比例	国际合著比例
山西	10.3%	57.6%	16.7%	14.8%	0.5%
内蒙古	11.2%	52.0%	20.9%	15.2%	0.7%
广西	8.0%	59.7%	20.1%	11.7%	0.5%
重庆	8.6%	61.9%	15.5%	13.3%	0.7%
四川	9.3%	58.7%	18.6%	12.7%	0.7%
贵州	6.1%	52.7%	24.4%	16.4%	0.4%
云南	5.5%	56.8%	23.3%	13.7%	0.7%
西藏	6.5%	38.7%	19.4%	35.5%	0.0%
陕西	10.3%	59.0%	17.3%	12.9%	0.5%
甘肃	6.0%	57.5%	21.3%	14.7%	0.5%
青海	14.6%	50.5%	17.4%	17.0%	0.4%
宁夏	5.1%	53.3%	24.2%	16.6%	0.8%
新疆	4.2%	57.2%	23.6%	14.4%	0.5%
全部省区论文	7.6%	58.5%	19.2%	13.9%	0.8%

8.1.3 不同类型机构之间的合著论文情况

表8-4列出了CSTPCD 2016收录的不同机构之间各种类型的合著论文数，反映了各类机构合作伙伴的分布。数据显示，高等院校之间的合著论文数最多，而且无论是高等院校主导、其他类型机构参与的合作，还是其他类型机构主导、高等院校参与的合作，论文产出量都很多。科研机构和高等院校的合作也非常紧密，而且更多地依赖于高等院校。高等院校主导、研究机构参加的合著论文数超过了研究机构之间的合著论文数，更比研究机构主导、高等院校参加的合著论文数量多出了1倍多。与农业机构合著论文的数据和公司企业合著论文的数据也体现出类似的情况，也是高等院校在合作中发挥重要作用。医疗机构之间的合作论文数比较多，这与其专业领域比较集中的特点有关。同时，由于高等院校中有一些医学专业院校和附属医院，在医学和相关领域的科学研究中发挥重要作用，所以医疗机构和高等院校合作产生的论文数也很多。

表8-4 CSTPCD 2016收录的不同机构之间各种类型的合著论文数

机构类型	高等院校	研究机构	医疗机构	农业机构	公司企业
高等院校①/篇	48071	23228	27584	868	17451
研究机构①/篇	9904	6726	1195	552	3747
医疗机构①②/篇	17537	2145	30967	2	668
农业机构①/篇	144	148	0	192	41
公司企业①/篇	4002	1574	55	18	3475

注：①表示在发表合著论文时作为第一作者。
②医疗机构包括独立机构和高等院校附属医疗机构。

8.1.4 国际合著论文的情况

CSTPCD 2016收录的中国科技人员为第一作者参与的国际合著论文总数为4175篇，与2015年的3947篇相比，增长了228篇。

（1）地区和机构类型分布

2016年在中国科技人员作为第一作者发表的国际合著论文中，有919篇论文的第一作者分布在北京地区，在中国科技人员作为第一作者的国际合著论文中所占比例达到22.0%。

对比表8-5中所列出的各地区国际合著论文数和比例，可以看到，与往年的统计结果情况一样，北京远远高于其他的地区，其他各地区中国际合著论文数最高的是江苏，为424篇，所占比例占全国总量的10.2%，但是仍不及北京地区的一半。这一方面是由于北京的高等院校和大型科研院所比较集中，论文产出的数量比其他地区多很多；另一方面北京作为全国科技教育文化中心，有更多的机会参与国际科技合作。

在北京、江苏之后，所占比例较高的地区还有上海和广东，它们所占的比例分别是8.3%和6.8%。不足10篇的地区是青海和西藏。

表 8-5 CSTPCD 2016 收录的中国科技人员作为第一作者的国际合著论文按国内地区分布情况

地区	第一作者		地区	第一作者	
	论文篇数	比例		论文篇数	比例
北京	919	22.0%	安徽	80	1.9%
江苏	424	10.2%	河南	64	1.5%
上海	346	8.3%	云南	58	1.4%
广东	284	6.8%	天津	50	1.2%
湖北	208	5.0%	新疆	47	1.1%
浙江	172	4.1%	江西	46	1.1%
山东	161	3.9%	山西	43	1.0%
四川	157	3.8%	广西	42	1.0%
陕西	148	3.5%	甘肃	42	1.0%
辽宁	137	3.3%	内蒙古	34	0.8%
湖南	127	3.0%	贵州	26	0.6%
河北	116	2.8%	海南	20	0.5%
黑龙江	100	2.4%	宁夏	16	0.4%
福建	95	2.3%	青海	6	0.1%
吉林	86	2.1%	西藏	0	1.9%
重庆	82	2.0%			

2016 年国际合著论文的机构类型分布如表 8-6 所示，依照第一作者单位的机构类型统计，高等院校仍然占据最主要的地位，所占比例为 73.8%，与 2015 年相比，下降 3.6 个百分点。

表 8-6 CSTPCD 2016 收录的中国科技人员作为第一作者的国际合著论文按机构分布情况

机构类型	国际合著论文篇数	国际合著论文比例
高等院校	3082	73.8%
研究机构	645	15.4%
医疗机构	263	6.3%
公司企业	75	1.8%
其他机构	110	2.6%

CSTPCD 2016 年收录的中国作为第一作者发表的国际合著论文中，其国际合著伙伴分布在 85 个国家（地区），覆盖范围比 2015 年有所减少。表 8-7 列出了国际合著论文数量较多的国家（地区）的合著论文情况。由表中可以看到，与中国合著论文数超过 100 篇的国家（地区）有 8 个。与此同时，还有另外 9 个国家（地区）的合著论文数超过 30 篇。与美国的合著论文数为 1525 篇，居第 1 位，数量与 2015 年度相比有所增加；与日本的合著论文数为 350 篇，比 2015 年的 365 篇减少了 15 篇，居第 2 位。中国大陆与香港特别行政区的合著论文数为 376 篇。上述这 3 个国家（地区）的作者参与的合著论文数远远多于其他国家（地区）的合著论文数，中国内地作者与这 3 个国家（地区）的作者合著论文数加在一起，占全部中国国际合著论文数的比例超过了 50%，因此这 3

个国家（地区）是中国对外科技合作的主要伙伴。

表 8-7 2016 年中国国际合著伙伴的国家（地区）分布情况

国家（地区）	国际合著论文篇数	国家（地区）	国际合著论文篇数
美国	1525	俄罗斯	75
中国香港	376	中国澳门	67
日本	350	荷兰	55
英国	297	瑞典	47
澳大利亚	280	丹麦	34
加拿大	216	新西兰	32
德国	166	意大利	30
法国	101	瑞士	28
中国台湾	99	比利时	24
韩国	76	朝鲜	22

（2）学科分布

从 CSTPCD 2016 收录的中国国际合著论文分布（表 8-8）来看，数量最多的学科是临床医学（428 篇），远远高于其他学科，在所有国际合著论文中所占的比例为 10.3%。合著论文数较多的还有地学和生物学，数量分别为 336 篇和 297 篇。

表 8-8 CSTPCD 2016 收录的中国国际合著论文学科分布

学科	论文篇数	比例	学科	论文篇数	比例
数学	78	1.9%	矿山工程技术	36	0.9%
力学	30	0.7%	能源科学技术	43	1.0%
物理学	166	4.0%	冶金、金属学	153	3.7%
化学	121	2.9%	机械、仪表	48	1.1%
天文学	44	1.1%	动力与电气	44	1.1%
地学	336	8.0%	核科学技术	7	0.2%
生物学	297	7.1%	电子、通信与自动控制	221	5.3%
预防医学与卫生学	99	2.4%	计算技术	273	6.5%
基础医学	131	3.1%	化工	90	2.2%
药物学	76	1.8%	轻工、纺织	14	0.3%
临床医学	428	10.3%	食品	51	1.2%
中医学	112	2.7%	土木建筑	199	4.8%
军事医学与特种医学	12	0.3%	水利	38	0.9%
农学	180	4.3%	交通运输	117	2.8%
林学	39	0.9%	航空航天	37	0.9%
畜牧、兽医	22	0.5%	安全科学技术	1	0.0%
水产学	8	0.2%	环境科学	168	4.0%
测绘科学技术	30	0.7%	管理学	21	0.5%
工程与技术基础学科	77	1.8%	其他	328	7.9%

8.1.5 CSTPCD 2016 海外作者发表论文的情况

CSTPCD 2016 中还收录了一部分海外作者在中国科技期刊上作为第一作者发表的论文（如表 8-9 所示），这些论文同样可以起到增进国际交流的作用，促进中国的研究工作进入全球的科技舞台。

表 8-9 CSTPCD 2016 收录的海外作者论文分布情况

国家（地区）	论文篇数	国家（地区）	论文篇数
美国	908	意大利	98
印度	377	土耳其	84
伊朗	321	马来西亚	80
韩国	199	俄罗斯	73
日本	169	中国台湾	73
德国	157	西班牙	66
英国	153	巴基斯坦	65
中国香港	142	法国	64
澳大利亚	139	中国澳门	53
加拿大	122	巴西	46

CSTPCD 2016 共收录了海外作者发表的论文 4160 篇，比 CSTPCD 2015 的数量增加了 618 篇。这些海外作者来自于 102 个国家（地区），表 8-9 列出了 CSTPCD 2016 年收录的论文数较多的国家（地区），其中美国作者在中国独立发表的论文数最多，其次是印度、伊朗和韩国的作者。CSTPCD 2016 收录海外作者论文学科分布也十分广泛，覆盖了 36 个学科。表 8-10 列出了各个学科的论文数和所占比例，从中可以看到，生物学的论文数最多，达 515 篇，所占比例为 12.4%；超过 100 篇的学科共有 14 个，其中数量较多的学科还有临床医学和物理学，论文数均超过 300 篇。

表 8-10 CSTPCD 2016 收录的海外论文学科分布情况

学科	论文篇数	比例	学科	论文篇数	比例
数学	121	2.9%	矿山工程技术	25	0.6%
力学	28	0.7%	能源科学技术	72	1.7%
物理学	392	9.4%	冶金、金属学	24	0.6%
化学	153	3.7%	机械、仪表	153	3.7%
天文学	65	1.6%	动力与电气	6	0.1%
地学	190	4.6%	核科学技术	59	1.4%
生物学	515	12.4%	电子、通信与自动控制	1	0.0%
预防医学与卫生学	55	1.3%	计算技术	98	2.4%
基础医学	250	6.0%	化工	81	1.9%
药物学	48	1.2%	轻工、纺织	146	3.5%
临床医学	414	10.0%	食品	4	0.1%
中医学	99	2.4%	土木建筑	3	0.1%

续表

学科	论文篇数	比例	学科	论文篇数	比例
农学	114	2.7%	水利	139	3.3%
林学	70	1.7%	交通运输	56	1.3%
畜牧、兽医	8	0.2%	航空航天	112	2.7%
水产学	2	0.0%	安全科学技术	29	0.7%
测绘科学技术	6	0.1%	环境科学	141	3.4%
工程与技术基础学科	122	2.9%	管理学	2	0.0%

8.2 SCI 2016收录的中国国际合著论文

据SCI数据库统计，2016年收录的中国论文中，国际合作产生的论文为8.35万篇，比2015年增加了0.85万篇，增长了11.3%。国际合著论文占中国发表论文总数的25.8%。

2016年中国作者为第一作者的国际合著论文共计59793篇，占中国全部国际合著论文的71.6%，合作伙伴涉及155个国家（地区）；其他国家作者为第一作者、中国作者参与工作的国际合著论文为23672篇，合作伙伴涉及176个国家（地区）。合著论文形式详见表8-11。

表8-11 2016年科技论文的国际合著形式分布

	中国第一作者篇数	占比	中国参与合著篇数	占比
双边合作	50753	84.89%	14602	61.68%
三方合作	7223	12.08%	5032	21.26%
多方合作	1817	3.03%	4038	17.06%

注：双边合作指2个国家（地区）参与合作，三方合作指3个国家（地区）参与合作，多方合作指3个以上国家（地区）参与合作。

（1）合作国家（地区）分布

中国作者作为第一作者的合著论文59793篇，涉及的国家（地区）数为155个，合作论文篇数居前6位的合作伙伴分别是：美国、英国、澳大利亚、加拿大、日本和德国（如表8-12所示）。

表8-12 中国作者作为第一作者与合作国家（地区）发表的论文

排名	国家（地区）	论文篇数	排名	国家（地区）	论文篇数
1	美国	26328	4	加拿大	3988
2	英国	5284	5	日本	2994
3	澳大利亚	5166	6	德国	2783

中国参与工作、其他国家（地区）作者为第一作者的合著论文23672篇，涉及176

个国家（地区），合作论文篇数居前6位的合作伙伴是：美国、澳大利亚、英国、德国、日本和加拿大（如表8-13和图8-6所示）。

表8-13 中国作者作为参与方与合作国家（地区）发表的论文

排名	国家（地区）	论文篇数	排名	国家（地区）	论文篇数
1	美国	9372	4	德国	1369
2	澳大利亚	1564	5	日本	1364
3	英国	1418	6	加拿大	1103

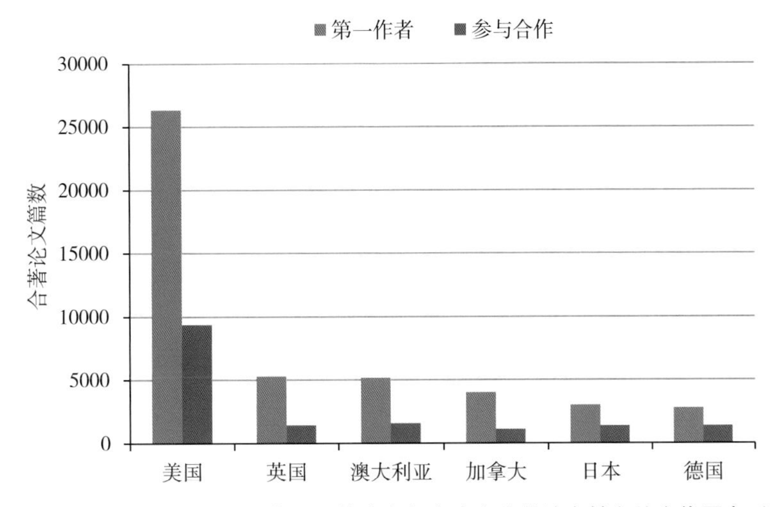

图8-6 中国作者作为第一作者和作为参与方产出合著论文较多的合作国家（地区）

（2）国际合著论文的学科分布

如表8-14和表8-15所示为中国国际合著论文较多的学科分布情况。

表8-14 中国作者作为第一作者的国际合著论文数居前6位的学科

学科	论文篇数	占本学科论文比例	学科	论文篇数	占本学科论文比例
生物学	7408	21.37%	临床医学	4889	15.23%
化学	7189	15.80%	材料科学	4049	18.41%
物理学	5213	17.69%	计算技术	4002	35.10%

表8-15 中国作者参与的国际合著论文数居前6位的学科

学科	论文篇数	占本学科论文比例	学科	论文篇数	占本学科论文比例
生物学	3651	10.53%	物理学	2632	8.93%
临床医学	3158	9.84%	基础医学	1392	7.23%
化学	2857	6.28%	材料科学	1265	5.75%

（3）国际合著论文数居前6位的中国地区

如表8-16所示为中国作者作为第一作者的国际合著论文数较多的地区。

表8-16 中国作者作为第一作者的国际合著论文数居前6位的地区

地区	论文篇数	占本地区论文比例	地区	论文篇数	占本地区论文比例
北京	12142	23.66%	广东	3956	23.08%
江苏	6632	21.47%	湖北	3614	23.47%
上海	6056	23.15%	浙江	3094	21.20%

（4）中国已具备参与国际大科学合作能力

近年来，通过参与国际热核聚变实验堆（ITER）计划、国际综合大洋钻探计划和全球对地观测系统等一系列“大科学”计划，中国与美国、欧洲、日本、俄罗斯等主要科技大国开展平等合作，为参与制定国际标准、解决全球性重大问题做出了应有贡献。陆续建立起来的5个国家级国际创新园、33个国家级国际联合研究中心和222个国际科技合作基地，成为中国开展国际科技合作的重要平台。随着综合国力和科技实力的增强，中国已具备参与国际“大科学”合作的能力。

“大科学”研究一般来说是指具有投资强度大、多学科交叉、实验设备复杂、研究目标宏大等特点的研究活动。“大科学”工程是科学技术高度发展的综合体现，是显示各国科技实力的重要标志。

2016年中国发表的国际论文中，作者数大于1000人、合作机构数大于150个的论文共有225篇，比2015年增加37篇。作者数超过100人且合作机构数量大于50个的论文共计496篇，比2015年增加45篇。涉及的学科有：高能物理、天文与天体物理、气象和大气科学、生物学与医药卫生等。其中，中国机构作为第一作者的论文27篇，主要来自中国科学院高能物理所和云南省农业科学院。中国科学院高能物理所的论文数较多，有23篇。

8.3 讨论

通过对CSTPCD 2016和SCI 2016收录的中国科技人员参与的合著论文情况的分析，我们可以看到，更加广泛和深入的合作仍然是科学研究方式的发展方向。中国的合著论文数及其在全部论文中所占的比例显示出趋于稳定的趋势。

各种合著类型的论文所占比例与往年相比变化不大，同机构内的合作仍然是主要的合著类型。

不同地区由于其具体情况不同，合著情况有所差别。但是从整体上看，西部地区和其他地区相比，尽管在合著论文数上有一定的差距，但是在合著论文的比例上并没有明显的差异。而且在用国际合著和省际合著的比例考查地区对外合作情况时，西部地区的合作势头还略强一些。

由于研究方法和学科特点的不同，不同学科之间的合著论文的数量和规模差别较大，基础学科的合著论文数往往比较多，应用工程和工业技术方面的合著论文相对较少。

参考文献

[1] 中国科学技术信息研究所 . 2004 年度中国科技论文统计与分析 . 北京：科学技术文献出版社，2006.

[2] 中国科学技术信息研究所 . 2005 年度中国科技论文统计与分析 . 北京：科学技术文献出版社，2007.

[3] 中国科学技术信息研究所 . 2007 年版中国科技期刊引证报告（核心版）. 北京：科学技术文献出版社，2007.

[4] 中国科学技术信息研究所 . 2006 年度中国科技论文统计与分析 . 北京：科学技术文献出版社，2008.

[5] 中国科学技术信息研究所 . 2008 年版中国科技期刊引证报告（核心版）. 北京：科学技术文献出版社，2008.

[6] 中国科学技术信息研究所 . 2007 年度中国科技论文统计与分析 . 北京：科学技术文献出版社，2009.

[7] 中国科学技术信息研究所 . 2009 年版中国科技期刊引证报告（核心版）. 北京：科学技术文献出版社，2009.

[8] 中国科学技术信息研究所 . 2008 年度中国科技论文统计与分析 . 北京：科学技术文献出版社，2010.

[9] 中国科学技术信息研究所 . 2010 年版中国科技期刊引证报告（核心版）. 北京：科学技术文献出版社，2010.

[10] 中国科学技术信息研究所 . 2011 年版中国科技期刊引证报告（核心版）. 北京：科学技术文献出版社，2011.

[11] 中国科学技术信息研究所 . 2012 年版中国科技期刊引证报告（核心版）. 北京：科学技术文献出版社，2012.

[12] 中国科学技术信息研究所 . 2012 年度中国科技论文统计与分析（年度研究报告）. 北京：科学技术文献出版社，2014.

[13] 中国科学技术信息研究所 . 2013 年度中国科技论文统计与分析（年度研究报告）. 北京：科学技术文献出版社，2015.

[14] 中国科学技术信息研究所 . 2014 年度中国科技论文统计与分析（年度研究报告）. 北京：科学技术文献出版社，2016.

[15] 中国科学技术信息研究所 . 2015 年度中国科技论文统计与分析（年度研究报告）. 北京：科学技术文献出版社，2017.

9 中国卓越科技论文的统计与分析

9.1 引言

根据 SCI、Ei、CPCI-S、SSCI 等国际权威检索数据库的统计结果，中国的国际论文数排名均位于世界前列。经过多年的努力，中国已经成为科技论文产出大国。但也应清楚地看到，中国国际论文的质量与一些科技强国相比仍存在一定差距，所以在提高论文数的同时，我们也应重视论文影响力的提升，真正实现中国科技论文从“量变”向“质变”的转变。为了引导科技管理部门和科研人员从关注论文数向重视论文质量和影响转变，考量中国当前科技发展趋势及水平，既鼓励科研人员发表国际高水平论文，也重视发表在中国国内期刊的优秀论文，中国科学技术信息研究所从 2016 年开始，采用中国卓越科技论文这一指标进行评价。

中国卓越科技论文，由中国科研人员发表在国际、国内的论文共同组成。其中，国际论文部分即为之前所说的表现不俗论文，指的是各学科领域内被引次数超过均值的论文，即在每个学科领域内，按统计年度的论文被引次数世界均值画一条线，高于均线的论文入选，表示论文发表后的影响超过其所在学科的一般水平。国内部分取近 5 年由“中国科技论文与引文数据库”（CSTPCD）收录的发表在中国科技核心期刊，且论文“累计被引用时序指标”超越本学科期望值的高影响力论文。

以下我们将对 2016 年度中国卓越科技论文的学科、地区、机构、期刊、基金和合著等方面的情况进行统计与分析。

9.2 中国卓越国际科技论文的研究分析与结论

若在每个学科领域内，按统计年度的论文被引次数世界均值画一条线，则高于均线的论文为卓越论文，即论文发表后的影响超过其所在学科的一般水平。2009 年我们第一次公布了利用这一方法指标进行的统计结果，当时称为“表现不俗论文”，受到国内外学术界的普遍关注。

以 SCI 统计，2016 年，中国机构作者为第一作者的论文共 29.06 万篇，其中卓越论文数为 12.54 万篇，占论文总数的 43.2%，较 2015 年上升了 6.9 个百分点。按文献类型分，中国卓越国际科技论文的 96% 是原创论文，4% 是述评类文章。

9.2.1 学科影响力关系分析

2016 年，中国卓越国际论文主要分布在 39 个学科中（表 9-1），与 2015 年相比，减少了测绘科学技术这个学科。其中 92.3% 以上的学科中卓越国际论文数超过 100 篇，该比例与 2015 年的 87.5% 相比上升 4.8 个百分点；卓越国际论文达 1000 篇及以上的学科数量为 20 个，比 2015 年增加 4 个；500 篇以上的学科数量为 24 个，比 2015 年增加 2 个。

表 9-1　中国卓越国际论文的学科分布

学科	卓越国际论文篇数	全部论文篇数	2016 年卓越国际论文占全部论文的比例	2015 年卓越国际论文占全部论文的比例
数学	2461	8746	28.14%	28.09%
力学	1307	2743	47.65%	43.19%
信息、系统科学	332	770	43.12%	33.75%
物理学	6743	29470	22.88%	23.01%
化学	28861	45506	63.42%	47.21%
天文学	825	1544	53.43%	59.92%
地学	4548	10538	43.16%	43.85%
生物学	13333	34658	38.47%	34.75%
预防医学与卫生学	1305	3235	40.34%	35.77%
基础医学	6166	19259	32.02%	32.64%
药物学	3845	8839	43.50%	37.33%
临床医学	12045	32108	37.51%	32.79%
中医药	269	1039	25.89%	24.64%
军事医学与特种医学	113	278	40.65%	29.80%
农学	1553	3775	41.14%	36.40%
林学	258	688	37.50%	27.88%
畜牧、兽医	451	1387	32.52%	27.13%
水产学	551	1285	42.88%	31.03%
材料科学	11820	21992	53.75%	31.27%
工程与技术基础学科	344	1488	23.12%	13.07%
矿山工程技术	158	377	41.91%	25.23%
能源科学技术	4004	6476	61.83%	57.81%
冶金、金属学	415	1676	24.76%	22.17%
机械、仪表	1419	4252	33.37%	28.67%
动力与电气	520	754	68.97%	60.99%
核科学技术	374	1245	30.04%	27.13%
电子、通信与自动控制	5357	13013	41.17%	33.79%
计算技术	4756	11401	41.72%	36.80%
化工	2745	4500	61.00%	52.22%
轻工、纺织	5	7	71.43%	25.00%
食品	1147	1965	58.37%	43.15%
土木建筑	1148	2460	46.67%	41.45%
水利	774	1803	42.93%	41.66%
交通运输	265	690	38.41%	36.31%
航空航天	269	898	29.96%	29.00%
安全科学技术	64	101	63.37%	56.18%

续表

学科	卓越国际论文篇数	全部论文篇数	2016年卓越国际论文占全部论文的比例	2015年卓越国际论文占全部论文的比例
环境科学	4463	8667	51.49%	50.02%
管理学	363	830	43.73%	43.33%
自然科学类其他	4	17	23.53%	18.75%

数据来源：SCIE 2016。

卓越国际论文数在一定程度上可以反映学科影响力的大小，卓越国际论文越多，表明该学科的论文越受到关注，中国在该学科的影响力也就越大。卓越国际论文数达1000篇的20个学科中，化学的论文比例最高，为63.42%；能源科学技术和化工2个学科的卓越国际论文比例也均超过60%，分别达到61.83%和61.00%。

9.2.2 中国各地区卓越国际科技论文的分布特征

2016年，中国31个省（市、自治区）卓越国际科技论文的发表情况如表9-2所示。

按发表卓越国际论文数计，100篇以上的省（市、自治区）为29个，比2015年增加1个；1000篇以上的省（市、自治区）有23个，比2015年增加4个。从卓越国际论文篇数来看，虽然边远地区与其他地区相比还存在一定差距，但也有较为明显的增加，如宁夏的卓越国际论文数已超过100篇。

按卓越国际论文数占全部论文篇数（所有文献类型）的比例看，高于30%的省（市、自治区）共有29个，占所有地区数量的93.5%，这29个省（市、自治区）的卓越国际论文均达到100篇以上。卓越国际论文的比例居前3位的是：福建、甘肃和天津，分别为47.06%、46.05%和45.95%。

表9-2 卓越国际论文的地区分布及增长情况

地区	卓越国际论文篇数	年增长率	全部论文篇数	比例	地区	卓越国际论文篇数	年增长率	全部论文篇数	比例
北京	22421	21.90%	51312	43.70%	湖北	7012	28.19%	15401	45.53%
天津	3725	17.42%	8107	45.95%	湖南	4191	22.14%	9548	43.89%
河北	1331	27.35%	3777	35.24%	广东	7648	22.49%	17137	44.63%
山西	1169	33.45%	2905	40.24%	广西	804	21.27%	2187	36.76%
内蒙古	308	30.19%	928	33.19%	海南	217	32.72%	649	33.44%
辽宁	4732	25.49%	10785	43.88%	重庆	3001	30.16%	6795	44.16%
吉林	3006	16.80%	7094	42.37%	四川	4696	28.58%	12123	38.74%
黑龙江	3492	25.66%	8134	42.93%	贵州	418	31.34%	1186	35.24%
上海	11774	19.91%	26162	45.00%	云南	1115	30.22%	2807	39.72%
江苏	13947	26.22%	30889	45.15%	西藏	4	50.00%	28	14.29%
浙江	6247	19.74%	14593	42.81%	陕西	6247	27.77%	15142	41.26%
安徽	3392	20.93%	7735	43.85%	甘肃	1805	17.89%	3920	46.05%
福建	2723	22.07%	5786	47.06%	青海	64	25.00%	254	25.20%

续表

地区	卓越国际论文篇数	年增长率	全部论文篇数	比例	地区	卓越国际论文篇数	年增长率	全部论文篇数	比例
江西	1235	29.96%	3019	40.91%	宁夏	115	28.70%	307	37.46%
山东	5630	16.89%	13687	41.13%	新疆	536	19.22%	1537	34.87%
河南	2427	26.00%	6713	36.15%					

数据来源：SCIE 2016。

9.2.3 卓越国际论文的机构分布特征

2016 年中国 125432 篇卓越国际论文中，由高等院校发表的为 105160 篇（占比 83.84%），由研究机构发表的为 14356 篇（占比 11.45%），由医疗机构发表的为 2635 篇（占比 2.10%），由其他部门发表的为 3281 篇（占比 2.62%），机构占比分布如图 9-1 所示。与 2015 年相比，高等院校的卓越国际论文占总数的比例有所上升，由 2015 年的 82.52% 上升为 83.84%；研究机构比例则有所下降，由 2015 年的 13.19% 下降为 11.45%；医疗机构比例也略有下降，由 2015 年的 2.24% 下降为 2.10%。

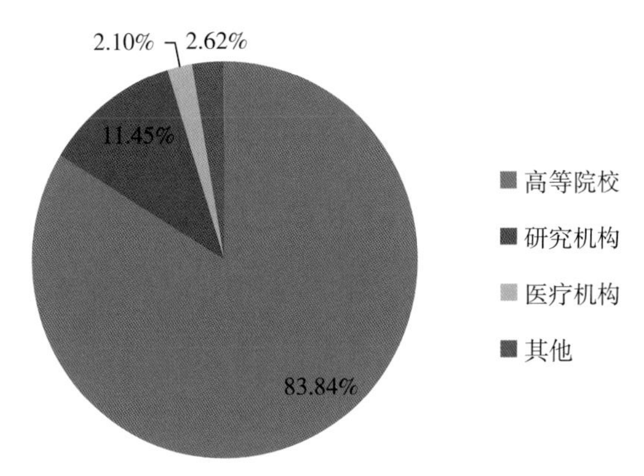

图 9-1 2016 年中国卓越国际论文的机构占比分布

（1）高等院校

2016 年，共有 720 所高等院校有卓越国际论文产出，比 2015 年的 709 所高等院校有所增加。其中，卓越国际论文超过 1000 篇的有 22 所高等院校，与 2015 年的 19 所高等院校相比，增加 3 所高等院校。卓越国际论文数均超过 2000 篇的高等院校有 5 所，分别是：浙江大学、上海交通大学、清华大学、北京大学和华中科技大学。大于 500 篇的有 58 所，与 2015 年的 45 所相比增加了将近 30%。卓越国际论文数居前 20 位的高等院校如表 9-3 所示，其卓越国际论文占本校 SCI 论文（Article 和 Review 两种文献类型）的比例均已超过 40%。其中，华南理工大学、苏州大学和清华大学的卓越国际论文比例排名居前 3 位。

表 9-3 卓越国际论文数居前 20 位的高等院校

机构名称	卓越国际论文篇数	全部论文篇数	卓越国际论文占全部论文的比例
浙江大学	2971	6231	47.68 %
上海交通大学	2912	6215	46.85 %
清华大学	2636	5023	52.48 %
北京大学	2257	4500	50.16 %
华中科技大学	2058	4310	47.75 %
复旦大学	1969	3970	49.60 %
四川大学	1887	4157	45.39 %
中山大学	1823	3667	49.71 %
中南大学	1782	3557	50.10 %
山东大学	1767	3923	45.04 %
西安交通大学	1752	3948	44.38 %
哈尔滨工业大学	1751	3763	46.53 %
吉林大学	1627	3824	42.55 %
南京大学	1617	3159	51.19 %
天津大学	1540	3095	49.76 %
武汉大学	1519	3113	48.80 %
中国科学技术大学	1422	2784	51.08 %
华南理工大学	1396	2463	56.68 %
同济大学	1337	2857	46.80 %
苏州大学	1234	2318	53.24 %

数据来源：SCIE 2016。

（2）研究机构

2016 年，共有 292 个研究机构有卓越国际论文产出，比 2015 年的 290 个增加了 2 个。其中，发表卓越国际论文大于 100 篇的机构有 42 个，比 2015 年的 34 个有所增加。发表卓越国际论文数居前 20 位的研究机构如表 9-4 所示，占本研究机构论文数（Article 和 Review 两种文献类型）的比例超过 70% 的有 4 个。其中，中国科学院上海有机化学研究所的卓越国际论文比例最高，为 79.04%。

表 9-4 发表卓越国际论文数居前 20 位的研究机构

单位名称	卓越国际论文篇数	全部论文篇数	卓越国际论文占全部论文的比例
中国科学院化学研究所	518	739	70.09%
中国科学院长春应用化学研究所	502	716	70.11%
中国科学院大连化学物理研究所	418	624	66.99%
中国科学院生态环境研究中心	337	537	62.76%
中国科学院合肥物质科学研究院	283	740	38.24%
中国科学院过程工程研究所	267	423	63.12%
中国科学院兰州化学物理研究所	263	390	67.44%

续表

单位名称	卓越国际论文篇数	全部论文篇数	卓越国际论文占全部论文的比例
中国科学院海西研究院	255	363	70.25%
中国工程物理研究院	225	721	31.21%
中国科学院金属研究所	223	412	54.13%
中国科学院宁波工业技术研究院	216	323	66.87%
中国科学院地理科学与资源研究所	215	442	48.64%
中国科学院上海硅酸盐研究所	215	362	59.39%
中国科学院上海有机化学研究所	215	272	79.04%
中国科学院物理研究所	212	465	45.59%
中国科学院上海生命科学研究院	203	350	58.00%
军事医学科学院	194	404	48.02%
中国科学院地质与地球物理研究所	193	417	46.28%
中国科学院理化技术研究所	193	322	59.94%
中国科学院大气物理研究所	186	304	61.18%

数据来源：SCIE 2016。

（3）医疗机构

2016 年，共有 731 个医疗机构有卓越国际论文产出，与 2015 年的 658 个相比有较大增加。其中，发表卓越国际论文大于 100 篇的医疗机构有 49 个。发表卓越国际论文数居前 20 位的医疗机构如表 9-5 所示，发表卓越国际论文最多的医疗机构是四川大学华西医院，共产出论文 520 篇，而第四军医大学西京医院发表的论文中卓越国际论文比例最高，为 54.33%。

表 9-5 发表卓越国际论文数居前 20 位的医疗机构

单位名称	卓越国际论文篇数	全部论文篇数	卓越国际论文占全部论文的比例
四川大学华西医院	520	1224	42.48%
解放军总医院	348	903	38.54%
北京协和医院	288	622	46.30%
中南大学湘雅医院	253	570	44.39%
华中科技大学同济医学院附属同济医院	245	585	41.88%
郑州大学第一附属医院	232	569	40.77%
复旦大学附属中山医院	231	470	49.15%
江苏省人民医院	226	481	46.99%
南方医科大学南方医院	221	474	46.62%
中山大学附属第一医院	219	515	42.52%
山东大学齐鲁医院	213	569	37.43%
上海交通大学医学院附属瑞金医院	208	441	47.17%
第四军医大学西京医院	207	381	54.33%

续表

单位名称	卓越国际论文篇数	全部论文篇数	卓越国际论文占全部论文的比例
上海交通大学医学院附属仁济医院	204	400	51.00%
浙江大学附属第一医院	203	542	37.45%
上海交通大学医学院附属第九人民医院	198	465	42.58%
中国医科大学附属第一医院	196	450	43.56%
上海交通大学附属第六人民医院	192	425	45.18%
中南大学湘雅二医院	188	421	44.66%
华中科技大学同济医学院附属协和医院	181	463	39.09%

数据来源：SCIE 2016。

9.2.4 卓越国际论文的期刊分布

2016年，中国的卓越国际论文共发表在5704种期刊中，比2015年的5305增长了7.5%。其中在中国大陆编辑出版的期刊186种，共4349篇，占全部卓越国际论文数的3.4%，比2015年的4.3%有所下降。2016年，在发表卓越国际论文的全部期刊中，700篇以上的期刊有14种，如表9-6所示。发表卓越国际论文大于100篇的中国科技期刊共6种，如表9-7所示。

表9-6 发表卓越国际论文大于700篇的国际科技期刊

期刊名称	论文篇数
SCIENTIFIC REPORTS	3797
RSC ADVANCES	3729
ONCOTARGET	1552
PLOS ONE	1418
ACS APPLIED MATERIALS & INTERFACES	1390
JOURNAL OF ALLOYS AND COMPOUNDS	1352
JOURNAL OF MATERIALS CHEMISTRY A	956
ELECTROCHIMICA ACTA	902
CHEMICAL COMMUNICATIONS	882
CERAMICS INTERNATIONAL	798
APPLIED SURFACE SCIENCE	781
NEUROCOMPUTING	777
MATERIALS LETTERS	729
NANOSCALE	720

表9-7 发表卓越国际论文100篇以上的中国科技期刊

期刊名称	论文篇数
NANO RESEARCH	196
CHINESE CHEMICAL LETTERS	154
CHINESE MEDICAL JOURNAL	146

续表

期刊名称	论文篇数
JOURNAL OF ENVIRONMENTAL SCIENCES	112
SCIENCE BULLETIN	103
CHEMICAL JOURNAL OF CHINESE UNIVERSITIES-CHINESE	101

9.2.5 卓越国际论文的国际国内合作情况分析

2016 年，合作（包括国际国内合作）研究产生的卓越国际论文为 93602 篇，占全部卓越国际论文的 74.6%，比 2015 年的 73.5% 上升 1.1 个百分点。其中，高等院校合作产生 66028 篇，占合作产生的 70.5%；研究机构合作产生 11733 篇，占 12.5%。高等院校合作产生的卓越国际论文占高等院校卓越国际论文（105160 篇）的 62.8%，而研究机构合作产生的卓越国际论文占研究机构卓越国际论文（14356 篇）的 81.7%。与 2015 年相比，高等院校和研究机构的合作卓越国际论文在全部合作卓越国际论文中的比例均有所下降，高等院校和研究机构的合作卓越国际论文在其各自机构类型的全部卓越国际论文的比例也均有所下降。

2016 年，以中国为主的国际合作卓越国际论文共有 30395 篇，地区分布如表 9-8 所示。其中，数量超过 100 篇的省（市、自治区）为 26 个；北京、江苏和上海的国际合作卓越国际论文数最多且均超过 3000 篇，这 3 个地区的国际合作的卓越国际论文分别为 6289 篇、3489 篇和 3191 篇。国际合作卓越国际论文（只统计论文数大于 10 篇）占卓越国际论文比大于 20% 的有 17 个省（市、自治区）。

表 9-8 以中国为主的卓越国际合作论文的地区分布

地区	国际合作论文篇数	卓越国际论文总篇数	合作论文占全部论文比例
北京	6289	22421	28.05%
天津	740	3725	19.87%
河北	194	1331	14.58%
山西	253	1169	21.64%
内蒙古	57	308	18.51%
辽宁	936	4732	19.78%
吉林	566	3006	18.83%
黑龙江	781	3492	22.37%
上海	3191	11774	27.10%
江苏	3489	13947	25.02%
浙江	1570	6247	25.13%
安徽	813	3392	23.97%
福建	712	2723	26.15%
江西	216	1235	17.49%
山东	985	5630	17.50%
河南	404	2427	16.65%
湖北	1941	7012	27.68%

续表

地区	国际合作论文篇数	卓越国际论文总篇数	合作论文占全部论文比例
湖南	976	4191	23.29%
广东	2103	7648	27.50%
广西	110	804	13.68%
海南	37	217	17.05%
重庆	681	3001	22.69%
四川	1131	4696	24.08%
贵州	116	418	27.75%
云南	272	1115	24.39%
西藏	0	4	0.00%
陕西	1422	6247	22.76%
甘肃	269	1805	14.90%
青海	12	64	18.75%
宁夏	15	115	13.04%
新疆	114	536	21.27%

表 9-9　以中国为主的卓越国际合作论文的学科分布

学科	国际合作论文篇数	卓越国际论文总篇数	合作论文占全部论文比例
数学	692	2461	28.12 %
力学	347	1307	26.55 %
信息、系统科学	120	332	36.14 %
物理学	1661	6743	24.63 %
化学	5134	28861	17.79 %
天文学	391	825	47.39 %
地学	1883	4548	41.40 %
生物学	3445	13333	25.84 %
预防医学与卫生学	410	1305	31.42 %
基础医学	1271	6166	20.61 %
药物学	633	3845	16.46 %
临床医学	2351	12045	19.52 %
中医药	52	269	19.33 %
军事医学与特种医学	26	113	23.01 %
农学	506	1553	32.58 %
林学	112	258	43.41 %
畜牧、兽医	86	451	19.07 %
水产学	102	551	18.51 %
材料科学	2552	11820	21.59 %
工程与技术基础学科	77	344	22.38 %
矿山工程技术	27	158	17.09 %
能源科学技术	1009	4004	25.20 %
冶金、金属学	43	415	10.36 %

续表

学科	国际合作论文篇数	卓越国际论文总篇数	合作论文占全部论文比例
机械、仪表	348	1419	24.52 %
动力与电气	86	520	16.54 %
核科学技术	89	374	23.80 %
电子、通信与自动控制	1769	5357	33.02 %
计算技术	1867	4756	39.26 %
化工	494	2745	18.00 %
轻工、纺织	1	5	20.00 %
食品	257	1147	22.41 %
土木建筑	400	1148	34.84 %
水利	237	774	30.62 %
交通运输	138	265	52.08 %
航空航天	53	269	19.70 %
安全科学	26	64	40.63 %
环境科学	1470	4463	32.94 %
管理学	211	363	58.13 %
自然科学类其他	1	4	25.00 %

从以中国为主的国际合作的卓越国际论文学科分布看（表 9-9），数量超过 100 篇的学科为 27 个，超过 300 篇的学科为 20 个。其中，论文数最多的为化学，卓越国际合作论文数为 5134 篇，其次为生物学，材料科学，临床医学，地学，计算技术，电子、通信与自动控制，物理学，环境科学，基础医学和能源科学技术，卓越国际合作论文均达到 1000 篇以上。卓越国际合作论文占卓越国际论文比大于 20%（只计卓越国际论文数大于 10 篇的学科）的学科有 26 个，大于 30% 的学科为 14 个。

9.2.6 卓越国际论文的创新性分析

中国实行的科学基金资助体系是为了扶持中国的基础研究和应用研究，但要获得基金的资助，要求科技项目的立意具有新颖性和前瞻性，即要有创新性。下文我们将从由各类基金（这里所指的基金是广泛意义的、各省部级以上的各类资助项目和各项国家大型研究和工程计划）资助产生的论文来了解科学研究中的一些创新情况。

2016 年，中国的卓越国际论文中得到基金资助产生的论文为 114136 篇，占卓越国际论文数的 91.0%，比 2015 年上升 17.1 个百分点。

从卓越国际基金论文的学科分布看（表 9-10），论文数最多的学科是化学，其卓越国际基金论文数均已超过 20000 篇，超过 5000 篇的学科还有生物学、材料科学、临床医学、物理学和基础医学。可以看出，自然基础学科是国家各类基金资助的主要对象。97.4% 的学科中，卓越国际基金论文占学科卓越国际论文的比例在 80% 以上。

表 9-10 卓越国际基金论文的学科分布

学科	卓越国际基金论文数	卓越国际论文总数	卓越国际基金论文比	
			2016年	2015年
数学	2252	2461	91.51%	72.44%
力学	1232	1307	94.26%	73.02%
信息、系统科学	316	332	95.18%	80.84%
物理学	6443	6743	95.55%	80.73%
化学	27653	28861	95.81%	82.82%
天文学	806	825	97.70%	88.24%
地学	4226	4548	92.92%	80.80%
生物学	12432	13333	93.24%	78.74%
预防医学与卫生学	1122	1305	85.98%	56.81%
基础医学	5045	6166	81.82%	53.75%
药物学	3190	3845	82.96%	64.97%
临床医学	8912	12045	73.99%	50.11%
中医学	242	269	89.96%	63.00%
军事医学与特种医学	93	113	82.30%	63.01%
农学	1501	1553	96.65%	84.26%
林学	251	258	97.29%	76.16%
畜牧、兽医	429	451	95.12%	79.38%
水产学	539	551	97.82%	86.11%
材料科学	11143	11820	94.27%	80.61%
工程与技术基础学科	309	344	89.83%	75.00%
矿山工程技术	154	158	97.47%	72.79%
能源科学技术	3654	4004	91.26%	73.58%
冶金、金属学	365	415	87.95%	60.19%
机械、仪表	1274	1419	89.78%	67.27%
动力与电气	479	520	92.12%	65.67%
核科学技术	321	374	85.83%	59.82%
电子、通信与自动控制	4824	5357	90.05%	75.13%
计算、技术	4288	4756	90.16%	79.97%
化工	2551	2745	92.93%	76.96%
轻工、纺织	5	5	100.00%	100.00%
食品	1105	1147	96.34%	75.60%
土木建筑	1056	1148	91.99%	67.85%
水利	733	774	94.70%	73.11%
交通运输	253	265	95.47%	72.31%
航空航天	236	269	87.73%	53.77%
安全科学技术	56	64	87.50%	74.00%
环境科学	4267	4463	95.61%	79.82%
管理学	334	363	92.01%	67.62%
自然科学类其他	4	4	100.00%	100.00%

数据来源：SCIE 2016。

卓越国际基金论文数居前的地区仍是科技资源配置丰富、高等院校和研究机构较为集中的地区。例如，卓越国际基金论文数居前 6 位的地区：北京、江苏、上海、广东、浙江和湖北。2016 年，卓越国际基金论文比在 90% 以上的地区有 23 个。从表 9-11 中所列数据也可看出，各地区基金论文比的数值差距不是很大。

表 9-11　卓越国际基金论文的地区分布

地区	卓越国际基金论文数	卓越国际论文总数	卓越国际基金论文比	
			2016 年	2015 年
北京	20507	22421	91.46%	73.78%
天津	3394	3725	91.11%	73.47%
河北	1112	1331	83.55%	64.74%
山西	1087	1169	92.99%	80.72%
内蒙古	281	308	91.23%	80.47%
辽宁	4249	4732	89.79%	68.69%
吉林	2728	3006	90.75%	73.65%
黑龙江	3163	3492	90.58%	72.11%
上海	10636	11774	90.33%	72.31%
江苏	12985	13947	93.10%	81.22%
浙江	5717	6247	91.52%	75.39%
安徽	3172	3392	93.51%	77.89%
福建	2570	2723	94.38%	80.35%
江西	1127	1235	91.26%	83.35%
山东	4929	5630	87.55%	69.93%
河南	2008	2427	82.74%	60.97%
湖北	6467	7012	92.23%	72.37%
湖南	3785	4191	90.31%	72.60%
广东	6983	7648	91.30%	76.77%
广西	720	804	89.55%	72.20%
海南	214	217	98.62%	78.08%
重庆	2740	3001	91.30%	70.85%
四川	4089	4696	87.07%	67.08%
贵州	376	418	89.95%	82.93%
云南	1050	1115	94.17%	77.38%
西藏	2	4	50.00%	50.00%
陕西	5678	6247	90.89%	73.47%
甘肃	1690	1805	93.63%	74.29%
青海	62	64	96.88%	72.92%
宁夏	111	115	96.52%	53.66%
新疆	498	536	92.91%	70.44%

数据来源：SCIE 2016。

9.3 中国卓越国内科技论文的研究分析与结论

根据学术文献的传播规律，科技论文在发表后的 3 ～ 5 年形成被引的峰值。这个时间窗口内较高质量科技论文的学术影响力会通过论文的被引水平表现出来。为了遴选学术影响力较高的论文，我们为近 5 年中国科技核心期刊收录的每篇论文计算了“累计被引时序指标”——n 指数。

n 指数的定义方法是：若一篇论文发表 n 年之内累计被引次数达到 n 次，同时在 n+1 年累计被引次数不能达到 n+1 次，则该论文的“累计被引时序指标”的数值为 n。

对各个年度发表在中国科技核心期刊上的论文被引次数设定一个 n 指数分界线，各年度发表的论文中，被引次数超越这一分界线的就被遴选为“卓越国内科技论文”。我们经过数据分析测算后，对近 5 年的“卓越国内科技论文”分界线定义为：论文 n 指数大于发表时间的论文是“卓越国内科技论文”。例如，论文发表 1 年之内累计被引达到 1 次的论文，n 指数为 1；发表 2 年之内累计被引超过 2 次，n 指数为 2。以此类推，发表 5 年之内累计被引达到 5 次，n 指数为 5。

按照这一统计方法，我们根据近 5 年（2012—2016 年）的“中国科技论文与引文数据库”（CSTPCD）统计，共遴选出“卓越国内科技论文”13.71 万篇，占这 5 年 CSTPCD 收录全部论文的比例约为 5.2%。

9.3.1 卓越国内论文的学科分布

2016 年，中国卓越国内论文主要分布在 40 个学科中（表 9-12），论文数最多的学科是临床医学，发表了 24875 篇卓越国内论文；其次是电子、通信与自动控制，为 11158 篇。卓越国内论文数超过 10000 篇的学科还有农学，为 10295 篇。其中，临床医学的卓越国际论文数也较多，居第 3 位，说明中国的临床医学在国内和国际均具有较大的影响力。

表 9-12　卓越国内论文的学科分布

学科	卓越国内论文篇数	学科	卓越国内论文篇数
数学	502	工程与技术基础学科	399
力学	330	矿山工程技术	2083
信息、系统科学	213	能源科学技术	3449
物理学	1108	冶金、金属学	2373
化学	2775	机械、仪表	2342
天文学	54	动力与电气	871
地学	9243	核科学技术	50
生物学	4252	电子、通信与自动控制	11158
预防医学与卫生学	3102	计算技术	7330
基础医学	3518	化工	2065
药物学	2528	轻工、纺织	1123
临床医学	24875	食品	2156

续表

学科	卓越国内论文篇数	学科	卓越国内论文篇数
中医药	5061	土木建筑	2923
军事医学与特种医学	678	水利	762
农学	10295	交通运输	1978
林学	2003	航空航天	1182
畜牧、兽医	1633	安全科学技术	194
水产学	821	环境科学	6866
测绘科学技术	893	管理学	474
材料科学	1790	自然科学类其他	738

数据来源：SCIE 2016。

9.3.2 中国各地区国内卓越论文的分布特征

2016 年，中国 31 个省（市、自治区）卓越国内科技论文的发表情况如表 9-13 所示，其中北京发表的卓越国内论文数最多，达到 27760 篇以上。卓越国内论文数能达到 10000 篇以上的地区还有江苏，为 13125 篇。卓越国内论文数居前 10 位的还有广东、上海、陕西、湖北、浙江、山东、四川和辽宁。对比卓越国际论文的地区分布，可以看出，这些地区的卓越国际论文数也较多，说明这些地区无论是国际科技产出还是国内科技产出，其影响力均较国内其他地区大。

表 9-13 卓越国内论文的地区分布

地区	卓越国内论文篇数	地区	卓越国内论文篇数
北京	27760	湖北	6091
天津	3507	湖南	4633
河北	3310	广东	7987
山西	1491	广西	1762
内蒙古	945	海南	505
辽宁	4744	重庆	3497
吉林	2600	四川	5507
黑龙江	2946	贵州	1107
上海	7807	云南	1755
江苏	13125	西藏	58
浙江	5645	陕西	7036
安徽	3155	甘肃	3199
福建	2393	青海	273
江西	1713	宁夏	422
山东	5612	新疆	2126
河南	3641		

数据来源：SCIE 2016。

9.3.3 国内卓越论文的机构分布特征

2016年中国137081篇卓越国内论文中，高等院校发表论文57075篇，研究机构发表论文16517篇，医疗机构发表论文20523篇，公司企业发表论文2609篇，其他部门发表论文40357篇，各机构发表论文数占比分布如图9-2所示。

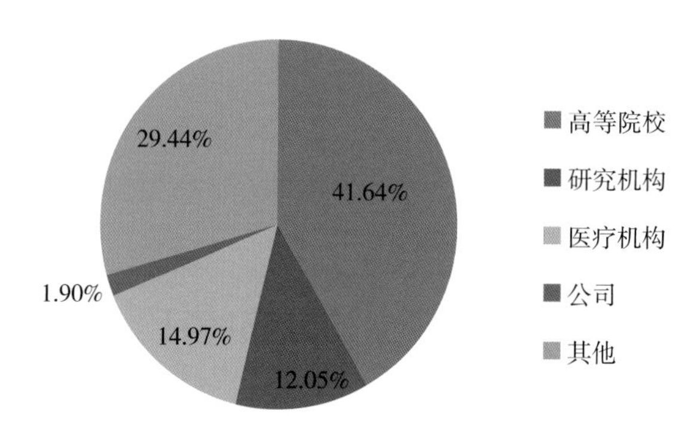

图9-2 2016年中国卓越国内论文的机构占比分布

（1）高等院校

2016年，卓越国内论文数居前20位高等院校如表9-14所示。其中，北京大学、浙江大学和清华大学居前3位，其国内卓越论文数分别为1457篇、1037篇和918篇。

表9-14 卓越国内论文数居前20位的高等院校

单位名称	卓越国内论文篇数	单位名称	卓越国内论文篇数
北京大学	1457	北京协和医学院	783
浙江大学	1037	四川大学	759
清华大学	918	华北电力大学	749
武汉大学	907	同济大学	741
上海交通大学	898	中山大学	699
中国石油大学	897	吉林大学	678
中南大学	868	复旦大学	666
中国矿业大学	804	西安交通大学	661
中国地质大学	803	华中科技大学	659
西北农林科技大学	789	重庆大学	635

数据来源：SCIE 2016。

（2）研究机构

2016年，卓越国内论文数居前20位的研究机构如表9-15所示。其中，中国科学院长春光学精密机械与物理研究所、中国科学院地理科学与资源研究所和中国疾病预防控制中心居前3位，卓越国内论文数分别为446篇、443篇和342篇。论文数超过200篇的研究机构还有中国科学院寒区旱区环境与工程研究所、中国林业科学研究院和中国水产科学研究院。

表 9-15 卓越国内论文数居前 20 位的研究机构

单位名称	卓越国内论文篇数	单位名称	卓越国内论文篇数
中国科学院长春光学精密机械与物理研究所	446	中国科学院生态环境研究中心	157
中国科学院地理科学与资源研究所	443	中国地质科学院地质研究所	139
中国疾病预防控制中心	342	中国医学科学院肿瘤研究所	138
中国科学院寒区旱区环境与工程研究所	250	中国科学院新疆生态与地理研究所	137
中国林业科学研究院	249	中国中医科学院	125
中国水产科学研究院	230	中国农业科学院农业资源与农业区划研究所	125
中国科学院地质与地球物理研究所	190	中国科学院南京土壤研究所	121
中国环境科学研究院	175	中国科学院南京地理与湖泊研究所	118
江苏省农业科学院	171	中国科学院大气物理研究所	116
中国地质科学院矿产资源研究所	166	北京市农林科学院	90

数据来源：SCIE 2016。

（3）医疗机构

2016 年，卓越国内论文数居前 20 位的医疗机构如表 9-16 所示。其中，解放军总医院、北京协和医院和四川大学华西医院居前 3 位，卓越国内论文数分别为 393 篇、263 篇和 239 篇。

表 9-16 卓越国内论文数居前 20 位的医疗机构

单位名称	卓越国内论文篇数	单位名称	卓越国内论文篇数
解放军总医院	393	首都医科大学附属北京安贞医院	142
北京协和医院	263	上海交通大学医学院附属瑞金医院	139
四川大学华西医院	239	中山大学附属第一医院	137
北京大学第一医院	199	郑州大学第一附属医院	136
北京大学第三医院	191	复旦大学附属中山医院	134
中国医科大学附属盛京医院	168	南方医科大学南方医院	131
南京军区南京总医院	163	重庆医科大学附属第一医院	131
北京大学人民医院	158	南京医科大学附属第一医院	126
华中科技大学附属同济医院	145	安徽医科大学第一附属医院	124
新疆医科大学第一附属医院	144	上海交通大学医学院附属第六人民医院	117

数据来源：SCIE 2016。

9.3.4 国内卓越论文的期刊分布

2016 年，中国的卓越国内论文共发表在 2391 种中国期刊上。其中，《农业工程学报》的卓越国内论文数最多，为 1623 篇；其次为《中国电机工程学报》和《生态学报》，发表卓越国内论文分别为1408篇和1302篇。2016年，在发表卓越国内论文的全部期刊中，发表1000篇以上的期刊有7种（如表9-17所示）。

表9-17 发表卓越国内论文数大于1000篇的国内科技期刊

期刊名称	论文篇数	期刊名称	论文篇数
农业工程学报	1623	电网技术	1052
中国电机工程学报	1408	电力系统自动化	1021
生态学报	1302	电力系统保护与控制	1008
食品科学	1054		

9.4 讨论

2016年，中国机构作者为第一作者的SCI论文共29.06万篇，其中卓越国际论文数为125432篇，占论文总数的43.2%，较2015年上升了6.9个百分点。中国作者发表卓越国际论文的期刊共5704种，其中在中国大陆编辑出版的期刊186种，共收录4349篇论文，占全部卓越国际论文数的3.4%，比2015年略有下降。发表卓越国际论文的中国期刊数量由2015年的148种增加为186种，说明越来越多的中国的科技期刊产生出了在国际有影响的论文。

2012—2016年，中国的卓越国内论文为13.71万篇，占这5年CSTPCD收录全部论文的比例为5.2%。卓越国内论文的机构分布与卓越国际论文相似，高等院校均为论文产出最多机构类型。地区分布也较为相似，发表卓越国际论文较多的地区，其卓越国内论文也较多，说明这些地区无论是国际科技产出还是国内科技产出，其影响力均较国内其他地区大。从学科分布来看，优势学科稍有不同，但中国的临床医学在国内和国际均具有较大的影响力。

从SCI、Ei、CPCI-S等重要国际检索系统收录的论文数看，中国经过多年的努力，已经成为论文的产出大国。2016年，SCI收录中国内地科技论文（不包括港澳地区）29.06万篇，占世界的比重为14.6%，排在世界第2位，仅次于美国。中国已进入论文产出大国的行列，但是论文的影响力还有待进一步提高。

卓越论文，主要是指在各学科领域，论文被引次数高于世界或国内均值的论文。因此要提高这类论文的数量，关键是继续加大对基础研究工作的支持力度，以产生较好的创新成果，从而产生优秀论文和有影响的论文，增加国际和国内同行的引用。从文献计量角度看，文献能不能获得引用，与很多因素有关，如文献类型、语种、期刊的影响、合作研究情况等。我们深信，在中国广大科技人员不断潜心钻研和锐意进取的过程中，中国论文的国际国内影响力会越来越大，卓越论文会越来越多。

参考文献

[1] Thomson Scientific 2016.ISI Web of Knowledge：Web of Science[DB/OL]. Available at http：//portal.isiknowledge.com/web of science.

[2] Thomson Scientific 2016.ISI journal citation reports 2015[DB/OL]. Available at http：//portal.isiknowledge.com/journal citation reports.

[3] http：//www.thomsonscientific.com.cn/Web of science[DB/OL]，Journal selection process.

[4] 中国科学技术信息研究所 .2015 年度中国科技论文统计与分析（年度研究报告）[M]. 北京：科学技术文献出版社，2017.

[5] 张玉华，潘云涛 . 科技论文影响力相关因素研究 [J]. 编辑学报，2007（1）：1-4.

10　领跑者 5000 论文情况分析

为了进一步推动中国科技期刊的发展，提高其整体水平，更好地宣传和利用中国的优秀学术成果，起到引领和示范的作用。中国科学技术信息研究所在中国精品科技期刊中遴选优秀学术论文，建设了“中国精品科技期刊顶尖学术论文平台——领跑者5000”（F5000），集中对外展示和交流中国的优秀学术论文。

2000 年开始，中国科学技术信息研究所承担科技部中国科技期刊战略相关研究任务，在国内首先提出了精品科技期刊战略的概念，2005 年研制完成中国精品科技期刊评价指标体系，并承担了建设中国精品科技期刊服务与保障系统的任务，该项目领导小组成员来自中华人民共和国科学技术部、国家新闻出版广电总局、中共中央宣传部、中华人民共和国国家卫生和计划生育委员会、中国科学技术协会、国家自然科学基金委员会和中华人民共和国教育部等科技期刊的管理部门。2008 年、2011 年、2014 年和 2017 年公布了四届“中国精品科技期刊”的评选结果，对提升优秀学术期刊质量和影响力，带动中国科技期刊整体水平进步起到了推动作用。

F5000 论文是基于“中国科技论文与引文数据库”（CSTPCD）的数据，结合定性和定量的方法选取的、具有较高学术水平的国内科技论文。自 2012 年，该项目已经发布了 6 批 F5000 提名论文，而最新的第 6 批 F5000 提名论文是在 2017 年 10 月 31 日在北京国际会议中心举行的“2017 年中国科技论文统计结果发布会”上公布的。

本章是以 2017 年度 F5000 提名论文为基础，分析 F5000 论文的地区、学科、机构及被引情况等。

10.1　引言

中国科学技术信息研究所于 2012 年集中力量启动了“中国精品科技期刊顶尖学术论文——领跑者 5000”（F5000）项目，同时为此打造了向国内外展示 F5000 论文的平台（f5000.istic.ac.cn），并已与国际专业信息服务提供商科睿唯安（Clarivate Analytics）、爱思唯尔集团（Elsevier）和 Wiley 集团展开深入合作。

F5000 展示平台的总体目标是充分利用精品科技期刊评价成果，形成面向宏观科技期刊管理和科研评价工作直接需求，具有一定社会显示度和国际国内影响的新型论文数据平台。平台通过与国际知名信息服务商的合作，最终将国内优秀的科研成果和科研人才推向世界。

10.2　2017 年度 F5000 论文遴选方式

①强化单篇论文定量评估方法的研究和实践。在 CSTPCD 的基础上，采用定量分析和定性分析相结合的方法，对学术期刊的质量和影响力做了进一步的科学评价，遴选新

的精品科技期刊，并从每种精品期刊中择优选取了 2012—2016 年发表的最多 20 篇学术论文作为 F5000 的提名论文。

具体评价方法为：

a. 以 CSTPCD 为基础，计算每篇论文在 2012—2016 年累计被引次数。

b. 根据论文发表时间的不同和论文所在学科的差异，分别进行归类，并且对论文按照累计被引次数排名。

c. 对各个学科类别每个年度发表的论文，分别计算前 1% 高被引论文的基准线（如表 10-1 所示）。

d. 在各个学科领域各年度基准线以上的论文中，遴选各个精品期刊的提名论文。如果一个期刊在基准线以上的论文数量超过 20 篇，则根据累计被引次数相对基准线标准的情况，择优选取其中 20 篇作为提名论文；如果一个核心期刊在基准线以上的论文不足 20 篇，则只有过线论文作为提名论文。

根据统计，2012—2016 年累计被引次数达到其所在学科领域和发表年度基准线以上的论文，并最终通过定量分析方式获得精品期刊顶尖论文提名的论文共有 3489 篇。

②中国科学技术信息研究所将继续与各个精品科技期刊编辑部协作配合推进 F5000 项目工作。各个精品科技期刊编辑部通过同行评议或期刊推荐的方式遴选 2 篇 2017 年度发表的学术水平较高的研究论文，作为提名论文。

提名论文的具体条件包括：

a. 遴选范围是在 2017 年期刊上发表的学术论文，增刊的论文不列入遴选范围。已经收录并且确定在 2017 年正刊出版，但是尚未正式印刷出版的论文，可以列入遴选范围。

b. 论文内容科学、严谨，报道原创性的科学发现和技术创新成果，能够反映期刊所在学科领域的最高学术水平。

③中国科学技术信息研究所依托各个精品科技期刊编辑部的支持和协作，联系和组织作者，补充获得提名论文的详细完整资料（包括全文或中英文长摘要、其他合著作者的信息、论文图表、编委会评价和推荐意见等），提交到领跑者 5000 工作平台参加综合评估。

④中国科学技术信息研究所进行综合评价，根据定量分析数据和同行评议结果，从信息完整的提名论文中评定出 2017 年度 F5000 论文，颁发入选证书，收录进“领跑者 5000”（f5000.istic.ac.cn）。

表 10-1 2012—2016 年中国各学科 1% 高被引论文基准线

学科	2012 年	2013 年	2014 年	2015 年	2016 年
数学	9	8	6	4	2
力学	11	10	7	4	2
信息、系统科学	13	13	8	4	2
物理学	10	10	8	5	2
化学	12	11	8	5	2
天文学	10	12	9	4	2
地学	26	19	13	7	3
生物学	16	13	10	5	2

续表

学科	2012年	2013年	2014年	2015年	2016年
预防医学与卫生学	16	12	9	6	3
基础医学	13	10	9	5	2
药物学	12	11	8	5	2
临床医学	14	12	9	6	3
中医学	14	11	8	6	3
军事医学与特种医学	13	11	8	5	2
农学	19	15	11	7	3
林学	18	14	10	6	2
畜牧、兽医	15	12	9	5	2
水产学	18	13	9	5	2
测绘科学技术	16	12	10	6	2
材料科学	12	9	7	5	2
工程与技术基础学科	12	8	6	4	2
矿山工程技术	21	15	10	6	3
能源科学技术	26	21	13	8	3
冶金、金属学	11	10	7	5	2
机械、仪表	13	11	8	5	2
动力与电气	13	12	8	5	2
核科学技术	8	6	4	3	2
电子、通信与自动控制	20	18	12	8	3
计算技术	15	13	9	6	2
化工	10	9	6	4	2
轻工、纺织	11	11	6	4	2
食品	14	10	9	6	3
土木建筑	14	11	8	5	2
水利	14	11	8	5	2
交通运输	10	9	7	4	2
航空航天	13	11	8	5	2
安全科学技术	17	10	12	6	2
环境科学	21	18	12	7	3
管理学	22	16	11	6	3

10.3 数据与方法

2017年的F5000提名论文包括定量评估的论文和编辑部推荐的论文，后者由于时间（报告编写时间为2017年12月）的关系，并不完整。为此，后续F5000论文的分析仅基于定量评估的3489篇论文。

论文归属：按国际文献计量学研究的通行做法，论文的归属按照第一作者所在第一地区和第一单位确定。

论文学科：依据国家技术监督局颁布的《学科分类与代码》，在具体进行分类时，一般是依据刊载论文期刊的学科类别和每篇论文的具体内容。由于学科交叉和细分，论文的学科分类问题十分复杂，先暂仅分类至一级学科，共划分了 40 个学科类别，且是按主分类划分，一篇文献只做一次分类。

10.4 研究分析与结论

10.4.1 F5000 论文概况

（1）F5000 论文的参考文献研究

在科学计量学领域，通过大量的研究分析发现，论文的参考文献数量与论文的科学研究水平有较强的相关性。

2017 年度 F5000 论文的平均参考文献数为 27.1 篇，远高于国内普通科技论文，同时也高于 2015 年度的篇均参考文献数 23.3 篇和 2016 年度的篇均参考文献数 25.2 篇，具体分布情况如表 10–2 所示。

表 10–2 2017 年度 F5000 论文参考文献数分布情况

序号	参考文献数	论文篇数	比例	序号	参考文献数	论文篇数	比例
1	0 ～ 10	755	21.6%	4	30 ～ 50	465	13.3%
2	10 ～ 20	1231	35.3%	5	50 ～ 100	303	8.7%
3	20 ～ 30	633	18.1%	6	> 100	102	3.0%

其中，参考文献数在 10 ～ 20 篇的论文数最多，为 1231 篇，约占总量的 35.3%，紧随其后的是参考文献数在 0 ～ 10 篇的论文数。甚至有 102 篇论文的参考文献数超过 100 篇。

其中，引用参考文献数最多的 1 篇 F5000 论文是《中国公路学报》编辑部的马骉、毛雪松、刘保健、张洪亮等人撰写的论文《中国道路工程学术研究综述 · 2013》，共引用了 378 条参考文献，而该文在万方数据库中已被引了 47 次（检索时间：2018 年 1 月 13 日）。之后，单篇论文引用参考文献数超过 250 篇的论文还有 2 篇，分别是吉林大学控制科学与工程系吴陈虹、宫洵、胡云峰等人发表在《自动化学报》的论文《汽车控制的研究现状与展望》，以及中国科学院心理研究所罗佳和金锋发表在《科学通报》的《肠道菌群影响宿主行为的研究进展》。

（2）F5000 论文的作者数研究

在全球化日益明显的今天，不同学科不同身份不同国家的科研合作已经成为非常普遍的现象。科研合作通过科技资源的共享、团队协作的方式，有利于提高科研生产率和促进科研创新。

2017 年度的 F5000 论文由单一作者完成的论文有 153 篇，约占总量的 4.4%，亦即 2017 年度的 F5000 论文合著率高达 95.6%。4 人合作完成的论文量最多，为 601 篇，占总量的 17.2%；之后，则是 5 人合作和 3 人合作的论文，分别是 574 篇和 519 篇。此外，合作者数量为 2 人、6 人、7 人、8 人和 9 人的论文量，也都超过了百篇（如图 10–1 所示）。

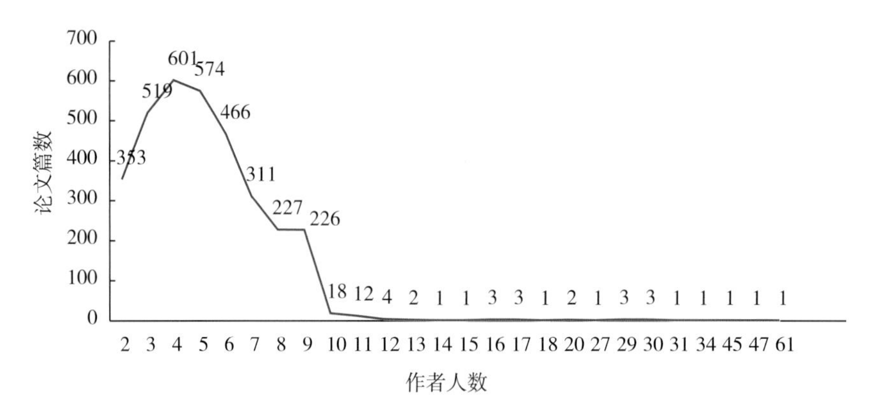

图 10-1　不同合作规模的论文产出

合作者数量最多的1篇论文是由61位作者合作发表在《中国感染与化疗杂志》上的论文《2012年上海地区细菌耐药性监测》。该项研究采用纸片扩散法（K-B法）对上海地区29所医院的临床分离菌进行药敏试验，以了解2012年上海细菌耐药性监测结果。

10.4.2　F5000论文学科分布

学科建设与发展是科学技术发展的基础，了解论文的学科分布情况是十分必要的。论文学科的划分一般是依据刊载论文的期刊的学科类别进行的。在CSTPCD统计分析中，论文的学科分类除了依据论文所在期刊进行划分外，还会进一步根据论文的具体研究内容进行区分。

在CSTPCD中，所有的科技论文被划分为40个学科，包括数学、力学、物理学、化学、天文学、地学、生物学、药物学、农学、林学、水产学、化工和食品等。在此基础上，40个学科被进一步归并为五大类，分别是基础学科、医药卫生、农林牧渔、工业技术和管理及其他。

如图10-2所示，工业技术的F5000论文最多，为1285篇，占总量的36.8%；紧随其后的医药卫生，其论文量为1273篇，占总量的36.5%；之后则是基础学科，其论文量为616篇，占总量的17.6%。论文量最少的大类是管理及其他，包括8篇论文，约占总量的0.2%。

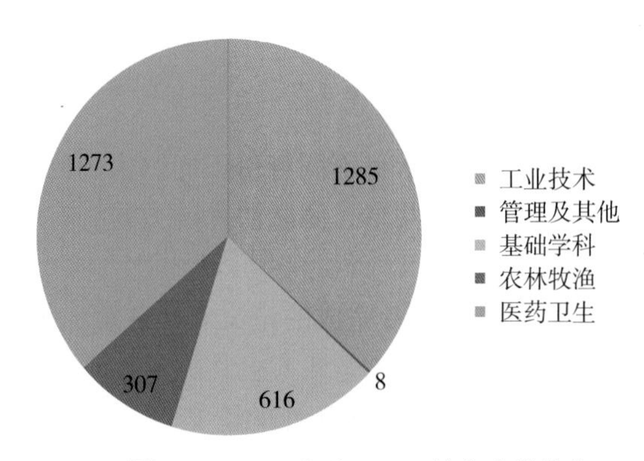

图 10-2　2017年度F5000论文大类分布

2017 年度 F5000 论文按照学科进行排名，具体分布情况如表 10-3 所示。其中临床医学方面的论文数量最多，为 789 篇，占总量的 22.6%；之后则是计算技术，其论文数是 232 篇，占总量的 6.6%；居第 3 位的是地学，其论文量是 199 篇，占总量的 5.7%。

相对而言，管理学、核科学技术和天文学 3 个学科的论文数量最少，分别是 8 篇、4 篇和 1 篇，占总论文量的比例都不足 0.3%。

表 10-3 2017 年度 F5000 论文居前 10 位的学科

排名	学科	论文篇数	排名	学科	论文篇数
1	临床医学	789	6	土木建筑	132
2	计算技术	232	7	环境科学	131
3	地学	199	8	生物学	129
4	农学	198	9	基础医学	121
5	中医学	147	10	电子、通信与自动控制	116

10.4.3 F5000 论文地区分布

对全国各地区的 F5000 论文进行统计，可以从一个侧面反映出中国具体地区的科研实力和技术水平，而这也是了解区域发展状况及区域科研优劣势的重要参考。

2017 年 F5000 论文的地区分布情况如表 10-4 所示，其中北京以论文数 959 篇，位列首位，占总量的 27.5%；排在第 2 位的是江苏，论文数为 330 篇，占总量的 9.5%；之后则是上海，其论文数为 240 篇，占比 6.9%。

表 10-4 2017 年 F5000 论文数居前 10 位的地区分布

排名	地区	论文篇数	比例	排名	地区	论文篇数	比例
1	北京	959	27.5%	6	浙江	138	4.0%
2	江苏	330	9.5%	7	湖北	132	3.8%
3	上海	240	6.9%	8	湖南	129	3.7%
4	广东	193	5.5%	9	四川	117	3.4%
5	陕西	172	4.9%	10	辽宁	115	3.3%

此外，排在前 10 位的还有广东、陕西、浙江、湖北、湖南、四川和辽宁。相对于 2016 年度 F5000 论文的地区统计，前 5 位的位次都没有变化。

相对于 F5000 论文较多的地区，中国的西藏、海南和宁夏的 F5000 论文较少，均不足 10 篇。

10.4.4 F5000 论文机构分布

2017 年度 F5000 论文的机构分布情况如图 10-3 所示。高等院校（包括其附属医院）共发表了 2297 篇论文，占论文总数的 65.8%；科研院所居第 2 位，共发表了 755 篇论文，占总量的21.6%；之后则是医疗机构，共发表了237篇论文，占总量的比例为6.8%；最后则是企业及其他类型机构，分别产出了91篇论文和109篇论文，分别占总量的2.6%和3.1%。

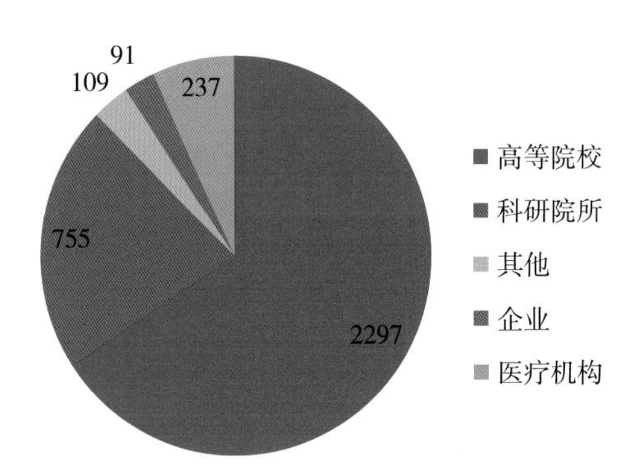

图10-3 2017年度F5000论文机构分布情况

2017年F5000论文分布在多所高等院校，其中，论文数居前5位的高等院校分别为北京大学、中南大学、浙江大学、上海交通大学和复旦大学。其中，居第1位的是北京大学，为75篇，包括北京大学本部、北京大学附属人民医院、北京大学附属第三医院和北京大学附属第一医院等。中南大学上升为第2位，其论文量为57篇，包括中南大学本部、中南大学湘雅医院、中南大学湘雅二医院、中南大学湘雅医学院附属肿瘤医院和中南大学湘雅三医院等。浙江大学居第3位，包括浙江大学本部、浙江大学医学院附属邵逸夫医院、浙江大学医学院附属儿童医院、浙江大学医学院附属第一医院、浙江大学医学院附属第二医院和浙江大学医学院附属妇产科医院等（如表10-5所示）。

表10-5 2017年度F5000论文数居前5位的高等院校

排名	高等院校	论文篇数
1	北京大学	75
2	中南大学	57
3	浙江大学	49
4	上海交通大学	45
4	复旦大学	45

在医疗机构方面，将高等院校附属医院与普通医疗机构进行统一排名比较。北京协和医院的F5000论文数最多，为49篇；之后则是解放军总医院的24篇；最后居第3～第5位的是湖南大学湘雅医院、中国医学科学院肿瘤医院和复旦大学附属华山医院，论文量分别为21篇、15篇和13篇（如表10-6所示）。

表10-6 2017年度F5000论文数居前5位的医疗机构

排名	医疗机构	论文篇数
1	北京协和医院	49
2	解放军总医院	24

续表

排名	医疗机构	论文篇数
3	湖南大学湘雅医院	21
4	中国医学科学院肿瘤医院	15
5	复旦大学附属华山医院	13

在研究机构方面，中国疾病预防控制中心以论文数 59 篇，居首位；之后则是中国科学院地理科学与资源研究所和中国石油勘探开发研究院，论文数均为 34 篇；居第 4 位的是中国科学院长春光学精密机械与物理研究所，论文数为 26 篇；之后居第 5 位是中国科学院寒区旱区环境与工程研究所，论文数为 19 篇（如表 10–7 所示）。

表 10–7　2017 年度 F5000 论文数居前 5 位的研究机构

排名	研究机构	论文篇数
1	中国疾病预防控制中心	59
2	中国科学院地理科学与资源研究所	34
2	中国石油勘探开发研究院	34
4	中国科学院长春光学精密机械与物理研究所	26
5	中国科学院寒区旱区环境与工程研究所	19

10.4.5　F5000 论文基金分布情况

基金资助课题研究一般都是在充分调研论证的基础上展开的，是属于某个学科当前或者未来一段时间内的研究热点或者研究前沿。下文主要分析 2017 年度 F5000 论文的基金资助情况。

2017 年度产出 F5000 论文最多的项目是国家自然科学基金委员会下的各项基金项目（如表 10–8 所示），包括国家自然科学基金面上项目、国家自然科学基金青年基金项目、国家自然科学基金委员会创新研究群体科学基金资助项目和国家自然科学基金委员会重大研究计划重点研究项目等，共产出 1478 篇，占论文总数的 42.4%；居第 2 位的是国家重点基础研究发展计划（973 计划）项目，共产出 262 篇；之后则是国家科技支撑计划项目的 185 篇和国家高技术研究发展计划（863 计划）项目的 137 篇。

表 10–8　2017 年度 F5000 论文数居前 5 位的基金项目

排名	基金项目名称	论文篇数
1	国家自然科学基金委员会各项基金	1478
2	国家重点基础研究发展计划（973 计划）项目	262
3	国家科技支撑计划项目	185
4	国家高技术研究发展计划（863 计划）项目	137
5	国家科技重大专项（五年计划）项目	116

10.4.6　F5000 论文被引情况

论文的被引情况，可以用来评价一篇论文的学术影响力。这里 F5000 论文的被引情况，指的是论文从发表当年到 2017 年的累计被引情况，亦即 F5000 论文定量遴选时的累计被引次数。其中，被引次数为 6 次的论文数最多，为 443 篇；之后则是被引次数为 5 次，其论文量为 431 篇，而被引次数为 4 次的论文有 368 篇（如图 10–4 所示）。

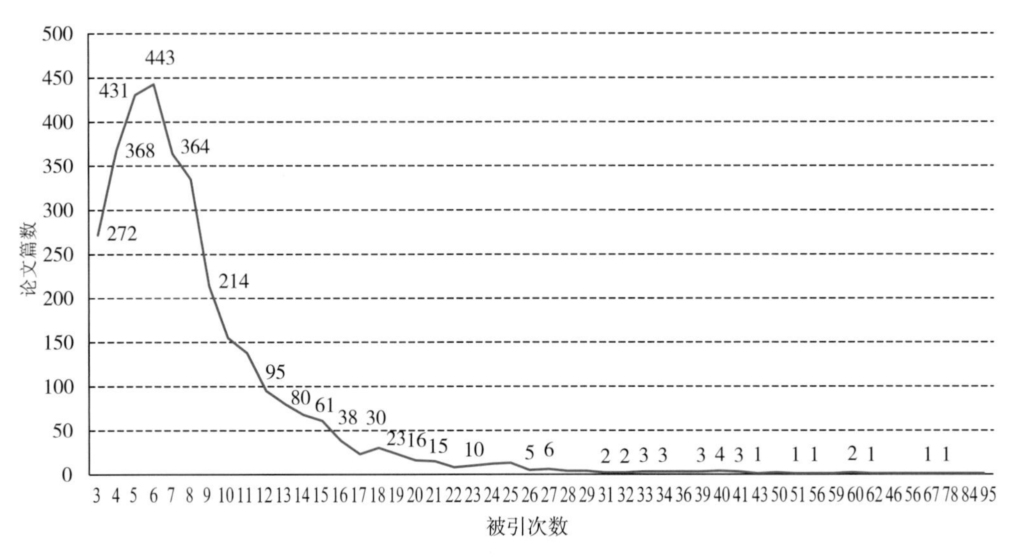

图 10–4　2017 年度 F5000 论文的被引情况

数据来源：CSTPCD。

其中单篇论文被引次数最高的是国家癌症中心陈万青等人于 2015 年发表在《中国肿瘤》上的论文《2011 年中国恶性肿瘤发病和死亡分析》，其被引次数为 161 次；单篇论文被引次数居第 2 位的是复旦大学附属华山医院抗生素研究所胡付品等人于 2014 年发表在《中国感染与化疗杂志》上的论文《2013 年中国 CHINET 细菌耐药性监测》，其被引次数为 137 次；居第 3 位的是华南理工大学邓雪等人于 2012 年发表在《数学的实践与认识》上的论文《层次分析法权重计算方法分析及其应用研究》，其被引次数为 96 次。

鉴于 2017 年的 F5000 论文是精品期刊发表在 2012—2016 年的高被引论文，故而不同发表年论文的统计时段是不同的。相对而言，发表较早的论文，它的被引次数会相对较高。

由表 10–9 可以看出来，不同发表年的 F5000 论文，在被引次数方面有显著差异。发表年份是 2014 年的 F5000 论文，其篇均被引次数为 9.2 次；在 2015 年，其篇均被引次数为 8.9 次；在 2013 年，其篇均被引次数则是 7.8 次。

表 10–9　2017 年度 F5000 论文在不同发表年的分布及被引情况

发表年份	论文篇数	总被引次数	篇均被引次数 /（次 / 篇）
2012	922	6447	7.0
2013	1062	8304	7.8
2014	873	8002	9.2
2015	509	4538	8.9
2016	123	768	6.2

相对于论文发表年对论文被引次数的影响，论文分类对论文被引次数的影响相对较小。管理及其他 F5000 论文的篇均被引次数最高，为 14.1 次；之后则是工业技术，其篇均被引次数为 8.7 次；居第 3 位的是农林牧渔，其篇均被引次数为 8.3 次（如表 10-10 所示）。

表 10-10 2017 年度 F5000 论文在不同学科的分布及被引情况

论文分类	论文篇数	总被引次数	篇均被引次数 /（次 / 篇）
工业技术	1285	11158	8.7
管理及其他	8	113	14.1
基础学科	616	4652	7.6
农林牧渔	307	2549	8.3
医药卫生	1273	9587	7.5

10.5 结论

在 2012 年、2013 年、2014 年、2015 年和 2016 年的基础上，F5000 项目在 2017 年又有了深入的发展。本章首先对 2017 年度 F5000 论文的遴选方式进行了介绍，重点是对 F5000 论文的定量评价指标体系进行了详细说明。

在此基础上，本章对 2017 年度定量选出来的 3489 篇 F5000 论文，从参考文献、学科分布、地区分布、机构分布、基金分布和被引情况等角度进行了统计分析。

2017 年度 F5000 论文的平均参考文献数为 27.1 篇，有 95.6% 的论文是通过合著的方式完成的，其中 4 人合作完成的论文数最多。在学科分布方面，工业技术和医药卫生方面的 F5000 论文较多，二者约占总量的 73.3%，其中临床医学、计算技术和地学等方面的 F5000 论文相对较多。在地区分布方面，F5000 论文主要分布在北京、江苏、上海等省（直辖市），其中北京大学、中南大学、浙江大学、上海交通大学和复旦大学位居高等院校前列；北京协和医院和解放军总医院则是 F5000 论文较多的医疗机构；中国疾病预防控制中心、中国科学院地理科学与资源研究所、中国石油勘探开发研究院、中国科学院长春光学精密机械与物理研究所和中国科学院寒区旱区环境与工程研究所是论文数较多的研究机构。

在基金方面，F5000 论文主要是由国家自然科学基金委员会下各项基金资助发表的，占论文总量的 42.4%。此外，科技部下国家重点基础研究发展计划（973 计划）项目、国家科技支撑计划项目和国家高技术研究发展计划（863 计划）项目也是 F5000 论文主要的项目基金来源。

在被引情况方面，2017 年度 F5000 论文的篇均被引次数为 8.0 次，不过该值与论文的发表年份显著相关，而与论文所属分类关联较弱。在 2014 年发表的 F5000 论文，篇均被引次数最大，为 9.2 次，而在 2016 年发表的论文，篇均被引次数最小，为 6.2 次。管理及其他的 F5000 论文篇均被引次数最高，为 14.1 次，而医药卫生的篇均被引次数相对较低，为 7.5 次。

11　中国科技论文引用文献与被引文献情况分析

本章针对 CSTPCD 2016 收录的中国科技论文引用文献与被引文献，分别进行了 CSTPCD 2016 引用文献的学科分布、地区分布的情况分析，并分别对期刊论文、图书文献、网络资源和专利文献的引用与被引用情况进行分析。2016 年度在论文发表数量相比 2015 年度的论文发表数量上升 0.14%，引用文献数量上升 22.85%。期刊论文仍然是被引用文献的主要来源，图书文献和会议论文也是重要的引文来源，学位论文的被引比例相比 2014—2015 年增长的基础上又有所提高，说明中国学者对学位论文研究成果的重视程度逐渐加强。在期刊论文引用方面被引用次数较多的学科是临床医学，农学，地学，电子、通信与自动控制，中医学等。北京地区仍是科技论文发表数量和引用文献数量方面的领头羊。从论文被引的机构类型分布来看，高等院校占比最高，其次是研究机构和医疗机构，二者相差不多。从图书文献的引用情况来看，用于指导实践的辞书、方法手册及用于教材的指导综述类图书，使用的频率较高，被引用次数要高于基础理论研究类图书。从网络资源被引用情况来看，从动态网页及其他格式是最主要引用的文献类型；商业网站（.com）是占比最大的网络文献的来源，其次是研究机构网站（.org）和政府网站（.gov）。从专利被引用的时间分布来看，2014 年的专利引用次数最多。

11. 1　引言

在学术领域中，科学研究是具有延续性的，研究人员撰写论文，通常是对前人观念或研究成果的改进、继承发展，完全自己原创的其实是少数。科研人员产出的学术作品，如论文和专著等都会在末尾标注参考文献，表明对前人研究成果的借鉴、继承、修正、反驳、批判，或者是向读者提供更进一步研究的参考线索等，于是引文与正文之间建立起一种引证关系。因此，科技文献的引用与被引用，是科技知识和内容信息的一种继承与发展，也是科学不断发展的标志之一。

与此同时，一篇论文的被引情况也从某种程度上体现了论文的受关注程度，以及其影响和价值。随着数字化程度的不断加深，文献的可获得性越来越强，一篇论文被引用的机会也大幅增加。因此，若能够系统地分学科领域、分地区、分机构和文献类型来分析应用文献，就能够弄清楚学科领域的发展趋势、机构的发展和知识载体的变化等。

本章根据 CSTPCD 2016 的引文数据，详细分析了中国科技论文的参考文献情况和中国科技文献的被引情况，重点分析了不同文献类型、学科、地区、机构、作者的科技论文的被引情况，还包括了对图书文献、网络文献和专利文献的被引情况分析。

11.2 数据和方法

本文所涉及的数据主要来自2016年度《中国论文与引言数据库》CSTPCD论文与1988—2016年引文数据库，在数据的处理过程中，对长年累积的数据进行了大量地清洗和处理工作；在信息匹配和关联过程中，由于CSTPCD收录的是中国科技论文统计源期刊，是学术水平较高的期刊，因而并没有覆盖所有的科技期刊；限于部分著录信息不规范不完善等客观原因，并非所有的引用和被引信息都足够完整。

11.3 研究分析和结论

11.3.1 概况

CSTPCD 2016年共收录494207篇中国科技论文，同比上升0.14%；共引用8798074次各类科技文献，同比上升22.85%；篇均引文数量达到17.80篇，相比2015年度的14.51篇有所上升（如图11-1所示）。

从图11-1可以看出1995—2016年，除2007年、2009年、2013年、2015年为有所下降外，中国科技论文的篇均引文数一直保持上升态势。2016年的篇均引文数较1995年增加了197.66%，可见这几十年来科研人员越来越重视对参考文献的引用。同时，各类学术文献的可获得性的增加也是论文篇均被引量增加的一个原因。

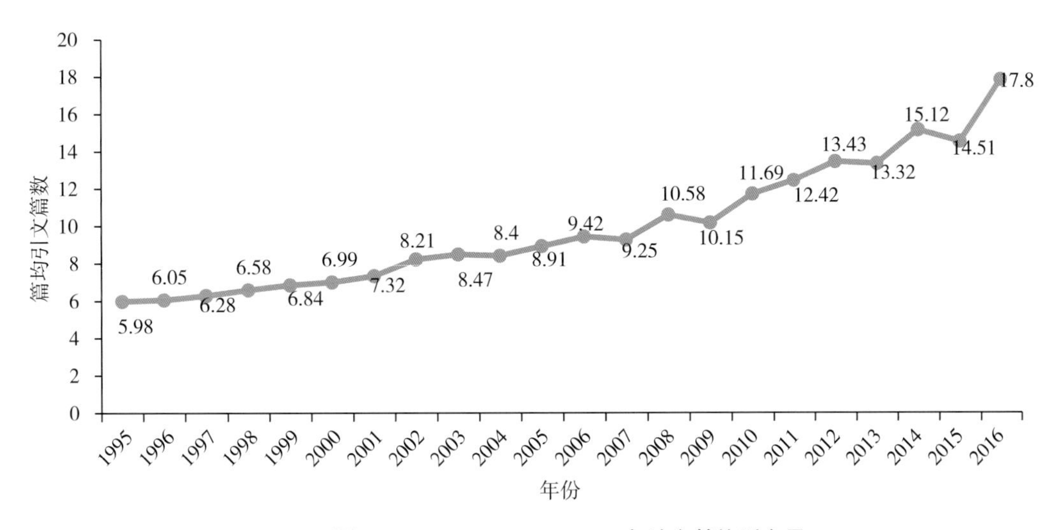

图11-1 CSTPCD 1995—2016年论文篇均引文量

通过比较各类型的文献在知识传播中被使用的程度，可以从中发现文献在科学研究成果的传递中所起的作用。被引文献包括期刊论文、图书文献、学位论文、标准、研究报告、专利文献、网络资源和会议论文等类型。图11-2显示了2016年被引用的各类型文献所占的比例，图中期刊论文所占的比例最高，达到了87.05%，相比2015年的85.11%，略有上升。这说明科技期刊仍然是科研人员在研究工作中使用最多的科技文献，所以本章重点讨论科技论文的被引情况。列在期刊之后的图书专著，所占比例为7.53%。期刊和图书两项比例之和超过94%，值得注意的是，学位论文的被引比例占到了2.67%，相比2014年、2015年增长的基础上又有所提高，说明中国学者对学位论文研究成果的重视程度逐渐加强。

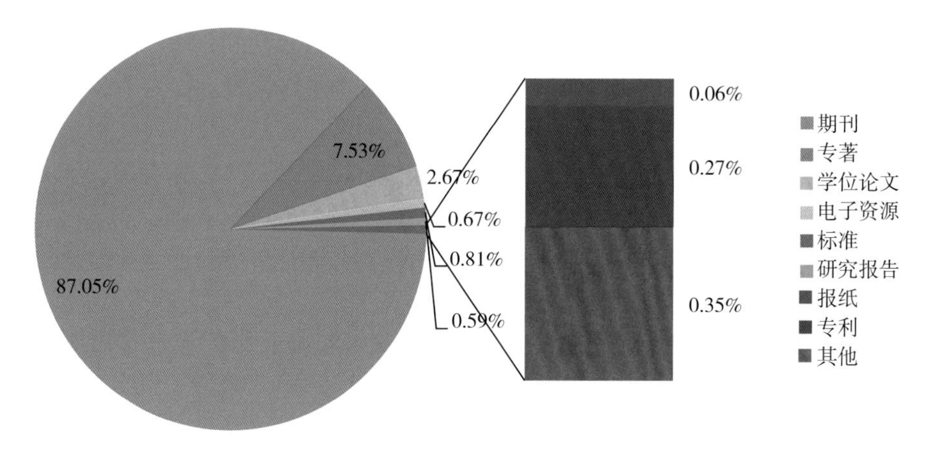

图11-2 CSTPCD 2016各类科技文献被引用次数所占比例

11.3.2 引用文献的学科和地区分布情况

表11-1列出了CSTPCD 2016各学科的引文总数和中文引文数。由表11-1可知，篇均引文数前5位的学科是天文学（37.60）、地学（31.49）、生物学（29.74）、水产学（27.25）、化学（25.26）；外文引文数占比前5位学科为：物理学、天文学、化学、数学、生物学。

表11-1 CSTPCD 2016各学科参考文献量

学科	论文篇数	引文总数A/篇	篇均引文数/篇	中文引文数B/篇	B/A
数学	5664	85312	15.06	21643	0.25
力学	1886	36181	19.18	11227	0.31
信息、系统科学	332	5839	17.59	2105	0.36
物理学	5460	131522	24.09	13425	0.10
化学	9823	248131	25.26	38261	0.15
天文学	525	19741	37.60	2478	0.13
地学	14068	443006	31.49	212198	0.48
生物学	14217	422753	29.74	114819	0.27
预防医学与卫生学	16100	209575	13.02	134413	0.64
基础医学	17311	335259	19.37	94808	0.28
药物学	13361	219492	16.43	90023	0.41
临床医学	136606	2209299	16.17	815761	0.37

续表

学科	论文篇数	引文总数 A/ 篇	篇均引文数 / 篇	中文引文数 B/ 篇	B/A
中医学	21727	334175	15.38	229528	0.69
军事医学与特种医学	2524	37353	14.80	16033	0.43
农学	21203	470932	22.21	289790	0.62
林学	3663	89926	24.55	53905	0.60
畜牧、兽医	6391	130288	20.39	57935	0.44
水产学	1869	50932	27.25	25495	0.50
测绘科学技术	3077	46365	15.07	28167	0.61
材料科学	5934	128108	21.59	35683	0.28
工程与技术基础学科	3259	52343	16.06	21338	0.41
矿山工程技术	6781	82515	12.17	67976	0.82
能源科学技术	5985	105141	17.57	73553	0.70
冶金、金属学	13269	176551	13.31	87457	0.50
机械、仪表	10847	137741	12.70	86166	0.63
动力与电气	3800	64100	16.87	26610	0.42
核科学技术	1133	13406	11.83	4742	0.35
电子、通信与自动控制	25108	381335	15.19	196363	0.51
计算技术	29799	467262	15.68	190572	0.41
化工	12528	206697	16.50	94246	0.46
轻工、纺织	2308	30677	13.29	21033	0.69
食品	9631	197328	20.49	109582	0.56
土木建筑	11860	172293	14.53	111333	0.65
水利	3440	48733	14.17	33082	0.68
交通运输	10153	129453	12.75	82606	0.64
航空航天	5367	88835	16.55	37658	0.42
安全科学技术	233	4661	20.00	3299	0.71
环境科学	14922	324360	21.74	161996	0.50
管理学	940	23063	24.54	8580	0.37
其他	21103	437391	20.73	207966	0.48

如表 11–2 所示，2016 年 SCI 收录的中国论文中有 38 个学科的篇均引文数在 20 篇以上，比 2015 年多了 1 个学科；篇均引文数排在前 5 位的学科是林学（46.61 次）、天文学（46.08 次）、农学（43.32 次）、水产学（42.24 次）、地学（41.61 次）。

为了更清楚地看到中文文献与外文文献被引上的不同，将 SCI 2016 收录的中国论文被引情况与 2016 年 CSTPCD 收录中文论文的被引情况进行对比，发现测绘科学技术学科论文数为 0 外，SCI 各个学科收录文献的参考文献数均大于 2016 年 CSTPCD 各学科的参考文献数。

表 11-2 2016 年 SCI 和 CSTPCD 收录的中国学科论文和参考文献数对比

学科	SCI			CSTPCD		
	论文篇数	引文总篇数	篇均引文数	论文篇数	引文总篇数	篇均引文数
数学	9794	252264	25.76	5664	85312	15.06
力学	3027	99805	32.97	1886	36181	19.18
信息、系统科学	885	27613	31.20	332	5839	17.59
物理学	32784	1053101	32.12	5460	131522	24.09
化学	49228	1997544	40.58	9823	248131	25.26
天文学	2326	107171	46.08	525	19741	37.60
地学	11993	499055	41.61	14068	443006	31.49
生物学	39191	1498390	38.23	14217	422753	29.74
预防医学与卫生学	4028	131054	32.54	16100	209575	13.02
基础医学	21154	672237	31.78	17311	335259	19.37
药物学	9659	303397	31.41	13361	219492	16.43
临床医学	37700	1036399	27.49	136606	2209299	16.17
中医学	1176	40991	34.86	21727	334175	15.38
军事医学与特种医学	337	11772	34.93	2524	37353	14.80
农学	4050	175446	43.32	21203	470932	22.21
林学	753	35099	46.61	3663	89926	24.55
畜牧、兽医	1498	52694	35.18	6391	130288	20.39
水产学	1417	60131	42.44	1869	50932	27.25
测绘科学技术	0	0	0.00	3077	46365	15.07
材料科学	23657	785559	33.21	5934	128108	21.59
工程与技术基础学科	1570	46237	29.45	3259	52343	16.06
矿山工程技术	392	11580	29.54	6781	82515	12.17
能源科学技术	7036	252415	35.87	5985	105141	17.57
冶金、金属学	1701	45063	26.49	13269	176551	13.31
机械、仪表	4615	123127	26.68	10847	137741	12.70
动力与电气	787	23761	30.19	3800	64100	16.87
核科学技术	1373	34809	25.35	1133	13406	11.83
电子、通信与自动控制	14412	384261	26.66	25108	381335	15.19
计算技术	12999	441639	33.97	29799	467262	15.68
化工	4819	179559	37.26	12528	206697	16.50
轻工、纺织	11	418	38.00	2308	30677	13.29
食品	2135	78531	36.78	9631	197328	20.49
土木建筑	2893	89803	31.04	11860	172293	14.53
水利	1946	72109	37.05	3440	48733	14.17
交通运输	836	28255	33.80	10153	129453	12.75
航空航天	929	25423	27.37	5367	88835	16.55
安全科学技术	125	4614	36.91	233	4661	20.00
环境科学	9583	409700	42.75	14922	324360	21.74
管理学	1083	40867	37.73	940	23063	24.54

统计 2016 年各省（市、自治区）发表期刊论文数量及引文数量，并比较这些省（市、

自治区）的篇均引文数量，如表 11-3 所示。可以看到，各省（市、自治区）论文引文量存在一定的差异，从篇均引文数来看，排在前 10 位的是甘肃、西藏、北京、云南、黑龙江、上海、福建、湖南、吉林、江西。

表 11-3 CSTPCD 2016 各地区参考文献数

排名	地区	论文篇数	引文篇数	篇均引文数 / 篇
1	甘肃	8120	164745	20.29
2	西藏	303	6124	20.21
3	北京	66620	1345440	20.20
4	云南	8015	152170	18.99
5	黑龙江	11486	216479	18.85
6	上海	29534	554561	18.78
7	福建	8745	161544	18.47
8	湖南	14036	258938	18.45
9	吉林	8520	155353	18.23
10	江西	6817	122850	18.02
11	山东	22045	395519	17.94
12	天津	13296	236999	17.82
13	重庆	12081	215153	17.81
14	内蒙古	4918	87472	17.79
15	安徽	12447	217551	17.48
16	江苏	44201	770052	17.42
17	浙江	19445	338577	17.41
18	广东	28382	490647	17.29
19	辽宁	19955	344249	17.25
20	四川	23388	402777	17.22
21	湖北	25956	445793	17.17
22	贵州	6377	108682	17.04
23	新疆	8698	147917	17.01
24	青海	1463	24814	16.96
25	海南	3426	57478	16.78
26	陕西	29390	486336	16.55
27	广西	8416	137973	16.39
28	山西	7933	129213	16.29
29	河南	17945	283194	15.78
30	宁夏	2124	33041	15.56
31	河北	18476	277342	15.01

11.3.3 期刊论文被引用情况

在被引文献中，期刊论文所占比例超过八成，可以说期刊论文是目前最重要的一种学术科研知识传播和交流载体。2016 年 CSTPCD 共引用期刊论文 7659162 次，本节对被引用的期刊论文从学科分布、机构分布、地区分布等方面进行多角度分析，并分析基金论文、合著论文的被引情况。我们利用2016年度CSTPCD与1988—2016年CSTPCD的累积数据进行分级模糊关联，从而得到被引用的期刊论文的详细信息，并在此基础上进行各项统计工作。由于统计源期刊的范围是各个学科领域学术水平较高的刊物，并不能覆盖所有科技期刊，再加上部分期刊编辑著录不规范，因此并不是所有被引用的期刊论文都能得到其详细信息。

（1）各学科期刊论文被引情况

由于各个学科的发展历史和学科特点不同，论文的数量和被引次数都有较大的差异。表11-4列出的是被CSTPCD 2016引次数居前10位的学科。数据显示，临床医学为被引最多的学科，其次是农学，地学，电子、通信与自动控制，中医学。

表11-4 CSTPCD 2016收录论文被引总次数居前10位的学科

学科	被引总数	
	总次数	排名
临床医学	554830	1
农学	183770	2
地学	153775	3
电子、通信与自动控制	120533	4
中医学	111388	5
计算技术	102686	6
环境科学	97571	7
生物学	97184	8
预防医学与卫生学	76054	9
基础医学	68235	10

（2）各地区期刊论文被引情况

按照篇均引文数量，排名居前10位的是北京、甘肃、江苏、西藏、新疆、青海、吉林、陕西、湖南、上海；按照论文篇数，排名在前10位的是北京、江苏、广东、上海、陕西、湖北、浙江、山东、四川、辽宁。按照论文被引次数，北京、江苏、广东、上海、陕西、湖北、浙江、山东、四川、辽宁（表11-5）。历年发表论文多，被引用的机会就比较多，按照被引论文的篇数和次数来看，居前10名的地区是完全重合的。北京的各项指标的绝对值和相对数值的排名都遥遥领先，这表明北京作为全国的科技中心，发表论的数量和质量都位居全国之首，体现出其具备最强的科研综合实力。

表11-5 CSTPCD 2016收录的各地区论文被引情况

排名	地区	篇均被引次数	被引次数	被引论文篇数
1	北京	1.91	467005	244535
2	甘肃	1.75	44039	25106
3	江苏	1.67	220087	131825
4	西藏	1.66	1038	625
5	新疆	1.63	31839	19515
6	青海	1.63	5628	3456

续表

排名	地区	篇均被引次数	被引次数	被引论文篇数
7	吉林	1.62	41201	25363
8	陕西	1.62	122694	75777
9	湖南	1.60	79357	49717
10	上海	1.59	147433	92640
11	四川	1.59	93934	59059
12	浙江	1.59	107242	67447
13	重庆	1.59	57512	36212
14	广东	1.59	153454	96635
15	天津	1.58	58100	36689
16	湖北	1.58	114367	72300
17	安徽	1.58	53879	34120
18	黑龙江	1.57	56064	35631
19	江西	1.57	26224	16699
20	山东	1.57	103816	66141
21	辽宁	1.57	86327	55088
22	福建	1.57	39675	25335
23	内蒙古	1.54	14153	9162
24	宁夏	1.54	6815	4418
25	贵州	1.53	20079	13128
26	云南	1.53	30721	20128
27	河南	1.52	67435	44342
28	河北	1.52	64293	42320
29	山西	1.52	26027	17142
30	广西	1.48	33564	22718
31	海南	1.46	10393	7136

（3）各类型机构的论文被引情况

从 CSTPCD 2016 所显示各类型机构的论文被引情况来看，高等院校占比最高，其次是研究机构和医疗机构，二者相差不多（如图 11-3 所示）。

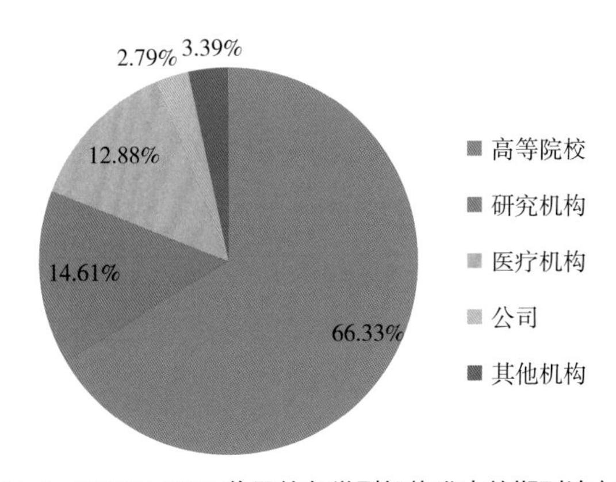

图 11-3　CSTPCD 2016 收录的各类型机构发表的期刊论文被引比例

表11–6显示了期刊论文被CSTPCD 2016引用排名居前50位的高等院校。北京大学、上海交通大学、浙江大学、首都医科大学2016年论文发表数量和被引次数上均名列前茅。

由于高等院校产生的论文研究领域较为广泛，因此可以从宏观上反映科研的整体状况。通过比较可以看出，2016年被引用次数排在前10位的高等院校，除浙江大学、清华大学、南京大学外，其余高校在2016年发表的论文数据也大都位于前10位。

表11–6 CSTPCD 2016收录的期刊论文被引次数居前50位的高等院校

高等院校名称	2016年论文发表情况		2016年被引情况	
	篇数	排名	次数	排名
北京大学	4277	3	36545	1
上海交通大学	5738	2	34098	2
浙江大学	2875	11	31131	3
首都医科大学	5998	1	25890	4
清华大学	2033	24	24747	5
中南大学	3119	6	22756	6
华中科技大学	3038	7	21981	7
中山大学	2876	10	21459	8
南京大学	2257	17	20726	9
同济大学	2921	9	20581	10
四川大学	3768	5	19857	11
武汉大学	4102	4	18892	12
复旦大学	2730	12	18236	13
中国地质大学	1605	40	17575	14
西北农林科技大学	1618	38	17521	15
吉林大学	3006	8	16736	16
中国矿业大学	1874	29	16719	17
中国石油大学	2090	23	16601	18
西安交通大学	2318	16	15177	19
哈尔滨工业大学	1431	46	13548	23
天津大学	2241	18	12661	24
华南理工大学	1642	36	12395	25
山东大学	1584	42	12364	26
西北工业大学	1380	49	11673	27
北京航空航天大学	1380	50	10682	29
南方医科大学	1563	43	10508	30
南京医科大学	2557	13	10156	31
南京航空航天大学	1811	30	10016	32
华北电力大学	1412	48	9998	33
安徽医科大学	2364	15	9861	34
第二军医大学	1721	31	9438	36
中国医科大学	2499	14	9298	37

续表

高等院校名称	2016 年论文发表情况		2016 年被引情况	
	篇数	排名	次数	排名
北京中医药大学	1896	27	9042	39
重庆医科大学	2092	22	8889	41
郑州大学	2171	20	8833	42
江苏大学	1911	26	8751	43
南京中医药大学	1879	28	8650	45
河海大学	2012	25	8649	46
天津医科大学	1681	33	8579	48
合肥工业大学	1489	44	7975	50
第三军医大学	1452	45	7919	51
西南交通大学	1610	39	7836	52
哈尔滨医科大学	2156	21	7128	55
河北医科大学	1673	34	6974	58
苏州大学	1427	47	6736	62
南昌大学	1586	41	6617	64
第四军医大学	1703	32	6564	66
江南大学	1623	37	6514	67
新疆医科大学	2191	19	5759	75
昆明理工大学	1672	35	4915	90

表 11-7 列出了 2016 年被引次数排在前 50 位的研究机构的论文被引用次数与排名，以及相应的被 CSTPCD 2016 收录的论文篇数与排名。由表中数据可以看出，中国科学院所属研究所在前 50 位的中占了 13 席。排首位的是中国科学院地理科学与资源研究所，被引频次达到了 12928 次，且排在前 66 位研究机构的论文被引频次均超过了 1000 次。与高等院校不同，被引用次数比较多的研究机构，其论文数量并不一定排在前列。表 11-7 所列出的研究机构论文数和被引用次数同时排在前 50 位的只有 19 位。相对于高等院校，由于研究机构的学科领域特点更突出，不同学科方向的研究机构所在论文数量和引文数量方面的差异十分明显。

表 11-7 CSTPCD 2016 收录的期刊论文被引次数居前 50 位的研究机构

研究机构名称	2016 年论文发表情况		2016 年被引情况	
	篇数	排名	次数	排名
中国科学院地理科学与资源研究所	523	6	12928	1
中国疾病预防控制中心	888	2	8356	2
中国中医科学院	1138	1	7883	3
中国科学院地质与地球物理研究所	193	28	6490	4
中国林业科学研究院	672	3	6323	5
中国科学院寒区旱区环境与工程研究所	193	28	6155	6
中国水产科学研究院	665	4	5243	7

续表

研究机构名称	2016年论文发表情况		2016年被引情况	
	篇数	排名	次数	排名
中国科学院生态环境研究中心	204	24	4932	8
中国科学院南京土壤研究所	104	70	4091	9
中国科学院大气物理研究所	112	61	3743	10
中国地质科学院地质研究所	37	227	3733	11
中国科学院长春光学精密机械与物理研究所	412	11	3511	12
中国科学院沈阳应用生态研究所	71	119	3500	13
军事医学科学院	498	7	3350	14
中国地质科学院矿产资源研究所	76	113	3294	15
中国医学科学院肿瘤研究所	288	16	3270	16
中国科学院南京地理与湖泊研究所	109	62	3184	17
中国科学院广州地球化学研究所	85	97	3134	18
中国科学院新疆生态与地理研究所	166	34	3076	19
中国农业科学院农业资源与农业区划研究所	52	171	2990	20
江苏省农业科学院	447	10	2899	21
中国科学院植物研究所	83	102	2830	22
中国气象科学研究院	96	78	2681	23
中国科学院东北地理与农业生态研究所	84	99	2585	24
中国环境科学研究院	239	18	2472	25
中国科学院地球化学研究所	83	102	2302	26
中国科学院水利部水土保持研究所	66	134	2292	27
中国工程物理研究院	492	8	2290	28
中国热带农业科学院	458	9	2223	29
中国科学院海洋研究所	201	25	2208	30
中国水利水电科学研究院	200	26	2014	31
中国科学院遥感与数字地球研究所	150	40	2002	32
中国科学院武汉岩土力学研究所	86	96	1932	33
中国地震局地质研究所	61	148	1919	34
中国农业科学院作物科学研究所	37	227	1856	35
中国农业科学院农业环境与可持续发展研究所	22	277	1565	36
广东省农业科学院	186	31	1565	36
北京市农林科学院	145	41	1526	38
中国医学科学院药用植物研究所	93	85	1505	39
山东省农业科学院	316	14	1482	40
福建省农业科学院	307	15	1452	41
中国科学院水利部成都山地灾害与环境研究所	116	58	1434	42
山西省农业科学院	343	12	1404	43
国家气象中心	32	245	1354	44
中国农业科学院植物保护研究所	73	117	1346	45
中国科学院水生生物研究所	77	112	1344	46

续表

研究机构名称	2016 年论文发表情况		2016 年被引情况	
	篇数	排名	次数	排名
广东省疾病预防控制中心	230	19	1334	47
国家气候中心	30	251	1330	48
中国气象局兰州干旱气象研究所	35	233	1323	49
中国科学院亚热带农业生态研究所	71	119	1318	50

表 11-8 列出了 2016 年论文被引频次排名 50 位的医疗机构的论文被引频次与名次，以及相应的被 CSTPCD 2016 收录的论文数与排名。由表中数据可以看出，有 48 个医疗机构被引次数超过 2000 次，解放军总医院（中国人民解放军 301 医院）被引用次数最多（10356 次），其次是北京协和医院、四川大学华西医院。

表 11-8　CSTPCD 2016 收录的期刊论文被引次数居前 50 位的医疗机构

医疗机构名称	2016 年论文发表情况		2016 年被引用情况	
	篇数	排名	次数	排名
解放军总医院	1833	1	10356	1
北京协和医院	1234	4	7268	2
四川大学华西医院	1409	2	6419	3
南京军区南京总医院	672	19	4838	4
北京大学第一医院	692	17	4773	5
华中科技大学同济医学院附属同济医院	1020	6	4517	6
北京大学人民医院	516	39	4237	7
上海交通大学医学院附属瑞金医院	613	26	3930	8
北京大学第三医院	703	15	3922	9
南方医院	560	31	3796	10
第二军医大学附属长海医院	699	16	3572	11
中山大学附属第一医院	480	43	3529	12
中国医科大学附属盛京医院	1105	5	3469	13
复旦大学附属中山医院	440	49	3266	14
重庆医科大学附属第一医院	777	10	3219	15
复旦大学附属华山医院	346	76	3201	16
江苏省人民医院	847	7	3185	17
上海市第六人民医院	616	25	3144	18
首都医科大学宣武医院	631	23	3072	19
武汉大学人民医院	1272	3	3054	20
中国医科大学附属第一医院	714	12	3047	21
首都医科大学附属北京安贞医院	667	20	2935	22
华中科技大学同济医学院附属协和医院	448	47	2906	23
第四军医大学西京医院	769	11	2869	24
中南大学湘雅二医院	354	74	2844	25

续表

医疗机构名称	2016 年论文发表情况		2016 年被引用情况	
	篇数	排名	次数	排名
中南大学湘雅医院	545	32	2792	26
上海交通大学医学院附属仁济医院	446	48	2740	27
郑州大学第一附属医院	843	9	2720	28
安徽医科大学第一附属医院	707	14	2700	29
青岛大学附属医院	712	13	2636	30
首都医科大学附属北京友谊医院	601	27	2602	31
第三军医大学西南医院	409	57	2540	32
第二军医大学附属长征医院	419	56	2535	33
首都医科大学附属北京同仁医院	463	45	2479	34
广西医科大学第一附属医院	525	36	2472	35
中日友好医院	391	66	2454	36
上海交通大学医学院附属新华医院	513	40	2454	36
北京军区总医院	171	188	2431	38
中国医学科学院阜外心血管病医院	159	210	2420	39
新疆医科大学第一附属医院	847	7	2371	40
中国中医科学院广安门医院	426	54	2360	41
安徽省立医院	534	34	2292	42
南京鼓楼医院	625	24	2288	43
广东省人民医院	332	81	2223	44
首都医科大学附属北京朝阳医院	544	33	2203	45
北京医院	408	59	2200	46
吉林大学白求恩第一医院	565	30	2080	47
上海交通大学医学院附属第九人民医院	517	38	2026	48
中山大学孙逸仙纪念医院	259	111	2018	49
上海市第一人民医院	346	76	2007	50

（4）基金论文被引情况

表 11-9 列出了 2016 年论文被引用次数排名居前 10 位的基金资助项目的论文被引次数与排名。由表中数据可以看出，国家自然科学基金委员会各项基金资助的项目被引用次数最高（304056 次），且远高于其他基金项目，其次是其他部委资助基金、科技部其他基金项目及国家重点基础研究发展规划（973 计划）项目。

表 11-9 CSTPCD 2016 期刊论文被引次数居前 10 位的基金资助项目

基金项目	2016 年被引用情况	
	次数	排名
国家自然科学基金委员会各项基金	304056	1
其他部委基金项目	156304	2
科学技术部其他基金项目	68597	3

续表

基金项目	2016 年被引用情况	
	次数	排名
国家重点基础研究发展计划（973 计划）	48390	4
其他资助	36154	5
国家高技术研究发展计划（863 计划）	34394	6
国家教育部基金	27152	7
国内大学、研究机构和公益组织资助	21666	8
广东省科学基金与资助	18805	9
江苏省科学基金与资助	16947	10

（5）被引用最多的作者

根据被引用论文的作者名字、机构来统计每个作者在 CSTPCD 2016 中被引的次数。表 11-10 列出了论文被引次数居前 20 位的作者。从作者机构所在地来看，一半左右的机构在北京地区。从作者机构类型来看，10 位作者来自高等院校及附属医疗机构，被引最高的是中国石油勘探开发研究院邹才能，其所发表的论文在 2016 年被引 556 次。

表 11-10 CSTPCD 2016 收录的期刊论文被引次数居前 20 位的作者

作者	机构	被引用次数
邹才能	中国石油勘探开发研究院	556
温忠麟	华南师范大学	510
王成山	天津大学	477
丁明	合肥工业大学	414
谢高地	中国科学院地理科学与资源研究所	349
李德仁	武汉大学	324
陈万青	中国医学科学院肿瘤医院	305
胡付品	复旦大学附属华山医院	300
张金川	中国地质大学	298
张旗	中国科学院地质与地球物理研究所	295
何满潮	中国矿业大学	275
贾承造	中国石油天然气集团公司	269
毛景文	中国地质科学院矿产资源研究所	267
王琦	北京中医药大学	265
张福锁	中国农业大学	257
方精云	北京大学	253
许志琴	中国地质科学院地质研究所	250
刘彦随	中国科学院地理科学与资源研究所	246
方创琳	中国科学院地理科学与资源研究所	236
康红普	煤炭科学技术研究院有限公司	223

11.3.4 图书文献被引用情况

图书文献，是对某一学科或某一专门课题进行全面系统论述的著作，具有明确的研究性和系统连贯性，是非常重要的知识载体。尤其在年代较为久远时，图书文献在学术的传播和继承中有着十分重要和不可替代的作用。它有着较高的学术价值，可用来评估科研人员的科研能力及研究学科发展的脉络，这种作用在社会科学领域尤为明显。但是由于图书的一些外在特征，如数量少、篇幅大、周期长等，使其在统计学意义上不具有优势，并且较难阅读分析和快速传播。

而今学术交流形式变化鲜明，图书文献的被引用次数在所有类型文献的总被引用次数中所占比例虽不及期刊论文，但数量仍然巨大，是仅次于期刊论文的第二大文献。图书文献以其学术性、系统性和全面性的特点，成为学术和科研中不可或缺的一部分。

在 CSTPCD 2016 引文库中，图书类型的文献总被引 66.2 万次。表 11–11 列出了 CSTPCD 2016 年被引用次数超过 400 次的图书文献，共有 10 部。被引用次数最多的科学著作是鲍士旦主编的《土壤农化分析》，2016 年共被引用了 1150 次。

这 10 部图书文献中有 7 部分布在医药学领域之中，一方面是由于医学领域论文数量较多；另一方面是由于医学领域自身具有明确的研究体系和清晰的知识传承的学科特点。从这些图书文献的题目可以看出，大部分是用于指导实践的辞书、方法手册及用于教材的指导综述类图书。这些图书与实践结合密切，所以使用的频率较高，被引用次数要高于基础理论研究类图书。

表 11–11 CSTPCD 2016 收录的被引次数居前 10 位的图书文献

排名	作者	图书文献	被引用次数
1	鲍士旦	土壤农化分析	1150
2	谢幸	妇产科学	856
3	鲁如坤	土壤农业化学分析方法	805
4	乐杰	妇产科学	729
5	郑筱萸	中药新药临床研究指导原则	689
6	国家中医药管理局	中医病证诊断疗效标准	643
7	李合生	植物生理生化实验原理和技术	608
8	郑筱萸	中药新药临床研究指导原则（试行）	583
9	陈灏珠	实用内科学	566
10	陆再英	内科学	551

11.3.5 网络资源被引情况

在数字资源迅速发展的今天，网络中存在着大量的信息资源和学术材料。因此对网络资源的引用越来越多。虽然网络资源被引次数在 CSTPCD 2016 数据库中所占的比例不大，也无法和期刊论文、专著相比，但是网络确实是获取最新研究热点和动态的一个较好的途径，互联网确实缩短了信息搜寻的周期，减少了信息搜索的成本。但由于网络资源引用的著录格式有些非常的不完整和不规范，因此在统计中只是尽可能地根据所能采集到的数据进行比较研究。

（1）网络文献的文件格式类型分布

网络文献的文件格式类型主要包括静态网页、动态网页两种。根据 CSTPCD 2016 统计，两者构成比例如图 11-4 所示。从数据可以看出，从动态网页及其他格式是最主要类型，所占比例为 51.19%，其次是静态网页，所占比例为 34.45%，PDF 格式所占比例为 14.37%。

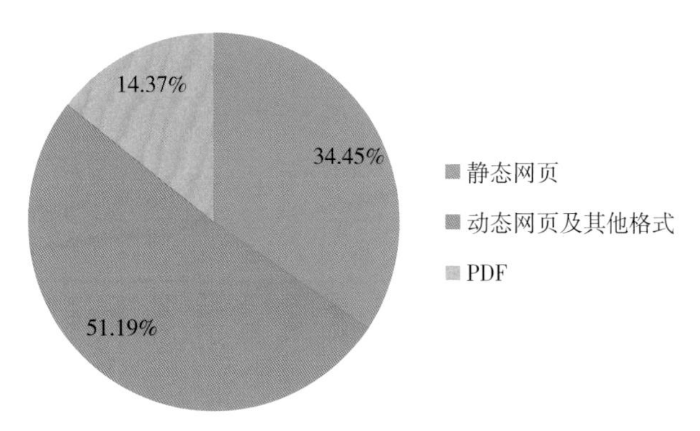

图 11-4 CSTPCD 2016 网络文献主要文件格式类型及其所占比例

（2）网络文献的来源

网络文献资源一半都会列出完整的域名，大部分网络文献资源可以根据顶级域名进行分类。被引次数较多的文献资源类型包括商业网站（.com）、机构网站（.org）、高等院校网站（.edu）和政府网站（.gov）4 类，分别对应着顶级域名中出现的网站资源。如图 11-5 所示为这几类网络文献来源的构成情况。从图中可以看出，商业网站（.com）所占比例最大，达到了 28.17%，研究机构网站（.org）及政府网站（.gov）所占比例也比较大分别为 20.26% 和 24.36%，高等院校网站（.edu）份额小一些。

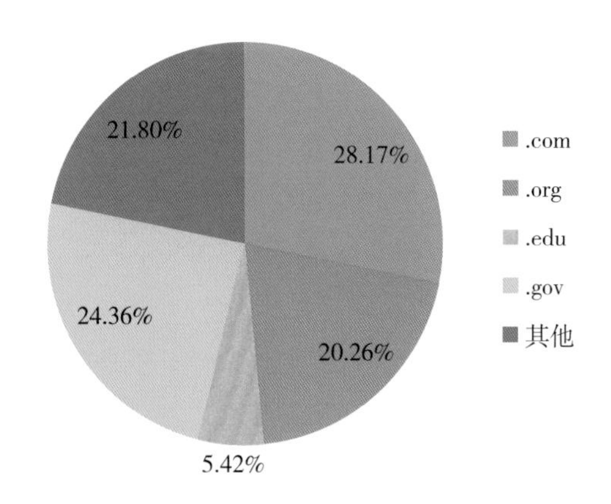

图 11-5 CSTPCD 2016 所引的网络文献资源的域名分布

11.3.6 专利被引用情况

一般而言，专利不会马上被引用，而发表时间太久远的专利也不会一直被引用。专利的引用高峰期普遍为发表后的 2 ～ 3 年。如图 11-6 所示是专利从 1994—2016 年的被引时间分布，2014 年为被引最高峰，是符合专利被引的普遍规律。

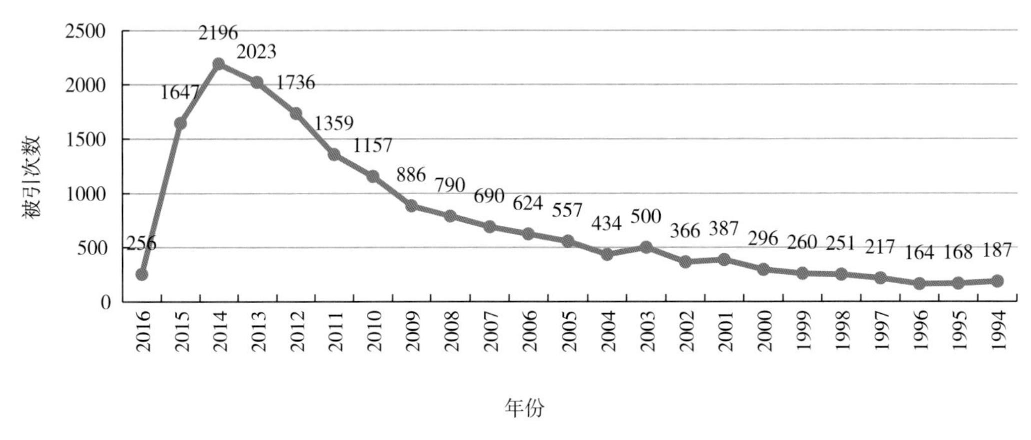

图 11-6 1994—2016 年专利被引用时间分布对比

11.4 讨论

通过对 CSTPCD 2016 中被引用的文献的分析，可以看出中国科技论文的引文数量越来越多，也就是说科学研究工作中人们越来越重视对前人和同行的研究结果的了解和使用，其中科技期刊论文的仍然是使用最多的文献。在期刊论文中，从学科、地区、机构等角度的统计数据显示，由于各学科、各地区和各类机构自身特点的不同，体现在论文篇均引文数指标数值的差异明显。

网络文献、图书文献、专利文献、会议论文和学位论文等不同类型文献的被引数据统计结果，显示出了他们各自的特点。

12　中国科技期刊统计与分析

12.1　引言

2016年全国共出版期刊10084种，平均期印数13905万册，总印数26.97亿册，总印张151.95亿印张，定价总金额232.42亿元。与2015年相比，种数增长0.70%，平均期印数下降4.94%，总印数下降6.29%，总印张下降9.43%，定价总金额下降4.34%。2014—2016年，全国期刊的种数微量增加，但平均期印数、总印数、总印张和总定价连续下降。

2009—2016年中国期刊的总量总体呈微增长态势，2011年期刊总量有所下降，2012—2016年连续缓慢上升，2009—2016年中国期刊平均期印数连续下降，在总印数和总印章连续多年增长的态势下，2013—2016年总印数和总印章有所下降，2014—2016年期刊定价有所下降。

2009—2016年中国科技期刊总量的变化与中国期刊总量变化的态势不尽相同，呈锯齿状微量变化（表12-1）。中国科技期刊的总量多年来一直占期刊总量的50%左右。2016年中国科技期刊5014种，占期刊总量的49.72%，平均期印数2496万册，总印数36920万册，总印张3040433千印张；占期刊总印数13.69%，总印张20.01%。与2015年相比，种数增长0.62%，平均期印数下降5.74%，总印数下降6.65%，总印张下降9.33%。2014—2016年，全国科技期刊的种数微量增加，但平均期印数、总印数和总印张连续下降。

表12-1　2009—2016年中国期刊出版情况

	2009年	2010年	2011年	2012年	2013年	2014年	2015年	2016年
自然科学、技术类期刊种数（A）	4926	4936	4920	4953	4944	4974	4983	5014
期刊总种数（B）	9851	9884	9849	9867	9877	9966	10014	10084
A/B	50.01%	49.94%	49.95%	50.20%	50.06%	49.91%	49.76%	49.72%

12.2　研究分析与结论

12.2.1　中国科技核心期刊

中国科学技术信息研究所受科技部委托，自1987年开始从事中国科技论文统计与分析工作，研制了“中国科技论文与引文数据库”（CSTPCD），并利用该数据库的数据，每年对中国科研产出状况进行各种分类统计和分析，以年度研究报告和新闻发布的形式定期向社会公布统计分析结果。由此出版的一系列研究报告，为政府管理部门和广大高等院校、研究机构提供了决策支持。

“中国科技论文与引文数据库”选择的期刊称为中国科技核心期刊（中国科技论文统计源期刊）。中国科技核心期刊的选取经过了严格的同行评议和定量评价，选取的是中国各学科领域中较重要的、能反映本学科发展水平的科技期刊。并且对中国科技核心期刊遴选设立动态退出机制。研究中国科技核心期刊的各项科学指标，可以从一个侧面反映中国科技期刊的发展状况，也可映射出中国各学科的研究力量。本章期刊指标的数据来源即为中国科技核心期刊。2016年CSTPCD共收录中国科技核心期刊2008种（表12-2）。

表12-2 2009—2016年中国科技核心期刊收录情况

期刊数量	2009年	2010年	2011年	2012年	2013年	2014年	2015年	2016年
中国科技核心期刊种数（A）	1946	1998	1998	1994	1989	1989	1985	2008
自然科学、技术类期刊总种数（B）	4926	4936	4920	4953	4944	4974	4983	5014
A/B	39.51%	40.48%	40.61%	40.25%	40.23%	39.99%	39.83%	40.05%

图12-1显示2016年2008种中国科技核心期刊（中国科技论文统计源期刊）的学科部类分布情况，其中工业技术类所占比例最高，为37.35 %，其次是医药卫生类，为32.55%，基础科学类居第3位，为16.64%，以后依次为农林牧渔和管理学及综合，分别为7.84%和5.62%。与2015年比较，收录的中国科技核心期刊总数增加23种。五大部类期刊学科所占比例近3年均有略微增减。

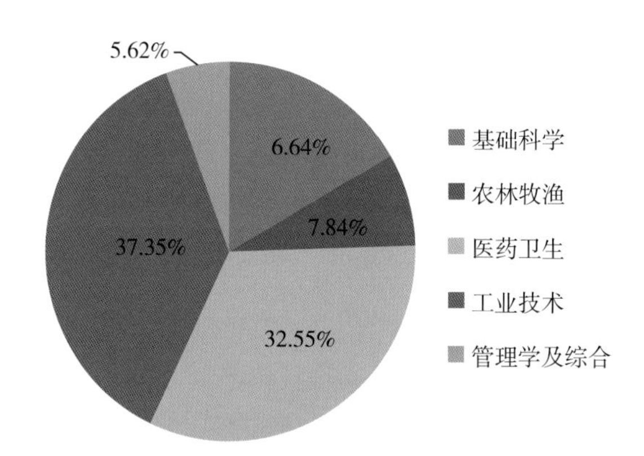

图12-1 2016年中国科技核心期刊学科部类分布

在中国科技核心期刊的遴选中，工业技术类期刊和农林牧渔类期刊选取的比例较小于同类期刊的比例，说明工业技术类和农林牧渔类期刊的整体水平还有待提高，同时今后一个时期内我们也要对工业技术类和农林牧渔类期刊投入更大的关注。

据对2009年《乌里希国际期刊指南》的统计分析，目前世界上有生物医学类科技期刊占世界全部科技期刊的30%左右，综合类科技期刊占3%，与中国科技核心期刊收录的期刊数相比较，中国的综合类期刊所占的比例大于世界水平，医药卫生类期刊所占的比例与世界趋势一致。

12.2.2 中国科技期刊引证报告

自1994年中国科技论文统计与分析项目组出版第一本《中国科技期刊引证报告》至今，该研究小组连续每年出版新版的科技期刊指标报告。《中国科技期刊引证报告（核心版）》的数据取自中国科学技术信息研究所自建的CSTPCD，该数据库将中国各学科重要的科技期刊作为统计源期刊，每年进行动态调整。2017年中国科技论文统计源期刊共2008种。研究小组在统计分析中国科技论文整体情况的同时，也对中国科技期刊的发展状况进行了跟踪研究，并形成了每年定期对中国科技核心期刊的各项计量指标进行公布的制度。此外，为了促进中国科技期刊的发展，为期刊界和期刊管理部门提供评估依据，同时为选取中国科技核心期刊做准备，自1998年起中国科学技术信息研究所还连续出版了《中国科技期刊引证报告（扩刊版）》，2007年起，“扩刊版引证报告”与万方公司共同出版，涵盖中国6000余种科技期刊。

12.2.3 中国科技期刊的整体指标分析

为了全面、准确、公正、客观地评价和利用期刊，《中国科技期刊引证报告（核心版）》在与国际评价体系保持一致的基础上，结合中国期刊的实际情况，在《2017年版中国科技期刊引证报告（核心版）》选择24项计量指标的基础上，新增一种计量指标——红点指标。这些指标基本涵盖和描述了期刊的各个方面。指标包括：

①期刊被引用计量指标。核心总被引频次、核心影响因子、核心即年指标、核心他引率、核心引用刊数、核心扩散因子、核心开放因子、核心权威因子和核心被引半衰期。

②期刊来源计量指标。来源文献量、文献选出率、参考文献量、平均引文数、平均作者数、地区分布数、机构分布数、海外论文比、基金论文比、引用半衰期和红点指标。

③学科分类内期刊计量指标。综合评价总分、学科扩散指标、学科影响指标、核心总被引频次的离均差率和核心影响因子的离均差率。

其中，期刊被引用计量指标主要显示该期刊被读者使用和重视的程度，以及在科学交流中的地位和作用，是评价期刊影响的重要依据和客观标准。

期刊来源计量指标通过对来源文献方面的统计分析，全面描述了该期刊的学术水平、编辑状况和科学交流程度，也是评价期刊的重要依据。综合评价总分则是对期刊整体状况的一个综合描述。

表12-3 2004—2016年中国科技核心期刊主要计量指标平均值统计

年份	2004	2005	2006	2007	2008	2009	2010	2011	2012	2013	2014	2015	2016
核心总被引频次	434	534	650	749	804	913	971	1022	1023	1180	1265	1327	1361
核心影响因子	0.386	0.407	0.444	0.469	0.445	0.452	0.463	0.454	0.493	0.523	0.560	0.594	0.628
核心即年指标	0.053	0.052	0.055	0.054	0.055	0.057	0.060	0.059	0.068	0.072	0.070	0.084	0.087
基金论文比	0.41	0.45	0.47	0.46	0.46	0.49	0.51	0.53	0.53	0.56	0.54	0.59	0.58
海外论文比	0.02	0.02	0.02	0.01	0.01	0.02	0.02	0.023	0.02	0.02	0.02	0.02	0.03
篇均作者数	3.43	3.47	3.55	3.81	3.66	3.71	3.92	3.8	3.9	4.0	4.1	4.3	4.2
篇均引文数	9.27	9.91	10.55	10.01	11.96	12.64	13.41	13.97	14.85	15.9	17.1	15.8	19.6

表12-3显示了科技期刊主要计量指标2004—2016年的变化情况。可以看到自2004年起，中国科技期刊的各项重要计量指标，除期刊海外论文比在个别年份稍有波动外，其余年份基本保持在0.02，至2017年稍有上升至0.03外，各项指标都呈上升趋势。反映科技期刊被引用情况的总被引频次和影响因子指标每年都有进步，其中2011年中国期刊的总被引频次平均值首次突破1000次，达到了1022次，2012—2016年核心总被引频次连续上升，2016年为1361次，是2004年的3.14倍，年平均增长率为10.21%；核心影响因子2016年又有所提高，上升到0.628，是2004年的1.63倍，年平均增长率为4.22%；这两个指标都是反映科技期刊影响的重要指标。即年指标，即论文发表当年的被引用率自2004年起折线上升，2016年至0.087。基金论文比显示的是在中国科技核心期刊中国家、省部级以上及其他各类重要基金资助的论文占全部论文的比例，这也是衡量期刊学术水平的重要指标。2004—2016年，中国科技核心期刊的基金论文比呈上升趋势，2016年略有降低，从2015年的0.59降为0.58，这说明在2008种科技核心期刊中有近60%的期刊发表省部级以上基金资助的论文。显示期刊国际化水平的指标之一的海外论文比，2004—2016年数值比变化不大，2007年和2008年都是0.01，2009—2015年为0.02，2016年上升为0.03。平均作者数基本逐年递增（除2015年），由2004年的3.34上升至2016年为4.2；篇均引文数在2004—2016（除2015年）逐年上升，2016年为19.6。

从图12-2显示的是2003—2016年核心总被引频次和核心影响因子的变化情况，由图可见，2003—2016年中国科技核心期刊的平均核心总被引频次和核心影响因子总体呈上升趋势，核心总被引次数2003—2011年接近线性增长；2012年增长明显放缓，仅增加1次，但2013—2016年，平均核心总被引次数又连续上升，攀升至1361次。核心影响因子2004—2007年逐年上升至0.469，之后的4年数值有所下降，2012年以后平均核心影响因子连续上升，均超过2007年，至2016年上升为0.628。图12-3显示的是2004—2016年平均核心即年指标变化情况。由图可见，平均核心即年指标呈上升趋势，2004—2010年平均核心即年指标数据有涨有落，2010年提高到0.06，2011年有所回落到0.059；2012—2016年核心即年指标上升的较快，从0.068上升至0.087。总体来说，中国科技核心期刊发表论文当年被引用的情况在波动中有所上升。

图12-4反映了各年与上一年比较的平均核心总被引频次和平均核心影响因子数值的变化情况，由图可见，在2004—2015年中国科技核心期刊的平均核心总被引次数和平均核心影响因子在保持增长的同时，增长速度趋缓。平均核心总被引次数增长率2004—2014年分别经历了2004、2008—2012年3个波谷，至2012年增长率几乎为0；2013—2016年核心总被引频次的增长率再次下降，由0.15降至0.03。平均核心影响因子在2004—2015年分别经历了3个波谷期，为2005、2008—2011年，2008年和2011年的平均核心影响因子的增长率分别为-5%和-2%，尤其是2008年达到最低值-5%，平均核心影响因子不增反跌，2012—2016年平均核心影响因子增长的速度持续放缓。

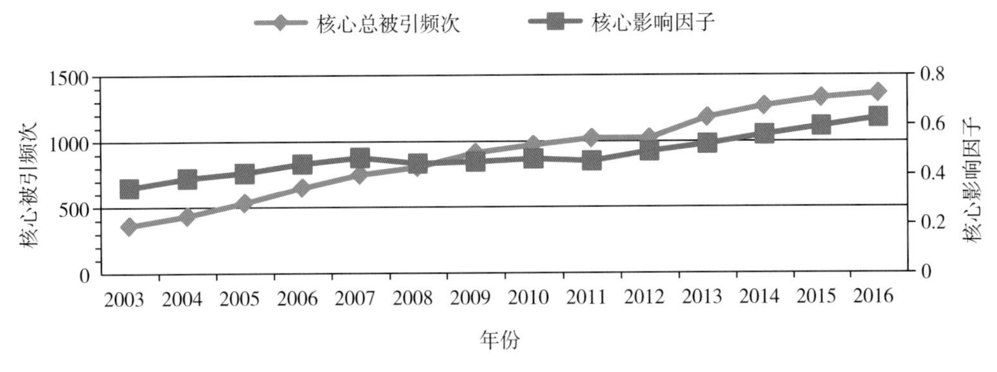

图 12-2 2003—2016 年中国科技核心期刊总被引次数和影响因子变化趋势

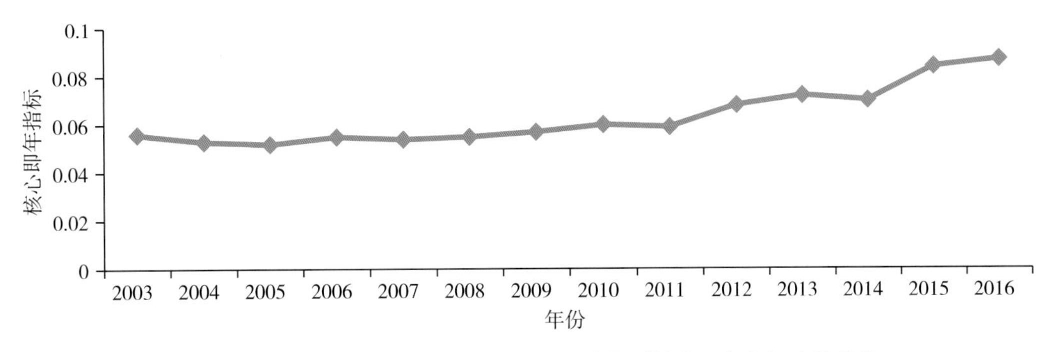

图 12-3 2003—2016 年中国科技核心期刊核心即年指标变化趋势

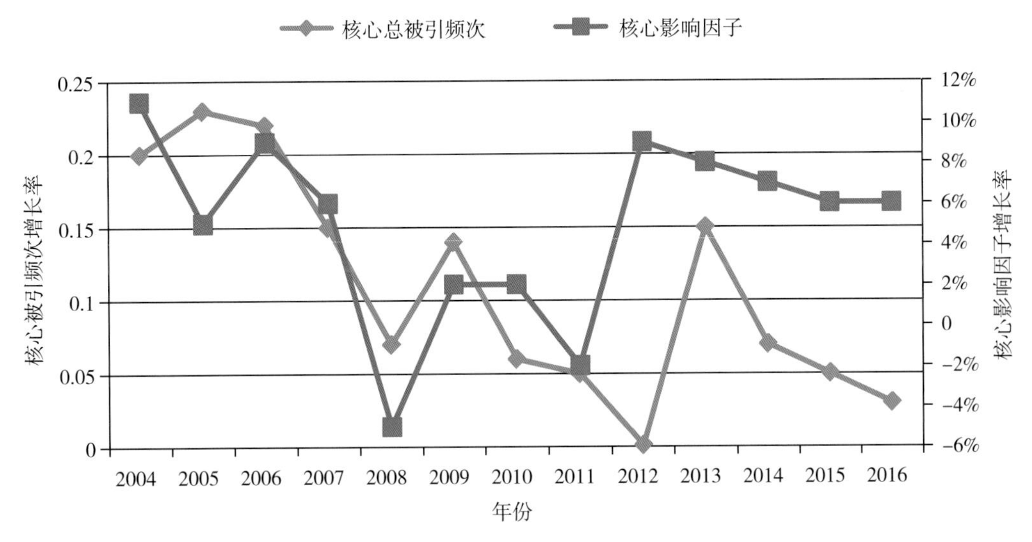

图 12-4 2004—2016 年中国科技核心期刊影响因子和总被引频次增长率的变化趋势

从科技期刊发表的论文指标分析，科技期刊中的重要基金和资助产生的论文的数量可以从一定程度上反映期刊的学术质量和水平，特别是对学术期刊而言，这个指标显得比较重要。海外论文比是期刊国际化的一个重要指标。图 12-5 反映出中国科技期刊的基金资助论文比和海外论文比的变化趋势，2003—2016 年基金论文比总体呈上升趋势，

2003—2009年基金论文比在50%之下，2010—2016年基金论文比超过50%，2016年为58%，即目前中国科技核心期刊发表的论文有近60%的论文是由省部级以上的项目基金或资助产生的。这与中国近年来加大科研投入密切相关。海外论文比从2003—2015年在1%～2%浮动，2016年上升至3%，这说明，中国科技核心期刊的国际来稿量数量较少，期刊的国际化水平较低。

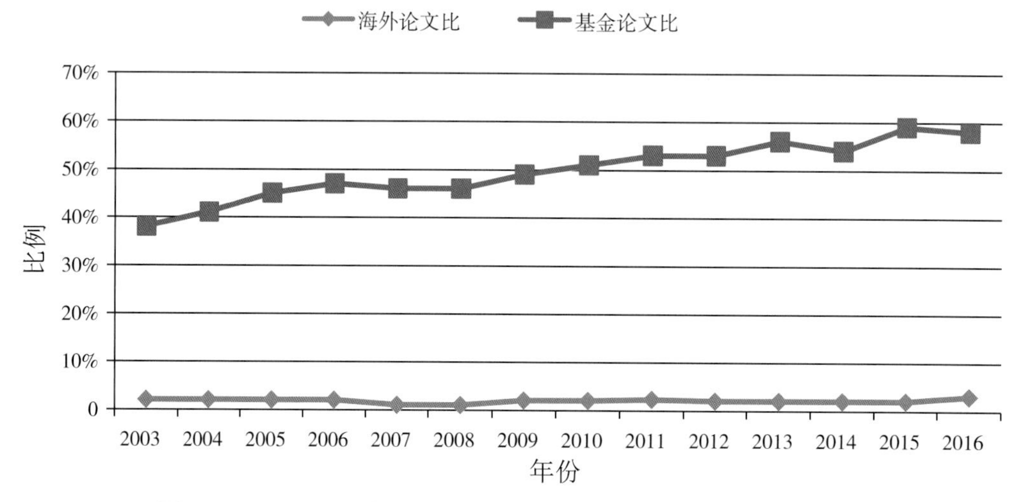

图12-5 2003—2016年中国科技核心期刊基金论文比和海外论文比变化趋势

篇均引文数指标是指期刊每一篇论文平均引用的参考文献数量，它是衡量科技期刊科学交流程度和吸收外部信息能力的相对指标；同时，参考文献的规范化标注，也是反映中国学术期刊规范化程度及与国际科学研究工作接轨的一个重要指标。由图12-6可见，2003—2016年中国科技核心期刊的篇均引文数呈上升趋势，只是在2007年和2015年有所下降，2006年首次超过了10篇，至2014年为17.1篇，是2003年的1.94倍，2016年上升为19.6篇。

中国科技论文统计与分析工作开展之初就倡导论文写作的规范，并对科技论文和科技期刊的著录规则进行讲解和辅导，每年的统计结果进行公布。20多年来，随着中国科技论文统计与分析工作的长期坚持开展，随着科技期刊评价体系的广泛宣传，随着越来越多的我国科研人员与世界学术界交往的加强，科研人员在发表论文时越来越重视论文的完整性和规范性，意识到了参考文献著录的重要性。同时，广大科技期刊编辑工作者也日益认识到保留客观完整的参考文献是期刊进行学术交流的重要渠道。因此，中国论文的篇均引文数逐渐提高。2003—2012年，中国科技核心期刊的平均作者数徘徊在3.3～3.9，2013年有所突破，上升至4.0，2016年平均作者数为4.2。

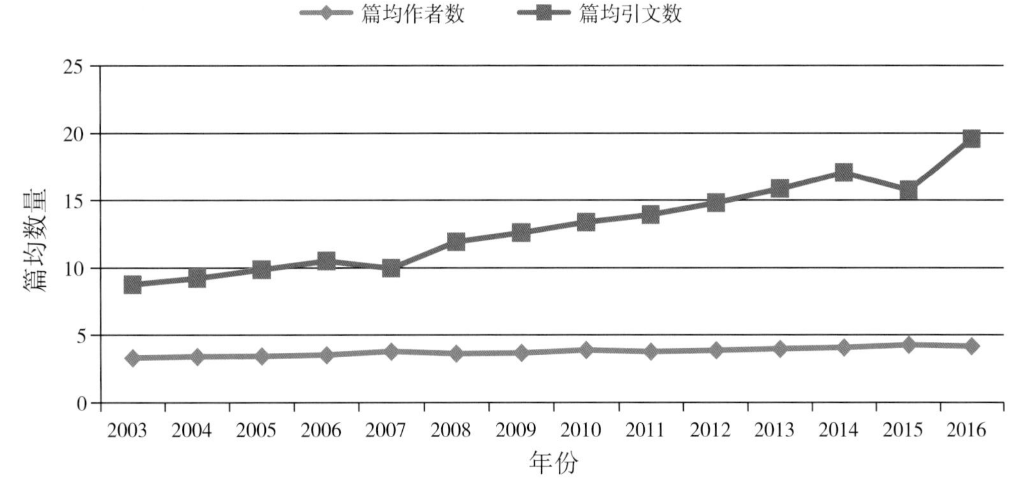

图 12-6 2003—2016 年中国科技核心期刊平均作者数和平均引文数的变化趋势

12.2.4 中国科技期刊的载文状况

2016 年 2008 种中国科技核心期刊，共发表论文 480745 篇，与 2015 年相比减少了 16288 篇，论文总数下降了 3.28%。平均每刊来源文献量为 239.41 篇。

来源文献量，即期刊载文量，即指期刊所载信息量的大小的指标，具体说就是一种期刊年发表论文的数量。需要说明的是，中国科技论文与引文数据库在收录论文时，是对期刊论文进行选择的，我们所指的载文量是指学术性期刊中的科学论文和研究简报；技术类期刊的科学论文和阐明新技术、新材料、新工艺和新产品的研究成果论文；医学类期刊中的基础医学理论研究论文和重要的临床实践总结报告及综述类文献。

2016 年有 646 种期刊的来源文献量大于中国期刊来源文献量的平均值，相比 2015 年增加 27 种。来源文献量大于 2000 篇的期刊有 1 种，最高发文量为 2059 篇，为《中国妇幼保健》，该刊 2013 年、2015 年和 2016 年发文量均居第 1 位，发文量超过 2000 篇的期刊与 2015 年相比减少 1 种；来源文献量大于 1000 篇的期刊有 37 种，比 2015 年减少 9 种，其中医学期刊为 18 种。

从表 12-4 和图 12-7 可见，在 2006—2016 年的 11 年间，来源文献量在 50 篇以下的期刊所占期刊总数的比例一直是最低的，期刊数量最少，最高为 2016 年的 2.18%；发表论文在 100 ～ 200 篇的期刊所占的比例最高，总体是略微下降趋势，11 年间中国科技核心期刊有 40% 左右的期刊发文量在 100 ～ 200 篇；载文量在 50 ～ 100 篇期刊在 2006—2010 年下降幅度较大，至 2007 年达低谷，从 2010 年起逐渐缓慢上升；其余载文区间期刊所占比例均变化不大。

表 12-4 2007—2016 年中国科技核心期刊载文量变化

载文量（P）/ 篇	2006 年	2007 年	2008 年	2009 年	2010 年	2011 年	2012 年	2013 年	2014 年	2015 年	2016 年
P > 500	7.78%	9.86%	8.51%	10.07%	10.56%	10.21%	9.53%	9.30%	9.15%	9.37%	7.85%

续表

载文量（P）/篇	2006年	2007年	2008年	2009年	2010年	2011年	2012年	2013年	2014年	2015年	2016年
400＜P≤500	4.00%	6.46%	4.76%	4.98%	5.13%	5.01%	4.76%	5.03%	5.58%	4.99%	5.49%
300＜P≤400	9.00%	11.05%	10.44%	10.53%	10.96%	10.56%	10.38%	9.60%	9.20%	9.27%	9.34%
200＜P≤300	18.17%	19.77%	18.52%	17.93%	18.00%	18.12%	18.51%	18.85%	18.45%	18.44%	17.51%
100＜P≤200	40.86%	37.39%	40.10%	40.18%	39.42%	38.49%	39.92%	39.22%	39.82%	38.59%	39.05%
50＜P≤100	18.33%	13.66%	15.85%	14.70%	14.71%	15.87%	15.20%	16.39%	16.29%	17.63%	18.59%
P≤50	1.86%	1.81%	1.82%	1.59%	1.75%	1.75%	2.11%	1.61%	1.51%	1.71%	2.18%

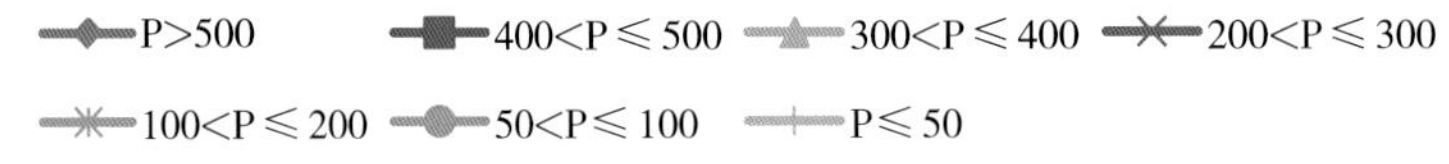

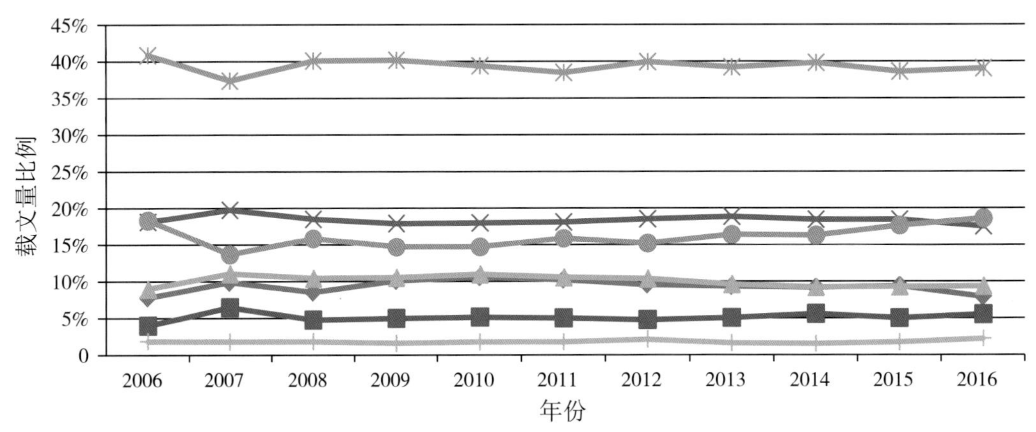

图 12-7　2006—2016 年中国科技核心期刊来源文献量变化情况

我们对 2016 年载文量分布区间期刊的学科分类情况做出分析，见图 12-8。由图可见，在载文量小于等于 50 篇的区域内，基础学科期刊数量所占比例远高于其他 4 个部类，为 45.83%，随着载文量的逐渐增大，基础学科期刊所占比例急剧下降，在载文量大于 500 篇的区域中，基础学科期刊所占比例下降至 4.62%；医药卫生类别的期刊随着载文量的逐渐减少，期刊比例下降明显，在载文量小于 300 篇的区域中，期刊比例近乎呈线性下降。工业技术类别的期刊在载文量大于 50 篇的区域中，期刊比例分布在 36.01% ～ 42.20%，在载文量小于 50 的区域内，期刊比例急剧下降为 25.00%。农林牧渔类别在载文量大于 500 篇的区域内，期刊所占比例较小；在载文量的其他区域中期刊比例变化不大。管理学及综合类在各个载文量区域内期刊所占比例都较少，所占比例最大为 8.86%。这说明，工业技术类和医药卫生类期刊均分布于载文量较大的区域内，基础科学的期刊在载文量较小的区域内分布较多。

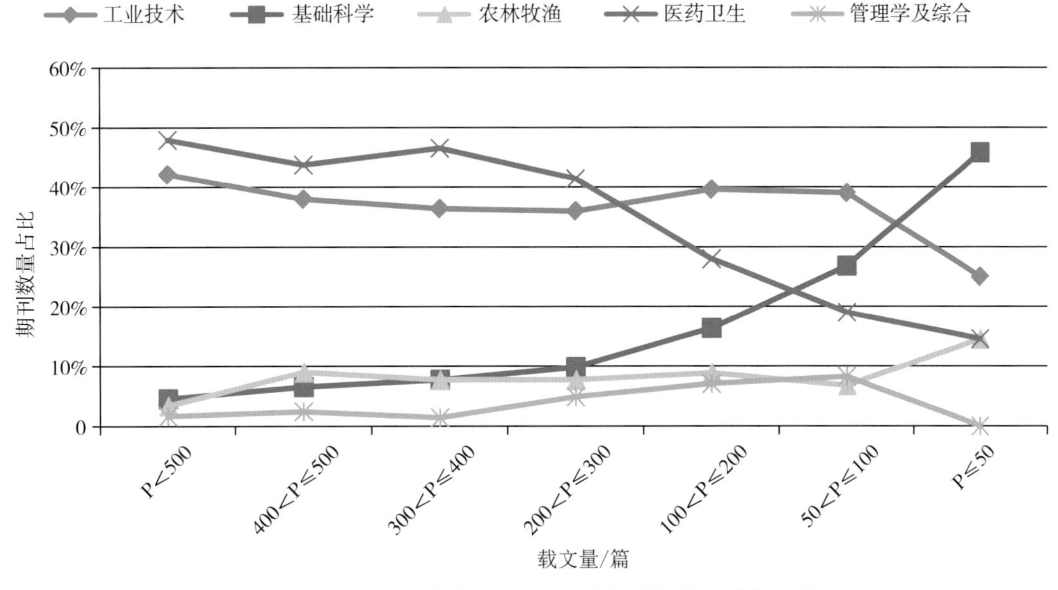

图 12-8 2016 年中国科技核心期刊学科载文量变化情况

12.2.5 中国科技期刊的学科分析

从《2013 版中国科技期刊引证报告（核心版）》开始，与前面的版本相比，期刊的学科分类发生较大变化。2013 版的引证报告的期刊分类参照的是最新执行的《学科分类与代码（国家标准 GB/T 13745—2009）》，我们将中国科技核心期刊重新进行了学科认定，将原有的 61 个学科扩展为了 112 个学科类别。《2017 版中国科技期刊引证报告（核心版）》科技期刊类别 112 个学科，同时对期刊的学科分类设置进行了调整和复分，对一部分交叉学科和跨学科期刊复分为 2 个或 3 个学科分类。新的学科分类体系体现了科学研究学科之间的发展和演变，更加符合当前我国科学技术各方面的发展整体状况，以及我国科技期刊实际分布状况。图 12-9 显示的是 2016 年 2008 种中国科技核心期刊各学科的期刊数量，由图可见，工程技术大学学报、自然科学综合大学学报和医药大学学报类占据类期刊的数量的前 3 位，最多为工程技术大学学报，是 99 种，大学学报类占总数的 14.24%，相较 2015 年此占比有所上升。这种现象可能也是中国特色，是中国科技期刊的一支主要力量；期刊数量最少的学科为性医学，4 种。

2016 年中国科技核心期刊的平均影响因子和平均被引次数分别为 0.628 和 1361 次。高于平均影响因子的学科有 54 个，比 2015 年增加 1 个学科；有 9 个学科的平均影响因子高于 1，比 2015 年增加 3 个学科；高于平均被引频次的学科有 43 个。平均影响因子位居前 3 位的分别是土壤学、地理学和草原学，平均被引次数位居前 3 位的是心理学、生态学和护理学。影响因子与学科领域的相关性很大，不同的学科其影响因子有很大的差异。由于在学科内出现数值较大的差异性，因此 2016 年以学科中值作为分析对象，各学科影响因子中值及总被引频次中值见图 12-10。

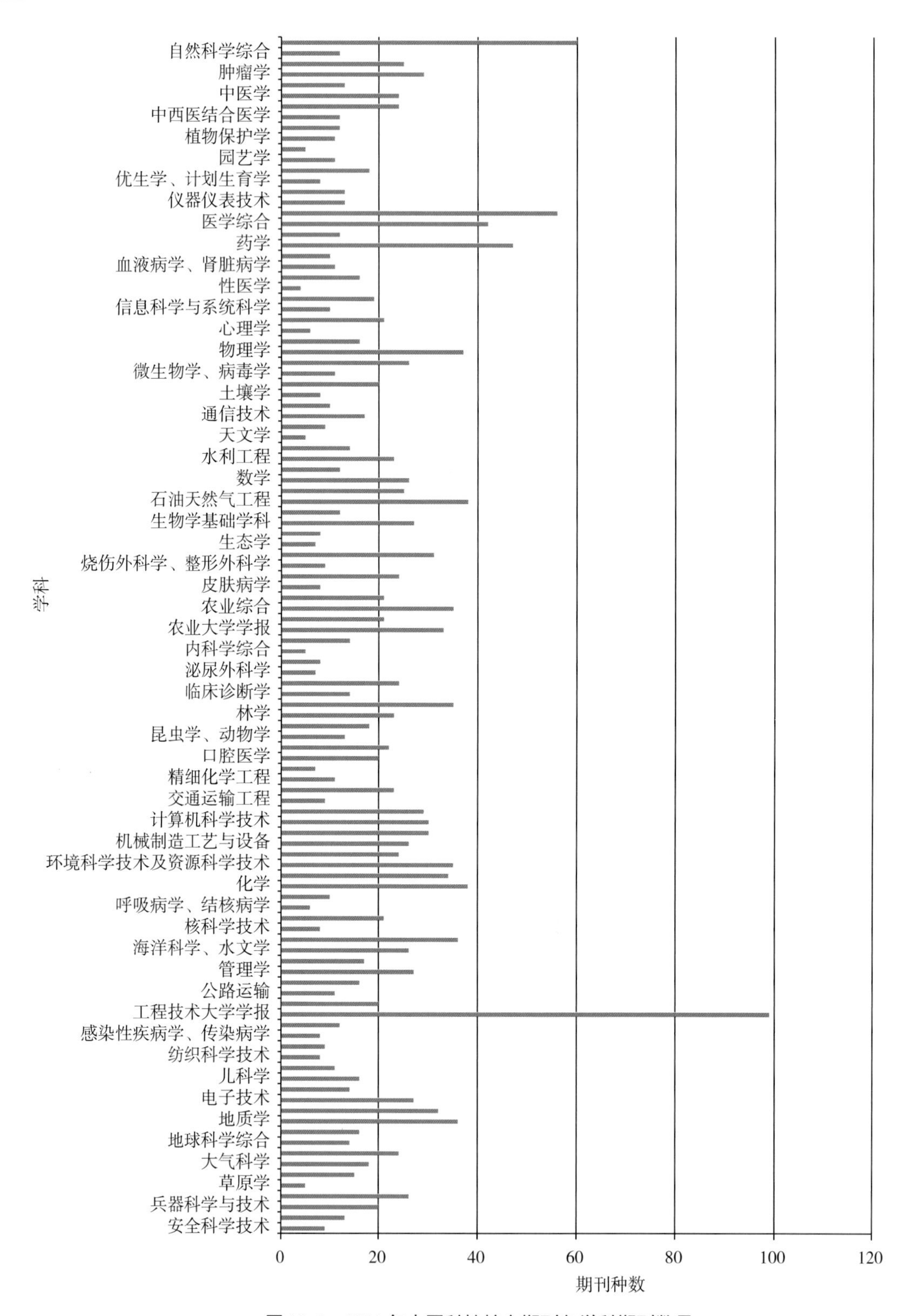

图 12-9　2016 年中国科技核心期刊各学科期刊数量

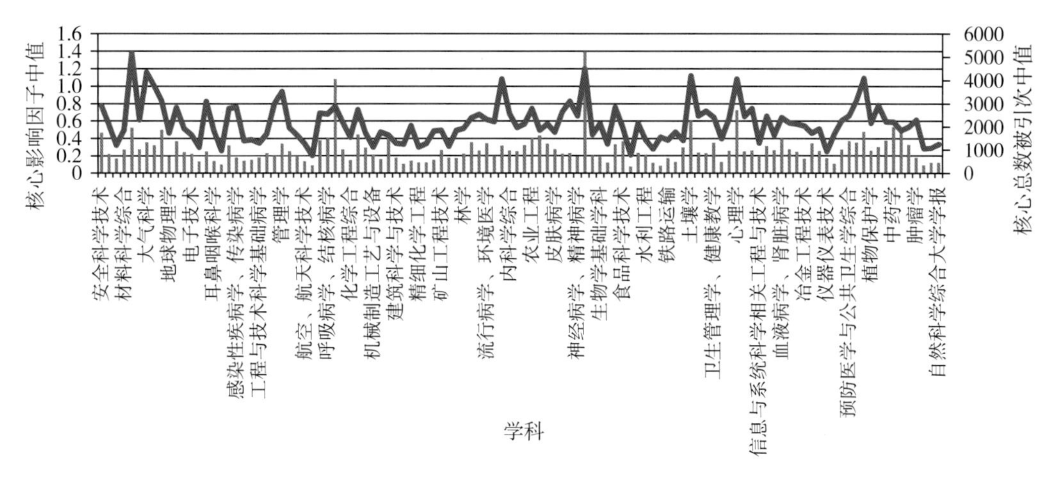

图 12-10　2016 年中国科技核心期刊各学科核心总被引次数与核心影响因子中值

2016 年 112 个学科中总被引频次中值超过 1000 次的有 45 个，位居前 3 位的是生态学、护理学和心理学，较低的是核科学技术、天文学和数学。45 个学科中有 20 个学科属于医药卫生类。

2016 年学科影响因子中值居前 3 位的是草原学、生态学和大气科学；有 8 个学科的影响因子中值超过 1。而影响因子中值较低的学科有仪器仪表技术、数学和核科学技术等。因此判断某一科技期刊影响因子的高低应在学科内与本学科的平均水平进行对比。

12.2.6　中国科技期刊的地区分析

地区分布数是指来源期刊登载论文作者所涉及的地区数，按全国 31 个省（市、自治区）计算。

一般说来，用一个期刊的地区分布数可以判定该期刊是否是一个地区覆盖面较广的期刊，其在全国的影响力究竟如何，地区分布数大于 20 个省（市、自治区）的期刊，我们可以认为它是一种全国性的期刊。

表 12-5 可见，2007 年以后中国科技核心期刊中地区分布数大于或等于 30 个省（市、自治区）的期刊数量总体呈增长态势，2015 年上升至 6% 以上，2016 年有所下降。

表 12-5　2007—2016 年中国科技核心期刊地区分布数统计

地区（D）	比例									
	2007 年	2008 年	2009 年	2010 年	2011 年	2012 年	2013 年	2014 年	2015 年	2016 年
D ≥ 30	3.85%	3.32%	4.06%	4.70%	5.31%	4.61%	5.03%	5.68%	6.05%	5.03%
20 ≤ D < 30	56.71%	57.92%	57.91%	57.56%	57.86%	59.18%	59.23%	59.23%	60.66%	60.86%
15 ≤ D < 20	20.85%	21.04%	21.53%	21.42%	20.67%	21.21%	19.71%	20.11%	18.39%	20.17%
10 ≤ D < 15	12.35%	11.67%	11.51%	10.71%	10.66%	10.33%	11.71%	10.86%	10.33%	9.66%
D < 10	6.23%	6.05%	4.98%	5.61%	5.51%	4.66%	4.32%	3.82%	4.57%	4.28%

由图 12-11 可见，论文作者数量所属地区覆盖 20 个省（市、自治区）的期刊总体呈上涨趋势，2007—2016 年全国性科技期刊占期刊总量均在 60% 以上，2016 年有 65.89% 的期刊属于全国性科技期刊。地区分布数小于 10 的期刊 2007—2016 年总体呈下降趋势，2012—2016 所占的比例均小于 5%，2016 年期刊数量为 86 种，其中大学学报为 40 种，占 46.51%，有 15 种英文版期刊，占 17.44%。

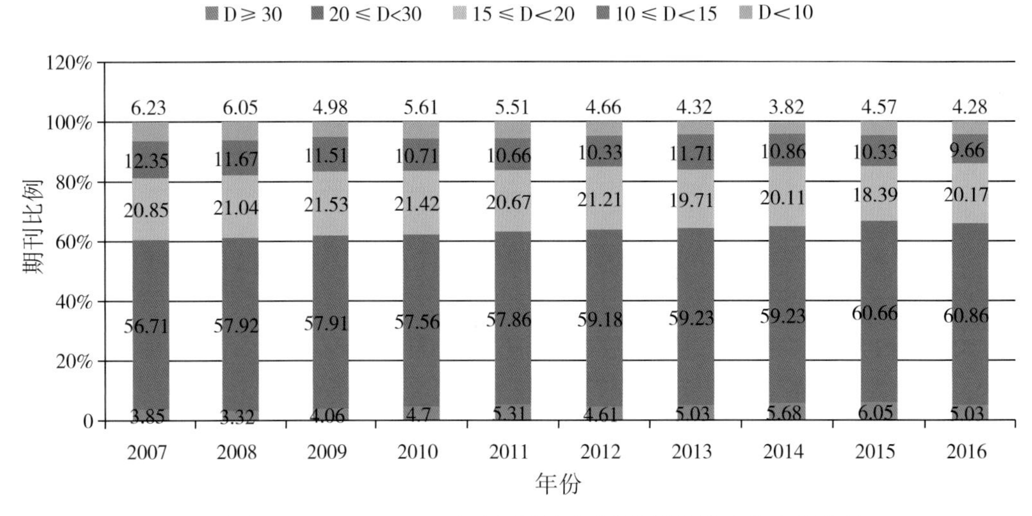

图 12-11 2007—2016 年中国科技核心期刊地区分布数变化情况

12.2.7 中国科技期刊的出版周期

由于论文发表时间是科学发现优先权的重要依据，因此，一般而言，期刊的出版周期越短，吸引优秀稿件的能力越强，也更容易获得较高的影响因子。研究显示，近年来中国科技期刊的出版周期呈逐年缩短趋势。

通过对 2016 年中国科技核心期刊进行统计，期刊的出版周期进一步缩短。出版周期刊中，月刊由 2007 年占总数的 28.73% 逐年上升至 2016 年的 41.96%；双月刊由 2007 年占总数的 52.49% 下降至 2016 年的 46.64%，有更多的双月刊转变成月刊；季刊由 2008 年占总数 13.22% 下降至 2016 年的 7.47%。与 2015 年期刊出版周期比较，双月刊的比例继续下降，季刊的比例基本维持不变，月刊的比例有所上升，半月刊和旬刊比例略有下降，周刊比例基本维持不变。但旬刊和周刊的期刊较少，旬刊为 10 种，比 2015 年减少 3 种，周刊 3 种。从总体上看，中国科技期刊的出版周期进一步缩短，双月刊和季刊的出版周期 2016 年较 2015 年下降了 0.90 个百分点，但还是有 50% 以上的期刊以双月刊和季刊的形式出版（如图 12-12 所示）。

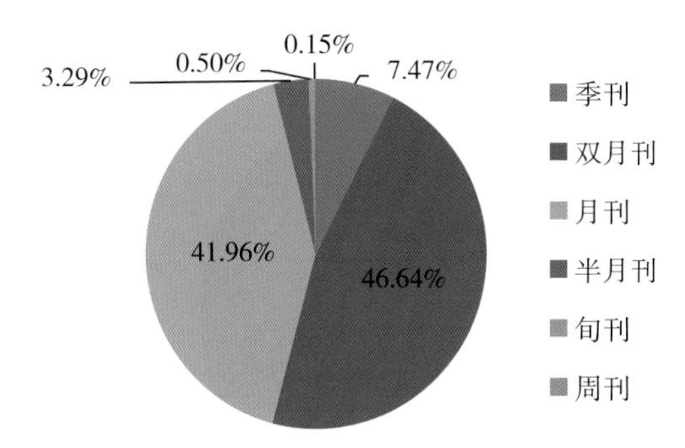

图 12-12　2016 年中国科技核心期刊出版周期

从学科分类来看，基础科学、农林牧渔类和管理学及综合类期刊季刊和双月刊的比例较高，基础科学为 66.76%（68.78%），管理学及综合占到 74.60%（85.84%），农林牧渔学科比例占到 61.72%（61.93%），这说明，在这 3 类中，期刊主要是以季刊和双月刊的形式出版的。相比较 2015 年基础学科期刊的出版周期分布，这 3 类学科期刊的双月刊和季刊所占比例有所下降，其中 2016 年基础科学类期刊的出版周期分布见图 12-13。工业技术类期刊中（如图 12-14 所示），季刊和双月刊的比例占到该类期刊总数的 56.10%，较 2015 年略有下降，也就是说在工业技术类期刊中有超过 50% 的期刊是季刊和双月刊，但均低于基础学科、农林牧渔和管理学及综合等类期刊双月刊和季刊的比例，月刊所占比例在 40% 以上。医药卫生类期刊刊期的分布见图 12-15，与以上类别期刊出版周期分布不尽相同，季刊和双月刊占该类总数的比例为 42.40%，与 2015 年的 43.98% 比例略有下降，2015 年月刊期刊比例为 51.33%，即在医药卫生类中，超过 50% 的期刊是以月刊及更短的周期出版。

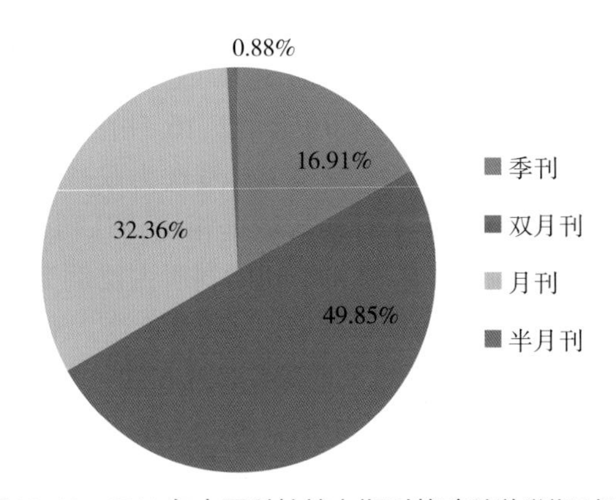

图 12-13　2016 年中国科技核心期刊基础科学类期刊刊期分布

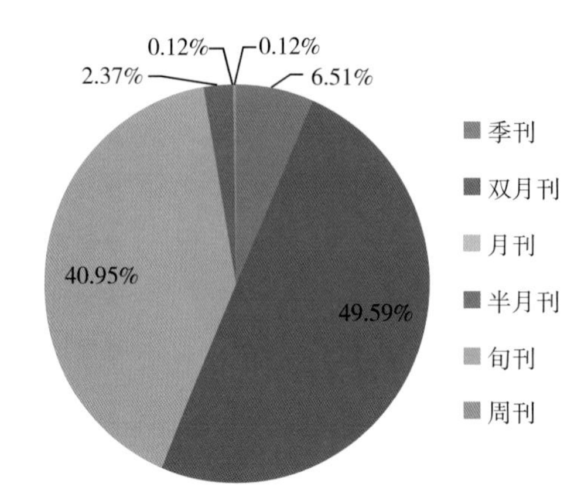

图 12-14 2016 年中国科技核心期刊工业技术类期刊刊期分布

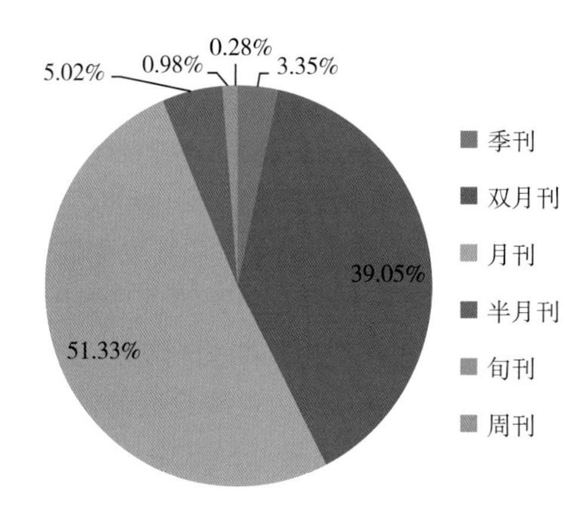

图 12-15 2016 年中国科技核心期刊医药卫生类期刊刊期分布

图 12-16 显示的是 2018 年 2 月 6 日之前 SCIE 收录期刊的刊期分布图，共有 8940 种期刊有刊期记录，刊期有多种形式，分布见图 12-16。由图可见，截至 2018 年 2 月初，SCIE 收录期刊中月刊所占比例最大，为 29.58%；其次为双月刊，所占比例为 29.17%；季刊所占比例为 25.26%。与 2017 年 1 月初的数据相比，月刊、双月刊和季刊的比例变化微小；刊期较长的 Tri-annual、半年刊和年刊期刊所占比例为 6.32%，与 2017 年 1 月初的数据相比有所下降。刊期较短的半月刊比例基本不变。SCIE 收录的期刊中季刊、双月刊和月刊所占总数的比例相差不大，尤其是双月刊和月刊的的比例几近相同。而中国科技核心期刊，双月刊和月刊的比例高于季刊。SCIE 收录的期刊中双月刊、季刊、Tri-annual 及半年刊和年刊出版的期刊占总数的 60.75%，中国科技核心期刊双月刊和季刊所占比例为 54.11%，并且没有 Tri-annual、半年刊和年刊出版的期刊，所以中国科技核心期刊的刊期低于被 SCIE 收录期刊的刊期。

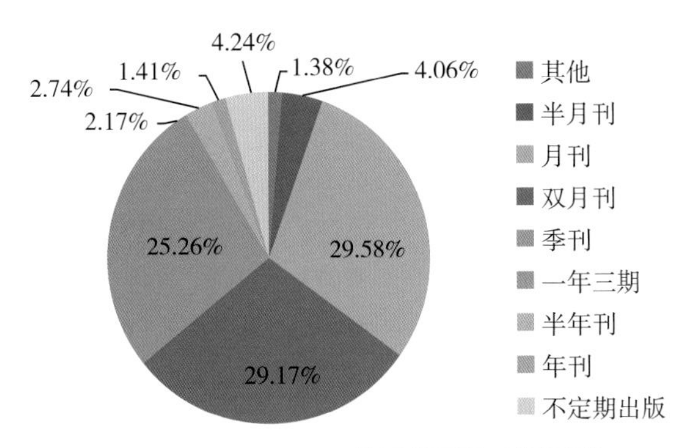

图 12-16　SCIE 收录期刊的出版周期

注：截至 2018 年 2 月 6 日。

图 12-17 显示的是 2016 年 SCIE 收录我国 184 种科技期刊的刊期分布。与 2015 年相比，期刊的数量有所增加，期刊出版的形式也更加丰富了，有旬刊 1 种，半月刊 3 种。半月刊所占比例较 2015 年有所上升；双月刊和月刊的比例有所下降，分别下降了 2.92 个百分点和 4.55 个百分点；季刊的比例有所上升，为 29.35%，与 2015 年相比，增加 5.03 个百分点。双月刊、季刊及更长出版周期期刊的比例占到为 65.22%，较 2015 年有所上升。我国被 SCIE 收录的期刊出版周期当 2015 年相比有所增长。

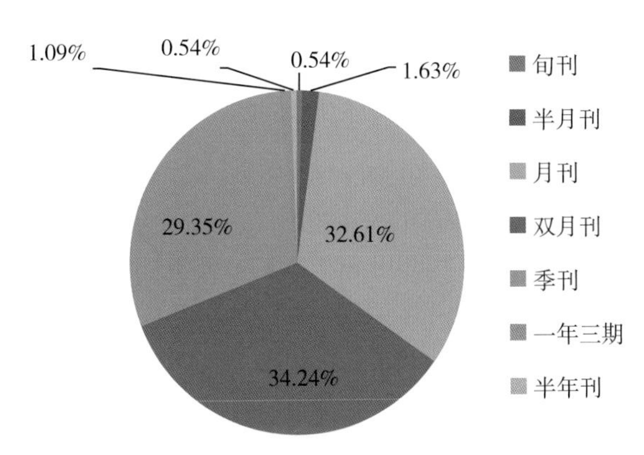

图 12-17　2016 年 SCIE 收录中国期刊的出版周期

12.2.8　中国科技期刊的世界比较

表 12-6 显示了 2011—2016 年中国科技核心期刊和 JCR 收录期刊的平均被引次数、平均影响因子和平均即年指标的情况。由表可见，2011—2016 年 JCR 收录期刊的平均被引次数、平均影响因子除 2015 年有所下降外，其余年份均在增长；2011—2016 年平均即年指标均在增长。中国科技核心期刊的总被引次数、影响因子和即年指标的绝对数值与国际期刊相比不在一个等级，国际期刊远高于中国科技核心期刊。

表 12-6 中国科技的核心期刊与 JCR 收录期刊主要计量指标平均值统计

	中国科技核心期刊			JCR		
	核心总被引次数	核心影响因子	核心即年指标	总被引次数	影响因子	即年指标
2011 年	1022	0.454	0.059	4430	2.05	0.414
2012 年	1023	0.493	0.068	4717	2.099	0.434
2013 年	1182	0.523	0.072	5095	2.173	0.465
2014 年	1265	0.560	0.070	5728	2.22	0.49
2015 年	1327	0.594	0.084	5565	2.21	0.511
2016 年	1361	0.628	0.087	6132	2.43	0.56

2016 年美国 SCIE 中收录中国出版的期刊有 184 种。JCR 主要的评价指标有引文总数（Total Cites）、影响因子（Impact Factor）、即时指数（Immediacy Index）、当年论文数（Current Articles）和被引半衰期（Cited Half-Life）等。表 12-7、表 12-8 分别列出了 2016 年影响因子和被引次数进入本学科领域 Q1 区的期刊名单。

表 12-7 2016 年影响因子位于本学科 Q1 区的中国科技期刊

序号	刊名	影响因子
1	CELL RESEARCH	15.606
2	LIGHT：SCIENCE & APPLICATIONS	14.098
3	FUNGAL DIVERSITY	13.465
4	BONE RESEARCH	9.326
5	NATIONAL SCIENCE REVIEW	8.843
6	MOLECULAR PLANT	8.827
7	NANO RESEARCH	7.354
8	JOURNAL OF MOLECULAR CELL BIOLOGY	5.988
9	CELLULAR & MOLECULAR IMMUNOLOGY	5.897
10	PROTEIN & CELL	5.374
11	CHINESE PHYSICS C	5.084
12	NANO-MICRO LETTERS	4.849
13	PHOTONICS RESEARCH	4.679
14	GEOSCIENCE FRONTIERS	4.256
15	SCIENCE CHINA-CHEMISTRY	4.132
16	JOURNAL OF GENETICS AND GENOMICS	4.051
17	SCIENCE BULLETIN	4.000
18	JOURNAL OF INTEGRATIVE PLANT BIOLOGY	3.962
19	SCIENCE CHINA-MATERIALS	3.956
20	INTERNATIONAL JOURNAL OF ORAL SCIENCE	3.93
21	CNS NEUROSCIENCE & THERAPEUTICS	3.919
22	ASIAN JOURNAL OF ANDROLOGY	2.996
23	CHINESE JOURNAL OF CATALYSIS	2.813
24	SCIENCE CHINA-LIFE SCIENCES	2.781

续表

序号	刊名	影响因子
25	JOURNAL OF MATERIALS SCIENCE & TECHNOLOGY	2.764
26	FRONTIERS OF PHYSICS	2.579
27	JOURNAL OF SPORT AND HEALTH SCIENCE	2.531
28	JOURNAL OF BIONIC ENGINEERING	2.388
29	SCIENCE CHINA-PHYSICS MECHANICS & ASTRONOMY	2.237
30	INTEGRATIVE ZOOLOGY	2.07
31	JOURNAL OF ANIMAL SCIENCE AND BIOTECHNOLOGY	2.052
32	INSECT SCIENCE	2.026
33	PETROLEUM EXPLORATION AND DEVELOPMENT	1.903
34	SCIENCE CHINA-MATHEMATICS	0.956

表 12-8 2016 年被引次数位于本学科 Q1 区的中国科技期刊

序号	刊名	被引次数
1	CELL RESEARCH	885
2	CHINESE SCIENCE BULLETIN	996
3	JOURNAL OF ENVIRONMENTAL SCIENCES-CHINA	358
4	NANO RESEARCH	155
5	ACTA PHARMACOLOGICA SINICA	734
6	CHINESE MEDICAL JOURNAL	140
7	TRANSACTIONS OF NONFERROUS METALS SOCIETY OF CHINA	44
8	MOLECULAR PLANT	40
9	ACTA PETROLOGICA SINICA	775
10	FUNGAL DIVERSITY	68
11	JOURNAL OF INTEGRATIVE PLANT BIOLOGY	773

2016 年，各检索系统收录中国内地科技期刊情况如下：SCI-E 数据库收录 184 种，比 2015 年增加了 36 种；Ei 数据库收录 215 种（表 12-9），Medline 收录 195 种，SSCI 收录 1 种；Scopus 收录 516 种。

表 12-9 2005—2016 年 SCIE 和 Ei 数据库收录中国科技期刊数量

检索系统	2005 年	2006 年	2007 年	2008 年	2009 年	2010 年	2011 年	2012 年	2013 年	2014 年	2015 年	2016 年
SCI-E/ 种	78	78	104	108	115	128	134	135	139	142	148	184
Ei/ 种	141	163	174	197	217	210	211	207	216	215	216	215

中国科技期刊在国际上的认知度也经历了一个发展变化的过程，在 1987 年时，SCI 选用中国期刊仅 11 种，占世界的 0.3%，Ei 收录中国期刊 20 种。20 年多来，中国科技期刊的队伍不断壮大，在世界检索系统中的影响也越来越大。我国科技期刊经历了数量

从无到有、从少到多的积累阶段，又走过了摸着石头过河的质量提升阶段，我们希望中国科技期刊走向可持续发展的全面振兴阶段。

12.2.9 中国科技期刊综合评分

中国科学技术信息研究所每年出版的《中国科技期刊引证报告（核心版）》定期公布CSTPCD收录的中国科技论文统计源期刊的各项科学计量指标。1999年开始，以此指标为基础，研制了中国科技期刊综合评价指标体系。采用层次分析法，由专家打分确定了重要指标的权重，并分学科对每种期刊进行综合评定。2009—2015年版的《中国科技期刊引证报告（核心版）》连续公布了期刊的综合评分，即采用中国科技期刊综合评价指标体系对期刊指标进行分类、分层次、赋予不同权重后，求出各指标加权得分后，期刊在本学内的排位。

根据综合评分的排名，结合各学科的期刊数量及学科细分后，自2009年起每年评选中国百种杰出学术期刊。

中国科技核心期刊（中国科技论文统计源期刊）实行动态调整机制，每年对期刊进行评价。通过定量及定性相结合的方式，评选出各学科较重要的、有代表性的、能反映本学科发展水平的科技期刊。评选过程中对连续两年公布的综合评分排在本学科末位的期刊进行淘汰。

对科技期刊的评价监测主要目的是引导，中国科技期刊评价指标体系中的各指标是从不同角度反映科技期刊的主要特征，涉及多个不同方面，为此要从整体上反映科技期刊的发展进程，必须对各个指标进行综合化处理，做出综合评价。期刊编辑出版者也可以从这些指标上找到自己的特点和不足，从而制定期刊的发展方向。

由科技部推动的精品科技期刊战略就是通过对科技期刊的整体评价和监测，发扬我国科学研究的优势学科，对科技期刊存在的问题进行政策引导，采取切实可行的措施，推动科技期刊整体质量和水平的提高，从而促进我国科技自主创新工作。在我国优秀期刊服务于国内广大科技工作者的同时，鼓励一部分顶尖学术期刊冲击世界先进水平。

12.3 小结

① 2009—2016年我国期刊的总量呈微增长态势，2009—2015年我国期刊平均期印数连续下降，总印数和总印章连续多年增长的态势下，2013—2016年有所下降，2014—2016年期刊定价连续多年呈增长态势下有所下降。2009—2016年我国科技期刊数量呈锯齿微量增长态势，多年来一直占期刊总量的50%左右。中国科技核心期刊（中国科技论文统计源期刊）的数量在经过几年增长后，2014—2016年，全国科技期刊的种数微量增加，但平均期印数、总印数和总印张连续下降。

②我国科技期刊中，工业技术类期刊所占比例最高，医药卫生类期刊次之。

③我国科技期刊的平均核心总被引次数和平均核心影响因子在保持绝对数增长态势的同时，增长速度持续趋缓。

④ 2016年基金论文相比2015年有所下降，为58%，但从统计结果看，中国科技核

心期刊论文 2015—2016 两年有近 60% 是由省部级以上基金或资助产生的科研成果。

⑤ 2016 我国期刊的发文数量集中在 100 ～ 200 篇，期刊数量占总数的比例最高；发文量超过 500 篇的期刊的比例有所下降。发文量小于 50 篇的期刊数量有所上升。

⑥ 2016 年我国科技期刊的地区分布大于 20 个省（市、自治区）的期刊数量继续增长，有超过 60% 的期刊为全国性期刊；地区分布小于 10 的期刊数量持续减少，所占比例小于 5%。

⑦我国科技期刊的出版周期逐年缩短，2016 年月刊占总刊数的比例从 2007 年的 28.73% 上升至 41.96%；双月刊和季刊的出版周期有所下降，2016 年有 50% 以上的期刊以双月刊和季刊的形式出版，医药卫生类期刊的出版周期最短。

⑧通过 2016 年我国被 JCR 收录的科技期刊的影响因子和被引次数在各学科的位置发现，我国有 34 种期刊的影响因子处于本学科的 Q1 区，有 11 种期刊的被引频次处于本学科的 Q1 区。

参考文献

[1] 国家新闻出版广电总局 . 2016 年全国新闻出版业基本情况 [EB/OL].（2016-09-01）[2018-01-03]. http：//www.sapprft. gov.cn/scapprft/govpublic/6677/1633.shtml.

[2] 中国科学技术信息研究所 . 2016 年版中国科技期刊引证报告（核心版）[M]. 北京：科学技术文献出版社，2016，10.

[3] 中国科学技术信息研究所 .2015 年版中国期刊引证报告（核心版）[M]. 北京：科学技术文献出版社，2015，9.

[4] 贾佳，潘云涛. 期刊强国的各学科顶尖学术期刊的分布情况研究 [J]. 编辑学报，2011（1）：91-94.

[5] 2016 Journal Citation Reports® Science Edition . Thomson Reuters，2016.

13 CPCI-S 收录中国论文情况统计分析

Conference Proceedings Citation Index - Science（CPCI-S）数据库，即原来的 ISTP 数据库，涵盖了所有科技领域的会议录文献，其中包括农业、生物化学、生物学、生物技术学、化学、计算机科学、工程学、环境科学、医学和物理学等领域。

本章利用统计分析方法对 2016 年 CPCI-S 收录的 63124 篇第一作者单位为中国的科技会议论文的地区、学科、会议举办地、参考文献数量、被引次数分布等进行简单的计量分析。

13.1 引言

2016 年 CPCI-S 数据库收录世界重要会议论文为 56.24 万篇，比 2015 年增加了 20.37%；共收录了作者地址段中含“中华人民共和国”（包括香港和澳门地区）的论文 8.63 万篇，比 2015 年增加了 21.21%，占世界的 15.34%，排在世界第 2 位。排在世界前五位的是美国、中国、英国、德国和印度。CPCI-S 数据库收录美国论文 13.86 万篇，占世界论文总数的 24.64%。图 13-1 为中国国际科技会议论文数占世界论文总数比例的变化趋势。

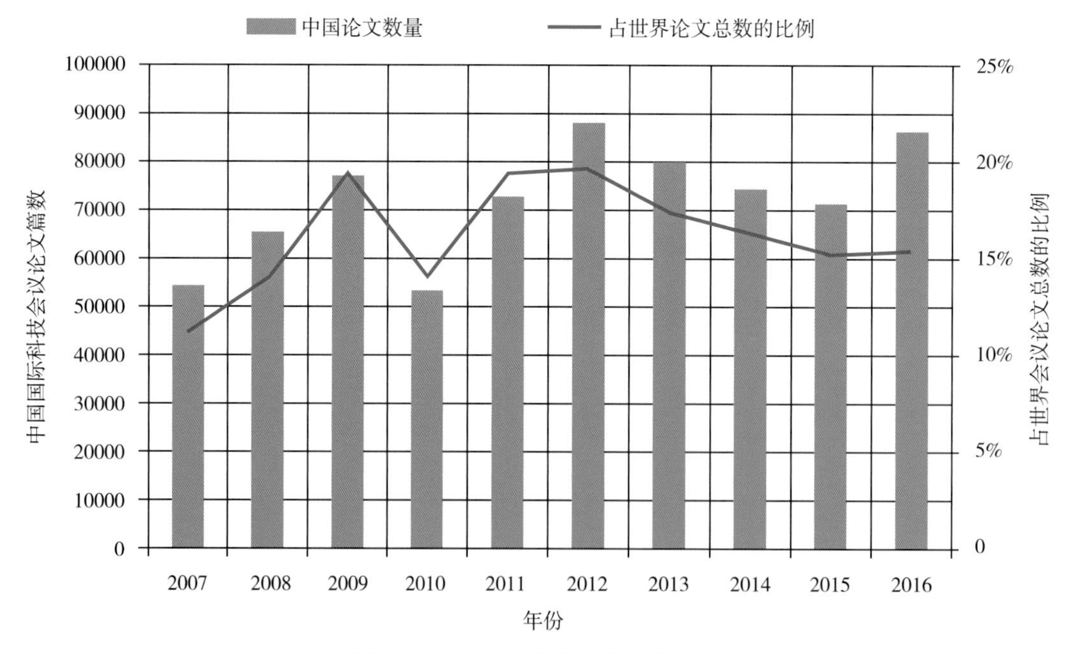

图 13-1 中国国际科技会议论文数占世界论文总数比例的变化趋势

若不统计港澳台地区的论文，2016 年 CPCI-S 收录第一作者单位为中国的科技会议论文共计 63124 篇，以下统计分析都基于此数据。

13.2 研究分析与结论

13.2.1 2016 年 CPCI-S 收录中国论文的地区分布

表 13-1 是 2016 年中国作者发表的 CPCI-S 论文，论文第一作者单位的地区分布居前 10 位的情况及其与 2015 年的比较情况。

表 13-1 CPCI-S 论文作者单位排名居前 10 位的地区

2016 年			2015 年		
排名	地区	论文篇数	排名	地区	论文篇数
1	北京	14750	1	北京	8863
2	江苏	5582	2	江苏	2858
3	上海	4504	3	上海	2756
4	陕西	4397	4	湖北	2097
5	湖北	3682	5	辽宁	1944
6	广东	2985	6	陕西	1934
7	辽宁	2791	7	广东	1683
8	四川	2714	8	山东	1599
9	山东	2520	9	四川	1516
10	黑龙江	2503	10	浙江	1270

从表 13-1 可以看出，2016 年排名前 3 位的城市分别为北京、江苏和上海，与 2015 年排名一致，分别产出论文 14750 篇、5582 篇和 4504 篇，占 CPCI-S 中国论文总数的 23.4%、8.8% 和 7.1%。2016 年排名前 10 位的地区作者被 CPCI-S 收录的论文共 46428 篇，占论文总数的 73.6%。2016 年排名前 10 位的地区与 2015 年相比，变化不大，只有 2015 年进入前 10 位的浙江省，在 2016 年被黑龙江省取代。

13.2.2 2016 年 CPCI-S 收录中国论文的学科分布

表 13-2 是 2016 年 CPCI-S 收录的第一作者为中国的论文学科分布情况及其与 2015 年的比较。

表 13-2 2016 年 CPCI-S 收录的第一作者为中国的论文数排名居前 10 位的学科

2016 年			2015 年		
排名	学科	论文篇数	排名	学科	论文篇数
1	计算技术	19510	1	计算技术	7878
2	电子、通信与自动控制	19463	2	电子、通信与自动控制	7091
3	物理学	4719	3	动力与电气	5081

续表

2016年			2015年		
4	临床医学	4655	4	工程与技术基础学科	4326
5	工程与技术基础学科	3835	5	临床医学	4099
6	机械工程	3521	6	能源科学技术	3110
7	能源科学技术	3457	7	物理学	1224
8	材料科学	2504	8	材料科学	742
9	地学	2149	9	生物学	697
10	土木建筑	1757	10	机械、仪表	645

从表13-2可以看出。2016年CPCI-S中国论文分布排名前3位的学科为计算技术，电子、通信与自动控制和物理学。仅这3个学科的会议论文数量就占了中国论文总数的70%左右。2016年排名前10位的学科与2015年大致相同；相比2015年，各学科论文数均有较大幅增长，并且土木建筑进入了2016年前10位。

13.2.3 2016年中国作者发表论文较多的会议

2016年CPCI-S收录的中国所有论文发表在3007个会议上，与2015年的1109个会议相比数量翻倍。表13-3为2016年收录中国论文排名前10位的会议名称。

表13-3 2016年收录中国论文排名居前10位的会议

排名	会议名称	论文篇数
1	35th Chinese Control Conference（CCC）	1706
2	28th Chinese Control and Decision Conference	1295
3	36th IEEE International Geoscience and Remote Sensing Symposium（IGARSS）	1078
4	Progress in Electromagnetic Research Symposium（PIERS）	972
5	27th Great Wall Int Congress of Cardiol / 21st Annual Sci Meeting of the Int-Soc-of-Cardiovascular-Pharmacotherapy / World Heart Failure Congress / Int Congress of Cardiovascular Prevent and Rehabilitat	589
6	12th World Congress on Intelligent Control and Automation（WCICA）	586
7	International Conference on Education，Management，Computer and Society（EMCS）	512
8	China International Conference on Electricity Distribution（CICED）	501
9	6th International Conference on Machinery，Materials，Environment，Biotechnology and Computer（MMEBC）	473
10	8th IEEE International Power Electronics and Motion Control Conference（IPEMC-ECCE Asia）	455

从表13-3可以看出，论文数量排在第一位的是2016年由中国自动化学会控制理论专业委员（TCCT）发起，在四川成都举办的第35届中国控制会议（CCC 2016）。该会议现已成为控制理论与技术领域的国际性学术会议，会议共收录论文1706篇。

13.2.4 CPCI-S 收录中国论文的语种分布

基于 2016 年 CPCI-S 收录第一作者单位为中国（不包含港澳台地区论文）的 63124 篇科技会议论文，以英语发表的文章共 63041 篇，中文发表的论文共 81 篇，塞尔维亚语 1 篇，威尔士语 1 篇（表 13-4）。从表 13-4 可以看出，与 2015 年相比，2016 年中文撰写的会议论文数量更多。

表 13-4　2016 年和 2015 年科技会议论文的语种分布情况

语种	2016 年		2015 年	
	篇数	比例	篇数	比例
英语	63041	99.87%	37896	99.54%
中文	81	0.13%	172	0.45%

13.2.5 2016 年 CPCI-S 收录论文的参考文献数和被引次数分布

（1）2016 年 CPCI-S 收录论文的参考文献数分布

表 13-5 列出了 2016 年 CPCI-S 收录中国论文的参考文献数分布。无参考文献的论文数量达 3899 篇，占论文总数的 6.18%，比 2015 年有所下降。排名居前 10 位的参考文献数量均在 5 篇以上，最多为 13 篇，占总论文数的 57.00%。

表 13-5　2016 年 CPCI-S 收录论文的参考文献分布（TOP 10）

参考文献数	论文篇数	比例	参考文献数	论文篇数	比例
10	4885	7.74%	9	3455	5.47%
0	3899	6.18%	7	3393	5.38%
8	3880	6.15%	6	3259	5.16%
11	3582	5.67%	5	3192	5.06%
12	3500	5.54%	13	2774	4.39%

（2）2016 年 CPCI-S 收录论文的被引次数分布

2016 年 CPCI-S 收录论文的被引次数分布，如表 13-6（表中仅列出论文数量超过 20 篇的被引频次名次）所示。由表 13-6 可以看出，大部分会议论文的被引频次为 0，有 60621 篇，占比 96.03%，这个比例比 2015 年的 98.27% 略有下降；被引 1 次及以上的论文有 2503 篇，占比 3.97%；被引 5 次以上的论文为 152 篇。

表 13-6　2016 年 CPCI-S 收录论文的被引次数分布

次数	论文篇数	比例	次数	论文篇数	比例
0	60621	96.03%	4	89	0.14%
1	1628	2.58%	5	51	0.08%
2	432	0.68%	6	31	0.05%
3	202	0.32%	7	26	0.04%

13.3 结语

2016年CPCI-S收录了中国（包括香港和澳门地区）作者论文8.63万篇，比2015年增加了21.21%，占世界的15.34%，排在世界第2位。

2016年CPCI-S收录中国（不包含港澳台地区）的会议论文，以英语发表的文章共63041篇，中文发表的论文共81篇，塞尔维亚语1篇，威尔士语1篇。

2016年CPCI-S收录中国论文的参考文献数量排名前10位的参考文献数量均在5篇以上，最多为13篇，占总论文数的57%。

2016年论文数量排在第1位的会议是在四川成都举办的第35届中国控制会议（CCC 2016），共收录论文1706篇。

2016年CPCI-S中国论文分布排名前3位的学科为计算技术，电子、通信与自动控制和物理学这3个学科的会议论文数量占了中国论文总数的70%左右。

参考文献

[1] 中国科学技术信息研究所. 2017年版中国科技期刊引证报告（核心版）[M]. 北京：科学技术文献出版社，2017.

[2] 中国科学技术信息研究所. 2016年版中国科技期刊引证报告（核心版）[M]. 北京：科学技术文献出版社，2016.

[3] 中国科学技术信息研究所. 2015年度中国科技论文统计与分析[M]. 北京：科学技术文献出版社，2017.

14 Medline 收录中国论文情况统计分析

14.1 引言

Medline 是美国国立医学图书馆（The National Library of Medicine，NLM）开发的当今世界上最具权威性的文摘类医学文献数据库之一。《医学索引》（Index Medicus，IM）为其检索工具之一，收录了全球生物医学方面的期刊，是生物医学方面较常用的国际文献检索系统。

本章统计了我国科研人员被 Medline 2016 收录论文的机构分布情况、论文发表期刊的分布及期刊所属国家和语种分布情况，并在此基础上进行了分析。

14.2 研究分析与结论

14.2.1 Medline 收录论文的国际概况

Medline 2016 网络版共收录论文 1122358 篇，比 2015 年的 1078417 篇增加 4.07%，2011—2016 年 Medline 收录论文情况如图 14-1 所示。可以看出，2011—2016 年，Medline 收录论文数呈现逐年递增的趋势。

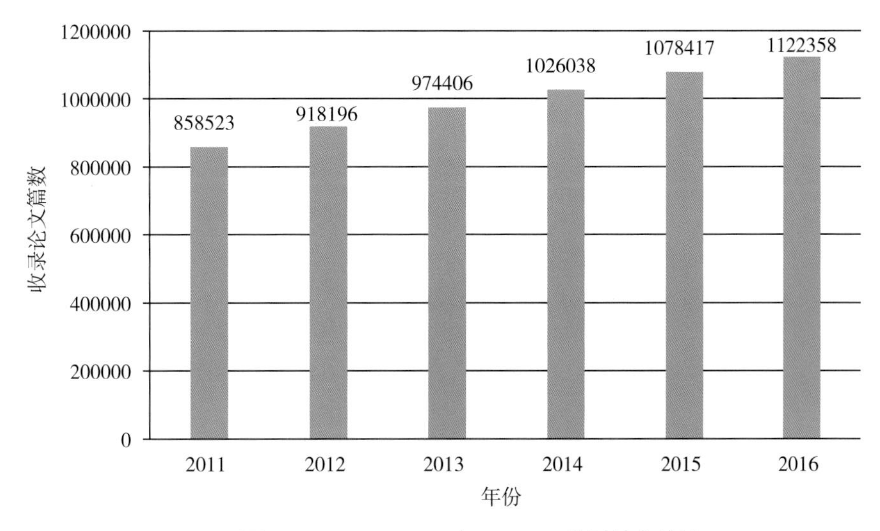

图 14-1　2011—2016 年 Medline 收录论文统计

14.2.2 Medline 收录中国论文的基本情况

Medline 2016 网络版共收录中国科研人员发表的论文 128163 篇，比 2015 年增长 5.32%。2011—2016 年 Medline 收录中国论文情况如图 14-2 所示。

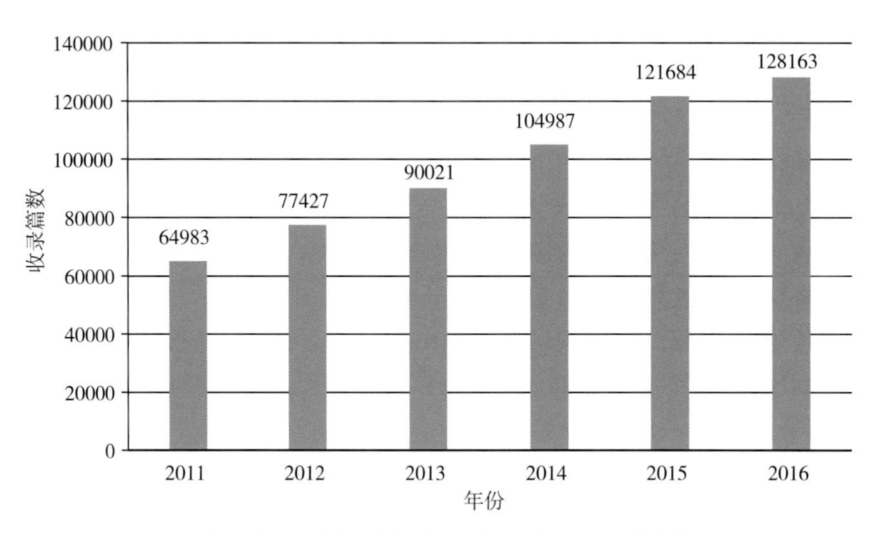

图 14-2 2011—2016 年 Medline 收录中国论文统计

14.2.3 Medline 收录中国论文的机构分布情况

被 Medline 2016 收录的中国论文，以第一作者单位的机构类型分类，其统计结果如图 14-3 所示。其中，高等院校所占比例最多，包括其所附属的医院等医疗机构在内，产出论文占总量的 77.32%。医疗机构中，高等院校所属医疗机构是非高等院校所属医疗机构产出论文数的 2.79 倍，二者之和在总量中所占比例为 39.40%。科研机构所占比例为 11.47%，与 2015 年相比略有提高。

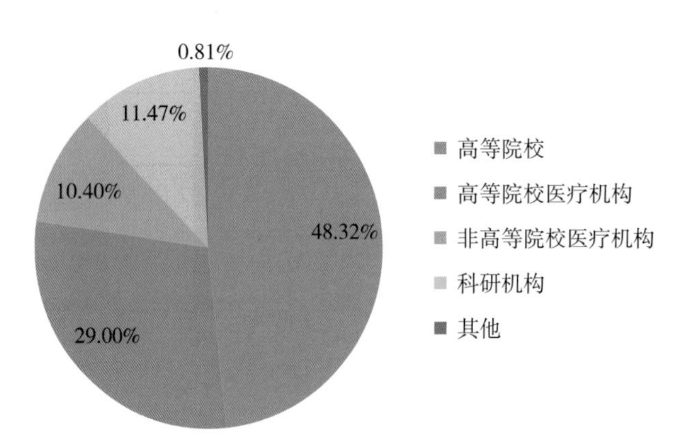

图 14-3 2016 年中国各类型机构 Medline 论文产出的比例

被 Medline 2016 收录的中国论文，以第一作者单位统计，高等院校、科研机构和医疗机构 3 类机构各自的居前 20 位单位分别如表 14-1~ 表 14-3 所示。

从表 14-1 中可以看到，发表论文数较多的高等院校大多为综合类大学。

表 14-1 2016 年 Medline 收录中国论文数居前 20 位的高等院校

排名	高等院校名称	论文篇数	排名	高等院校名称	论文篇数
1	上海交通大学	3706	11	南京大学	1753
2	北京大学	3216	12	吉林大学	1742
3	浙江大学	3208	13	武汉大学	1428
4	复旦大学	3051	14	苏州大学	1419
5	四川大学	2765	15	西安交通大学	1366
6	中山大学	2741	16	清华大学	1361
7	首都医科大学	2221	17	南方医科大学	1241
8	中南大学	1942	18	同济大学	1189
9	华中科技大学	1932	19	重庆医科大学	1092
10	山东大学	1798	20	中国医科大学	1062

注：高等院校数据包括其所属的医院等医疗机构在内。

从表 14-2 中可以看到，发表论文数较多的科研机构中，中国科学院所属机构较多，在前 20 位中占据了 15 席。

表 14-2 2016 年 Medline 收录中国论文数居前 20 位的科研机构

排名	科研机构	论文篇数
1	军事医学科学院	509
2	中国疾病预防控制中心	476
3	中国科学院上海生命科学研究院	436
4	中国科学院化学研究所	418
5	中国科学院生态环境研究中心	347
6	中国中医科学院	338
7	中国科学院长春应用化学研究所	315
8	中国科学院大连化学物理研究所	283
9	中国水产科学研究院	271
10	中国科学院动物研究所	231
11	中国科学院上海药物研究所	200
12	中国科学院海洋研究所	196
13	中国医学科学院药物研究所	183
14	中国科学院微生物研究所	178
15	中国科学院昆明植物研究所	174
16	中国科学院上海有机化学研究所	172
17	中国科学院合肥物质科学研究院	167
18	中国科学院水生生物研究所	159
19	中国科学院植物研究所	154
20	中国科学院生物物理研究所	152

由Medline收录中国医疗机构发表的论文数分析（表14-3），2016年四川大学华西医院发表论文数以1476篇高居榜首；其次为北京协和医院，发表论文967篇；解放军总医院排在第3位，发表论文912篇。在论文数居前20位的医疗机构中，除北京协和医院、解放军总医院外，其他全部是高等院校所属的医疗机构。

表14-3 2016年Medline收录中国论文数居前20位的医疗机构

排名	医疗机构	论文篇数
1	四川大学华西医院	1476
2	北京协和医院	967
3	解放军总医院	912
4	中南大学湘雅医院	618
5	郑州大学第一附属医院	571
6	华中科技大学同济医学院附属同济医院	565
7	中南大学湘雅二医院	542
8	中山大学附属第一医院	538
9	南方医科大学南方医院	534
10	山东大学齐鲁医院	532
11	江苏省人民医院	531
12	浙江大学附属第一医院	527
13	复旦大学附属中山医院	523
14	上海交通大学医学院附属瑞金医院	502
15	上海交通大学医学院附属第九人民医院	470
16	华中科技大学同济医学院附属协和医院	463
17	中国医科大学附属第一医院	453
18	西安交通大学第一附属医院	449
19	吉林大学白求恩第一医院	446
20	浙江大学医学院附属第二医院	426

14.2.4 Medline收录中国论文的学科分布情况

Medline 2016年收录的中国论文共分布在114个学科中，其中，有13个学科的论文数在1000篇以上，论文数量最多的学科是生物化学与分子生物学，共有论文10562篇，超过100篇的学科数量为60，占论文总量的50%。论文数量排名前10位的学科如表14-4所示。

表14-4 2016年Medline收录中国论文数居前10位的学科

排名	学科	论文篇数	论文比例
1	生物化学与分子生物学	10562	8.24%
2	药理学及制药	7790	6.08%
3	细胞生物学	5601	4.37%
4	老年医学	5353	4.18%
5	遗传学与遗传	3498	2.73%

续表

排名	学科	论文篇数	论文比例
6	儿科	3310	2.58%
7	肿瘤学	2049	1.60%
8	免疫学	1953	1.52%
9	微生物学	1774	1.38%
10	植物学	1231	0.96%

14.2.5 Medline 收录中国论文的期刊分布情况

Medline 2016 收录的中国论文，发表于 4091 种期刊上，期刊总数比 2015 年增长 10.96%。收录中国论文较多的期刊数量与收录的论文数均有所增加，其中，收录中国论文达到 100 篇及以上的期刊共有 224 种。

收录中国论文数居前 20 位的期刊如表 14-5 所示。可以看出，收录中国 Medline 论文最多的 20 个期刊中已经有 19 个非中国期刊，国外期刊在收录中国最多的 20 种期刊中的比例达到 95%。其中，收录论文数最多的期刊为英国出版的《Scientific Reports》，2016 年该刊共收录中国论文 7074 篇。

表 14-5 2016 年 Medline 收录中国论文数居前 20 位的期刊

期刊名	期刊出版国	论文篇数
SCIENTIFIC REPORTS	英国	7074
PLOS ONE	美国	3343
ONCOTARGET	美国	2921
ACS APPLIED MATERIALS & INTERFACES	美国	1741
MEDICINE	美国	1553
MITOCHONDRIAL DNA. PART A，DNA MAPPING，SEQUENCING，AND ANALYSIS	英国	1329
MOLECULAR MEDICINE REPORTS	希腊	1247
CHEMICAL COMMUNICATIONS（CAMBRIDGE，ENGLAND）	英国	1155
TUMOUR BIOLOGY：THE JOURNAL OF THE INTERNATIONAL SOCIETY FOR ONCODEVELOPMENTAL BIOLOGY AND MEDICINE	美国	1068
NANOSCALE	英国	908
SENSORS（BASEL，SWITZERLAND）	瑞士	907
GENETICS AND MOLECULAR RESEARCH：GMR	巴西	871
ENVIRONMENTAL SCIENCE AND POLLUTION RESEARCH INTERNATIONAL	德国	861
PHYSICAL CHEMISTRY CHEMICAL PHYSICS：PCCP	英国	856
中国中药杂志	中国	738
BIOCHEMICAL AND BIOPHYSICAL RESEARCH COMMUNICATIONS	美国	708
BIORESOURCE TECHNOLOGY	英国	697
FRONTIERS IN PLANT SCIENCE	瑞士	691
BIOMED RESEARCH INTERNATIONAL	美国	680
INTERNATIONAL JOURNAL OF MOLECULAR SCIENCES	瑞士	665

按照期刊出版地所在的国家（地区）进行统计，发表中国论文数居前 10 位国家的情况如表 14-6 所示。

表 14-6 2016 年 Medline 收录的中国论文发表期刊所在国家相关情况统计

期刊出版地	期刊种数	论文篇数	论文比例
美国	1363	38477	30.02%
英国	1192	36696	28.63%
中国	132	12847	10.02%
荷兰	325	11067	8.64%
德国	223	7597	5.93%
瑞士	146	6620	5.17%
希腊	16	3227	2.52%
爱尔兰	32	1406	1.10%
新西兰	41	1231	0.96%
法国	47	1123	0.88%

中国 Medline 论文发表在 54 个国家出版的期刊上。其中，在美国的 1363 种期刊上发表 38477 篇论文，英国的 1192 种期刊上发表 36696 篇论文，中国的 132 种期刊共发表 12847 篇论文。

14.2.6 Medline 收录中国论文的发表语种分布情况

Medline 2016 收录的中国论文，其发表语种情况如表 14-7 所示。可以看出，几乎全部的论文都是用英文和中文发表的，而英文是中国科技成果在国际发表的主要语种，在全部论文中所占比例达到 92.49%。

表 14-7 2016 年 Medline 收录中国论文发表语种情况统计

语种	论文篇数	论文比例
英文	118534	92.49%
中文	9599	7.49%
其他	30	0.02%

14.3 讨论

Medline 2016 收录中国科研人员发表的论文共计 128163 篇，发表于 4091 种期刊上，其中 92.49% 的论文用英文撰写。

根据学科统计数据，Medline 2016 收录的中国论文中，生物化学与分子生物学学科的论文数最多，其次是药理学及制药、细胞生物学和老年医学等学科。

2016 年，Medline 收录中国论文数增长达到 5.32%，其中高等院校产出论文达到论文总数的 77.32%，Medline 2016 收录的中国论文发表的期刊数量持续增加。

参考文献

[1] 中国科学技术信息研究所 . 2015 年度中国科技论文统计与分析（年度研究报告）[M]. 北京：科学技术文献出版社，2017：169–175.
[2] 中国科学技术信息研究所 . 2014 年度中国科技论文统计与分析（年度研究报告）[M]. 北京：科学技术文献出版社，2016：163–169.
[3] 中国科学技术信息研究所 . 2013 年度中国科技论文统计与分析（年度研究报告）[M]. 北京：科学技术文献出版社，2015：164–170.
[4] 中国科学技术信息研究所 . 2012 年度中国科技论文统计与分析（年度研究报告）[M]. 北京：科学技术文献出版社，2014：183–188.
[5] 中国科学技术信息研究所 . 2011 年度中国科技论文统计与分析（年度研究报告）[M]. 北京：科学技术文献出版社，2013：168–175.

15　中国专利情况统计分析

发明专利的数量和质量能够反映一个国家的科技创新实力。本章基于美国专利商标局、欧洲专利局、三方专利数据及科睿唯安 Clarivate Analytics（原汤森路透，Thomson Innovation）数据库数据，统计分析了 2007—2016 年期间中国专利产出的发展趋势，并与部分国家进行比较。同时根据 Clarivate Analytics（原汤森路透）Thomson Innovation 数据库中 2016 年的专利数据，统计分析了中国发明专利数量最多的 10 位的领域及发明专利产出机构分布情况。

15.1　引言

2017 年 1 月 13 日，国务院办公厅印发《关于“十三五”国家知识产权保护和运用规划》的通知（国发〔2016〕86 号），强调：“全面贯彻党的十八大和十八届三中、四中、五中、六中全会精神，以邓小平理论、‘三个代表’重要思想、科学发展观为指导，深入贯彻习近平总书记系列重要讲话精神，紧紧围绕统筹推进‘五位一体’总体布局和协调推进“四个全面”战略布局，牢固树立和贯彻落实创新、协调、绿色、开放、共享的发展理念，认真落实党中央、国务院决策部署，以供给侧结构性改革为主线，深入实施国家知识产权战略，深化知识产权领域改革，打通知识产权创造、运用、保护、管理和服务的全链条，严格知识产权保护，加强知识产权运用，提升知识产权质量和效益，扩大知识产权国际影响力，加快建设中国特色、世界水平的知识产权强国，为实现‘两个一百年’奋斗目标和中华民族伟大复兴的中国梦提供更加有力的支撑。”

其中，专利作为知识产权的重要表现形式之一，在提升知识产权质量和效益，以及扩大知识产权国际影响力方面具有重要的意义。为此，本章从美国专利商标局、欧洲专利局、三方专利数据、Clarivate Analytics（原汤森路透）的 TI 数据库等角度，探讨我国的专利现状，希望为我国后续的知识产权国际影响力提升提供一定的定量数据参考。

15.2　数据和方法

①基于美国专利商标局分析 2007—2016 年中国专利产出的发展趋势及其与部分国家（地区）的比较。

②基于欧洲专利局的专利数据库分析 2007—2016 年中国专利产出的发展趋势及其与部分国家（地区）的比较。

③基于 OECD 官网 2017 年 12 月 8 日更新的三方专利数据库分析 2006—2015 年（专利的优先权时间）中国专利产出的发展趋势及其与部分国家（地区）的比较。

④从 Thomson Innovation 数据库中按公开年检索出中国 2016 年获得授权的发明专利数据，进行机构翻译、机构代码标识和去除无效记录后，形成 2016 年中国授权发明专

利数据库。按照德温特分类号统计出该数据库收录中国 2016 年获得授权发明专利数量最多的领域和机构分布情况。

15.3 研究分析和结论

15.3.1 中国专利产出的发展趋势及其与部分国家（地区）的比较

(1) 中国在美国专利商标局申请和授权的发明专利数量情况

根据美国专利商标局统计数据，中国在美国专利商标局申请专利数从 2014 年的 18040 件增加到 2015 年的 21386 件，再到 2016 年的 27935 件，名次与 2015 年相同，位居第 5 名，仅次于美国、日本、韩国和德国（表 15–1 及图 15–1）。

表 15–1 2007—2016 年美国专利商标局专利申请数居前 10 位的国家（地区）

国家（地区）	2007 年	2008 年	2009 年	2010 年	2011 年	2012 年	2013 年	2014 年	2015 年	2016 年
美国	241347	231588	224912	241977	247750	268782	287831	285096	288335	318701
日本	78794	82396	81982	84017	85184	88686	84967	86691	86359	91383
韩国	22976	23584	23950	26040	27289	29481	33499	36744	38205	41823
德国	23608	25202	25163	27702	27935	29195	30551	30193	30016	33254
中国	3903	4455	6879	8162	10545	13273	15093	18040	21386	27935
中国台湾	18486	18001	18661	20151	19633	20270	21262	20201	19471	20875
英国	9164	9771	10568	11038	11279	12457	12807	13157	13296	14824
加拿大	10421	10307	10309	11685	11975	13560	13675	12963	13201	14328
法国	8046	8561	9331	10357	10563	11047	11462	11947	12327	13489
印度	2387	2879	3110	3789	4548	5663	6600	7127	7976	7676

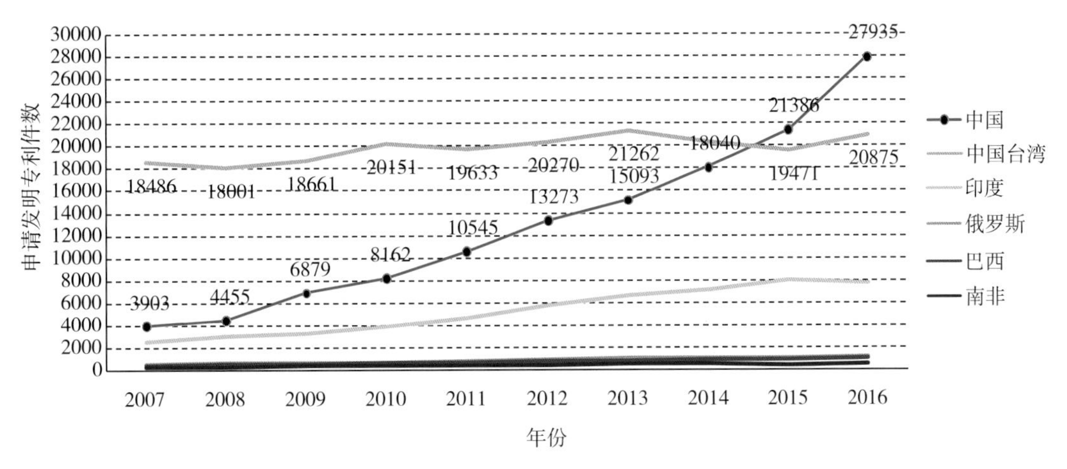

图 15–1 2007—2016 年中国在美国专利商标局申请的发明专利数情况及其与其他部分国家（地区）的比较

从表15-1和图15-1可以看出，日本在美国专利商标局申请的发明专利数仅次于美国本国申请专利数，约占到美国申请专利数的28.67%。韩国近几年在美国专利商标局的申请专利数量也在不断增加，自2012年始已经连续5年超过德国稳居世界第3位。2016年，中国在美国专利局的申请专利数量仍高于中国台湾位居世界第4位，与印度、俄罗斯、巴西、南非其他4个金砖国家相比，中国在美国专利商标局申请的发明专利数量具有显著优势，并且也远高于其他4者专利申请量的总和。

表15-2 2016年美国专利商标局专利授权数排名居前10位的国家（地区）

国家（地区）	2007年	2008年	2009年	2010年	2011年	2012年	2013年	2014年	2015年	2016年
美国	93690	92001	95038	121178	121257	134194	147666	158713	155982	173650
日本	35941	36679	38066	46977	48256	52773	54170	56005	54422	53046
韩国	7264	8730	9566	12508	13239	14168	15745	18161	20201	21865
德国	10012	10085	10352	13633	12967	15041	16605	17595	17752	17568
中国台湾	7491	7781	7781	9636	9907	11624	12118	12255	12575	12738
中国	1226	1851	2262	3301	3786	5335	6597	7921	9004	10988
加拿大	3970	4125	4393	5513	5756	6459	7272	7692	7492	7258
英国	4027	3832	4004	5028	4908	5874	6551	7158	7167	7289
法国	3720	3813	3805	5100	5023	5857	6555	7103	7026	6907
以色列	1219	1312	1525	1917	2108	2598	3152	3618	3804	3820

由表15-2、表15-3和图15-2看，中国在美国专利局获得授权的专利数从2015年的9004件增加到2016年的10988件，名次和2015年一样，保持在第6名，占美国授权总数的6.33%。近几年中国专利授权数虽增长较快，但由于基数较小，与日本、韩国、德国相比，中国专利授权数还有较大差距，不过已经逼近中国台湾。与印度、俄罗斯、巴西、南非金砖国家相比，中国专利授权数已具有明显优势。

2016年，美国的专利授权数依然位列首位，其以总量为173650件，遥遥领先于其他国家，不过其比例却在下滑。此外，日本、韩国、德国和中国台湾分列第2位至第5位。

在金砖五国中，中国位列首位，之后则是印度、俄罗斯、巴西和南非，其中中国以10988件遥遥领先于其他4个国家，甚至要远超过这4个国家的总授权数4834件。在这4个国家中，印度的专利授权数增长较快，从2010年的不足1000件，增长到2016年的3685件。

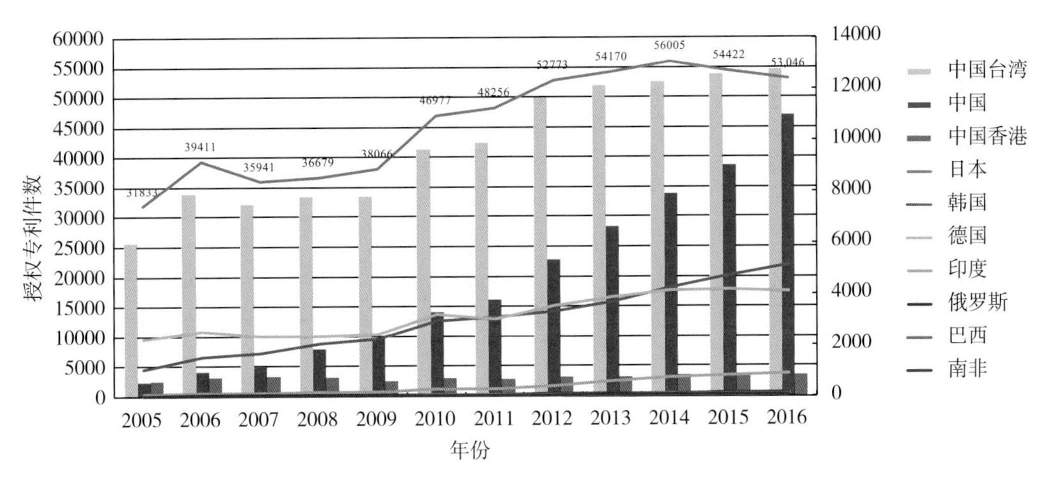

图 15-2 2007—2016 年部分国家（地区）在美国专利商标局获得授权专利数变化情况

2007—2016 年，我国的专利授权数保持年年增长，同时占总数的比例也在逐年增长，甚至所占比例也由 2007 年的 0.49%，上升到 2010 年的 1.21%，再到 2016 年的 2.91%，且排名也由 2007 年的 16 位上升至 2016 年的第 6 位。

表 15-3 2007—2016 年中国在美国专利商标局获得授权的专利数排名及变化情况

年度	2007 年	2008 年	2009 年	2010 年	2011 年	2012 年	2013 年	2014 年	2015 年	2016 年
专利授权数	772	1225	1655	2657	3174	4637	5928	7236	9004	10988
比上一年增长率	16.79%	58.68%	35.10%	60.54%	19.46%	46.09%	27.84%	22.06%	24.43%	22.03%
排名	16	12	9	9	9	9	8	6	6	6
占总数比例	0.49%	0.78%	0.99%	1.21%	1.41%	1.83%	2.13%	2.41%	2.76%	2.91%

（2）中国在欧洲专利商标局申请专利数和授权发明专利数的变化情况

2015 年中国在欧洲专利局申请专利数为 5721 件，到 2016 年增加到 7150 件，增长了 24.98%，中国专利申请数在世界所处位次已经由 2015 年的第 8 位上升至 2016 年的第 6 位，超过荷兰和韩国，所占份额也从 2015 年的 3.58% 上至 2016 年的 4.57%。与美国、德国、日本和法国等发达国家相比，中国在欧洲专利局的申请数仍有较大差距，不过已经逼近第 5 位的瑞士（如表 15–4，表 15–5，图 15–3 和图 15–4 所示）。

表 15–4 2016 年在欧洲专利局申请专利数居前 10 位的国家

国家	2007 年	2008 年	2009 年	2010 年	2011 年	2012 年	2013 年	2014 年	2015 年	2016 年	2016 年占比
美国	35345	37009	32846	39508	35050	35268	34011	36668	42692	40076	25.62%
德国	25188	26652	25118	27328	26202	27249	26510	25633	24820	25086	16.04%
日本	22903	22972	19863	21626	20418	22490	22405	22118	21426	21007	13.43%
法国	8360	9082	8974	9575	9617	9897	9835	10614	10781	10486	6.70%
瑞士	5908	5946	5887	6864	6553	6746	6742	6910	7088	7293	4.66%

续表

国家	2007年	2008年	2009年	2010年	2011年	2012年	2013年	2014年	2015年	2016年	2016年占比
中国	1133	1501	1629	2061	2542	3751	4075	4680	5721	7150	4.57%
荷兰	7083	7318	6694	5965	5627	5067	5852	6874	7100	6889	4.40%
韩国	4950	4329	4189	4732	4891	5721	6333	6166	6411	6825	4.36%
英国	4919	4979	4801	5381	4746	4716	4587	4764	5037	5142	3.29%
意大利	4383	4330	3879	4078	3970	3744	3706	3649	3979	4166	2.66%

2016年，美国、德国和日本依然是在欧洲专利局申请专利数居前3位的国家，其中美国和日本都是属于欧洲之外的国家。此外，在欧洲专利局申请专利数居前10位的国家中，除了第1位的美国、第3位的日本、第6位的中国和第8位的韩国以外，都是处于欧洲的国家，且以德国、法国为先。

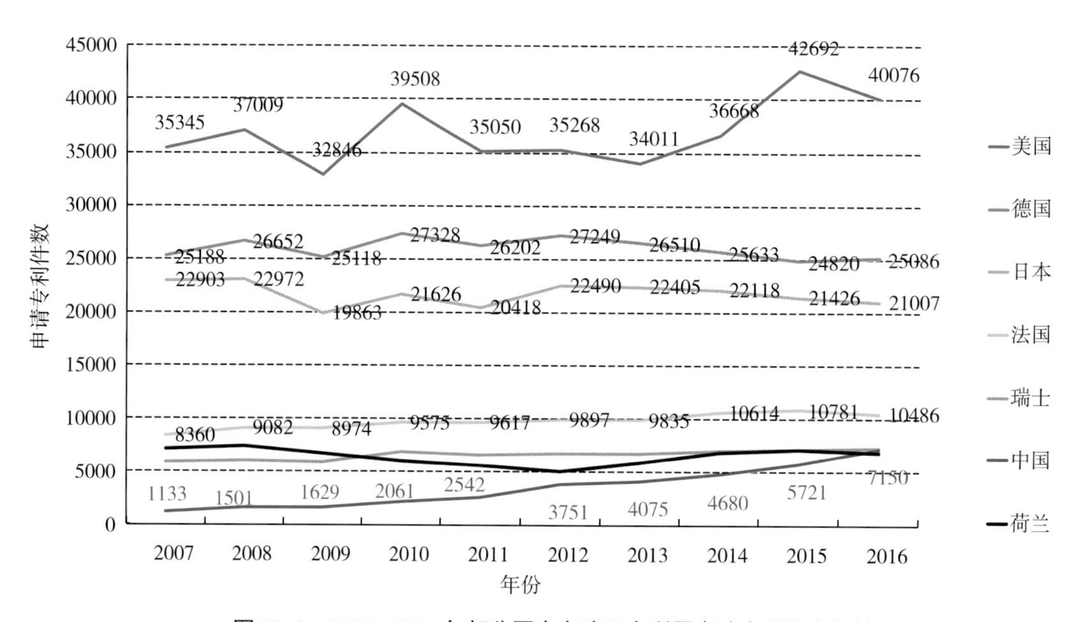

图 15-3 2007—2016年部分国家在欧洲专利局申请专利数变化情况

表 15-5 2007—2016年中国在欧洲专利局申请专利数变化情况

年度	2007	2008	2009	2010	2011	2012	2013	2014	2015	2016
申请件数	1133	1501	1629	2055	2542	3732	4056	4680	5721	7150
比上一年增长	55.21%	32.48%	8.53%	26.15%	23.70%	46.81%	8.68%	15.38%	22.24%	24.98%
排名	17	15	13	12	11	10	9	9	8	6
占总数的比例	0.80%	1.03%	1.21%	1.36%	1.78%	2.51%	2.74%	3.06%	3.58%	4.57%

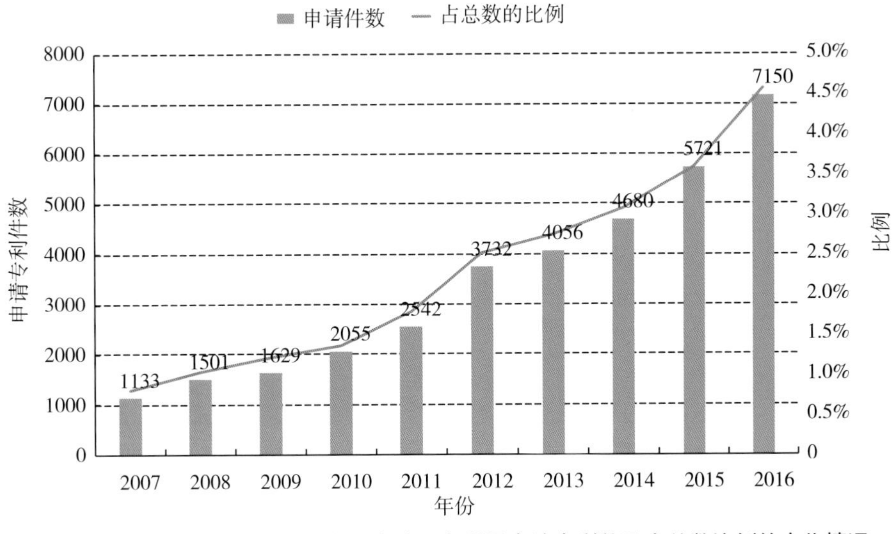

图 15-4　2007—2016 年中国在欧洲专利局申请专利数及占总数比例的变化情况

2015 年中国在欧洲专利局获得授权的发明专利数为 1407 件，到 2016 年增加到 2513 件，增长了 78.61%，中国专利授权数在世界排名依然保持在第 11 位，不过所占比例却从 2015 年的 2.06% 上升到 2016 年的 2.62%。与美国、德国、日本、法国、英国、瑞士、意大利等发达国家相比，中国在欧洲专利局获得授权的专利数还太少，所占比例不足 3.0%（如表 15-6、表 15-7、图 15-5、图 15-6 所示）。

表 15-6　2016 年在欧洲专利局获得授权专利数居前 11 位的国家

国家	年份										2016 年占比
	2007	2008	2009	2010	2011	2012	2013	2014	2015	2016	
美国	12508	12728	11344	12512	13391	14703	14877	14384	14950	21939	22.87%
德国	11924	13496	11370	12550	13578	13315	13425	13086	14122	18728	19.52%
日本	10651	10916	9437	10586	11650	12856	12133	11120	10585	15395	16.05%
法国	3980	4801	4028	4540	4802	4804	4910	4728	5433	7032	7.33%
瑞士	1989	2420	2220	2390	2532	2597	2668	2794	3037	3910	4.08%
意大利	1965	2253	1992	2287	2286	2237	2353	2274	2476	3207	3.34%
英国	1897	1968	1648	1851	1946	2020	2064	2072	2097	2931	3.06%
荷兰	1832	1944	1597	1726	1819	1711	1883	1703	1998	2784	2.90%
韩国	858	1201	1095	1390	1424	1785	1989	1891	1987	3210	3.35%
瑞典	1489	1581	1302	1460	1489	1572	1789	1705	1939	2661	2.77%
中国	136	270	351	432	513	791	941	1186	1，407	2，513	2.62

表 15-7　2007—2016 年中国在欧洲专利局获得授权专利数的变化情况

年度	2007	2008	2009	2010	2011	2012	2013	2014	2015	2016
专利授权数	136	270	351	432	513	791	941	1186	1407	2513
比上一年增长	18.26%	98.53%	30.00%	23.08%	18.75%	54.19%	18.96%	26.04%	18.63%	78.61%
名次	21	19	16	16	16	13	11	11	11	11
占总数比例	0.25%	0.45%	0.68%	0.74%	0.83%	1.20%	1.41%	1.84%	2.06%	2.62%

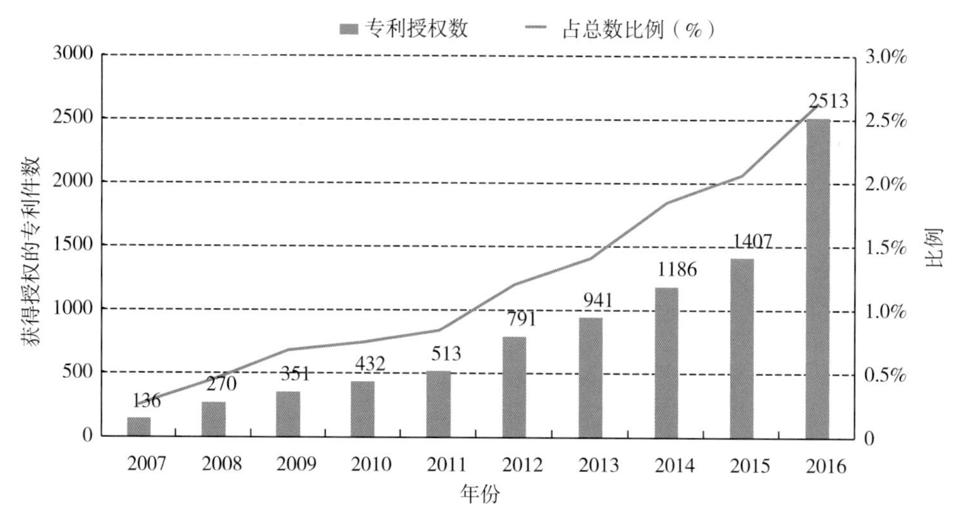

图 15-5　2007—2016 年中国在欧洲专利局获得授权的专利数及占总数比例的变化情况

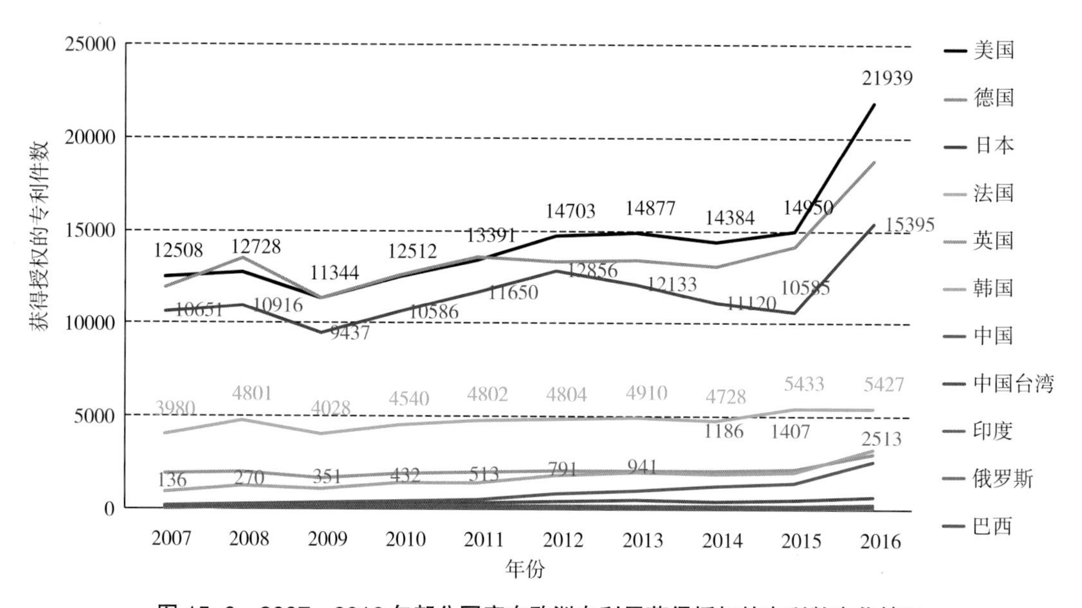

图 15-6　2007—2016 年部分国家在欧洲专利局获得授权的专利数变化情况

（3）中国三方专利情况

OECD 提出的“三方专利”指标通常是指向美国、日本及欧洲专利局都提出了申请并至少已在美国专利商标局获得发明专利权的同一项发明专利。通过三方专利，可以研究世界范围内最具市场价值和高技术含量的专利状况。一般认为，这个指标能很好地反映一个国家的科技实力。根据 2017 年 12 月 24 日 OECD 抽取的三方专利数据统计（http://stats.oecd.org/Index.aspx?DataSetCode=MSTI_PUB），中国三方专利数从 2014 年的 2477 件上升到 2015 年的 2889 件，比上一年增长 16.63%，超过韩国和法国，上升至第 4 位（如表 15-8、表 15-9 和图 15-7 所示）。

表 15-8　2015 年三方专利排名居前 10 位的国家

国家	年份									
	2006	2007	2008	2009	2010	2011	2012	2013	2014	2015
日本	17998	17757	15940	16112	16740	17140	16722	16197	17483	17360
美国	15490	13904	13828	13514	12725	13012	13709	14211	14688	14886
德国	6529	5807	5471	5562	5474	5537	5561	5525	4520	4455
中国	561	690	827	1296	1420	1545	1715	1897	2477	2889
韩国	2348	1977	1826	2109	2459	2665	2866	3107	2683	2703
法国	2884	2783	2883	2721	2453	2555	2521	2466	2528	2578
英国	2088	1798	1695	1722	1649	1654	1693	1726	1793	1811
瑞士	1148	1008	997	970	1062	1108	1154	1195	1192	1207
荷兰	1477	1065	1128	1047	823	958	955	947	1161	1167
意大利	821	729	760	736	682	672	679	685	762	781

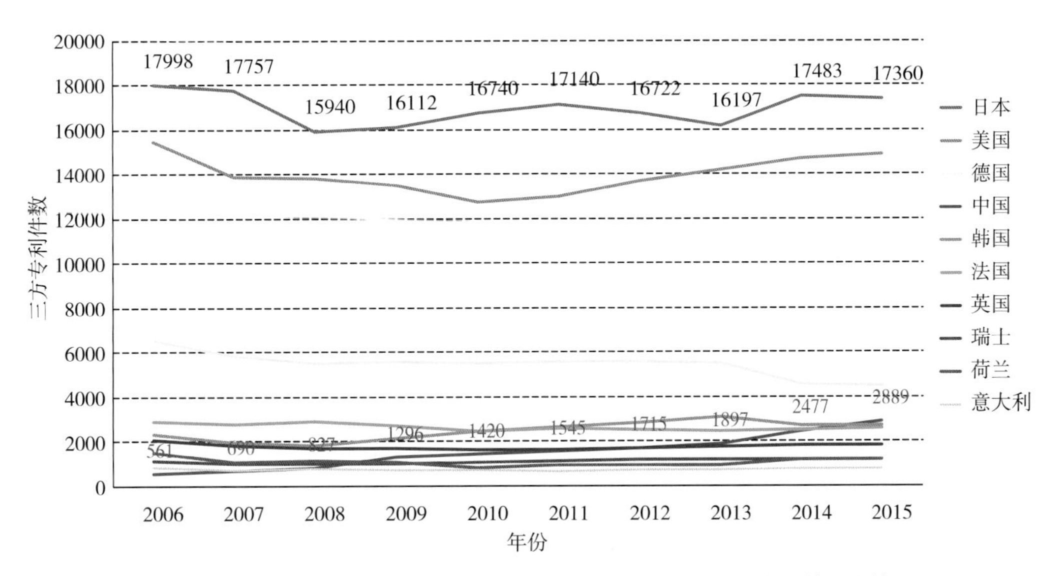

图 15-7　2006—2015 年部分国家（地区）三方专利数变化情况比较

表 15-9　2006—2015 年中国三方专利数变化情况

年度	2006	2007	2008	2009	2010	2011	2012	2013	2014	2015
三方专利数	561	690	827	1296	1420	1545	1715	1897	2477	2889
比上一年增长率	8.17%	22.95%	19.84%	56.71%	9.59%	8.82%	10.97%	10.62%	30.57%	17.04%
排名	12	11	10	7	7	7	6	6	6	4

（4）Thomson Innovation 收录中国发明专利授权数变化情况

Thomson Innovation（TI）是由 Clarivate Analytics（原汤森路透）集团提供的数据库，集全球最全面的国际专利与业内最强大的知识产权分析工具于一身，可提供全面、综合的内容，包括深度加工的德温特世界专利索引（Derwent World Patents Index，简称 DWPI）、德温特专利引文索引（Derwent Patents Citation Index，简称 DPCI）、欧美专利全文、英译的亚洲专利等。

此外，凭借强大的分析和可视化工具，TI 允许用户快速、轻松地识别与其研究相关的信息，提供有效信息来帮助用户在知识产权和业务战略方面做出更快、更准确的决策。

2016 年，在中国公开授权发明专利约 41.88 万件，较 2015 年增长 25.68%（表 15-10、图 15-8）。按第一专利权人（申请人）的国别看，中国机构（个人）获得授权的发明专利数约为 30.66 万件，约占 73.2%。

表 15-10 2007—2016 年中国发明专利授权数变化情况

年度	2007	2008	2009	2010	2011	2012	2013	2014	2015	2016
专利授权数	30525	44828	65869	75517	106581	143951	150152	229685	333195	418775
比上一年增长	18.66%	46.86%	46.94%	14.65%	41.14%	35.06%	4.31%	52.97%	45.06%	25.68%

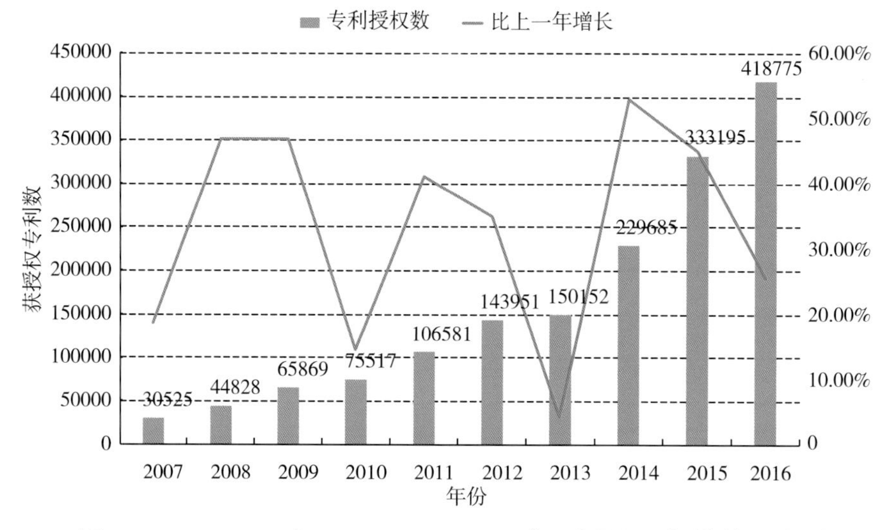

图 15-8 2007—2016 年 Thomson Innovation 收录中国发明专利授权数变化情况

15.3.2 中国获得授权的发明专利产出的领域分布情况

基于 Thomson Innovation 数据库，我们按照德温特专利分类号统计出该数据库收录中国 2016 年授权发明专利数量最多的 10 个领域，见表 15-11。

表 15-11 2016 年中国获得授权专利居前 10 位的领域比较

排名		类别	专利授权数
2016 年	2015 年		
1	1	数字计算机	53614
2	2	天然产品和聚合物	13065
3	6	电性有（无）机物、导体的化学特性、电阻器、磁铁、电容器与开关、放电灯、半导体和其他材料、电池、蓄电池和热电装置	10769
4	4	工程仪器	10684

续表

排名		类别	专利授权数
2016年	2015年		
5	3	电话和数据传输系统	10217
6	5	造纸、唱片、清洁剂、食品和油井应用等其他类	9547
7	7	科学仪器	9531
8	9	电子应用	7920
9	8	电子仪器	7899
10	11	机械工程和工具	6332

注：按德温特专利分类号分类。

2016年，被Thomson Innovation数据库收录授权发明专利数量最多的领域与2015有一定的差异。前3个领域由2015年的数字计算机、天然产品和聚合物和电话和资料传输系统，变化为数字计算机、天然产品和聚合物及电性有（无）机物、导体的化学特性、电阻器、磁铁、电容器和开关、放电灯、半导体和其他材料、电池、蓄电池和热电装置。

15.3.3 中国授权发明专利产出的机构分布情况

（1）2016年中国授权发明专利产出的高等院校分布情况

基于Thomson Innovation数据库，我们统计出2016年中国获得授权专利居前10位的高等院校，见表15–12。

表15–12 2016年我国获得授权专利居前10位的高等院校

排名	高等院校	专利授权数	排名	高等院校	专利授权数
1	浙江大学	1738	6	华南理工大学	1039
2	清华大学	1551	7	北京航空航天大学	946
3	哈尔滨工业大学	1444	8	北京工业大学	943
4	东南大学	1217	9	江苏大学	906
5	上海交通大学	1198	10	电子科技大学	904

由表15–12可以看出，2016年浙江大学、清华大学、哈尔滨工业大学、东南大学和上海交通大学获得的授权发明专利数量分别为1738件、1551件、1444件、1217件和1198件，位居前5位。与2015年相比，清华大学上升了2位，由原来的第4位上升为第2位。

此外，在2014年，仅有第1位的浙江大学专利授权量超过了1000件，而在2016年，前6位的高等院校专利授权量均超过了1000件，其中浙江大学多年来一直位居首位。

（2）2016年中国授权发明专利产出的科研院所分布情况

基于Thomson Innovation数据库，我们统计出2016年中国获得授权专利居前10位的科研院所，见表15–13。

表 15-13 2016 年我国获得授权专利居前 10 位的所科研院所

排名	科研院所	专利授权数
1	中国科学院深圳先进技术研究院	438
2	中国科学院微电子研究所	409
3	中国科学院大连化学物理研究所	384
4	中国科学院长春光学精密机械与物理研究所	280
5	中国科学院化学研究所	223
6	中国科学院长春应用化学研究所	213
7	中国科学院合肥物质科学研究院	201
8	中国水产科学研究院	196
9	中国科学院过程工程研究所	196
10	中国科学院电子学研究所	183

从表 15-13 可以看出，2016 年被 Thomson Innovation 数据库收录的授权发明专利数量排在前 10 位的科研机构，主要是中国科学院下属科研院所，包括中国科学院深圳先进技术研究院、中国科学院微电子研究所、中国科学院大连化学物理研究所、中国科学院长春光学精密机械与物理研究所、中国科学院化学研究所、中国科学院长春应用化学研究所、中国科学院合肥物质科学研究院、中国科学院过程工程研究所、中国科学院电子学研究所等。此外，还有中国水产科学研究院以 196 件的专利授权量位居第 8 位。

（3）2016 年中国授权发明专利产出的企业分布情况

基于 Thomson Innovation 数据库，我们统计出 2016 年中国获得专利数居前 10 位的企业，如表 15-14。

表 15-14 2016 年我国获得授权专利居前 10 位的企业

排名	企业	2016 年专利授权数	排名	企业	2016 年专利授权数
1	国家电网公司	6581	6	京东方科技集团股份有限公司	1696
2	华为技术有限公司	3362	7	南车株洲电力机车有限公司	1403
3	中国石油化工股份有限公司	2712	8	鸿富锦精密工业（深圳）有限公司	1387
4	中兴通讯股份有限公司	2174	9	腾讯科技（深圳）有限公司	1315
5	中国石油天然气股份有限公司	1738	10	TCL 集团股份有限公司	1197

从表 15-14 看，2016 年被 Thomson Innovation 数据库收录的授权发明专利数量排在前 3 位的企业是国家电网公司、华为技术有限公司和中国石油化工股份有限公司。在前 3 位中，包括 2 家国有企业，分别是第 1 位的国家电网公司和第 3 位的中国石油化工股份有限公司。此外，第 5 位的中国石油天然气股份有限公司和第 7 位的南车株洲电力机车有限公司，也属于国有企业。

另外，位列前 4 位的国家电网公司、华为技术有限公司、中国石油化工股份有限公司和中兴通讯股份有限公司，在 2016 年的专利授权量都超过了 2000 件，遥遥领先于后边的京东方科技集团股份有限公司、鸿富锦精密工业（深圳）有限公司、腾讯科技（深圳）有限公司、TCL 集团股份有限公司等企业。

15.4 讨论

根据 Thomson Innovation 专利数据，近几年，中国获得授权的发明专利快速增长，在 2016 年更是达到了 418775 件。我国已经连续多年专利授权量位居世界第 3 位，提前完成了《国家“十二五”科学和技术发展规划》中提出的“本国人发明专利年度授权量进入世界前 5 位”的目标。

此外，从三方专利数和美国专利局以及欧洲专利局数据看，中国发明专利的进步也较为明显。尤其是在三方专利数方面，在 2015 年（专利的优先权时间），我国的三方专利数首次超过韩国和法国，位列全球第 4 位；在美国专利商标局中，2016 年我国共授权了 10988 件，依然位列第 6 位，不过增长率远远超过位居前列的美国、日本、韩国、德国和中国台湾；在欧洲专利局，2016 年我国的专利授权量为 2513 件，同 2015 年的位次一样，保持在 11 位，不过增长要比第 9 位的韩国和第 10 位的瑞典高，预计不久就会位列前 10 位。

从 Thomson Innovation 数据库 2016 收录中国各类机构授权发明专利的分布情况可以看出，中国授权发明专利位居前 10 位的领域，主要集中在数字计算机，天然产品和聚合物，电性有（无）机物、导体的化学特性、电阻器、磁铁、电容器与开关、放电灯、半导体和其他材料、电池、蓄电池和热电装置，其中数字计算机专利授权数连续多年遥遥领先于其他领域。在获得授权的专利权人方面，企业中的国家电网公司、华为技术有限公司和中国石油化工股份有限公司，相对于其他专利权人而言，有较大数量优势。

16 SSCI 收录中国论文情况统计与分析

对 2016 年 SSCI（SOCIAL SCIENCE CITATION INDEX）和 JCR（SSCI）数据库收录我国论文进行统计分析，以了解我国社会科学论文的地区、学科、机构分布，以及发表论文的国际期刊和论文被引用等方面情况。并利用 SSCI 2016 和 SSCI JCR 2016 对我国社会科学研究的学科优势及在国际学术界的地位等情况做出分析。

16.1 引言

2016 年，反映社会科学研究成果的大型综合检索系统《社会科学引文索引》（SSCI）已收录世界社会科学领域期刊 3238 种。SSCI 覆盖的领域涉及人类学、社会学、教育、经济、心理学、图书情报、语言学、法学、城市研究、管理、国际关系和健康等 56 个学科门类。通过对该系统所收录的我国论文的统计和分析研究，可以从一个侧面了解我国社会科学研究成果的国际影响和所处的国际地位。为了帮助广大社会科学工作者与国际同行交流与沟通，也为促进我国社会科学和与之交叉的学科的发展，从 2005 年开始，我们就对 SSCI 收录的我国社会科学论文情况做出统计和简要分析。2016 年，我们继续对我国大陆的 SSCI 论文情况及在国际上的地位做一简要分析。

16.2 研究分析和结论

16.2.1 2016 年 SSCI 收录的中国论文的简要统计

2016 年 SSCI 收录的世界文献数共计为 31.11 万篇，与 2015 年收录的 28.62 万篇相比，增加了 2.49 万篇。SSCI 收录论文数居前 10 位的国家如表 16-1。我国（含香港和澳门地区，不含台湾地区）被收录的文献数为 16627 篇，比 2015 年增加 3927 篇，增长 30.92%；按收录数排序，我国位居世界第 6 位，与 2015 年持平。位居前 10 位的国家依次为：美国、英国、澳大利亚、加拿大、德国、中国、荷兰、西班牙、意大利、法国。2016 年中国社会科学论文数量占比虽有所上升，但与自然科学论文数在国际上的排名相比仍然有所差距。

表 16-1 2016 年 SSCI 收录论文数居前 10 位的国家

国家	论文篇数	论文比	排名
美国	117983	37.93%	1
英国	41939	13.48%	2
澳大利亚	21761	7.00%	3
加拿大	18622	5.99%	4

续表

国家	论文篇数	论文比	排名
德国	17247	5.54%	5
中国	16627	5.35%	6
荷兰	12260	3.94%	7
西班牙	10435	3.36%	8
意大利	8926	2.87%	9
法国	8378	2.69%	10

数据来源：SSCI 2016；数据截至 2018 年 2 月 5 日。

（1）第一作者论文的地区分布

若不计港澳台地区的论文，2016 年 SSCI 共收录中国机构为第一署名单位的论文为10354篇，10354篇论文分布于31个省（市、自治区）中；论文数超过300的地区是：北京、上海、江苏、浙江、广东、四川、山东、湖南和陕西。这 9 个地区的论文数为 7920 篇，占中国机构为第一署名单位论文（不包含港澳台）总数的 76.49%。各地区的 SSCI 论文详情见表 16-2 和图 16-1。

表 16-2 2015 年 SSCI 收录的中国第一作者论文的地区分布

地区	排名	论文篇数	比例	地区	排名	论文篇数	比例
北京	1	2757	26.63%	吉林	17	109	1.05%
上海	2	1061	10.25%	江西	17	109	1.05%
江苏	3	864	8.34%	河南	19	90	0.87%
湖北	4	647	6.25%	山西	20	69	0.67%
浙江	5	592	5.72%	甘肃	21	60	0.58%
广东	6	574	5.54%	云南	22	45	0.43%
四川	7	457	4.41%	河北	23	37	0.36%
山东	8	340	3.28%	广西	24	31	0.30%
湖南	9	323	3.12%	新疆	24	31	0.30%
陕西	10	305	2.95%	内蒙古	26	21	0.20%
辽宁	11	282	2.72%	贵州	27	14	0.14%
重庆	11	282	2.72%	宁夏	28	12	0.12%
天津	13	279	2.69%	海南	29	8	0.08%
安徽	14	237	2.29%	青海	30	5	0.05%
福建	15	221	2.13%	西藏	31	2	0.02%
黑龙江	16	136	1.31%				

数据来源：SSCI 2016。

注：不计香港、澳门特区和台湾地区数据。

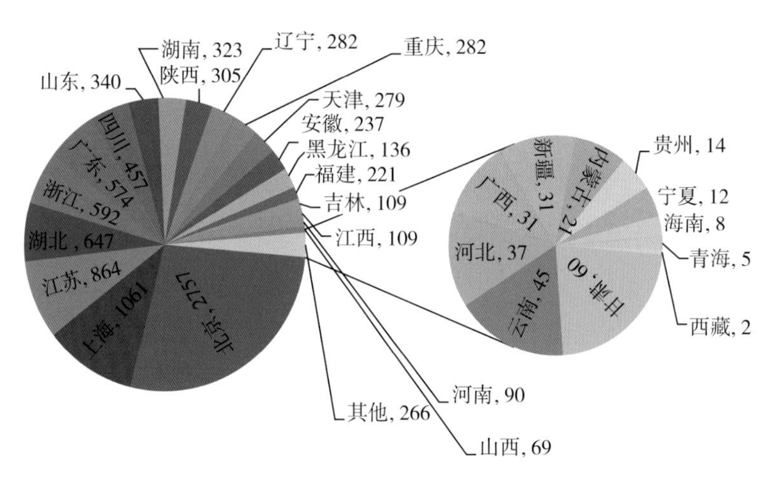

图 16-1 2016 年 SSCI 我国第一作者论文的地区分布

注：单位为篇。

（2）第一作者的论文类型

2016 年收录的我国第一作者的 10354 篇论文中：研究论文（Article）8869 篇、述评（Review）321 篇、书评（Book Review）238 篇、编辑信息（Editorial Material）112 篇、快报（Letter）60 篇，见表 16-3。

表 16-3 SSCI 收录的中国论文类型

论文类型	论文篇数	占比
研究论文	8869	85.66%
述评	321	3.10%
书评	238	2.30%
编辑信息	112	1.08%
快报	60	0.58%
其他①	754	7.28%

数据来源：SSCI 2016。

注：①其他论文类型包括 Meeting Abstract、Correction 等。

（3）第一作者论文的机构分布

SSCI 收录的中国论文主要由高等院校的作者产生，占比 87.75%，见表 16-4。其中，6.43% 的论文是研究院所作者所著。与 2015 年相比，高等院校作者论文数所占比例略有提升，由 86.43% 上升到 87.75%。

表 16-4 我国 SSCI 论文的机构分布

机构类型	论文篇数	占比
高等院校	9086	87.75%
研究院所	666	6.43%

续表

机构类型	论文篇数	占比
医疗机构[①]	245	2.37%
公司企业	3	0.03%
其他	354	3.42%

数据来源：SSCI 2016。

①这里所指的医疗机构不含附属于大学的医院。

SSCI 2016 收录的我国第一作者论文 10354 篇，分布于 800 多家单位中。被收录 10 篇及以上的单位有 166 个，其中，高等院校 142 所，科研院所 20 所，医疗机构 4 个。表 16-5 列出了论文数居前 20 的单位，其中高等院校 19 所，科研院所 1 所。

表 16-5 SSCI 所收录的中国大陆论文数居前 20 位的单位

机构名称	论文篇数	机构名称	论文篇数
北京大学	366	中南大学	165
北京师范大学	280	南京大学	156
浙江大学	274	四川大学	156
清华大学	270	东南大学	142
上海交通大学	239	同济大学	135
武汉大学	206	天津大学	133
中国人民大学	203	厦门大学	133
复旦大学	192	中国科学院心理研究所	129
中山大学	186	西南财经大学	128
华中科技大学	180	山东大学	124

（4）第一作者论文当年被引用情况

发表当年就被引用的论文，一般来说研究内容都属于热点或大家都较为关注的问题。2016 年我国的 10354 篇第一作者论文中，当年被引用的论文为 3804 篇，占总数的 36.74%。2016 年，中国机构为第一作者机构（不含港澳台）的论文中，最高被引数为 99 次，该篇论文产自中南大学附属湘雅第二医院的《Multi-criteria decision-making methods based on the Hausdorff distance of hesitant fuzzy linguistic numbers》一文。

（5）中国 SSCI 论文的期刊分布

目前，SSCI 收录的国际期刊为 3238 种。2016 年我国以第一作者发表的 10354 篇论文，分布于 2177 种期刊中，比 2015 年发表论文的范围增加 252 种，发表 5 篇以上（含 5 篇）论文的社会科学的期刊为 447 种，也比上一年增加 82 种。

表 16-6 为 SSCI 收录我国作者论文数居前 15 位的社科期刊分布情况，数量最多的期刊是《SUSTAINABILITY》，为 435 篇。

表 16-6　SSCI 收录我国作者论文数居前 15 位的社科期刊

论文篇数	期刊名称
435	SUSTAINABILITY
217	JOURNAL OF THE AMERICAN GERIATRICS SOCIETY
181	PLOS ONE
180	FRONTIERS IN PSYCHOLOGY
149	JOURNAL OF CLEANER PRODUCTION
147	VALUE IN HEALTH
116	SCIENTIFIC REPORTS
110	INTERNATIONAL JOURNAL OF ENVIRONMENTAL RESEARCH AND PUBLIC HEALTH
97	APPLIED ENERGY
85	PHYSICA A-STATISTICAL MECHANICS AND ITS APPLICATIONS
82	SOCIAL BEHAVIOR AND PERSONALITY
76	PSYCHIATRY RESEARCH
73	ENERGY POLICY
71	RENEWABLE & SUSTAINABLE ENERGY REVIEWS
68	MATHEMATICAL PROBLEMS IN ENGINEERING

数据来源：SSCI 2016。

（6）SSCI 收录中国社会科学论文的学科分布

2016 年，SSCI 收录的中国机构作为第一作者单位的论文居前 10 位的学科情况如表 16-7 所示。

表 16-7　SSCI 收录中国机构作为第一作者单位的论文居前 10 位的学科

排名	主题学科	篇数	排名	主题学科	论文篇数
1	经济	1586	6	图书、情报文献	110
2	教育	932	7	政治	79
3	管理	461	8	法律	59
4	社会、民族	393	9	统计	47
5	语言、文字	172	10	体育	27

2016 年，在 16 个社科类学科分类中，我国在其中 14 个学科中均有论文发表。其中，发文量超过 100 篇的学科有 6 个；超过 200 篇的分别是经济，教育，管理和社会、民族，发文量最高的学科为经济学，2016 年共发表论文 1586 篇。

16.2.2　中国社会科学论文的国际显示度分析

（1）国际高影响期刊中的我国社会科学论文

据 SJCR 2016 统计，2016 年社会科学国际期刊共有 3238 种。其期刊影响因子居前 20 位的期刊如表 16-8 所示，这 20 种期刊发表论文共 2383 篇。若不计港澳台地区的论文，

2016 年，我国作者在期刊影响因子居前 20 位社科期刊中的 7 种期刊中发表 31 篇论文，与 2015 年的 39 篇（7 种期刊）相比，期刊数持平，论文数略有下降。其中，影响因子居前 10 位的国际社科期刊中，论文发表单位见表 16–9。

表 16–8 影响因子居前 20 位的 SSCI 期刊

排序	期刊名称	总被引数	影响因子	即年指标	中国论文数	期刊论文数	半衰期
1	WORLD PSYCHIATRY	3153	26.561	4.095	1	92	4.5
2	ANNUAL REVIEW OF PSYCHOLOGY	16071	19.950	4.931	0	32	＞10.0
3	NATURE CLIMATE CHANGE	13663	19.304	4.436	11	297	3.1
4	LANCET GLOBAL HEALTH	2649	17.686	4.015	9	309	2.1
5	PSYCHOLOGICAL BULLETIN	43457	16.793	1.864	0	50	＞10.0
6	PSYCHOLOGICAL INQUIRY	3473	16.455	2.333	0	53	＞10.0
7	TRENDS IN COGNITIVE SCIENCES	23273	15.402	3.265	3	120	9.1
8	JAMA PSYCHIATRY	6112	15.307	2.842	0	260	2.5
9	BEHAVIORAL AND BRAIN SCIENCES	8195	14.200	1.944	0	262	＞10.0
10	AMERICAN JOURNAL OF PSYCHIATRY	41446	14.176	4.0	3	258	＞10.0
11	PSYCHOLOGICAL SCIENCE IN THE PUBLIC INTEREST	965	14.143	2.75	0	7	6.9
12	ANNUAL REVIEW OF CLINICAL PSYCHOLOGY	4063	12.136	2.1	0	22	6.5
13	LANCET PSYCHIATRY	1636	11.588	5.246	2	282	1.6
14	ACADEMY OF MANAGEMENT ANNALS	2109	11.115	1.333	0	20	5.8
15	ANNUAL REVIEW OF PUBLIC HEALTH	4974	10.228	0.917	0	26	＞10.0
16	ACADEMY OF MANAGEMENT REVIEW	27906	9.408	1.897	0	46	＞10.0
17	PERSONALITY AND SOCIAL PSYCHOLOGY REVIEW	4927	9.361	2.0	0	16	＞10.0
18	PSYCHOTHERAPY AND PSYCHOSOMATICS	3245	8.964	2.65	2	74	8.6
19	CLINICAL PSYCHOLOGY REVIEW	12528	8.897	1.21	0	84	7.9
20	JOURNAL OF MANAGEMENT	16286	7.733	1.014	0	73	＞10.0

数据来源：SJCR 2015。

表 16-9 影响因子居前 10 位的 SSCI 期刊中中国机构发表论文情况

序号	发表期刊	论文类型	发表机构	论文题目与第一作者信息
1	WORLD PSYCHIATRY	Editorial Material	上海交通大学	Would the use of dimensional measures improve the utility of psychiatric diagnoses? Phillips，Michael R
2	NATURE CLIMATE CHANGE	Article	中科院青藏高原研究所	Greening of the Earth and its drivers，Zhu，Zai chun
3		Article	中国科学院生态环境研究中心	Revegetation in China’s Loess Plateau is approaching sustainable water resource limits，Feng，Xiaoming
4		Article	中国科学院动物研究所	Climate and topography explain range sizes of terrestrial vertebrates，Li，Yiming
5		Letter	北京师范大学	Reply to ‘Emission effects of the Chinese-Russian gas deal’，Dong，Wenjie
6		Article	兰州大学	Accelerated dryland expansion under climate change，Huang，Jianping
7		Article	南京农业大学	Similar estimates of temperature impacts on global wheat yield by three independent methods，Liu，Bing
8		Article	清华大学	Tundra soil carbon is vulnerable to rapid microbial decomposition under climate warming，Xue，Kai
9		Letter	中国科学院工程热物理研究所	Greenhouse gas emissions from synthetic natural gas production，Li，Sheng
10		Article	兰州大学	Persistent shift of the Arctic polar vortex towards the Eurasian continent in recent decades，Zhang，Jiankai
11		Article	中国气象局	Contribution of urbanization to warming in China，Sun，Ying
12		Article	清华大学	Health and climate impacts of ocean-going vessels in East Asia，Liu，Huan
13	LANCET GLOBAL HEALTH	Letter	汕头大学	Pharmacopoeial quality of antimicrobial drugs in southern China，Pan，Hui
14		Article	新疆医科大学附属第二医院	Prevalence of pulmonary tuberculosis in western China in 2010-11：A population-based，cross-sectional survey，Mijiti，Peierdun
15		Article	四川大学	Sociodemographic and obstetric characteristics of stillbirths in China：A census of nearly 4 million health facility births between 2012 and 2014，Zhu，Jun
16		Letter	湖南师范大学	Antenatal care for women in their second pregnancies in China，Ye，Fangfan
17		Editorial Material	北京大学	New challenges for tuberculosis control in China，Gao，Yan
18		Editorial Material	复旦大学	Unravelling the panorama of vital statistics on Chinese neonates，Dong，Ying
19		Editorial Material	中国疾病预防控制中心	HIV and STI risk reduction through physician training，Wu，Zunyou
20		Article	山东大学	Tobacco use and second-hand smoke exposure in young adolescents aged 12—15 years：Data from 68 low-income and middle-income countries，Xi，Bo
21		Letter	中南大学附属湘雅第二医院	Controversy in public hospital reforms in China，Guan，Xiao

续表

序号	发表期刊	论文类型	发表机构	论文题目与第一作者信息
22	TRENDS IN COGNITIVE SCIENCES	Review	北京师范大学	Oxytocin and Social Adaptation：Insights from Neuroimaging Studies of Healthy and Clinical Populations，Guan，Xiao
23		Editorial Material	浙江大学	Rhythm of Silence，Ma，Yina
24		Review	北京师范大学	Object Domain and Modality in the Ventral Visual Pathway，Bi，Yanchao
25	AMERICAN JOURNAL OF PSYCHIATRY	Letter	四川大学	Response to Sarpal et al.：Importance of Neuroimaging Biomarkers for Treatment Development and Clinical Practice，Gong，Qiyong
26		Letter	中国科学院昆明植物研究所	Down-Regulation of SIRT1 Gene Expression in Major Depressive Disorder，Luo，Xiongjian
27		Review	四川大学	A Selective Review of Cerebral Abnormalities in Patients With First-Episode Schizophrenia Before and After Treatment，Gong，Qiyong

数据来源：SJCR 2016 和 SSCI 2016。

（2）国际高被引期刊中的中国社会科学论文

总被引数居前 20 位的国际社科期刊如表 16-10，这 20 种期刊共发表论文 6003 篇。不计港澳台地区的论文，我国作者在其中的 12 种期刊共有 363 篇论文发表，占这些期刊论文总数的 6.05%，相比去年降低了 20 多个百分点。这 363 篇论文中，同时也是影响因子居前 20 位的论文共有 3 篇，这些论文的详细情况位见表 16-11。

表 16-10　总被引数居前 20 位的 SSCI 期刊

排名	期刊名称	总被引数	影响因子	即年指标	中国论文篇数	期刊论文篇数	半衰期
1	JOURNAL OF PERSONALITY AND SOCIAL PSYCHOLOGY	62689	5.017	0.67	0	112	> 10.0
2	PSYCHOLOGICAL BULLETIN	43457	16.793	1.864	0	50	> 10.0
3	AMERICAN JOURNAL OF PSYCHIATRY	41446	14.176	4.0	3	258	> 10.0
4	AMERICAN ECONOMIC REVIEW	40031	4.026	0.975	0	254	> 10.0
5	SOCIAL SCIENCE & MEDICINE	36324	2.797	0.34	6	542	> 10.0
6	ENERGY POLICY	35244	4.140	0.746	73	570	6.1
7	AMERICAN JOURNAL OF PUBLIC HEALTH	34671	3.858	1.435	4	624	9.9
8	JOURNAL OF APPLIED PSYCHOLOGY	31146	4.130	0.402	2	108	> 10.0
9	ACADEMY OF MANAGEMENT JOURNAL	30777	7.417	1.08	1	95	> 10.0

续表

排名	期刊名称	总被引数	影响因子	即年指标	中国论文篇数	期刊论文篇数	半衰期
10	JOURNAL OF FINANCE	29644	6.043	0.958	0	73	> 10.0
11	ACADEMY OF MANAGEMENT REVIEW	27906	9.408	1.897	0	46	> 10.0
12	STRATEGIC MANAGEMENT JOURNAL	27588	4.461	0.484	3	163	> 10.0
13	JOURNAL OF THE AMERICAN GERIATRICS SOCIETY	27148	4.388	0.556	217	1609	> 10.0
14	ECONOMETRICA	26737	3.379	1.153	0	59	> 10.0
15	CHILD DEVELOPMENT	26701	4.195	1.394	3	151	> 10.0
16	MANAGEMENT SCIENCE	26642	2.822	0.5	2	196	> 10.0
17	PSYCHOLOGICAL SCIENCE	26199	5.667	0.94	1	165	8.7
18	PSYCHOLOGICAL REVIEW	25352	7.638	1.69	0	39	> 10.0
19	JOURNAL OF FINANCIAL ECONOMICS	24083	4.505	0.472	0	123	> 10.0
20	JOURNAL OF AFFECTIVE DISORDERS	23719	3.432	0.732	48	766	5.8

数据来源：SJCR 2015。

表 16-11　总被引频次和影响因子居前 20 位的 SSCI 期刊中中国机构发表论文情况

序号	发表期刊	论文类型	发表机构	论文题目与第一作者信息
1	AMERICAN JOURNAL OF PSYCHIATRY	Letter	四川大学华西医院	Response to Sarpal et al.: Importance of Neuroimaging Biomarkers for Treatment Development and Clinical Practice，Gong Qiyong
2	AMERICAN JOURNAL OF PSYCHIATRY	Letter	中国科学院昆明动物研究所	Down-Regulation of SIRT1 Gene Expression in Major Depressive Disorder，Luo Xiongjian
3	AMERICAN JOURNAL OF PSYCHIATRY	Review	四川大学华西医院	A Selective Review of Cerebral Abnormalities in Patients With First-Episode Schizophrenia Before and After Treatment，Gong Qiyong

数据来源：SJCR 2016、SSCI 2016。

16.3　讨论

16. 3. 1　增加社科论文数量，提高社科论文质量

中国科技和经济实力的发展速度已经引起世界瞩目，无论是自然科学论文还是社会科学论文的数量也呈逐年增长趋势。随着社会科学研究水平的提高，中国政府也进一步

重视社会科学的发展。但与自然科学论文相比，无论是论文总数、国际数据库收录期刊数，还是期刊论文的影响因子、被引次数，社会科学论文都有比较大的差距，且与中国目前的国际地位和影响力并不相符。

2016 年，中国的社科论文被国际检索系统收录数较 2015 年有所增加，占 2016 年 SSCI 收录的世界文献总数的 5.3%，世界排名位居世界第 6 位，与 2015 年持平。而自然科学论文的该项值是 16.3%，继续排在世界的第 2 位。若不计港澳台地区的论文，在世界高影响因子前 20 位的社科期刊中，我国作者在其中 7 种期刊上发表 31 篇论文；在高被引前 20 位的社科期刊中，我国作者在其中 12 种期刊上发表 363 篇论文。相比 2015 年，我国社会科学论文的国际显示度有下降，比 2014 年略有进步，发表论文占这些期刊论文总数的比例仍不甚高。当然，在国际高影响期刊中发表论文是有一定的难度，但如果能发表，根据“马太”效应，该论文的影响也会加大。因此，我国社会科学研究论文除了在数量上有提高，在质量上也应重点关注如何撰写出高影响力的“精品”论文。

16.3.2 发展优势学科，加强支持力度

2016 年，在 16 个社科类学科分类中，我国在其中 14 个学科中均有论文发表。其中，发文量超过 100 篇的学科有 6 个。其中，超过 200 篇的分别是经济，教育，管理和社会、民族；最高发文量的学科为经济学，2016 年共发表论文 1586 篇。我们需要考虑的是如何进一步巩固优势学科的发展，并带动目前影响力稍弱的学科。例如，我们可以对优势学科的期刊给予重点资助，培育更多该学科的精品期刊等方法。

参考文献

[1] ISI-SSCI 2016.
[2] SSCI-JCR 2016.

17 Scopus 收录中国论文情况统计分析

本章从 Scopus 收录论文的国家分布、中国论文的期刊分布、地区与城市分布、学科分布、机构分布、被引情况等角度进行了统计分析。

17.1 引言

Scopus 由全球著名出版商爱思唯尔（Elsevier）研发，收录了来自于全球 5000 余家出版社的 21000 余种出版物的约 50000000 项数据记录，是全球最大的文摘和引文数据库。这些出版物包括 20000 种同行评议的期刊（涉及 2800 种开源期刊）、365 种商业出版物、70000 余册书籍和 6500000 篇会议论文等。

该数据库收录学科全面，涵盖四大门类 27 个学科领域，收录生命科学（农学、生物学、神经科学和药学等）、社会科学（人文与艺术、商业、历史和信息科学等）、自然科学（化学、工程学和数学等）和健康科学（医学综合、牙医学、护理学和兽医学等）。文献类型则包括文章（Article）、待出版文章（Article-in-Press）、会议论文（Conference paper）、社论（Editorial）、勘误（Erratum）、信函（Letter）、笔记（Note）、评论（Review）、简短调查（Short survey）和丛书（Book series）等。

17.2 数据来源

本章以 2016 年 Scopus 收录的中国科技论文进行统计分析，数据检索和下载时间为 2017 年 6 月。文献类型选择 d（trade journal）、j（journal）、k（book series）和 p（conference proceeding），最终共获得 439181 篇文献。

17.3 研究分析与结论

17.3.1 Scopus 收录论文国家分布

2016 年，Scopus 数据库收录的世界科技论文总数为 278.24 万篇，其中中国机构为第一作者第一署名机构的科技论文为 43.92 万篇，占世界论文总量的 15.80%，排在世界第 2 位。排在世界前 5 位的国家是美国、中国、印度、英国和德国。

17.3.2 中国论文发表期刊分布

2016 年，Scopus 收录中国论文较多的期刊为《Scientific Reports》《Rsc Advances》和《Plos One》。收录论文居前 10 位的期刊如表 17-1 所示。

表 17-1 2016 年 Scopus 收录中国论文居前 10 位的期刊

排名	期刊名称	论文篇数	比例
1	Sci. Rep.	6938	1.58%
2	RSC Adv.	6417	1.46%
3	PLoS ONE	3119	0.71%
4	Lect. Notes Comput. Sci.	2935	0.67%
5	Oncotarget	2718	0.62%
6	Int. J. Clin. Exp. Med.	2714	0.62%
7	Proc SPIE Int Soc Opt Eng	2616	0.60%
8	ACS Appl. Mater. Interfaces	1760	0.40%
9	Chinese Control Conf., CCC	1673	0.38%
10	J Alloys Compd	1609	0.37%

17.3.3 中国论文的地区分布

2016 年，Scopus 数据库收录的中国科技论文居前 3 位的地区是北京、江苏和上海。其中，北京以总论文量为 80647 篇居第 1 位，占我国论文总数的 18.36%，遥遥领先于江苏和上海，略高于两者之和（如表 17-2 所示）。

表 17-2 2016 年 Scopus 收录中国论文居前 10 位的地区

排名	地区	论文篇数	比例	排名	地区	论文篇数	比例
1	北京	80647	18.36%	6	广东	23067	5.25%
2	江苏	42916	9.77%	7	浙江	19257	4.38%
3	上海	35738	8.14%	8	四川	18308	4.17%
4	陕西	23955	5.45%	9	山东	17828	4.06%
5	湖北	23160	5.27%	10	辽宁	16784	3.82%

2016 年 Scopus 数据库收录的中国科技论文居前 3 位的城市是北京、上海和南京。其中，北京以总论文量为 80647 篇居第 1 位，占中国论文总数的 18.36%。居前 10 位的城市发表论文均大于 10000 篇（如表 17-3 所示）。

表 17-3 2016 年 Scopus 收录论文较多的城市

排名	城市	论文篇数	比例	排名	城市	论文篇数	比例
1	北京市	80647	18.36%	6	广州市	16871	3.84%
2	上海市	35738	8.14%	7	杭州市	13759	3.13%
3	南京市	27593	6.28%	8	成都市	13678	3.11%
4	武汉市	21546	4.91%	9	天津市	12084	2.75%
5	西安市	21490	4.89%	10	长沙市	11947	2.72%

17.3.4 中国论文的学科分布

Scopus 数据库的学科分类体系涵盖了 27 个学科。2016 年 Scopus 收录论文中，电气与电子工程方面的论文最多，为51125篇，占总论文数的11.64%；之后是机械工程论文35026篇，占总论文数的7.98%；居第3位是凝聚态物理，论文数为32948篇，占总论文数的7.50%。发表论文居前10位的学科如表17-4所示。

表17-4 2016年Scopus收录中国论文居前10位的学科领域

排名	学科	论文篇数	比例
1	Electrical and Electronic Engineering	51125	11.64%
2	Mechanical Engineering	35026	7.98%
3	Condensed Matter Physics	32948	7.50%
4	Chemistry（all）	31844	7.25%
5	Materials Science（all）	30226	6.88%
6	Computer Science Applications	28529	6.50%
7	Electronic，Optical and Magnetic Materials	23390	5.33%
8	Medicine（all）	22971	5.23%
9	Control and Systems Engineering	22590	5.14%
10	Chemical Engineering（all）	21263	4.84%

17.3.5 中国论文的机构分布

（1）机构类型

2016年，Scopus收录中国论文主要集中在高等院校，共收录论文358787篇，占比81.69%；其次是科研院所，共收录论文46878篇，占比10.67%；收录医院论文11358篇，占比2.59%；公司企业共收录论文9944篇，占比2.26%（如表17-5所示）。

表17-5 2015年Scopus收录中国论文的机构类型

机构类型	论文篇数	比例	机构类型	论文篇数	比例
高等院校	358787	81.69%	公司企业	9944	2.26%
科研院所	46878	10.67%	其他	12214	2.78%
医院	11358	2.59%			

（2）Scopus收录论文较多的高等院校

Scopus收录论文居前3位的高等院校为上海交通大学、浙江大学和清华大学，分别收录了9160篇、8574篇和8452篇（如表17-6所示）。排名居前20位的高等院校发表论文数均超过了3900篇。

表17-6 2016年Scopus收录论文居前20位的高等院校

排名	高等院校	论文篇数	排名	高等院校	论文篇数
1	上海交通大学	9160	5	哈尔滨工业大学	6115
2	浙江大学	8574	6	华中科技大学	5975
3	清华大学	8452	7	西安交通大学	5712
4	北京大学	6540	8	四川大学	5344

续表

排名	高等院校	论文篇数	排名	高等院校	论文篇数
9	中南大学	4979	15	天津大学	4709
10	吉林大学	4938	16	同济大学	4538
11	山东大学	4847	17	中山大学	4444
12	北京航空航天大学	4808	18	东南大学	4386
13	复旦大学	4802	19	华南理工大学	4036
14	武汉大学	4787	20	南京大学	3919

（3）Scopus 收录论文较多的科研院所

2016 年，Scopus 收录论文居前 3 位的科研院所为中国工程物理研究院、中国科学院化学研究所和中国科学院长春应用化学研究所，分别收录了 1013 篇、736 篇和 703 篇（如表 17-7 所示）。排名居前 20 位的科研院所中有 15 个单位为中科院下属研究院所。

表 17-7 2016 年 Scopus 收录中国论文居前 20 位的科研院所

排名	科研院所	论文篇数
1	中国工程物理研究院	1013
2	中国科学院化学研究所	736
3	中国科学院长春应用化学研究所	703
4	中国科学院大连化学物理研究所	659
5	中国科学院生态环境研究中心	626
6	中国科学院地质与地球物理研究所	619
7	中国科学院地理科学与资源研究所	613
8	中国科学院自动化研究所	611
9	中国科学院长春光学精密机械与物理研究所	604
10	中国林业科学研究院	572
11	中国科学院半导体研究所	553
12	中国科学院遥感与数字地球研究所	500
13	军事医学科学院	489
14	中国水产科学研究院	476
15	中国科学院金属研究所	475
16	中国电力科学研究院	469
17	中国科学院物理研究所	467
18	中国科学院过程工程研究所	457
19	中国科学院海洋研究所	440
20	中国科学院合肥物质科学研究院	431

17.3.6 被引情况分析

截至 2017 年 6 月，2016 年 Scopus 收录的中国论文篇数为 439159 篇，总共被引 405159 次，篇均被引用 0.92 次，高于 2015 年篇均被引次数（0.86 次）。

其中被引次数居前 10 位的论文，如表 17-8 所示。被引次数最多的是国家癌症中心 Chen W 等人在 2016 年发表的题为《Cancer statistics in China，2015》的论文，截至 2017 年 6 月其共被引 765 次；排名第 2 位的是华南农业大学的 Liu YY 等人在 2016 年发表的题 为《Emergence of plasmid-mediated colistin resistance mechanism MCR-1 in animals and human beings in China：A microbiological and molecular biological study》的论文，共被引 354 次；排在第 3 位的是中国科学院化学研究所的 Zhao W 等人发表的题为《Fullerene-Free Polymer Solar Cells with over 11% Efficiency and Excellent Thermal Stability》的论文，共被引 205 次。

表 17-8 2016 年 Scopus 收录中国论文被引次数居前 10 位的论文

被引次数	第一单位	来源
765	国家癌症中心	Chen W，Zheng R，Baade P D，et al. Cancer statistics in China，2015[J]. CA Cancer Journal for Clinicians，2016，66（2）：115-132.
354	华南农业大学	Liu Y Y，Wang Y，Walsh T R，et al. Emergence of plasmid-mediated colistin resistance mechanism MCR-1 in animals and human beings in China：A microbiological and molecular biological study[J]. The Lancet Infectious Diseases，2016，16（2）：161-168.
205	中国科学院化学研究所	Zhao W，Qian D，Zhang S，et al. Fullerene-Free Polymer Solar Cells with over 11% Efficiency and Excellent Thermal Stability[J]. Advanced Materials，2016，28（23）：4734-4739.
190	南京信息工程大学	Xia Z，Wang X，Sun X，et al. A Secure and Dynamic Multi-Keyword Ranked Search Scheme over Encrypted Cloud Data[J]. IEEE Transactions on Parallel and Distributed Systems，2016，27（2）：340-352.
163	清华大学	Wan Z，Liu J，Deng R H. HASBE：A hierarchical attribute-based solution for flexible and scalable access control in cloud computing[J]. IEEE Transactions on Information Forensics and Security，2016，7（2）：743-754.
152	北京航空航天大学	Zhao L D，Tan G，Hao S，et al.Ultrahigh power factor and thermoelectric performance in hole-doped single-crystal SnSe[J]. Science，2016，351（6269）：141-144.
143	华南农业大学	Li X，Yu J，Jaroniec M. Hierarchical photocatalysts[J].Chemical Society Reviews，2016，45（9）：2603-2636.
140	中国科学院长春应用化学研究所	Wang J，Cui W，Liu Q，et al.Recent Progress in Cobalt-Based Heterogeneous Catalysts for Electrochemical Water Splitting[J]. Advanced Materials，2016，28（2）：215-230.
138	北京航空航天大学	Meng D，Sun D，Zhong C，et al. High-Performance Solution-Processed Non-Fullerene Organic Solar Cells Based on Selenophene-Containing PeryleneBisimide Acceptor[J].Journal of the American Chemical Society，2016，138（1）：375-380.
130	中国科学院上海药物研究所	Zhou Y，Wang J，Gu Z，et al.Next Generation of Fluorine-Containing Pharmaceuticals，Compounds Currently in Phase II-III Clinical Trials of Major Pharmaceutical Companies：New Structural Trends and Therapeutic Areas[J]. Chemical Reviews，2016，116（2）：422-518.

17.4 讨论

本章从 Scopus 收录论文国家分布，以及中国论文的期刊分布、地区与城市分布、学科分布、机构分布及被引情况等方面进行了分析，我们可以得知：

①从全球科学论文产出的角度而言，中国发表论文数居全球第 2 位，仅次于美国。

②中国的地区科学实力分布不均衡。北京的科学实力一枝独秀，远远高于其他地区，属于科技实力的第一集团，而江苏、上海等地，属于科学实力上的“强”地区，属于科技实力的第二集团。

③中国的城市科学实力分布不均衡，北京、上海、南京等经济发达城市发表论文数较多。

④中国的优势学科为：电气与电子工程、机械工程、凝聚态物理、化学、材料科学等。

⑤ Scopus 收录中国论文主要集中在高等院校，占比 81.69%；其次是科研院所，占比 10.67%。高等院校发表论文较多的有上海交通大学、浙江大学和清华大学；科研院所中中国科学院所属研究所占据绝对主导地位，发表论文较多的有中国工程物理研究院、中国科学院化学研究所和中国科学院长春应用化学研究所。

⑥中国论文的被引次数呈逐年增加趋势，但总体被引次数还偏少。

18 中国台湾、香港和澳门科技论文情况分析

18.1 引言

中国台湾地区、香港特别行政区以及澳门特别行政区的科技论文产出也是中国科技论文统计与分析关注和研究的重点内容之一。本章介绍了 SCI、Ei 和 CPCI-S 三系统收录这 3 个地区的论文情况，为便于对比分析，还采用了 InCites 数据。通过学科、地区、机构分布情况和被引用情况等方面对这 3 个地区进行统计和分析，以揭示中国台湾地区、香港特别行政区以及澳门特别行政区的科研产出情况。

18.2 研究分析与结论

18.2.1 中国台湾地区、香港特区和澳门特区 SCI、Ei 和 CPCI-S 三系统科技论文产出情况

（1）SCI 收录三地区科技论文情况分析

主要反映基础研究状况的 SCI（Science Citation Index）2016 年收录的世界科技论文总数共计 1902920 篇，比 2015 年的 1816807 篇增加 86113 篇，增长 4.74%。

2016 年，SCI 收录中国台湾地区论文 27752 篇，比 2015 年的 27902 篇减少 150 篇，下降 0.54%，总数占 SCI 论文总数 1902920 篇的 1.46%。

2016 年，SCI 收录中国香港特区为发表单位的 SCI 论文数共计 14081 篇，比 2015 年的 13327 篇增加 754 篇，增长 5.66%，总数占 SCI 论文总数 1902920 篇的 0.74%。

2016 年，SCI 收录中国澳门特区论文 1463 篇，比 2015 年的 1087 篇增加了 376 篇，增长 34.59%。

图 18-1 是 2011—2016 年 SCI 收录中国台湾地区和香港特区科技论文数量的变化趋势。由图可知，近 6 年来，中国香港特区 SCI 论文数呈稳步上升趋势，中国台湾地区 SCI 论文数 2011—2014 年呈上升势头，但 2015 年有所下降，2016 与 2015 年基本持平。

（2）CPCI-S 收录三地区科技论文情况

科技会议文献是重要的学术文献之一，2016 年 CPCI-S（Conference Proceedings Citation Index-Science）共收录世界论文总数为 568793 篇，比 2015 年的 465129 篇增加 103664 篇，增长 22.29%。

2016 年，CPCI-S 共收录中国台湾地区科技论文 7642 篇，比 2015 年的 7241 篇增加 401 篇，增长 5.54%。

2016 年，CPCI-S 共收录中国香港特区论文 3380 篇，比 2015 年的 2811 篇，增加 569 篇，增长 20.24%。

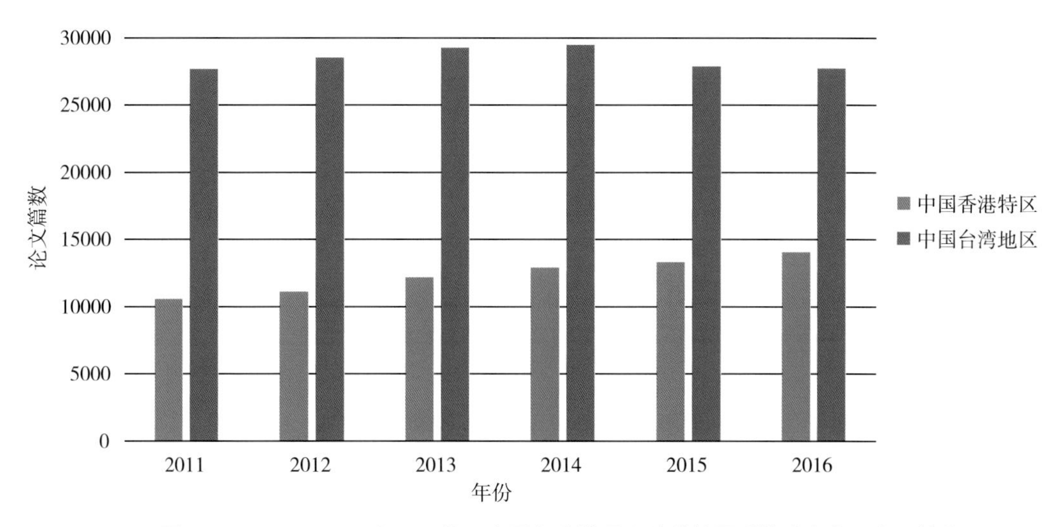

图 18-1　2011—2016 年 SCI 收录中国台湾地区和香港特区科技论文数量变化趋势

2016 年，CPCI-S 共收录中国澳门特区论文 372 篇，比 2015 年的 317 篇增加了 55 篇，增长 17.35%。

（3）Ei 收录三地区科技论文情况分析

反映工程科学研究的 Ei（《工程索引》，Engineering Index）在 2016 年共收录世界科技论文 772232 篇，比 2015 年 679968 篇增加 92264 篇，增长 13.57%。

2016 年，Ei 共收录中国台湾地区科技论文 12405 篇，比 2015 年的 13101 篇减少 696 篇，减少 5.31%；占世界论文总数的 1.61%。

2016 年 Ei 共收录中国香港特区科技论文 6978 篇，比 2015 年的 6941 篇增加了 37 篇，增长 0.53%；占世界论文总数的 0.9%。

Ei 共收录澳门特区科技论文 711 篇，比 2015 年 631 篇增加 80 篇增长 12.68%。

18.2.2　中国台湾地区、香港特区和澳门特区 Web of Science 论文数及被引用情况分析

汤森路透的 InCites 数据库中集合了近 30 年来 Web of Science 核心合集（包含 SCI、SSCI 和 CPCI-S 等）七大索引数据库的数据，拥有多元化的指标和丰富的可视化效果，可以辅助科研管理人员更高效地制定战略决策。通过 InCites，能够实时跟踪一个国家（地区）的研究产出和影响力；将该国家（地区）的研究绩效与其他国家（地区）及全球的平均水平进行对比。

如表 18-1 所示，在 InCites 数据库中，与 2015 年相比，2016 年中国台湾地区、香港特区和澳门特区的论文数与内地论文数的差距更加大；从论文被引频次情况看，三地区的论文被引次数都比 2015 年有不同程度的增加；从学科规范化的引文影响力看，香港特区论文的影响力最高，为 1.46，跟 2015 年基本持平；澳门特区论文的影响力其次，为 1.26，高于 2015 年；台湾地区最低，为 0.91，中国内地为 0.94；从被引次数排名前 1% 的论文比例看，香港和澳门地区的百分比高，分别为 1.86% 和 1.80%，大陆和台湾地区

的百分比分别为 1.03% 和 0.91%；从高被引论文看，中国内地数量为 3473 篇，比 2015 年的 3085 篇增加 388 篇，增长 12.58%；中国香港特区和台湾地区高被引论文数，分别为 273 和 249 篇，澳门地区最少，只有 27 篇，比 2015 年增加 5 篇；从热门论文百分比看，香港特区和澳门特区的百分比最高，分别为 0.18% 和 0.35%，中国内地和台湾地区分别为 0.09% 和 0.12%；从国际合作论文数看，中国大陆的国际合作论文数最多，为 93818 篇，中国台湾地区为 10773，香港和澳门特区的国际合作论文数分别为 7223 和 669 篇；从相对于全球平均水平的影响力看，中国香港特区和该指标数最高，为 1.738，其次是澳门特区为 1.699，中国大陆和台湾地区则分别为 1.323 和 1.140。

表 18-1 2015—2016 年 Web of Science 收录中国内地、台湾地区、香港特区和澳门特区论文及被引情况

国家（地区）	中国内地		台湾地区		香港特区		澳门特区	
	2015 年	2016 年	2015 年	2016 年	2015 年	2016 年	2015 年	2016 年
Web of Science 论文篇数	366067	410157	35354	36132	17486	19003	1334	1722
学科规范化的引文影响力	0.88	0.94	0.9	0.91	1.42	1.46	1.16	1.26
被引次数	605615	769209	48481	58362	38496	46480	2361	4147
论文被引比例	45.52%	47.66%	42.18%	43.33%	50.68%	52.36%	42.73%	51.51%
平均比例	70.11%	69.1%	72.56%	72.46%	64.04%	63.26%	69.9%	64.55%
被引次数排名前 1% 的论文比例	0.98%	1.03%	0.77%	0.91%	1.98%	1.86%	1.72%	1.80%
被引次数排名前 10% 的论文比例	7.90%	8.38%	6.49%	6.59%	12.05%	12.85%	9.90%	12.02%
高被引论文篇数	3085	3473	216	249	296	273	22	27
高被引论文比例	0.84%	0.85%	0.61%	0.69%	1.69%	1.44%	1.65%	1.57%
热门论文比例	0.08%	0.09%	0.09%	0.12%	0.23%	0.18%	0.22%	0.35%
国际合作论文篇数	80713	93818	9838	10773	6425	7223	494	669
相对于全球平均水平的影响力	1.306	1.323	1.082	1.140	1.738	1.726	1.397	1.699

注：以上 2015—2016 年论文和被引用情况按出版年计算。

数据来源于据 2015—2016 年 InCites 数据。

18.2.3 中国台湾地区、香港特区和澳门特区 SCI 论文分析

SCI 中涉及的文献类型有 Article、Review、Letter、News、Meeting Abstracts、Correction、Editorial Material、Book Review 和 Biographical-Item 等，遵从一些专家的意见和经过我们研究决定，将两类文献，即 Article 和 Review 作为各论文统计的依据。以下所述 SCI 论文的机构和学科分析都基于此，不再另注。

（1）SCI 收录台湾地区科技论文情况及被引用情况分析

2016 年，第一作者作为台湾地区发表的论文共计 22087 篇，占总数的 79.59%。图 18-2 是 SCI 收录的台湾地区论文中，第一作者为非台湾地区论文的主要国家（地区）分布情况。其中，第一作者为中国内地和美国的论文数居前 2 位，分别为 350 篇和 256 篇，共占非台湾地区第一作者论文总数的 10.69%。其次为日本（58 篇）、澳大利亚（53 篇）、印度（50 篇），其他国家论文数均不足 50 篇。

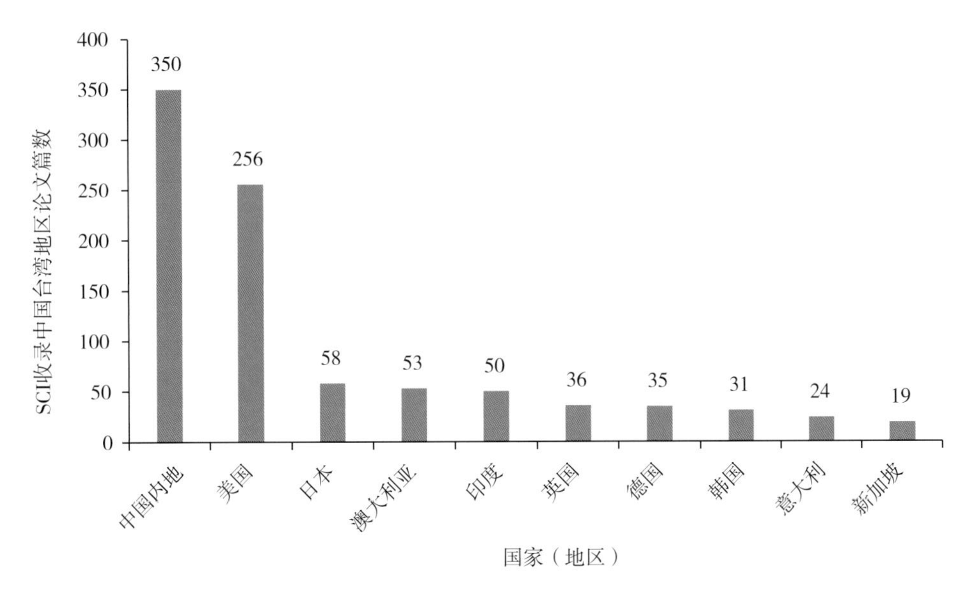

图 18-2 2016 年 SCI 收录的中国台湾地区论文中第一作者为非台湾地区的主要国家（地区）分布情况

2016 年，中国台湾地区的学科规范化的引文影响力、论文被引比例、引文影响力、国际合作论文数、被引次数排名前 10% 的论文比例、高被引篇数、热门论文比例、国际合作论文比例等几个指标高于 2015 年，但是学科规范化的引文影响力、被引频次、论文被引比例、引文影响力、高被引论文数等指标低于 2015 年（如表 18-2 所示）。

表 18-2 2016 年 SSCI 收录中国台湾地区论文数及被引情况

年度	学科规范化的引文影响力	被引次数	论文被引比例	引文影响力	国际合作论文篇数	被引次数排名前 10% 的论文比例	高被引论文篇数	热门论文比例	国际合作论文比例
2015 年	0.96	47056	50.53%	1.69	8,299	7.34%	212	0.12%	29.79%
2016 年	1.03	38373	54.33%	2.89	8,991	7.76%	238	0.14%	32.04%

2016 年，SCI 收录中国台湾地区论文居前 10 名的高等院校与 2015 年一致，高等院校排名略有不同。SCI 收录台湾地区论文较多的居前 10 所高等院校共发表论文 8608 篇，

占台湾第一作者论文总数的38.98%（如表18-3所示）。

表18-3 2016年SCI收录中国台湾地区论文居前10位的高等院校

排名	高等院校	论文篇数	排名	高等院校	论文篇数
1	台湾大学	2029	6	台北医学大学	638
2	台湾成功大学	1396	7	台湾科技大学	564
3	台湾交通大学	824	8	台湾“中央大学”	555
3	台湾“清华大学”	816	9	台湾“中兴大学”	549
5	长庚大学	753	10	台湾阳明大学	484

2016年，SCI收录台湾地区论文数较多的研究机构见表18-4。台湾“中央研究院”论文数最多，为686篇，其次是台湾卫生研究院、台湾工业技术研究院、台湾同步辐射研究中心和台湾核能研究所。

表18-4 2016年SCI收录中国台湾地区论文居前5位的研究机构

排名	研究机构名称	论文篇数	排名	研究机构名称	论文篇数
1	台湾“中央研究院”	686	4	台湾同步辐射研究中心	41
2	台湾卫生研究院	160	5	台湾核能研究所	30
3	台湾工业技术研究院	56			

表18-5为2016年SCI收录的中国台湾地区排名居前10位的医疗机构，台湾大学医学院附设医院以550篇居第1位，长庚纪念医院和台北荣民总医院分别居第2和第3位。

表18-5 2016年SCI收录中国台湾地区论文居前10位的医疗机构

排名	医疗机构名称	论文篇数	排名	医疗机构名称	论文篇数
1	台湾大学医学院附设医院	550	6	台中荣民总医院	174
2	长庚纪念医院	473	7	台湾马偕纪念医院	170
3	台北荣民总医院	444	8	高雄荣民总医院	149
4	高雄长庚纪念医院	286	9	台湾亚东纪念医院	134
5	台湾中国医药大学附设医院	181	10	三军总医院	133

按中国学科分类标准40个学科分类，2016年SCI收录中国台湾地区论文较多的学科是临床医学、生物学、化学、物理学和基础医学。图18-3是2016年SCI收录中国台湾地区论文居前10位的学科分布情况。

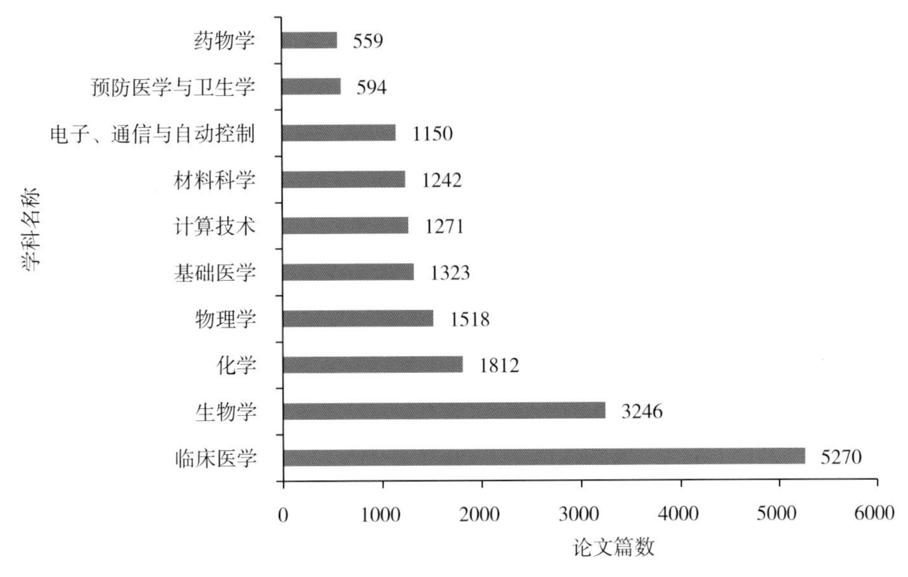

图 18-3　2016 年 SCI 收录台湾地区论文居前 10 位的学科分布情况

2016 年，SCI 收录的中国台湾地区论文分布在 3749 种期刊上，收录论文居前 10 位的期刊见表 18-6，共收录论文 2699 篇，占总数的 12.22%。

表 18-6　2016 年 SCI 收录中国台湾地区论文居前 10 位的期刊

排名	期刊名称	论文篇数
1	SCIENTIFIC REPORTS	575
2	PLOS ONE	549
3	MEDICINE	480
4	ONCOTARGET	245
5	RSC ADVANCES	223
6	JOURNAL OF THE FORMOSAN MEDICAL ASSOCIATION	152
7	FASEB JOURNAL	145
8	INTERNATIONAL JOURNAL OF MOLECULAR SCIENCES	113
9	JOURNAL OF MICROBIOLOGY IMMUNOLOGY AND INFECTION	113
10	TAIWANESE JOURNAL OF OBSTETRICS & GYNECOLOGY	104

（2）SCI 收录中国香港特区科技论文情况分析

2016 年，SCI 收录中国香港特区论文 14081 篇，其中第一作者为香港特区的论文共计 6834 篇，占总数的 48.53%。图 18-4 是 SCI 收录的香港特区论文中，第一作者为非中国香港特区论文的主要国家（地区）分布情况。排在第 1 位的仍是中国内地，共计 4705 篇，占中国香港特区论文总数的 33.41%。

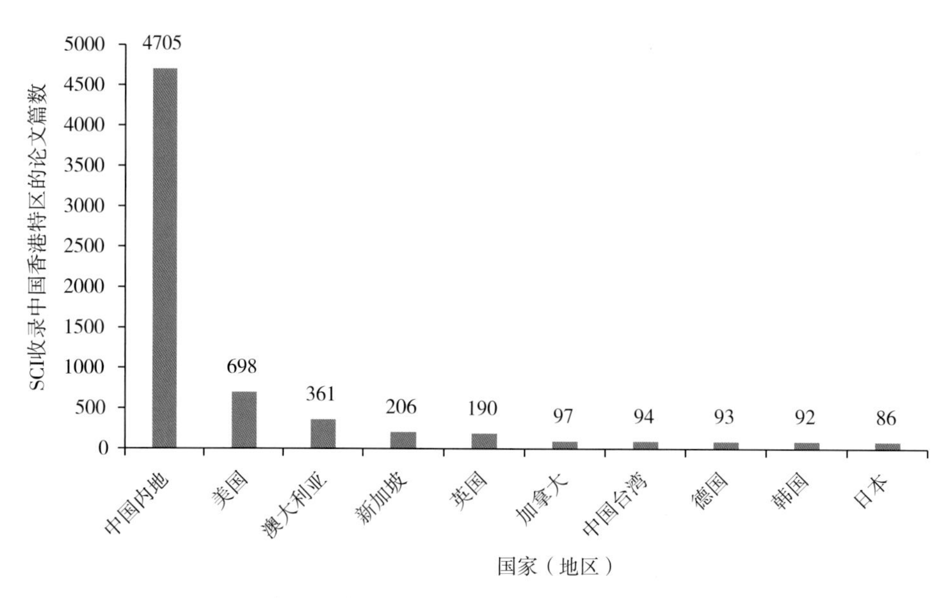

图 18-4 2016 年 SCI 收录中国香港特区论文中第一作者为非香港特区论文的主要国家（地区）分布情况

2016 年，中国香港特区论文被引频次为 22126；学科规范化的引文影响力为 1.55；论文被引比例为 66.40%；国际合作论文 5503 篇；被引次数排名前 10% 的论文比例为 16.03%；高被引论文为 277 篇。与 2015 年相比，香港特区的被引次数、高被引论文篇数、热门论文百分比指标低于 2015 年，其他指标则均高于 2015 年（如表 18-7 所示）。

表 18-7 2015—2016 年 SCI 收录的中国香港特区论文数及被引情况

年度	学科规范化的引文影响力	被引次数	论文被引比例	引文影响力	国际合作论文比例	被引次数排名前 10% 的论文比例	高被引论文篇数	热门论文比例	国际合作论文比例
2015	1.54	36874	61.20%	2.8	5045	14.00%	281	0.31%	38.35%
2016	1.55	22126	64.40%	4.65	5503	16.03%	277	0.29%	39.55%

2016 年，SCI 收录香港特区论文居前 6 位的高等院校共发表论文 6006 篇，占香港地区作者为第一作者论文总数的 87.88%，排名与 2015 年完全相同。表 18-8 为 2016 年 SCI 收录中国香港特区论文居前 6 位的高等院校，表 18-9 为居前 6 位的医疗机构。

表 18-8 2016 年 SCI 收录中国香港特区论文居前 6 位的高等院校

排名	高等院校	论文篇数	排名	高等院校	论文篇数
1	香港大学	1864	4	香港科技大学	807
2	香港中文大学	1410	5	香港城市大学	708
3	香港理工大学	968	6	香港浸会大学	249

表 18-9 2016 年 SCI 收录中国香港特区论文居前 6 位的医疗机构

排名	医疗机构	论文篇数	排名	医疗机构	论文篇数
1	玛丽医院	80	4	伊利沙伯医院	42
2	屯门医院	51	4	玛格丽特医院	34
3	威尔斯亲王医院	46	6	东区尤德夫人那打素医院	29

按中国学科分类标准 40 个学科分类，2016 年 SCI 收录中国香港特区论文最多的是临床医学类，共计 1789 篇，占香港特区论文总数的 12.71%。其次是生物学和化学。图 18-5 是 2016 年 SCI 收录中国香港特区论文数居前 10 位的学科分布情况。

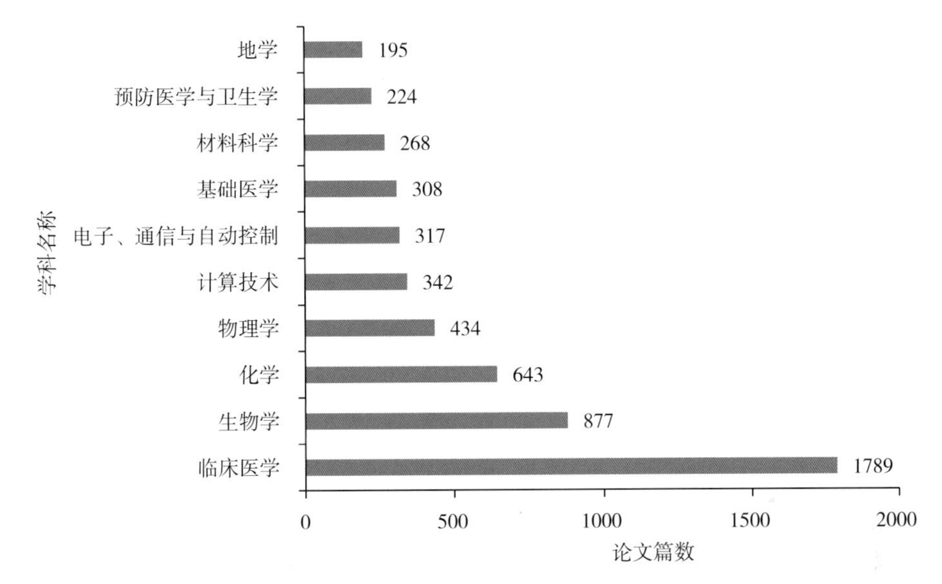

图 18-5 2016 年 SCI 收录中国香港特区论文数居前 10 位的学科分布情况

2016 年，SCI 收录的中国香港特区论文共分布在 3114 种期刊上，收录论文居前 10 位的期刊及论文篇数见表 18-10。

表 18-10 2016 年 SCI 收录中国香港特区论文数居前 10 位的期刊

排名	刊名	论文篇数
1	SCIENTIFIC REPORTS	180
2	HONG KONG MEDICAL JOURNAL	105
3	PLOS ONE	89
4	RSC ADVANCES	42
5	INTERNATIONAL JOURNAL OF MOLECULAR SCIENCES	38
6	BJU INTERNATIONAL	37
7	APPLIED PHYSICS LETTERS	35
8	ONCOTARGET	33
8	ACS APPLIED MATERIALS & INTERFACES	33
10	JOURNAL OF POWER SOURCES	32

（3）SCI 收录中国澳门特区科技论文情况分析

2016 年 SCI 收录澳门特区论文 1463 篇，其中第一作者为澳门特区的论文共计 521 篇，占总数的 35.61%。

第一作者为非澳门特区作者的论文中，论文数最多的国家（地区）是中国内地（615 篇），其次为香港特区（95 篇），美国（57 篇）。

第一作者为澳门特区的论文中，论文数居前 5 位的学科是：计算技术，生物学，药物学，化学和电子、通信与自动控制，论文数分别为：79 篇、74 篇，52 篇，49 篇和 46 篇。发表论文数最多的机构是澳门大学和澳门科技大学，分别为 390 篇和 115 篇。

18.2.4 中国台湾地区、香港特区和澳门特区 CPCI-S 论文分析

CPCI-S 的论文分析限定于第一作者的 Proceedings Paper 类型的文献。

（1）CPCI-S 收录中国台湾地区科技论文情况

2016 年中国台湾地区以第一作者发表的 Proceedings Paper 论文共计 6758 篇。

2016 年 CPCI-S 收录第一作者为中国台湾地区的论文出自 1175 个会议录。表 18-11 所示为收录台湾地区论文数居前 10 位的会议，共收录论文 1079 篇。

表 18-11 2016 年 CPCI-S 收录中国台湾地区论文数居前 10 位的会议

排名	会议名称	会议地点	论文篇数
1	International Conference on Applied System Innovation（IEEE ICASI）	日本	174
2	IEEE International Conference on Advanced Materials for Science and Engineering（IEEE-ICAMSE）	中国台湾地区	158
3	Experimental Biology Meeting	美国	144
4	International Computer Symposium（ICS）	中国台湾地区	118
5	International Symposium on Computer，Consumer and Control（IS3C）	中国西安	108
6	International Congress of Immunology（ICI）	澳大利亚	90
7	5th International Symposium on Next-Generation Electronics（ISNE）	中国台湾地区	75
8	5th IIAI International Congress on Advanced Applied Informatics（IIAI-AAI）	中国台湾地区	71
8	IEEE 5th Asia-Pacific Conference on Antennas and Propagation（APCAP）	日本	71
10	21st Cardiovascular Summit on Transcatheter Cardiovascular Therapeutics Asia Pacific（TCTAP）	韩国	70

2016 年 CPCI-S 收录中国台湾地区论文数居前 10 位的高等院校和前 5 位研究机构排名分别见表 18-12 和表 18-13。收录论文数最多的单位是台湾大学，共计 608 篇。前 10 位的高等院校论文数共计 2683 篇，占中国台湾地区论文总数的 39.7%。被 CPCI-S 收录论文数较多的研究机构为台湾“中央研究院”、工业技术研究院、台湾卫生研究院、台湾实验研究院和台湾神经学研究所。

表 18-12 2016 年 CPCI-S 收录中国台湾地区论文居前 10 位的高等院校

排名	高等院校名称	论文篇数	排名	高等院校名称	论文篇数
1	台湾大学	608	6	台湾“中央大学”	168
2	台湾交通大学	451	7	台北科技大学	159
3	台湾成功大学	369	8	台湾“中山大学”	156
4	台湾“清华大学”	302	9	台湾中兴大学	138
5	台湾科技大学	195	10	台湾中正大学	137

表 18-13 2016 年 CPCI-S 收录中国台湾地区论文数居前 5 位的研究机构

排名	研究机构名称	论文篇数	排名	研究机构名称	论文篇数
1	台湾“中央研究院”	181	4	台湾实验研究院	33
2	台湾工业技术研究院	65	5	台湾神经学研究所	13
3	台湾卫生研究院	35			

2016 年 CPCI-S 收录中国台湾地区论文数居前 10 位的学科见图 18-6。收录论文数最多的学科是电子、通信与自动控制，共计 1794 篇，占总数的 26.55%。

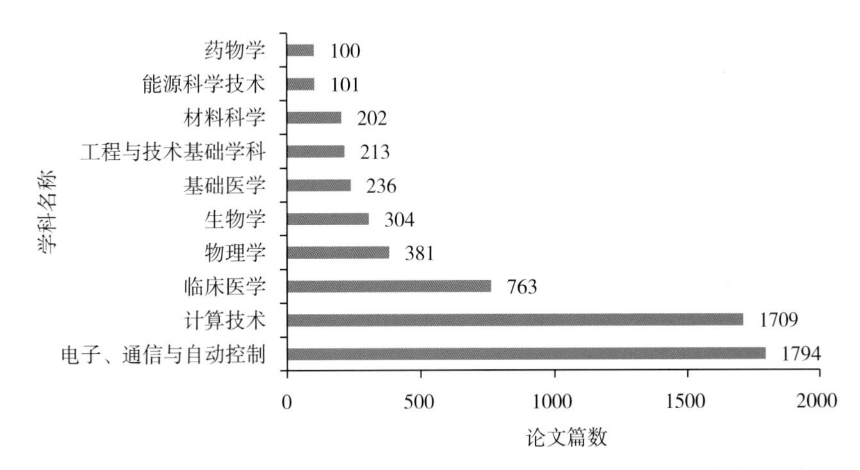

图 18-6 2016 年 CPCI-S 收录中国台湾地区论文居前 10 位的学科分布情况

（2）CPCI-S 收录中国香港特区科技论文情况分析

2016 年中国香港特区第一作者发表的 Proceedings Paper 论文共计 2092 篇。

2016 年 CPCI-S 收录中国香港特区的论文出自 662 个会议录。表 18-14 为收录香港特区论文数居前 10 位的会议，共收录论文 284 篇。

表 18-14 2016 年 CPCI-S 收录中国香港特区论文居前 10 位的会议

排名	会议名称	会议地点	论文篇数
1	Annual Scientific Meeting of the Hong-Kong-Urological-Association	中国香港特区	37
2	Progress in Electromagnetic Research Symposium（PIERS）	中国上海	31
3	IEEE International Conference on Communications（ICC）	马来西亚	26

续表

排名	会议名称	会议地点	论文篇数
4	Experimental Biology Meeting	美国	25
4	Annual Meeting of the Association–for–Research–in–Vision–and–Ophthalmology（ARVO）	美国	25
6	29th IEEE Conference on Computer Vision and Pattern Recognition Workshops（CVPRW）	美国	22
7	IEEE International Conference on Acoustics，Speech，and Signal Processing	中国上海	21
8	Annual European Congress of Rheumatology（EULAR）	英格兰	20
8	Conference on Lasers and Electro–Optics（CLEO）	美国	20
10	IEEE International Symposium on Circuits and Systems（ISCAS）	加拿大	19
10	14th European Conference on Computer Vision（ECCV）	荷兰	19
10	Lancet–Chinese–Academy–of–Medical–Sciences（CAMS）Health Summit	中国北京	19

2016 年 CPCI–S 收录中国香港特区论文数居前 6 位的高等院校见表 18–15。论文数最多的高等院校是香港大学，共计 467 篇，占香港特区论文总数的 22.32%。

表 18–15 2016 年 CPCI–S 收录香港特区论文数居前 6 位的高等院校

排名	高等院校名称	论文篇数	排名	高等院校名称	论文篇数
1	香港大学	467	4	香港科技大学	304
2	香港中文大学	446	5	香港城市大学	280
3	香港理工大学	307	6	香港浸会大学	46

2016 年 CPCI–S 收录香港特区论文数居前 10 位的学科见图 18–7。收录论文数最多的学科是电子、通信与自动控制，多达 587 篇，领先于其他学科。其次是计算技术等学科。

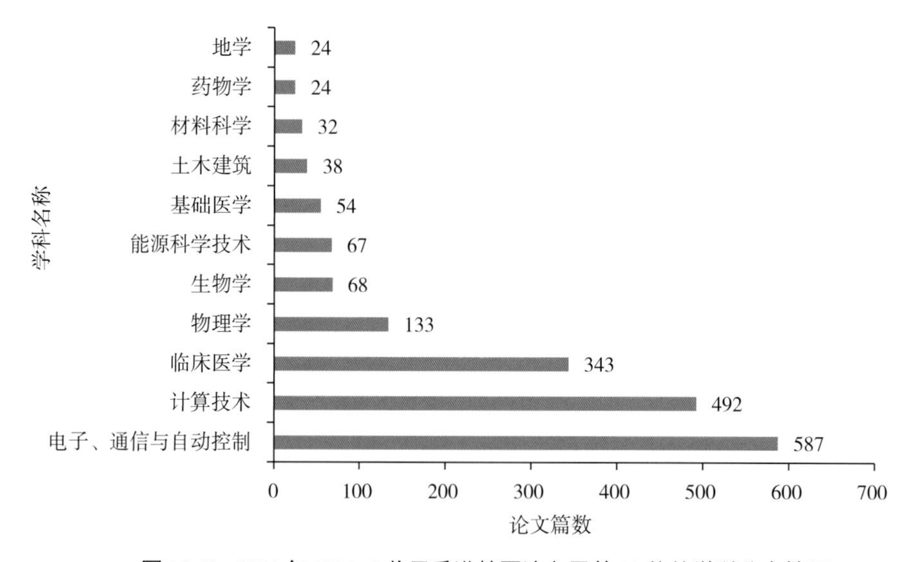

图 18–7 2016 年 CPCI–S 收录香港特区论文居前 10 位的学科分布情况

（3）CPCI-S 收录中国澳门特区科技论文情况分析

2016 年澳门特区为第一作者的 Proceedings Paper 论文共计 220 篇。其中 80 篇是电子、通信与自动控制类，57 篇是计算技术类论文，其他学科论文均不足 10 篇。澳门大学共发表 CPCI-S 论文 155 篇，澳门科技大学共发表 CPCI-S 论文 44 篇。

18.2.5　中国台湾地区、香港特区和澳门特区 Ei 论文分析

（1）Ei 收录中国台湾地区科技论文情况分析

2016 年 Ei 收录台湾地区为第一作者的论文共计 10273 篇。

表 18-16 为 Ei 收录中国台湾地区论文数居前 10 位的高等院校，共发表论文 4578 篇，占总数的 44.56%，排在第 1 位的是台湾大学，共收录 872 篇。

表 18-16　2016 年 Ei 收录中国台湾地区论文居前 10 位的高等院校

排名	高等院校	论文篇数	排名	高等院校	论文篇数
1	台湾大学	872	6	台湾中央大学	424
2	台湾成功大学	692	7	台北科技大学	294
3	台湾交通大学	577	8	台湾“中山大学”	282
4	台湾“清华大学”	510	9	台湾“中兴大学”	229
5	台湾科技大学	482	10	台湾逢甲大学	216

2016 年台湾“中央研究院”共发表论文 185 篇。

图 18-8 为 2016 年 Ei 收录中国台湾地区论文数居前 10 位的学科分布情况。这 10 个学科共发表论文 7951 篇，占总数的 77.4%。排在第 1 位的是材料科学，其次是生物学，电子、通信与自动控制，计算技术，动力与电气，土木建筑等学科。

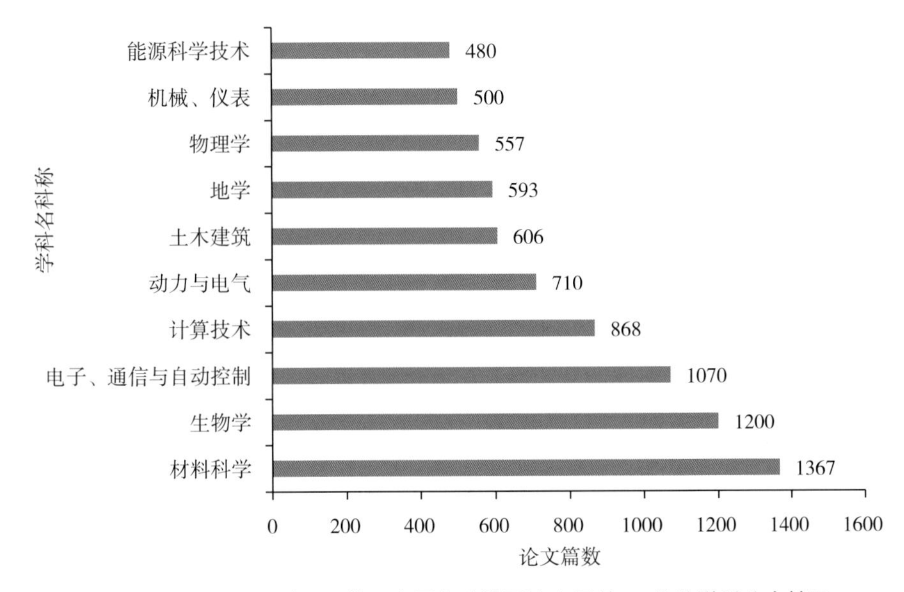

图 18-8　2016 年 Ei 收录中国台湾地区论文居前 10 位的学科分布情况

Ei收录的中国台湾地区论文分布在1257种期刊上。表18-17为2016年Ei收录中国台湾地区论文居前10位的期刊。

表18-17　2016年Ei收录中国台湾地区论文居前10位的期刊

排名	期刊名称	论文篇数
1	RSC ADVANCES	240
2	OPTICS EXPRESS	156
3	JOURNAL OF MARINE SCIENCE AND TECHNOLOGY（TAIWAN）	94
4	ACS APPLIED MATERIALS AND INTERFACES	86
5	JOURNAL OF THE TAIWAN INSTITUTE OF CHEMICAL ENGINEERS	83
6	THIN SOLID FILMS	75
7	IEEE TRANSACTIONS ON ELECTRON DEVICES	73
8	JOURNAL OF ALLOYS AND COMPOUNDS	72
9	ICIC EXPRESS LETTERS，PART B	70
10	APPLIED SURFACE SCIENCE	68
10	JOURNAL OF THE CHINESE SOCIETY OF MECHANICAL ENGINEERS，TRANSACTIONS OF THE CHINESE INSTITUTE OF ENGINEERS，SERIES C/CHUNG-KUO CHI HSUEH KUNG CH’ENG HSUEBO PAO	68

（2）Ei收录中国香港特区科技论文情况分析

2016年中国香港特区以第一作者发表的Ei论文共计3037篇。

表18-18为Ei收录中国香港特区论文数较居前6位的高等院校，共发表论文2379篇，占总数的93.1%。排在第1位的依旧是香港理工大学，共发表论文587篇。

表18-18　2016年Ei收录中国香港特区论文居前6位的高等院校

排名	高等院校	论文篇数	排名	高等院校	论文篇数
1	香港理工大学	587	4	香港大学	423
2	香港科技大学	547	5	香港中文大学	291
3	香港城市大学	471	6	香港浸会大学	78

图18-9为2016年Ei收录中国香港特区论文数居前10位的学科分布情况。这10个学科共发表论文2260篇，占总数的74.42%。排在第1位的是土木建筑类，共发表论文360篇。

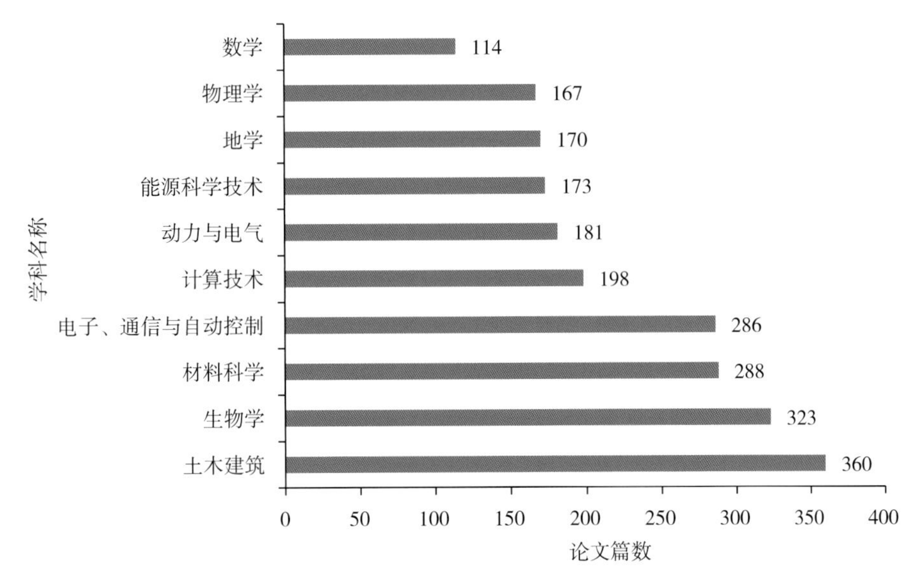

图 18-9　2016 年 Ei 收录中国香港特区论文数居前 10 位的学科分布情况

Ei 收录的中国香港特区论文分布在 884 种期刊上。如表 18-19 所示为 2016 年 Ei 收录中国香港特区论文数居前 10 位的期刊。

表 18-19　2016 年 Ei 收录中国香港特区论文数居前 10 位的期刊

排名	期刊名称	论文篇数
1	RSC ADVANCES	43
2	APPLIED PHYSICS LETTERS	35
3	ACS APPLIED MATERIALS AND INTERFACES	33
3	JOURNAL OF POWER SOURCES	33
5	JOURNAL OF CLEANER PRODUCTION	32
5	APPLIED ENERGY	32
7	OPTICS EXPRESS	30
8	IEEE TRANSACTIONS ON ANTENNAS AND PROPAGATION	27
9	NANOSCALE	26
10	NANO ENERGY	25
10	ADVANCED MATERIALS	25
10	BUILDING AND ENVIRONMENT	25

（3）Ei 收录澳门特区科技论文情况分析

2016 年 Ei 收录澳门特区为第一作者的论文共计 264 篇。其中澳门大学发表论文 196 篇，澳门科技大学发表论文 54 篇；从学科来看，计算技术，电子、通信与自动控制，生物学，动力与电气论文数较多（如图 18-10 所示）。

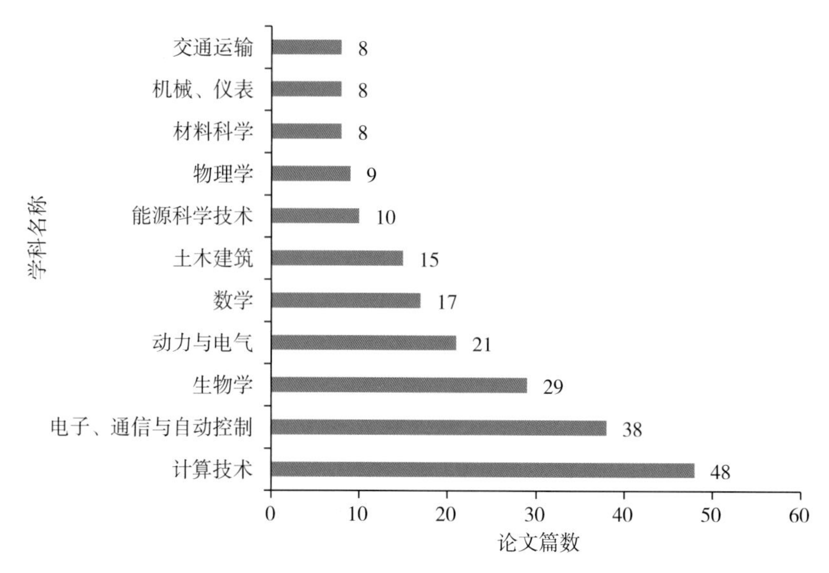

图18-10　2016年Ei收录澳门特区论文数居前10位的学科分布情况

18.3　讨论

2016年，SCI和Ei收录的中国台湾地区论文数比2015年有所减少，而SCI和Ei收录的香港特区和澳门特区论文数均比2015年有不同程度的增长；CPCI-S收录的这三个地区的论文数均比2015年有不同程度的增长。在InCites数据库中，与2015年相比，2016年中国台湾地区、香港特区和澳门特区的论文数与内地论文数的差距更加大；从论文被引次数情况看，三地区的论文被引次数都比2015年有不同程度的增加；从学科规范化的引文影响力和被引次数排名前1%的论文比例看，香港特区的这两项指标最高，澳门特区论文的这两项指标次之，台湾地区的这两项指标在三地区中最低；从高被引论文看，中国香港特区和台湾地区高被引论文数较多，澳门地区最少；从国际合作论文数看，中国台湾地区的国际合作论文数较多；从相对于全球平均水平的影响力看，中国香港特区最高，其次是澳门特区，台湾地区的该指标稍低，但三地区的该指标均大于1%。

以两类文献即：Article、Review作为各论文统计的依据看，2016年SCI收录的台湾地区为第一作者发表的论文共计22087篇，占总数的79.59%。在第一作者为非台湾地区论文的主要国家（地区）中，第一作者为中国内地和美国的论文数最多，共占非中国台湾地区第一作者论文总数的10.69%；SCI 2016年收录第一作者为香港特区的论文共计6834篇，占总数的48.53%。第一作者为非香港特区论文的主要国家（地区）中，中国内地的论文数仍是最多的，共计4705篇，占香港论文总数的33.41%。

2016年，台湾地区SCI论文被引次数为38393次，低于2015年，学科规范化的引文影响力为1.03，国际合作论文8991篇，有32.04%的论文参与了国际合作，高被引论文数和国际合作论文这两项指标高于2015年；香港地区论文被引频次为22126，低于2015年，学科规范化的引文影响力为1.55，国际合作论文5503篇，有39.55%的论文参与了国际合作，国际合作论文指标高于2015年。

从论文的机构分布看，中国台湾地区、香港特区和澳门特区的论文均主要产自高等院校。香港特区发表论文的单位主要集中于6所高等院校，台湾地区除高等院校外，发表论文较多的还有台湾“中央研究院”和台湾卫生研究院。澳门特区的论文则主要出自澳门大学。

从学科分布看，按中国学科分类标准40个学科分类，2016年SCI收录中国台湾地区论文较多的学科是临床医学、生物学、化学、物理学和基础医学；SCI收录中国香港特区论文数最多的学科是临床医学、生物学、化学、物理学和计算技术，与台湾地区大致相同。2016年SCI收录中国澳门特区论文数最多的学科是计算技术，生物学，药物学，化学和电子、通信与自动控制。

参考文献

[1] 中国科学技术信息研究所. 2015年度中国科技论文统计与分析（年度研究报告）[M]. 北京：科学技术文献出版社，2017.

19 科研机构创新发展分析

19.1 引言

实施创新驱动发展战略，最根本的是要增强自主创新能力。中国科研机构作为科学研究的重要阵地，是国家创新体系的重要组成部分。增强科研机构的自主创新能力，对于中国加速科技创新，建设创新型国家具有重要意义。为了进一步推动科研机构的创新能力和学科发展，提高其科研水平，本章以中国科研机构作为研究对象，从中国高校科研成果转化、中国高校学科发展布局、中国高校学科交叉融合、中国高校国际合作地图和中国医疗机构医工结合等多个角度进行了统计和分析，以期对中国研究机构提升创新能力起到推动和引导作用。

19.2 中国高校产学共创排行榜

19.2.1 数据与方法

高校科研活动与产业需求的密切联系，有利于促进创新主体将科研成果转化为实际应用的产品与服务，创造丰富的社会经济价值。“中国高校产学共创排行榜”评价关注高校与企业科研活动协作的全流程，设置指标表征高校和企业合作创新过程中 3 个阶段的表现：从基础研究阶段开始，经过企业需求导向的应用研究阶段，再到成果转化形成产品阶段。“中国高校产学共创排行榜”评价采用 10 项指标：

①校企合作发表论文数。基于 2014—2016 年 Scopus 收录的中国高校论文，统计高校和企业共同合作发表的论文数。

②校企合作发表论文占比。基于 2014—2016 年 Scopus 收录的中国高校论文，统计高校和企业共同合作发表的论文数与高校发表总论文数的比值。

③校企合作发表论文总被引次数。基于 2014—2016 年 Scopus 收录的中国高校论文，统计高校和企业共同合作发表的论文被引总次数。

④企业资助项目产出的高校论文数。基于 2014—2016 年“中国科技论文与引文数据库”，统计高校论文中获得企业资助的论文数。

⑤高校与国内上市公司的关联强度。基于 2014—2016 年中国上市公司年报数据库，统计从上市公司年报中所报道的人员任职、重大项目、重要事项等内容中，并利用文本分析方法测度高校与企业联系的范围和强度。

⑥校企合作发明专利数。基于 2014—2016 年德温特世界专利索引和专利引文索引收录的中国高校专利，统计高校和企业合作发明的专利数。

⑦校企合作专利占比。基于 2014—2016 年德温特世界专利索引和专利引文索引收录的中国高校专利，统计高校和企业合作发明专利数与高校发明专利总量的比值。

⑧有海外同族的合作专利数。基于 2014—2016 年德温特世界专利索引和专利引文索引收录的中国高校专利，统计高校和企业合作发明的专利内容同时在海外申请的专利数。

⑨校企合作专利被引专利数。基于 2014—2016 年德温特世界专利索引和专利引文索引收录的中国高校专利，统计高校和企业合作发明专利的被引专利数。

⑩校企合作专利总被引次数。基于 2014—2016 年德温特世界专利索引和专利引文索引收录的中国高校专利，统计高校和企业合作发明专利的总被引次数，用于测度专利学术传播能力。

19.2.2 研究分析与结论

统计中国高校上述 10 项指标，经过标准化转换后计算得出了十维坐标的矢量长度数值，用于测度各个高校的产学共创水平。如表 19-1 所示为根据上述指标统计出的 2016 年产学共创能力排名居前 20 位的高校。

表 19-1　2016 年产学共创能力排名居前 20 位的高校

排名	高校名称	计分	排名	高校名称	计分
1	清华大学	291	11	北京航空航天大学	91
2	浙江大学	134	12	山东大学	88
3	重庆大学	131	12	华南理工大学	88
4	上海交通大学	126	14	东南大学	85
5	西北工业大学	118	15	哈尔滨工业大学	79
6	西安交通大学	110	16	东北大学	73
7	武汉大学	110	17	大连理工大学	71
8	北京大学	109	18	中国人民大学	70
9	天津大学	101	19	湖南大学	69
10	华中科技大学	96	20	四川大学	67

19.3 中国高校学科发展矩阵分析报告——论文

19.3.1 数据与方法

高校的论文发表和引用情况是测度高校科研水平和影响力的重要指标。以中国主要大学为研究对象，采用各大学在 2012—2016 年发表论文数和 2007—2011 年、2012—2016 年的引文总量作为源数据，根据波士顿矩阵方法，分析每年大学学科发展布局情况，构建学科发展矩阵。

按照波士顿矩阵方法的思路，我们以 2012—2016 年各大学在某一学科论文产出占全球论文的份额作为科研成果产出占比的测度指标；以各大学从 2007—2011 年到 2012—2016 年在某一学科领域论文被引总量的增长率作为科研成果影响增长的测度指标。

根据高校各学科的占比和增长情况，我们以占比 0.5% 和增长 150% 作为分界线，划分了4个学科发展矩阵空间，如图19-1所示。

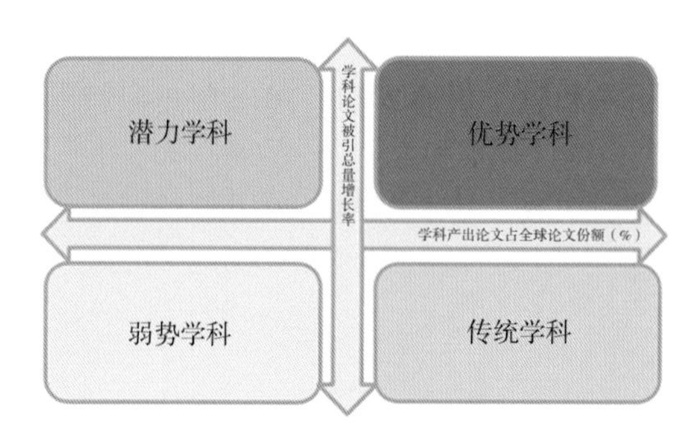

图19-1　中国高校论文产出矩阵

第一区：优势学科（高占比、高增长）。该区学科论文份额及引文增长率都处于较高水平，可明确产业发展引导的路径；

第二区：传统学科（高占比、低增长）。该区学科论文所占份额较高，引文增长率较低，可完善管理机制以引导发展。

第三区：潜力学科（低占比、高增长）。该区学科论文所占份额较低，引文增长率较高，可采用加大科研投入的方式进行引导。

第四区：弱势学科（低占比、低增长）：该区学科论文占份额及引文增长率都处较低水平，可考虑加强基础研究。

19.3.2　研究分析与结论

表19-2统计了中国双一流建设高校论文产出的学科发展矩阵，即学科发展布局情况（按高校名称拼音排序）。

表19-2　中国双一流建设高校学科发展布局情况

高校名称	优势学科数	传统学科数	潜力学科数	弱势学科数
安徽大学	0	0	69	60
北京大学	43	12	72	49
北京工业大学	0	0	82	62
北京航空航天大学	30	1	62	56
北京化工大学	1	1	65	60
北京交通大学	6	0	70	51
北京科技大学	6	0	78	40
北京理工大学	7	0	77	57
北京林业大学	4	0	78	42
北京师范大学	9	1	82	70
北京体育大学	0	0	7	37
北京外国语大学	0	0	0	21

续表

高校名称	优势学科数	传统学科数	潜力学科数	弱势学科数
北京协和医学院	12	2	70	61
北京邮电大学	5	0	38	43
北京中医药大学	1	0	53	54
成都理工大学	1	1	56	47
成都中医药大学	1	0	34	52
大连海事大学	1	0	47	54
大连理工大学	20	4	57	72
电子科技大学	12	1	86	49
东北大学	8	0	80	45
东北林业大学	2	0	70	57
东北农业大学	0	0	59	61
东北师范大学	0	2	67	70
东华大学	2	2	55	66
东南大学	18	0	95	51
对外经济贸易大学	0	0	19	44
福州大学	0	0	65	69
复旦大学	26	5	78	63
广西大学	0	0	86	55
广州中医药大学	1	0	48	63
贵州大学	1	0	51	66
哈尔滨工程大学	2	0	63	43
哈尔滨工业大学	33	4	65	46
海军军医大学	4	2	76	47
海南大学	0	0	61	60
合肥工业大学	0	1	84	53
河北工业大学	0	0	47	63
河海大学	8	0	76	40
河南大学	0	0	82	61
湖南大学	3	2	78	46
湖南师范大学	0	0	65	80
华北电力大学	2	0	55	46
华东理工大学	4	4	75	62
华东师范大学	0	1	80	84
华南理工大学	18	0	89	55
华南师范大学	0	0	78	74
华中科技大学	34	2	102	32
华中农业大学	5	2	72	61
华中师范大学	2	0	58	68
吉林大学	16	8	111	34
暨南大学	3	0	97	69

续表

高校名称	优势学科数	传统学科数	潜力学科数	弱势学科数
江南大学	7	0	67	75
空军军医大学	1	0	81	47
兰州大学	3	1	64	97
辽宁大学	0	0	45	58
南昌大学	0	0	107	55
南京大学	22	6	95	51
南京航空航天大学	8	0	54	55
南京理工大学	2	0	75	54
南京林业大学	1	0	70	44
南京农业大学	10	1	70	51
南京师范大学	0	0	81	73
南京信息工程大学	3	0	68	52
南京邮电大学	1	0	45	47
南京中医药大学	1	0	65	54
南开大学	2	2	84	71
内蒙古大学	0	0	63	59
宁波大学	0	0	95	64
宁夏大学	0	0	50	55
青海大学	0	0	51	67
清华大学	50	13	65	42
厦门大学	2	1	123	44
山东大学	21	3	105	46
陕西师范大学	0	0	87	63
上海财经大学	0	0	36	33
上海大学	0	1	80	78
上海海洋大学	1	0	60	62
上海交通大学	67	14	62	31
上海体育学院	0	0	7	50
上海外国语大学	0	0	5	22
上海中医药大学	1	0	43	58
石河子大学	0	0	60	74
首都师范大学	1	0	61	73
四川大学	19	4	98	51
四川农业大学	1	0	64	54
苏州大学	8	1	122	35
太原理工大学	0	0	68	52
天津大学	26	1	75	55
天津工业大学	1	0	61	40
天津医科大学	1	0	82	48
天津中医药大学	1	0	41	55

续表

高校名称	优势学科数	传统学科数	潜力学科数	弱势学科数
同济大学	23	1	123	24
外交学院	0	0	0	3
武汉大学	12	2	102	58
武汉理工大学	3	0	71	54
西安电子科技大学	9	2	54	54
西安交通大学	21	4	111	35
西北大学	0	2	80	60
西北工业大学	13	1	72	48
西北农林科技大学	8	1	91	40
西藏大学	0	0	19	85
西南财经大学	0	0	20	42
西南大学	1	0	104	50
西南交通大学	1	0	80	55
西南石油大学	1	0	42	55
新疆大学	0	0	62	62
延边大学	0	0	50	71
云南大学	0	0	64	76
长安大学	0	0	58	54
浙江大学	57	24	56	39
郑州大学	4	0	109	50
中国传媒大学	0	0	12	25
中国地质大学	11	0	80	39
中国海洋大学	4	2	61	76
中国科学技术大学	17	11	77	58
中国矿业大学	7	0	81	38
中国农业大学	4	8	62	77
中国人民大学	1	0	59	75
中国石油大学	8	0	77	32
中国药科大学	3	0	62	59
中国政法大学	0	0	7	29
中南财经政法大学	0	0	16	45
中南大学	11	1	121	38
中山大学	18	5	108	44
中央财经大学	0	0	20	51
中央民族大学	0	0	45	64
重庆大学	6	0	97	54

参照哈佛大学和麻省理工学院等国际一流大学的学科分布情况，并结合中国主要高校的学科发展分布状态，为中国高校设定了四类学科发展目标：

①世界一流大学：优势学科与传统学科数量之和在 50 个以上，整体呈现繁荣状态。以世界一流大学为发展目标，“夯实科技基础，在重要科技领域跻身世界领先行列”。目前，北京大学、浙江大学、清华大学、上海交通大学已初露端倪。

②中国领先大学：优势学科与传统学科数量之和在 20 个以上，潜力学科数量在 50 个以上。以中国领先大学为目标，致力专业发展，“跟上甚至引领世界科技发展新方向”。

③区域核心大学：以区域核心高校为目标，以基础研究为主，“力争在基础科技领域做出大的创新，在关键核心技术领域取得大的突破”。

④学科特色大学：该类大学的传统学科和潜力学科都集中在该校的特有专业中。该类大学可加大科研投入，发展潜力学科，形成专业特色。

19.4 中国高校学科发展矩阵分析报告——专利

19.4.1 数据与方法

发明专利情况是测度高校知识创新与发展的一项重要指标。对高校专利发明情况的分析可以有效地帮助高校了解其在各领域的创新能力和发展，针对不同情况做出不同的发展决策。中国科学技术信息研究所从 2016 年开始依据高校专利发明和引用情况对高校不同专业发展布局情况进行分析和评价。采用各高校近 5 年在 21 个德温特分类的发表专利数和 2007—2011 年、2012—2016 年的专利引用总量作为源数据构建中国高校专利产出矩阵。

同样按照波士顿矩阵方法的思路，我们以 2012—2016 年各大学在某一分类的专利产出数作为科研成果产出的测度指标，以各大学从 2007—2011 年到 2012—2016 年在某一分类专利被引总量的增长率作为科研成长影响增长的测度指标。并以专利数 1000 件和增长率 100% 作为分界点，将坐标图划分为 4 个空间，依次是优势专业、传统专业、潜力专业、弱势专业（如图 19-2 所示）。

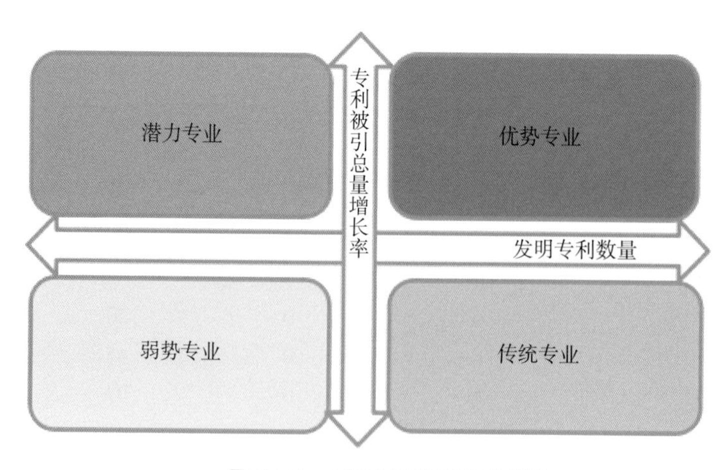

图 19-2 中国高校专利产出矩阵

19.4.2 研究分析与结论

表 19–3 列出了中国一流大学建设高校专利发明和引用的德温特 21 个学科类别的发展布局情况（按高校名称拼音排序）。

表 19–3 我国一流大学建设高校在德温特 21 个学科类别的发展布局情况

高校名称	优势专业数	传统专业数	潜力专业数	弱势专业数
北京大学	4	0	2	15
北京航空航天大学	2	0	5	13
北京理工大学	2	0	13	6
北京师范大学	0	0	6	15
大连理工大学	2	0	6	13
电子科技大学	4	0	11	6
东北大学	0	0	4	17
东南大学	7	0	3	11
复旦大学	1	0	4	16
国防科技大学	1	0	12	8
哈尔滨工业大学	6	0	7	8
湖南大学	0	0	6	14
华东师范大学	0	0	3	18
华南理工大学	9	0	7	5
华中科技大学	3	0	7	11
吉林大学	6	0	7	8
兰州大学	0	0	7	14
南京大学	0	0	2	19
南开大学	0	0	5	16
清华大学	4	0	1	15
厦门大学	0	0	7	14
上海交通大学	8	0	4	9
四川大学	1	0	8	12
天津大学	7	0	4	10
同济大学	4	0	5	12
武汉大学	0	0	10	11
西安交通大学	3	0	10	8
西北工业大学	1	0	11	8
西北农林科技大学	0	0	11	10
新疆大学	0	0	17	3
云南大学	0	0	16	5
浙江大学	13	0	0	8
郑州大学	0	0	19	2
中国海洋大学	0	0	5	13
中国科学技术大学	0	0	14	7

续表

高校名称	优势专业数	传统专业数	潜力专业数	弱势专业数
中国农业大学	0	0	3	16
中国人民大学	0	0	6	15
中南大学	1	0	5	15
中山大学	0	0	4	16
中央民族大学	0	0	3	13
重庆大学	2	0	1	17

19.5 中国高校学科融合指数

19.5.1 数据与方法

多学科交叉融合是高校学科发展的必然趋势，也是产生创新性成果的重要途径。高校作为知识创新的重要阵地，多学科交叉融合是提高学科建设水平，提升高校创新能力的有力支撑。对高校学科交叉融合的分析可以帮助高校结合实际调整学科结构，促进多学科交叉融合。

学科融合指数的计算方法如下：根据Scopus数据中论文的学科分类体系，构建了一个学科树。学科树中每个节点代表一个学科，任意两个节点间的距离表示其代表的两个学科研究内容的相关性。距离越大表示学科相关性越弱，学科跨越程度越大。对一篇论文，根据其所属不同学科，在学科树中可以找到对应的节点并计算出该论文的学科跨越距离。统计各高校统计年度所有论文的学科跨越距离之和，定义为各高校的学科融合指数。

19.5.2 研究分析与结论

以Scopus收录的2016年高校论文为数据源，计算双一流高校的学科融合指数，排名居前20位的高校如表19-4所示。

表19-4 2016年论文的学科融合指数居前20位的高校

排名	高校名称	融合指数	排名	高校名称	融合指数
1	上海交通大学	5190	11	同济大学	3130
2	南京大学	5042	12	复旦大学	3114
3	北京大学	4646	13	东北大学	3026
4	华中科技大学	4595	14	东南大学	3025
5	清华大学	4567	15	吉林大学	2986
6	武汉大学	4161	16	天津大学	2915
7	山东大学	3948	17	大连理工大学	2745
8	中山大学	3704	18	西安交通大学	2657
9	四川大学	3573	19	中国科学技术大学	2580
10	中南大学	3224	20	苏州大学	2335

续表

19.6 医疗机构医工结合排行榜

19.6.1 数据与方法

医学与工程学科交叉是现代医学发展的必然趋势。“医工结合”倡导学科间打破壁垒，围绕医学实际需求交叉融合、协同创新。医工结合不仅强调医学与医学以外的理工科的学科交叉，而且还包括医工与产业界的融合。“中国医疗机构医工结合排行榜”设置了 3 项指标表征，医工结合创新过程中 3 个阶段的表现：从基础研究阶段开始，经过企业需求导向的应用研究阶段，再到成果转化形成产品阶段。设置的 3 项指标如下：

①发表 Ei 论文数。基于 2014—2016 年 Ei 收录的医疗机构论文数。

②发明专利数。基于 2014—2016 年德温特世界专利索引和专利引文索引收录的医疗机构专利数。

③与上司公司关联强度。基于 2014—2016 年中国上市公司年报数据库统计，从上市公司年报中所报道的人员任职、重大项目、重要事项等内容中，利用文本分析方法测度医疗机构与企业联系的范围和强度。

19.6.2 研究分析与结论

统计各医疗机构上述 3 项指标，经过标准化转换后计算得出了三维坐标的矢量长度数值，用于测度各医疗机构的医工结合水平。如表 19-5 所示为根据上述指标统计出的 2016 年医工结合排名居前 20 位的医疗机构。

表 19-5 医工结合排名居前 20 位的医疗机构

排名	医疗机构名称	计分	排名	医疗机构名称	计分
1	中国人民解放军总医院	168	11	南京医科大学第一附属医院	60
2	四川大学华西医院	114	12	陆军军医大学新桥医院	56
3	上海交通大学附属第九人民医院	86	13	中山大学附属第一医院	56
4	上海交通大学附属第六人民医院	75	14	华中科技大学附属协和医院	55
5	复旦大学附属华山医院	71	15	南方医科大学附属南方医院	52
6	吉林大学白求恩第一医院	66	16	上海长征医院	48
7	北京大学口腔医院	62	17	陆军军医大学大坪医院	46
8	北京协和医院	62	18	苏州大学第一临床医学院	46
9	陆军军医大学西南医院	61	19	空军军医大学西京医院	44
10	浙江大学医学院附属第二医院	60	20	复旦大学附属中山医院	41

19.7 中国高校国际合作地图

19.7.1 数据与方法

国际合作对于建设世界一流大学具有不可替代的积极作用。“中国高校国际合作地图”基于2016年Scopus收录的论文数据，从学科领域的角度展示以中国高校为主导的论文国际合作情况。

中国高校国际合作地图以中国高校与国外机构合作的论文数作为合作强度的评价指标。同时，评价方法强调合作关系中的主导作用。中国高校主导的国际合作论文的判断标准：①国际合作论文的作者中第一作者的第一单位所属国家为中国；②论文完成单位至少有一个为国外单位。某高校主导的国际合作论文数越高，说明该高校科研创新能力及国际合作强度越高。

19.7.2 研究分析与结论

根据高校所处地理位置和院校分类不同，分别选取了中国的综合类院校北京大学、浙江大学、中山大学，工科类院校清华大学、上海交通大学、哈尔滨工业大学，以及农科类院校中国农业大学、西北农林科技大学来进行对比分析。表19-6分别列出了上述高校国际合作论文数排名居前3的学科领域及在相应学科领域中国际合作排名居前3位的国家。

表19-6 基于学科领域的中国高校国际合作情况

高校名称	排名	国际合作论文篇数排名居前3位的学科领域	在相应学科领域国际合作论文篇数排名居前3位的国家
北京大学	1	临床医学	美国（142篇）、澳大利亚（29篇）、英国（20篇）
	2	计算技术	美国（97篇）、澳大利亚（22篇）、新加坡（16篇）
	3	地学	美国（76篇）、加拿大（15篇）、澳大利亚（13篇）
浙江大学	1	计算技术	美国（81篇）、新加坡（33篇）、加拿大（30篇）
	2	临床医学	美国（122篇）、英国（15篇）、加拿大（10篇）
	3	生物学	美国（83篇）、澳大利亚（11篇）、日本（8篇）
中山大学	1	临床医学	美国（127篇）、澳大利亚（17篇）、英国（14篇）
	2	生物学	美国（50篇）、澳大利亚（6篇）、瑞士（3篇）
	3	计算技术	美国（25篇）、英国（10篇）、新加坡（8篇）
清华大学	1	计算技术	美国（226篇）、英国（41篇）、加拿大（28篇）
	2	材料科学	美国（107篇）、英国（15篇）、日本（12篇）
	3	物理学	美国（94篇）、日本（15篇）、加拿大（12篇）
上海交通大学	1	临床医学	美国（213篇）、德国（21篇）、澳大利亚（17篇）
	2	计算技术	美国（111篇）、日本（23篇）、新加坡（22篇）
	3	材料科学	美国（65篇）、英国（19篇）、澳大利亚（13篇）

续表

高校名称	排名	国际合作论文篇数排名居前3位的学科领域	在相应学科领域国际合作论文篇数排名居前3位的国家
哈尔滨工业大学	1	计算技术	美国（62篇）、加拿大（25篇）、英国（24篇）
	2	材料科学	美国（64篇）、英国（29篇）、澳大利亚（14篇）
	3	电子、通信与自动控制	美国（41篇）、英国（24篇）、澳大利亚（19篇）
中国农业大学	1	生物学	美国（53篇）、澳大利亚（11篇）、加拿大（9篇）
	2	农学	美国（39篇）、德国（10篇）、英国（7篇）
	3	基础医学	美国（17篇）、英国（11篇）、澳大利亚（5篇）
西北农林科技大学	1	生物学	美国（52篇）、加拿大（13篇）、巴基斯坦（7篇）
	2	农学	美国（25篇）、加拿大（13篇）、澳大利亚（6篇）
	3	化工	美国（13篇）、澳大利亚（9篇）、印度（4篇）

19.8　讨论

本章以中国科研机构作为研究对象，从中国高校科研成果转化、中国高校学科发展布局、中国高校学科交叉融合、中国高校国际合作地图和中国医疗机构医工结合等多个角度进行了统计和分析，我们可以得出：

①产学共创能力排名居前3位的高校是清华大学、浙江大学和重庆大学。

②从高校学科布局来看，北京大学、浙江大学、清华大学、上海交通大学已接近国际一流高校水平。

③学科融合程度排名居前3位的中国高校是上海交通大学、南京大学和北京大学。

④医工结合排名居前3位的医疗机构是中国人民解放军总医院、四川大学华西医院和上海交通大学附属第九人民医院。其中，中国人民解放军总医院以高分领先于第2名。

⑤整体来看，中国高校在国际合作上与美国合作度最高。

20　中国作者的国际论文的影响力正在提高

20.1　前言

自然科学基金委员会杨卫主任于2017年10月17日在《光明日报》发文说，我国学科发展的全面加速出人意料。材料科学、化学、工程科学3个学科发展进入总量并行阶段，发表的论文数均居世界第一，学术影响力超过或接近美国。由数学、物理、天文、信息等学科组成的数理科学群虽尚不及美国，但亮点纷呈，如在几何与代数交叉、量子信息学、暗物质、超导、人工智能等方面成果突出。大生命科学高速发展，宏观生命科学领域，如农业科学、药物学、生物学等发展接近世界前列。我国高影响力研究工作占世界份额。达到甚至超过总学术产出占世界的份额。我国各学科领域加权的影响力指数接近世界均值。当前，中国基础研究渐入佳境。

国家重点基础研究发展计划（以下简称973计划，含重大科学研究计划）是以国家重大需求为导向，对中国未来发展和科学技术进步具有战略性、前瞻性、全局性和带动性的基础研究发展计划。重点支持农业科学等9个面向国家重大战略需求领域的基础研究；同时，围绕纳米研究等6个方向实施重大科学研究计划。自2014年科技部开始实施此项大型科技计划以来，现已是成果收获时期。正是在这种环境下，2016年，中国的基础研究产出有了丰硕的成果。

2016年中国SCI论文的产出达278000篇，比2015年的253398篇增加24602篇，增长9.7%。在论文数增长的同时，中国科技论文的质量和国际影响力也有一定的提升。中国国际论文被引次数排名上升，高被引数增加，国际合著论文占比超过1/4，参与国际大科学和大科学工程产出的论文数持续增加。其保障因素之一是中国的研发人员规模已居世界第1位，已形成了规模庞大、学科齐备、结构完善的科技人才体系，科技人员能力与素质显著提升，为科技和经济发展奠定了坚实的基础。人才是科学技术研究最关键的因素。“十二五”以来，中国研发人员已由2010年的255.4万人年增加到2014年的371.1万人年；“十二五”前4年，中国累计培养博士毕业生20.9万人，年度海外学成归国人员由2010年的13.5万人迅速提高到2014年的36.5万人。再一重大保障是中国2013年R&D（研究与试验发展）经费支出已居世界第2位。

“十二五”中国R&D经费从“十一五”末期2010年的7063亿元增加到2014年的13016亿元；全社会R&D经费占GDP的比重从2010年的1.73%增加到2014年的2.05%。2014年，全国R&D经费中来自各级政府部门的资金为2636亿元，带动了9817亿元的企业R&D投入及563亿元的其他民间投入。“十一五”末期，中国R&D经费支出总额排名在美国和日本之后，居世界第3位。到2013年，中国已经超越日本，成为世界第二大R&D经费支出国，经费规模接近美国的1/2，是日本的1.1倍，中国R&D投入强度已接近欧盟15国的整体水平。

国家财政对研发经费的大力投入，中国科研人员的增加及科研的积累和研究环境的宽松，是科技论文质量和学术影响力提升的保证，反映基础研究成果的SCI论文数已连续多年排名世界第2位，仅落后于美国。论文数增加了，中国论文的影响力如何？以下将从多个反映论文影响力的指标做出统计和简要分析（中国卓越科技论文已在第9章专论，本章不再述及）。

20.2 中国具有国际影响力的各类论文简要统计与分析

20.2.1 中国参与国际合作的大科学和大科学工程能力持续增强

大科学研究一般来说是具有投资强度大、多学科交叉、实验设备庞大复杂、研究目标宏大等特点的研究活动，大科学工程是科学技术高度发展的综合体现，是显示各国科技实力的重要标志。中国经过多年的努力和科技力量的积蓄，已与当前科技强国的美国、欧洲、日本等国家（地区）开展平等合作，参与制定国际标准，在解决全球性重大问题上做出了应有的贡献。

“大科学”（Big Science，Megascience，Large Science）是国际科技界近年来提出的新概念。从运行模式来看，大科学研究国际合作主要分为3个层次：科学家个人之间的合作、科研机构或大学之间的对等合作（一般有协议书）、政府间的合作（有国家级协议，如国际热核聚变实验研究ITER和欧洲核子研究中心的强子对撞机LHC等）。

就其研究特点来看，主要表现为：投资强度大、多学科交叉、需要昂贵且复杂的实验设备、研究目标宏大等。根据大型装置和项目目标的特点，大科学研究可分为两类：

第一类是需要巨额投资建造、运行和维护大型研究设施的“工程式”的大科学研究，又称“大科学工程”，其中包括预研、设计、建设、运行、维护等一系列研究开发活动。例如，国际空间站计划、欧洲核子研究中心的大型强子对撞机计划（LHC）、Cassini卫星探测计划、Gemini望远镜计划等，这些大型设备是许多学科领域开展创新研究不可缺少的技术和手段支撑。同时，大科学工程本身又是科学技术高度发展的综合体现，是各国科技实力的重要标志。

第二类是需要跨学科合作的大规模、大尺度的前沿性科学研究项目，通常是围绕一个总体研究目标，由众多科学家有组织、有分工、有协作、相对分散开展研究，如人类基因图谱研究、全球变化研究等即属于这类“分布式”的大科学研究。

多年来，中国科技工作者已参与了各项国际大科学计划项目，和国际同行们合作发表了多篇论文。2016年，中国参与的作者数大于1000人、机构数大于50个的国际大科学论文有229篇，比2015年增加39篇。2010—2016年，发表论文1146篇，呈逐年上升之势。涉及的学科为高能物理、天文学、天体物理、大型仪器和生命科学。2016年，世界有98个国家（地区）的科技人员参加了大科学的合作研究并产出论文，参加大科学和大工程合作国际研究的国家和地区更加扩大，人员增多。国家（地区）数由67个增到98个（如表20-1所示）。中国参与单位有近100个，高等院校60多所，研究院所20多个，还有10多个医疗机构参与。参加大科学国际合作计划的中国主要高等院校及研究机构如表20-2、表20-3所示。作者数大于100人、机构数大于50个的论文数共计498篇，比2015年的451篇增加47篇，涉及的学科主要为高能物理、仪器仪表和生命科学方面。在 498 篇论文中，以中国大陆单位为牵头的论文数为 27 篇，参与合作研究的国家有 39 个，如表 20–4 所示，涉及的学科有高能物理、核物理和生命科学。中国牵头单位有中科院高能物理所和微生物所、北京航空航天大学、华东理工大学和云南省农科院生物技术与种质资源所。

表 20–1 参加大科学合作研究产出论文作者的国家（地区）

国家（地区）	篇数	国家（地区）	篇数	国家（地区）	篇数	国家（地区）	篇数
英国	365	日本	132	新西兰	102	贝宁	1
巴西	229	澳大利亚	130	爱尔兰	101	多米尼加	1
法国	229	丹麦	130	巴基斯坦	101	哥斯达黎加	1
西班牙	229	荷兰	130	埃及	98	加纳	1
意大利	229	瑞典	130	爱沙尼亚	98	柬埔寨	1
中国	229	南非	129	立陶宛	98	喀麦隆	1
波兰	228	加拿大	128	塞浦路斯	98	利比亚	1
德国	228	罗马尼亚	128	伊朗	98	卢森堡	1
俄罗斯	228	挪威	128	卡塔尔	96	卢旺达	1
美国	228	斯洛伐克	126	斯里兰卡	96	马达加斯加	1
瑞士	228	智利	126	沙特阿拉伯	81	马拉维	1
奥地利	226	阿根廷	125	拉脱维亚	23	孟加拉国	1
捷克	226	中国香港	125	厄瓜多尔	22	摩纳哥	1
匈牙利	226	斯洛文尼亚	124	印度尼西亚	6	莫桑比克	1
土耳其	225	以色列	124	巴勒斯坦	5	尼日利亚	1
希腊	225	阿塞拜疆	122	秘鲁	5	圣马力诺	1
中国台湾	223	摩洛哥	122	乌兹别克斯坦	5	苏丹	1
亚美尼亚	221	印度	110	古巴	4	坦桑尼亚	1
葡萄牙	220	韩国	106	阿曼	2	危地马拉	1
塞尔维亚	220	墨西哥	105	冰岛	2	委内瑞拉	1
哥伦比亚	219	乌克兰	104	马耳他	2	文莱	1
白俄罗斯	218	芬兰	103	阿联酋	1	新加坡	1
马来西亚	218	比利时	102	埃塞俄比亚	1	伊拉克	1
格鲁吉亚	218	克罗地亚	102	中国澳门	1		
保加利亚	171	泰国	102	巴拉圭	1		

表 20-2 参加大科学国际合作研究产出较高的高等院校名称

序号	高等院校名称	序号	高等院校名称	序号	高等院校名称
1	山东大学	9	南京大学	17	华中师范大学
2	北京大学	10	香港科技大学	18	吉林大学
3	上海交通大学	11	北京航空航天大学	19	大连医科大学
4	香港中文大学	12	浙江大学	20	第三军医大学
5	香港大学	13	复旦大学	21	哈尔滨医科大学
6	中国科技大学	14	第四军医大学	22	四川大学
7	中山大学	15	苏州大学		
8	清华大学	16	北京协和医科大学		

表 20-3 参加大科学国际合作的研究机构名称

序号	研究机构名称	序号	研究机构名称
1	中科院高能物理所	5	中科院动物所
2	中国原子能研究院	6	中科院上海生命科学院
3	中科院北京天文台	7	中科院生物物理所
4	中科院微生物所	8	中科院云南天文台

表 20-4 以中国为主的合作研究的国家（地区）

序号	国家（地区）	序号	国家（地区）	序号	国家（地区）
1	意大利	14	中国台湾	27	奥地利
2	美国	15	法国	28	波兰
3	德国	16	斯洛文尼亚	29	埃及
4	俄罗斯	17	英国	30	蒙古
5	土耳其	18	伊朗	31	新西兰
6	巴基斯坦	19	沙特阿拉伯	32	瑞士
7	韩国	20	芬兰	33	亚美尼亚
8	日本	21	西班牙	34	加拿大
9	荷兰	22	澳大利亚	35	智利
10	瑞典	23	比利时	36	匈牙利
11	印度	24	塞浦路斯	37	毛里求斯
12	泰国	25	捷克	38	阿曼
13	巴西	26	阿根廷	39	葡萄牙

2016 年 9 月 25 日，有着“超级天眼”之称的 500 米口径球面射电望远镜已在中国贵州平塘的喀斯特洼坑中落成启用，吸引着世界目光。1609 年，意大利科学家伽利略用自制的天文望远镜发现了月球表面高低不平的环形山，成为利用望远镜观测天体第一人。400 多年后，代表中国科技高度的大射电望远镜，将首批观测目标锁定在直径 10 万光年的银河系边缘，探究恒星起源的秘密，也将在世界天文史上镌刻下新的刻度。这个里程碑的大科学事件是中国为世界做出的极大贡献，是一个极其重要的大科学工程。随着中国科技实力的增强，参与国际大科学研究人员和研究机构将会增多，特别是会在

以我方为主的大科学项目的研究中，将产生大量高质高影响的论文。

20.2.2 被引次数居世界各学科前0.1%的论文数增加较多

2016年中国作者发表的论文中，被引次数进入各学科0.1%的论文数为1059篇，比2015年增加470篇，增长79.8%；第一作者单位为大陆的论文为741篇，比2015年的432篇增加309篇，增长71.5%。涉及的学科为26个，学科数由2015年的24个增加到26个。其中，化学学科的论文数由82篇猛增加到151篇，增加了69篇。论文数较高的前5个学科为化学，计算技术，电子、通信与自动控制，数学和生物学（如表20-5、图20-1所示）。

表20-5 被引数居前0.1%的中国各学科论文数

学科	论文篇数	学科	论文篇数	学科	论文篇数
化学	151	物理学	23	农学	5
计算技术	80	地学	23	工程与技术基础学科	5
电子、通信与自动控制	69	能源科学技术	23	基础医学	3
数学	57	临床医学	21	水利	3
生物学	57	信息系统科学	18	土木建筑	3
化工	54	药物学	12	预防医学与卫生学	2
力学	43	机械、仪表	9	航空航天	2
环境科学	34	天文学	8	管理学	1
材料科学	27	食品	8		

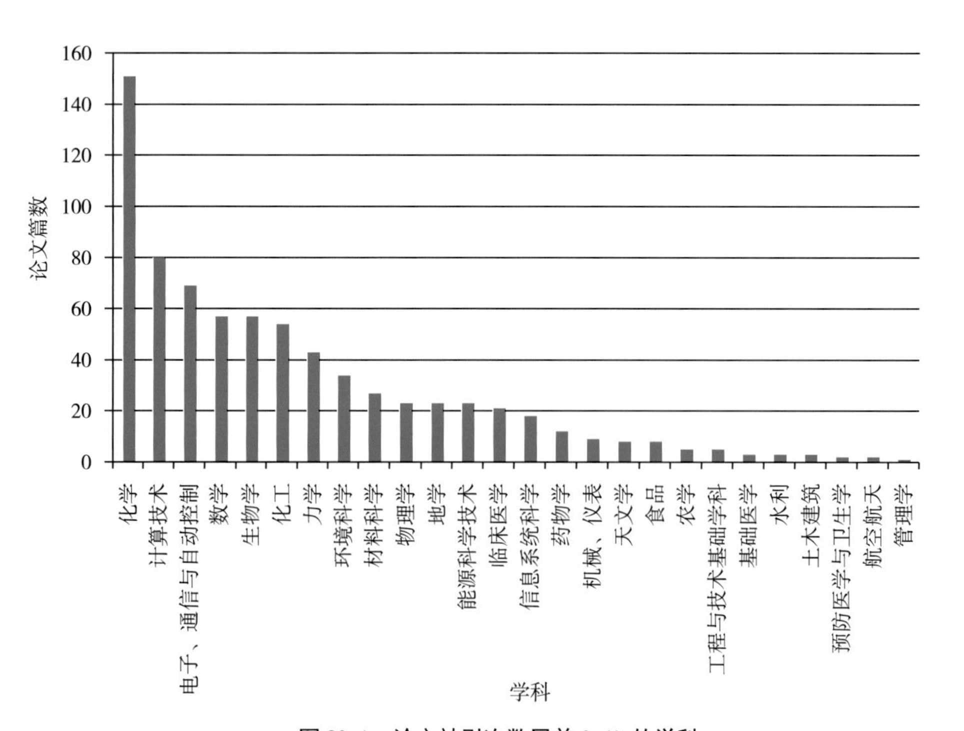

图20-1 论文被引次数居前0.1%的学科

741 篇论文中，中国高校（仅计校园本部，不含附属机构）164 所，共发表 621 篇，占 83.8%；研究院所 51 个，共发表 96 篇，占 13.0%；医疗机构 20 个，共发表 22 篇，占 3.0%。发表 10 篇以上的单位共 15 个（如表 20–6 所示），与 2015 年相比，高等院校、研究院所和医疗机构发表该类论文的单位数和论文数都有所增加。发表论文的高等院校数由 119 个增到 164 个，发表论文数由 321 篇增到 621 篇；研究院所由 42 个增到 51 个，发表论文数由 75 篇增到 96 篇；医疗机构由 6 个增到 19 个，发表论文数由 20 篇增到 22 篇。发表 10 篇以上的单位由 5 个增到 15 个。

表 20–6　发表各学科被引次数前 0.1% 论文 10 篇以上的单位

单位	论文篇数	单位	论文篇数
哈尔滨工业大学	22	北京科技大学	13
清华大学	20	华中科技大学	13
西北工业大学	20	中国科学院化学研究所	12
北京大学	18	复旦大学	11
中南大学	16	上海交通大学	11
南京大学	15	北京航空航天大学	10
天津大学	14	中国矿业大学	10
浙江大学	14		

20.2.3　176 个学科影响因子居首位期刊的论文数稳步上升

2016 年《JCR》176 个学科中，各学科影响因子（IF）居首位的国家及学科数：美国 99 个，英国 56 个，荷兰 14 个，德国 4 个，瑞士、新西兰和爱尔兰各 1 个。由上述数据可以看出，在 176 个学科中，期刊的影响因子排在首位的国家基本上都是科技发达的欧美国家，能在这类期刊中发表论文具有一定的难度，发表以后会产生较大的影响。由于期刊的学科交叉，176 个学科影响因子首位的期刊实际只有 152 种。2016 年这种格局基本无改变。

2016 年，大陆作者在各学科影响因子首位期刊中发表论文 6270 篇，仅比 2015 年多 115 篇，分布于 25 个学科中，发表论文数多于 100 篇的学科还是 11 个：化学，能源科学技术，材料科学，生物学，环境科学，计算技术，电子、通信与自动控制，地学，水利学，农学和临床医学。没有论文发表的学科有：数学，力学，天文学，中医学，水产学，测绘科学技术，基础交叉学科，矿山工程技术，冶金、金属学，动力与电气，轻工、纺织，食品，交通运输和安全科学技术。与 2015 年格局基本相同，如表 20–7 和图 20–2 所示。

表 20–7　176 个影响因子居首位期刊中大陆论文的学科论文

学科	论文篇数	学科	论文篇数	学科	论文篇数
化学	1975	农学	125	物理学	19
能源科学技术	739	临床医学	117	预防医学与卫生学	13
材料科学	709	基础医学	99	机械、仪表	10

续表

学科	论文篇数	学科	论文篇数	学科	论文篇数
生物学	647	化工	69	军事医学与特种医学	9
环境科学	456	林学	63	航空航天	5
电子、通信与自动控制	368	信息、系统科学	57	管理学	3
计算技术	274	药物学	26	畜牧、兽医	1
水利学	234	核科学技术	26		
地学	203	土木建筑	23		

数据来源：SCIE 2016。

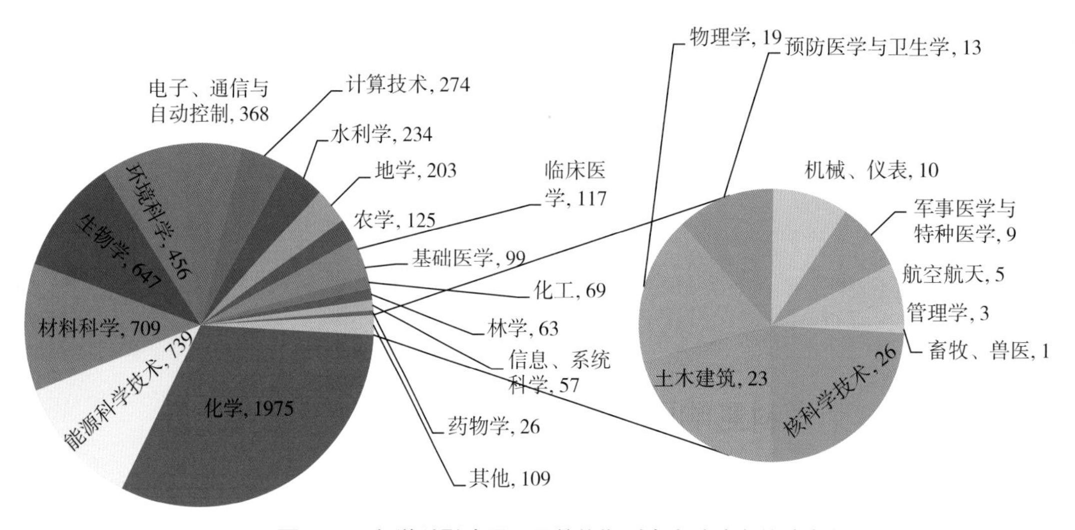

图 20-2 各学科影响因子居首位期刊中大陆论文的论文数

影响因子居首位的 152 种期刊中，大陆作者只在其中的 117 种刊（比 2015 年少 1 种）中有论文发表。发表论文数大于 1000 篇的期刊 1 种，仍为《APPLIED SURFACE SCIENCE》，大于 100 篇的 14 种（也比 2015 年少 1 种），发表论文数高的前 4 种期刊与 2015 年的期刊完全相同，说明中国大陆作者发表论文时选择什么样的期刊发表在习惯上没有太大改变，如表 20-8 所示。

表 20-8 大陆作者在各学科影响因子居首位期刊中发表论文数大于 100 篇的期刊

期刊名称	论文篇数
APPLIED SURFACE SCIENCE	1016
BIORESOURCE TECHNOLOGY	681
BIOSENSORS & BIOELECTRONICS	544
JOURNAL OF HAZARDOUS MATERIALS	398
APPLIED CATALYSIS B-ENVIRONMENTAL	279
IEEE TRANSACTIONS ON INDUSTRIAL ELECTRONICS	247
GREEN CHEMISTRY	235
WATER RESEARCH	234
DYES AND PIGMENTS	225

续表

期刊名称	论文篇数
BIOMATERIALS	184
IEEE TRANSACTIONS ON CYBERNETICS	161
JOURNAL OF THE EUROPEAN CERAMIC SOCIETY	158
COMPOSITES SCIENCE AND TECHNOLOGY	156
ACTA MATERIALIA	116

影响因子居首位期刊中的论文为6270篇，分布于大陆近700个机构，其中高等院校（只计校园本部）375所，发表论文5153篇，占82.18%；研究院所205个，发表论文875篇，占13.96%；医疗机构99个，发表论文206篇，占3.29%，另有公司等部门约20个，发表论文36篇。发表50篇以上的高等院校27所，比2015年少3所。哈尔滨工业大学由2015年的155篇增到177篇，位居高等院校首位；清华大学则由195篇下降到161篇，退居第2位（如表20-9所示）。发表20篇以上的研究院所10个，比2015年增加1个。中国科学院生态环境研究中心发表54篇，位居研究院所首位；中国科学院长春应用化学研究所发表36篇，由2015年的首位降为第3位（如表20-10所示）。发表3篇的医疗机构由2015年的6个增到27个。发表3篇以上的医疗机构17个，位居首位的是四川大学华西医院，已发表13篇，如表20-11所示。

表20-9 各学科影响因子居首位期刊中论文数大于50篇的高等院校

高等院校名称	论文篇数	高等院校名称	论文篇数	高等院校名称	论文篇数
哈尔滨工业大学	177	西安交通大学	85	同济大学	62
清华大学	161	华中科技大学	82	西北工业大学	61
浙江大学	144	北京大学	77	北京化工大学	60
南京大学	110	大连理工大学	77	湖南大学	60
中国科学技术大学	109	中山大学	75	西南大学	59
天津大学	108	四川大学	72	重庆大学	59
华南理工大学	106	华东理工大学	70	北京科技大学	57
上海交通大学	89	北京航空航天大学	67	复旦大学	57
武汉大学	87	山东大学	65	济南大学	50

表20-10 各学科影响因子居首位期刊中论文数大于20篇的研究院所

研究院所	论文篇数	研究院所	论文篇数
中国科学院生态环境研究中心	54	中国科学院化学研究所	28
中国科学院大连化学物理研究所	37	中国科学院金属研究所	26
中国科学院长春应用化学研究所	36	中国科学院兰州化学物理研究所	23
中国科学院广州地球化学研究所	30	中国科学院上海硅酸盐研究所	22
中国科学院过程工程研究所	29	中国科学院自动化研究所	20

表 20-11 各学科影响因子居首位期刊中论文数大于 3 篇的医疗机构

医疗机构	论文篇数	医疗机构	论文篇数
四川大学华西医院	13	复旦大学附属华山医院	4
上海交通大学医学院附属第九人民医院	9	复旦大学附属中山医院	4
解放军总医院	5	华中科技大学同济医学院附属同济医院	4
南方医科大学南方医院	5	南京军区南京总医院	4
中山大学附属第一医院	5	上海交通大学附属第六人民医院	4
中山大学孙逸仙纪念医院	5	首都医科大学附属北京朝阳医院	4
北京大学第三医院	4	苏州大学附属第一医院	4
北京协和医院	4	中国医学科学院阜外医院	4
第四军医大学西京医院	4		

20.2.4 影响因子、总被引次数同时居学科前 1/10 的论文数大幅增加

总被引次数和影响因子同时居学科前 1/10 的期刊，应归于高影响的期刊，在这类期刊中发表论文有一定的难度，但在这类期刊中发表的论文的影响也大。期刊的影响因子反映的是期刊论文的平均影响力，受期刊每年发表文献数的变化、发表评述性文献数的多少等因素制约，各年间的影响因子值会有较大的波动，会产生大的跳跃。一些刚创刊不久的期刊，会因发表文献数少但已有文献被引用，从而出现较高的影响因子值，但实际的影响力和影响面都还不大。而期刊的总被引次数会因期刊的规模、刊期的长短和创刊时间等因素而有较大的差别，有些期刊因发文量大而被引机会多从而被引次数高，但篇均被引次数并不高，总体影响力也不大。因此，同时考虑两个指标因素才能表现出期刊的影响。影响因子和总被引次数同时居学科前位的期刊才能算是真正影响力大的期刊。

2016 年，中国大陆作者在学科影响因子和总被引次数同时居前 1/10 的期刊中共发表论文（Art，Rev）26653 篇，比 2015 年 9515 篇增加 17138 篇，增长 180%。在划分的 39 个学科中，仅有 5 个学科没有此类论文发表，它们是：测绘科学技术，矿山工程技术，冶金、金属学，核科学技术和安全科学技术。各学科论文数都增加较多。论文数居首位的是化学，发表论文数由 2015 年的 3233 篇增到 7845 篇，增加 4612 篇，增长 142.6%。发表论文数大于 1000 篇的学科已达 7 个，比 2015 年增加 6 个，如表 20-12 和图 20-3 所示。

表 20-12 在影响因子和总被引次数均居前 1/10 的期刊中发文的学科

学科	论文篇数	学科	论文篇数	学科	论文篇数
化学	7845	食品	603	畜牧、兽医	61
材料科学	3688	数学	391	工程与技术基础学科	57
能源科学技术	2102	基础医学	325	预防医学与卫生学	56
环境科学	2059	药物学	312	林学	43
生物学	1594	水利	306	交通运输	37

续表

学科	论文篇数	学科	论文篇数	学科	论文篇数
化工	1061	物理学	278	其他	20
计算技术	946	机械、仪表	271	军事医学与特种医学	11
电子、通信与自动控制	891	土木建筑	260	航空航天	5
临床医学	813	农学	169	天文学	3
力学	809	管理学	147	中医学	1
动力与电气	726	信息、系统科学	70	轻工、组织	1
地学	632	水产学	62		

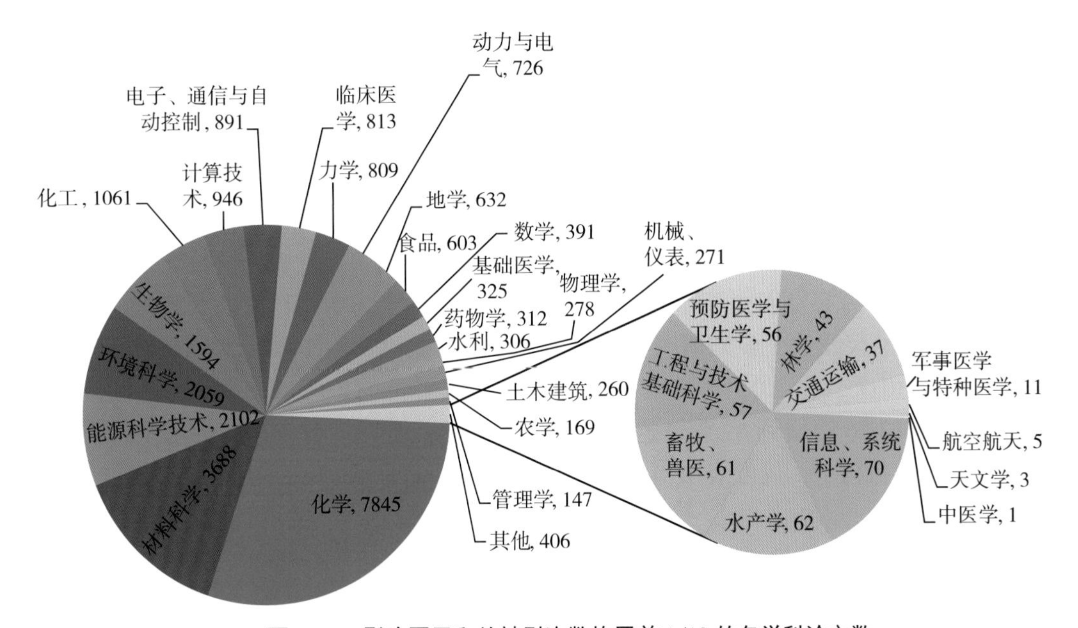

图 20-3 影响因子和总被引次数均居前 1/10 的各学科论文数

2016 年，中国作者在 IF、TC 居前 1/10 区的论文 26653 篇，分布于 301 种期刊上，比 2015 年的 227 种期刊增加 74 种。大于 100 篇的期刊 71 种，大于 200 篇的期刊 43 种，大于 500 篇的期刊 13 种，还有 3 种期刊的发表数大于 1000 篇。论文数居前 5 位的期刊基本属于材料科学类的期刊。发表数大于 500 篇的期刊如表 20-13 所示。

表 20-13 影响因子和总被引次数均居前 1/10 的论文数大于 500 篇的期刊

期刊名称	论文篇数
ACS APPLIED MATERIALS & INTERFACES	1756
CERAMICS INTERNATIONAL	1187
JOURNAL OF MATERIALS CHEMISTRY A	1090
NANOSCALE	847
CHEMICAL ENGINEERING JOURNAL	751
GENETICS AND MOLECULAR RESEARCH	730

续表

期刊名称	论文篇数
APPLIED THERMAL ENGINEERING	726
SENSORS AND ACTUATORS B-CHEMICAL	695
BIORESOURCE TECHNOLOGY	681
ORGANIC LETTERS	604
BIOSENSORS & BIOELECTRONICS	544
ANGEWANDTE CHEMIE-INTERNATIONAL EDITION	518
SCIENCE OF THE TOTAL ENVIRONMENT	510

2016年中国大陆作者在学科影响因子和总被引次数同时居前1/10的期刊上发表论文26653篇，分布于大陆730个单位。其中，高等院校（仅指校园本部，不含附属机构）529所，共发表论文21661篇，占全部该类论文的81.3%；研究机构370个，共发表论文3906篇，占14.7%；医疗机构197个，共发表论文913篇，占3.4%。发表100篇以上的大学57所，200篇以上的大学31所，都为国内一流大学（如表20-14所示）。清华大学仍占据首位，而且发表数大增，由2015年的381篇增到875篇，增加1倍多。但也还有115所高等院校仅发表1篇这类论文。研究机构中，发表论文数大于100篇的研究机构4个，另有发表大于50篇的研究机构14个，全为中国科学院所属机构（如表20-15所示）。仅发表1篇的研究机构为168个。发表论文数10篇（含10篇）以上的医疗机构有30个，比2015年增加14个，论文数居首位的是四川大学华西医院，发表数由2015年的36篇增到69篇，这些医疗机构基本都是国内各省市的大医院，在有论文发表的医疗机构中，仅发表1篇的医疗机构有84个（如表20-16所示）。

表20-14　前1/10区发表论文数大于200篇的高等院校

高等院校	论文篇数	高等院校	论文篇数
清华大学	875	中山大学	305
浙江大学	693	湖南大学	289
北京大学	601	四川大学	284
中国科学技术大学	587	同济大学	283
华中科技大学	511	厦门大学	275
哈尔滨工业大学	506	大连理工大学	268
西安交通大学	475	华东理工大学	257
上海交通大学	472	北京航空航天大学	247
天津大学	469	北京理工大学	240
南京大学	468	重庆大学	229
华南理工大学	424	北京化工大学	228
复旦大学	398	南开大学	224
山东大学	343	东南大学	223
苏州大学	318	北京师范大学	202
武汉大学	318	中国农业大学	201
吉林大学	312		

表 20-15　前 1/10 区发表论文数大于 50 篇的研究院所

研究院所	论文篇数	研究院所	论文篇数
中国科学院化学研究所	236	中国科学院理化技术研究所	82
中国科学院长春应用化学研究所	208	国家纳米科学中心	79
中国科学院生态环境研究中心	164	中国科学院合肥物质科学研究院	73
中国科学院大连化学物理研究所	145	中国科学院物理研究所	70
中国科学院上海有机化学研究所	97	中国科学院北京纳米能源与系统研究所	62
中国科学院上海生命科学研究院	94	中国科学院广州地球化学研究所	60
中国科学院上海硅酸盐研究所	91	中国科学院宁波材料技术与工程研究所	60
中国科学院福建物质结构研究所	86	中国科学院苏州纳米技术与纳米仿生研究所	57
中国科学院过程工程研究所	83	中国科学院兰州化学物理研究所	53

表 20-16　前 1/10 区发表论文数大于 10 篇的医疗机构

医疗机构	论文篇数	医疗机构	论文篇数
四川大学华西医院	69	第三军医大学西南医院	15
首都医科大学附属北京天坛医院	21	复旦大学附属华山医院	15
上海交通大学医学院附属第九人民医院	21	北京大学第三医院	14
华中科技大学同济医学院附属同济医院	20	第四军医大学西京医院	14
上海交通大学医学院附属仁济医院	20	同济大学附属第十人民医院	14
浙江大学医学院附属第二医院	19	中山大学附属第一医院	13
华中科技大学同济医学院附属协和医院	17	复旦大学附属中山医院	11
南京军区南京总医院	17	上海交通大学医学院附属新华医院	11
北京大学口腔医院	16	同济大学附属东方医院	11
解放军总医院	16	郑州大学第一附属医院	11
南方医科大学南方医院	16	中南大学湘雅医院	11
上海交通大学医学院附属瑞金医院	16	北京协和医院	10
四川大学华西口腔医院	16	第二军医大学附属长海医院	10
北京大学第一医院	15	复旦大学附属妇产科医院	10
第二军医大学附属东方肝胆外科医院	15	四川大学华西第二医院	10

20.2.5　中国作者仍在《自然》系列期刊发表论文

《自然出版指数》是以国际知名学术出版机构英国自然出版集团（Nature Publishing Group）的《自然》（NATURE）系列期刊在前一年所发表的论文为基础，衡量不同国家和研究机构的科研实力，并对往年的数据进行比较。该指数为评估科研质量提供了新渠道。《自然》系列刊共 38 种，周刊 1 种，其余都是月刊，其中 14 种为评述刊。以《自然》系列期刊中所发表的论文为基础，可衡量不同国家和研究机构在生命科学领域所取得的成果，以此数据做比较，还可显示各国在生命科学研究领域的国际地位。

2016 年，中国大陆作者在 30 种《自然》系列刊中发表 A、R 论文 505 篇，比 2015 年增加 57 篇，增长 12.7%。中国作者发表在《自然》系列刊物中的论文数占全部论文数 8089 篇的 6.24%。

中国作者发表论文的《自然》系列期刊共30种，比2015年增加2种。发文量最大的期刊仍是《NATURE COMMUNICATIONS》，2016年发表了314篇论文，比2015年增加了24篇。中国发文量占期刊全部发文量的比例高于5%的期刊数为11种，比2015年增加1种，发文量10篇（含10篇）以上的期刊为7种，也比2015年增加1种。中国作者发表论文的期刊中，发表论文数占全部论文的百分比高于10%的期刊有2种：《NATURE PLANTS》和《NATURE STRUCTURAL & NOLECULAR BIOLOGY》（如表20-17所示）。

表20-17　中国作者在《自然》系列刊中的发文情况

期刊名称	中国论文篇数	全部论文篇数	比例	影响因子
NATURE PLANTS	10	92	10.870%	10.300
NATURE STRUCTURAL & MOLECULAR BIOLOGY	14	137	10.219%	12.595
NATURE COMMUNICATIONS	314	3534	8.885%	12.124
NATURE ENERGY	7	93	7.527%	0.000
NATURE GENETICS	14	196	7.143%	27.959
NATURE MATERIALS	12	172	6.977%	39.737
NATURE IMMUNOLOGY	10	146	6.849%	21.506
NATURE PHOTONICS	8	121	6.612%	37.852
NATURE REVIEWS IMMUNOLOGY	3	54	5.556%	39.932
NATURE CLIMATE CHANGE	9	165	5.455%	19.304
NATURE CHEMICAL BIOLOGY	8	158	5.063%	15.066
NATURE	41	879	4.664%	40.137
NATURE PROTOCOLS	5	116	4.310%	10.032
NATURE CHEMISTRY	6	140	4.286%	25.870
NATURE MICROBIOLOGY	5	132	3.788%	0.000
NATURE REVIEWS MICROBIOLOGY	2	54	3.704%	26.819
NATURE REVIEWS NEUROSCIENCE	2	57	3.509%	28.880
NATURE NANOTECHNOLOGY	5	148	3.378%	38.986
NATURE GEOSCIENCE	4	150	2.667%	13.941
NATURE MEDICINE	4	157	2.548%	29.886
NATURE METHODS	3	128	2.344%	25.062
NATURE PHYSICS	4	177	2.260%	22.806
NATURE REVIEWS NEPHROLOGY	1	49	2.041%	12.146
NATURE NEUROSCIENCE	4	198	2.020%	17.839
NATURE REVIEWS CARDIOLOGY	1	50	2.000%	14.299
NATURE REVIEWS UROLOGY	1	54	1.852%	7.735
NATURE REVIEWS RHEUMATOLOGY	1	56	1.786%	12.188
NATURE REVIEWS MOLECULAR CELL BIOLOGY	1	57	1.754%	46.602
NATURE CELL BIOLOGY	2	117	1.709%	20.060
NATURE BIOTECHNOLOGY	2	118	1.695%	41.667

2016年，中国作者发表的597篇论文中，属于Article、Review的论文有505篇。中国高等院校76所（仅计校园本部）作者发表309篇，占61.2%；研究院所68个，发表154篇，占30.5%；医疗机构25个，发表37篇，占7.3%；公司2个，发表3篇，占0.6%。发表5篇以上的单位18个，比2015年增加2个（如表20-18所示）。

表20-18　在《自然》系列发表6篇以上论文的单位

单位	论文篇数	单位	论文篇数
清华大学	38	华东师范大学	9
北京大学	31	华中科技大学	8
中国科学技术大学	26	上海交通大学	7
中科院上海生命科学院	23	西安交通大学	7
浙江大学	21	中科院上海有机化学所	7
南京大学	20	中山大学	7
复旦大学	18	武汉大学	6
中科院生物物理所	14	中科院物理所	6
中科院遗传与发育生物学所	10	中科院植物所	6

20.2.6　极高影响国际期刊中的发文数领先金砖国家但落后于美国

所谓世界顶级期刊是指一年中总被引次数大于10万次，影响因子超过30的国际期刊。2016年这类期刊已由2015年的6种增为8种（如表20-19所示）。这些期刊的学术指标特高，影响很大，能在此类期刊中发表的论文，被引次数都比较高，影响也较大。2016年，中国大陆作者在这8种刊中共发表394篇论文（仅计Article和Review），作为第一作者发表180篇，论文分布于大陆88个单位，发表的单位数比2015年增加14个。其中，高等院校（仅计校园本部）47所116篇，占180篇的64.4%；研究院所27个50篇，占27.8%；医疗机构12所3篇，占7.2%。发表3篇（含3篇）以上的单位22个，比2015年增加12个。其中，高等院校13个，研究院所7个。发表10篇以上的单位增到2个（如表20-20所示）。

表20-19　8种刊物的主要文献计量指标

期刊名称	总被引次数	影响因子	论文数	被引半衰期	引用半衰期	被引刊数	平均引文数
CELL	217952	30.410	455	9.1	5.3	2893	59.7
CHEMI REVI	159155	47.928	277	7.8	7.7	2911	429.5
LANCET	214732	47.831	337	9	4.7	5494	67.2
NATURE	671254	40.137	879	> 10.0	6	8024	46.8
SCIENCE	606635	37.205	806	> 10.0	5.4	7478	37.5
CHEMI SOC REVI	113731	38.618	273	4.6	5.9	2103	183.3
JAMA-J AM MEDL	141015	44.405	213	> 10.0	5.8	2654	45.6
NEW ENGL J MED	315143	72.406	328	8.3	4.7	5457	34.8

数据来源：JCR 2016。

表20-20 8个顶级期刊中发表3篇以上的大陆单位

单位	论文篇数	单位	论文篇数
清华大学	16	华中科技大学	3
北京大学	10	吉林大学	3
复旦大学	7	上海交通大学	3
华东师范大学	5	深圳大学	3
中科院化学所	5	厦门大学	3
中科院上海生命科学院	5	中国疾病预防控制中心	3
苏州大学	4	中科院动物所	3
天津大学	4	中科院古脊椎动物所	3
中国科学技术大学	4	中科院上海有机化学所	3
北京航空航天大学	3	中科院生物物理所	3
东北师范大学	3	中山大学	3

2016年，金砖五国在此八刊中共发文711篇，仅中国大陆发文394篇，占55.4%。可以说，中国大陆的基础研究重大产出量大大高于金砖其他四国（如表20-21所示）。但与美国相比，也还有较大的差距。2016年，美国在此八刊中的发文量达2110篇，约为全部发文数的3倍。

表20-21 2016年金砖五国和美国在八刊中的发文数

单位：篇

期刊名称	中国A	印度	巴西	南非	俄罗斯	美国
NATURE	99	12	20	11	20	613
NEW ENGL J MED	19	13	17	9	5	263
CHEM REV	38	11	3	1	5	121
LANCET	40	34	38	36	12	215
JAMA-J AMER MED ASSO	9	1	3	1	1	165
SCIENCE	79	7	14	7	15	575
CELL	34	2	3	1	4	377
CHEM SOC REV	76	5	1	2	3	71
合计	394	85	99	68	65	2400

注：各国数据中均包含非第一作者论文数，该论文数中仅计Article、Review。

20.2.7 参考文献数达到国际均值的论文数增多

论文的参考文献数，即引文数，是论文吸收外部信息量大小的标示。对外部信息了解愈多，吸收外部信息能力愈强，才能正确评价自己的论文在同学科中的位置。2016年，中国大陆作者发表了278000篇论文，其中，Article为269064篇，篇均引文数为36.21篇，Review为8936篇，篇均引文数达87.42篇。与2015年发表的论文相比，Article的篇均引文数增加了1.2篇，Review的篇均引文数基本相同。就其2010—2016年看，Article的篇均引文数依次为28.5篇、29.8篇、31.3篇、32.4篇、33.6篇、35.0篇和36.2

篇；Review 的篇均引文数依次为 77.5 篇、79.8 篇、80.4 篇、82.8 篇、86.5 篇、87.7 篇和 87.4 篇（如图 20–4 所示）。

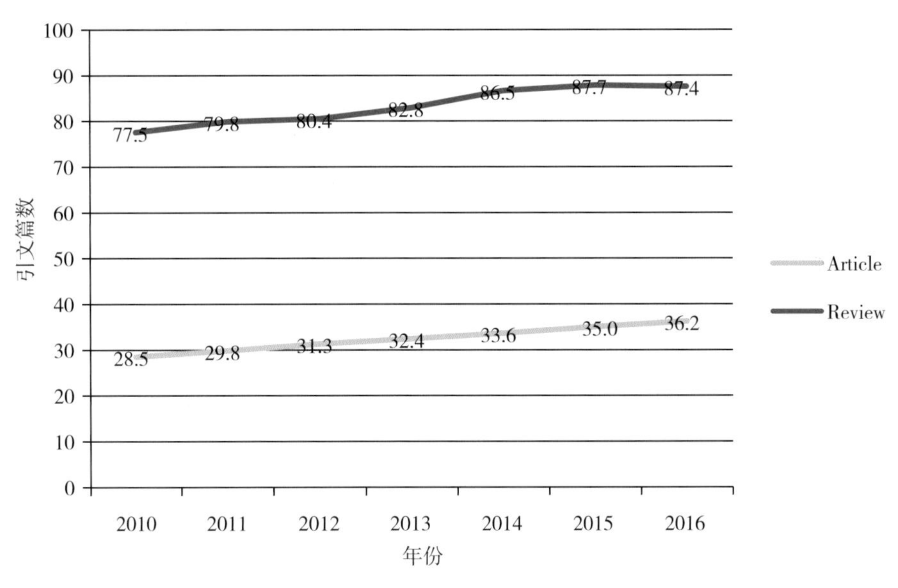

图 20-4 2010—2016 年 Article 和 Review 平均引文数变化

以中国科技信息所对自然科学科技论文划分的 40 个学科看，2016 年发表的 Article 论文中，有 32 个学科的篇均引文数超 30 篇，比 2015 年多了两个学科（如表 20–22 所示）。2016 年发表的 Review 论文中，篇均引文数超 100 篇的学科达 9 个，超 70 篇的学科有 20 个（如表 20–23 所示）。仅从这组数据看，显示出中国作者 SCI 论文吸收外部信息的能力持续增高，可读水平也不错。

表 20–22 各学科 Article 类论文平均引文数

学科	平均引文数	学科	平均引文数	学科	平均引文数
天文学	52.91	畜牧、兽医	36.81	轻工、纺织	32.29
地学	49.08	预防医学与卫生学	35.80	物理学	32.17
林学	48.19	军事医学与特种医学	35.79	信息系统科学	31.24
农学	44.12	能源科学技术	35.75	土木建筑	30.66
水产学	43.98	药物学	35.09	动力与电气	29.92
环境科学	43.71	计算技术	34.95	矿山工程技术	29.83
化学	41.91	其他	34.46	工程与技术基础学科	29.42
经济学	40.67	中医学	34.33	哲学	27.60
生物学	39.94	基础医学	33.90	航空航天	27.20
管理学	39.90	图书情报	33.69	冶金、金属学	26.76
化工	37.74	交通运输	33.65	电子、通信与自动控制	26.76
安全科学技术	37.24	临床医学	33.38	机械、仪表	26.57
水利	37.23	材料科学	33.21	数学	25.67
食品	36.91	力学	33.12	核科学技术	25.30

表 20-23 各学科 Review 类论文平均引文数

学科	平均引文数	学科	平均引文数	学科	平均引文数
水利	137.88	力学	93.54	中医学	61.05
化工	135.23	能源科学技术	90.87	信息、系统科学	60.75
化学	130.75	矿山工程技术	79.00	林学	60.55
材料科学	123.52	畜牧、兽医	78.00	图书情报	58.09
动力与电气	123.00	土木建筑	77.38	冶金、金属学	57.56
地学	118.02	预防医学与卫生学	72.45	临床医学	57.32
物理学	115.99	计算技术	72.17	航空航天	55.66
环境科学	113.01	电子、通信与自动控制	67.92	军事医学与特种医学	53.83
天文学	103.20	机械、仪表	67.59	管理学	52.67
农学	97.70	水产学	66.46	核科学技术	51.09
食品	97.00	基础医学	64.11	交通运输	48.50
生物学	95.53	工程与技术基础学科	63.20	数学	46.21
药物学	94.26	经济学	63.00		

20.2.8 显示中国学术研究能力的以我为主合作的论文数不断增加

国际合作是完成国际重大科技项目和计划必然要采取的方式，中国作为科技发展中国家，经多年的努力，已取得国际举目的成就，但还需通过国际合作来提升国家的科学技术水平和提高科技的国际地位。而在合作研究中，最能反映一个国家研究实力和水平的还是以我为主的研究，经多年的努力工作，随着我国科技实力的增强，我国在国际的影响力的提高，以我为主，参与我国的合作研究项目增多，中国科技工作者已发表了相当数量的以我为主的合作论文 .

2016年,中国科技人员通过国际合作产生的论文数(只计A、R两类文献)为83466篇。其中，以我为主的合作论文数是59322篇，占全部合作论文的71.07%。合作论文数比2015年的70977篇增加12489篇，增长17.6%，以我为主的论文数由49778篇增到59322篇，增加9544篇，增长19.2%。这些论文分布在中国大陆的31个省（市、自治区）（如表20-24所示）。合作论文数多的地区仍是科技相对发达、科技人员较多、高等院校和科研机构较为集中的地区，首都北京产生这类论文超10000篇，达12146篇，占全国31个省（市、自治区）的20.5%。论文数居前5位的地区，它们在全国的占比就超过50%。临近香港的广东，具有便利的地区优势，与海外机构合作研究的机会多，产生的论文也多。全国31个省（市、自治区）都有以我为国际合作的论文发表。也即是说，各地区都有自己特有的学科优势来吸引海外人士参与合作研究。

表 20-24　以我为主的国际合作论文的大陆地区分布

地区	论文篇数	比例	地区	论文篇数	比例	地区	论文篇数	比例
北京	12146	20.475%	黑龙江	1611	2.716%	江西	421	0.710%
江苏	6634	11.183%	安徽	1580	2.663%	广西	270	0.455%
上海	6059	10.214%	天津	1475	2.486%	新疆	235	0.396%
广东	3957	6.670%	福建	1405	2.368%	贵州	220	0.371%
湖北	3614	6.092%	重庆	1321	2.227%	内蒙古	140	0.236%
浙江	3095	5.217%	吉林	1151	1.940%	海南	116	0.196%
陕西	2835	4.779%	河南	782	1.318%	青海	35	0.059%
四川	2326	3.921%	云南	568	0.957%	宁夏	35	0.059%
山东	2015	3.397%	甘肃	552	0.931%	西藏	2	0.003%
辽宁	1900	3.203%	山西	504	0.850%			
湖南	1894	3.193%	河北	424	0.715%			

2016 年，从以我为主的国际合作论文的学科分布看，SCI 论文数多的学科合作论文数也多。与 2015 年相比，合作论文数排在前 10 位的学科变化不大，生物学、化学、物理学、临床医学、计算技术和材料科学仍居前 6 位，生物学论文数超化学 220 篇。所划分的学科中，轻工、纺织和测绘科学技术没有这类论文发表，如表 20-25 和图 20-5 所示。

表 20-25　以我为主的国际合作论文的学科分布

学科	论文篇数	学科	论文篇数	学科	论文篇数
生物学	7454	农学	1070	信息、系统科学	243
化学	7234	预防医学与卫生学	924	畜牧、兽医	223
物理学	5233	机械、仪表	836	核科学技术	215
临床医学	4923	土木建筑	777	水产学	212
计算技术	4074	化工	764	中医学	200
材料科学	4064	天文学	676	冶金、金属学	173
电子、通信与自动控制	3641	力学	664	航空航天	132
地学	3591	水利	459	动力与电气	111
基础医学	2825	食品	429	军事医学与特种医学	62
环境科学	2545	管理学	411	矿山工程技术	61
数学	1951	交通运输	313	其他	56
能源科学技术	1490	林学	253	安全科学技术	46
药物学	1214	工程与技术基础学科	246		

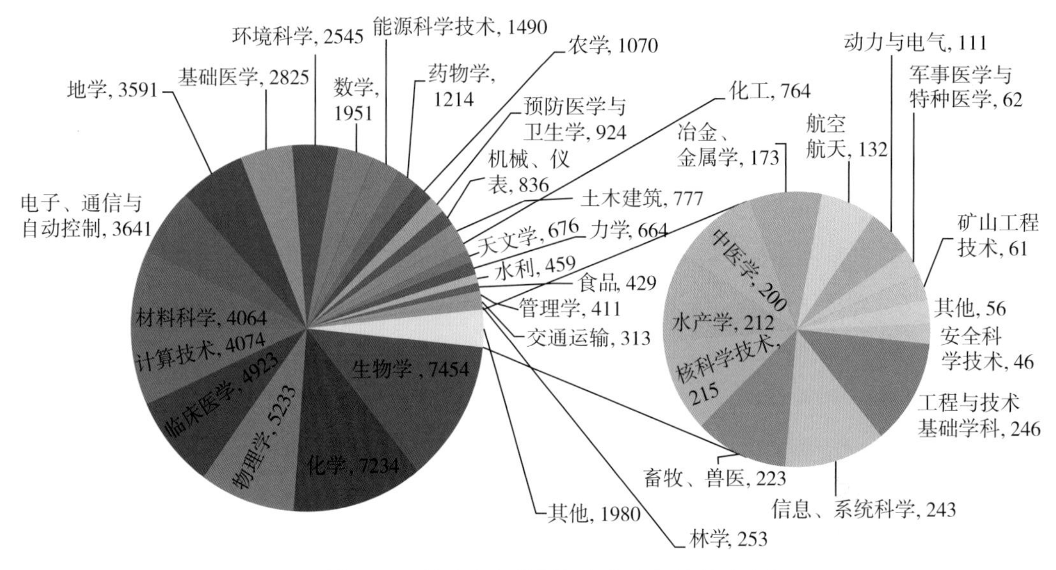

图 20-5 以我为主的国际合作论文的学科分布

2016年，以我为主国际合作研究发表论文的大陆单位超2000个。其中，发表论文的高等院校727所（仅为校园本部，不含附属机构），计44680篇，占75.31%；研究机构约700个，计8096篇，占13.6%；医疗机构562个，计5916篇，占9.97%。另有公司等也发表了论文。

以我为主发表论文的高等院校727所（仅为校园本部，不含附属机构），计44680篇，比2015年增加6915篇，占75.31%。发表1000篇以上的高等院校比2015年增加1个，发表100篇以上的高等院校数为105个，其中，大于500篇的高等院校为22个，如表20-26所示。

表 20-26 以我为主国际合作论文数大于500篇的高等院校

高等院校	论文篇数	高等院校	论文篇数
清华大学	1394	同济大学	630
浙江大学	1336	天津大学	622
北京大学	1060	山东大学	605
上海交通大学	1035	武汉大学	604
哈尔滨工业大学	918	厦门大学	601
西安交通大学	815	华南理工大学	599
华中科技大学	797	东南大学	585
南京大学	764	电子科技大学	569
中国科学技术大学	759	大连理工大学	535
复旦大学	743	中南大学	529
中山大学	661	北京航空航天大学	522

以我为主国际合作研究产生论文的研究机构约700个，计8096篇，比2015年增加1121篇，占13.6%。论文数达100篇的研究机构仍为10个，除中国疾病预防控制中心外，

其他都是中科院所属机构，如表 20–27 所示。

表 20–27　以我为主国际合作论文数大于 100 篇的研究机构

研究机构	论文篇数	研究机构	论文篇数
中国科学院合肥物质科学研究院	172	中国科学院上海生命科学研究院	142
中国科学院物理研究所	159	中国科学院长春应用化学研究所	134
中国科学院地质与地球物理研究所	154	中国科学院深圳先进技术研究院	127
中国科学院地理科学与资源研究所	151	中国疾病预防控制中心	110
中国科学院生态环境研究中心	143	中国科学院化学研究所	101

发表以我为主合作论文的医疗机构 562 个，计 5916 篇，占 9.97%。医疗机构数由 2015 年的 442 个增到 562 个，增加 120 个；论文数由 4787 篇增到 5916 篇，增加 1129 篇。论文数大于 100 篇的医疗机构为 5 个，比 2015 年增加 4 个。大于 60 篇的医疗机构 22 个，如表 20–28 所示。

表 20–28　以我为主国际合作论文数大于 60 篇的医疗机构

医疗机构	论文篇数	医疗机构	论文篇数
四川大学华西医院	217	南方医科大学南方医院	77
北京协和医院	133	上海交通大学医学院附属第九人民医院	74
中南大学湘雅二医院	116	上海交通大学医学院附属仁济医院	72
华中科技大学附属同济医院	113	山东大学齐鲁医院	70
中南大学湘雅医院	106	浙江大学医学院附属第二医院	70
吉林大学白求恩第一医院	90	苏州大学附属第一医院	69
解放军总医院	91	浙江大学医学院附属第一医院	68
复旦大学附属华山医院	82	南京医科大学第一附属医院	63
上海交通大学医学院附属瑞金医院	82	第三军医大学西南医院	62
中山大学附属第一医院	81	重庆医科大学附属第一医院	62
华中科技大学同济医学院附属协和医院	79	北京大学第一医院	61

20.2.9　被引次数高于期刊论文篇均被引次数的热点论文又有增加

2016 年，中国大陆作者发表论文（A、R）278000 篇，比 2015 年 253396 篇增加 24604 篇，增长 9.7%。当年即得到引用的论文 134655 篇，比 2015 年增加 30403 篇，增长 29.2%。2016 年论文被引比例达 48.44%，比 2015 年增长 2 个百分点。论文当年发表后即被引用，一般来说都是当前大家关注的研究热点。

论文发表当年即被引的次数与期刊全部论文之比计量学名词叫作即年指标（IMM），即篇均被引次数。论文发表后快速被人们引用，应该说这类论文反映的是研究热点或是大家较为关注的研究，也显示了论文的实际影响。如果发表论文的当年被引次数超过期刊论文的篇均值，说明这是些活跃的论文。2016 年，中国大陆即年得到引用的 134655 篇论文中，有 124073 篇论文的被引次数超过期刊的篇均被引次数。

2016年，中国发表的论文中，被引次数高于IMM的期刊为5688种，比2015年5524种增加164种。发表论文数大于100篇的期刊有229种。其中大于1000篇的期刊有6种，大于500篇的期刊有17种，如表20-29所示。在中国论文被引次数大于期刊IMM的篇数大于500篇的23种期刊中，占全部期刊论文数的比例超过20%的有18种，《NEUROCOMPUTING》的该数值达43.3%。说明中国作者发表于该类期刊的论文具有较高的影响力。

表20-29 热点论文数大于500篇的期刊

期刊名称	论文篇数	全部论文篇数	比例
SCIENTIFIC REPORTS	3939	20617	19.11%
RSC ADVANCES	3729	13274	28.09%
ONCOTARGET	1552	6625	23.43%
PLOS ONE	1426	22077	6.46%
ACS APPLIED MATERIALS & INTERFACES	1092	4057	26.92%
JOURNAL OF ALLOYS AND COMPOUNDS	1002	3243	30.90%
JOURNAL OF MATERIALS CHEMISTRY A	802	2086	38.45%
CERAMICS INTERNATIONAL	798	2551	31.28%
APPLIED SURFACE SCIENCE	781	2156	36.22%
NEUROCOMPUTING	777	1794	43.31%
MATERIALS LETTERS	729	1891	38.55%
CHEMICAL COMMUNICATIONS	724	2967	24.40%
TUMOR BIOLOGY	693	1625	42.65%
ELECTROCHIMICA ACTA	689	2341	29.43%
NANOSCALE	589	2174	27.09%
PHYSICAL CHEMISTRY CHEMICAL PHYSICS	556	3503	15.87%
CHEMICAL ENGINEERING JOURNAL	552	1632	33.82%
MOLECULAR MEDICINE REPORTS	548	1458	37.59%
OPTICS EXPRESS	530	2905	18.24%
MEDICINE	511	3275	15.60%
SENSORS AND ACTUATORS B-CHEMICAL	511	1648	31.01%
INTERNATIONAL JOURNAL OF HYDROGEN ENERGY	507	2316	21.89%
APPLIED THERMAL ENGINEERING	505	1865	27.08%

2016年，中国大陆的SCI论文即年被引数高于期刊IMM的论文分布在我们所划分的39个学科中，测绘科学技术没有此类论文。论文数超过10000篇的由2015年的4个学科增到5个学科，与2015年一样，化学、生物学、物理学、临床医学、材料科学和基础医学的论文数位居前6位。这6个学科的论文总数达74107篇，已为该类论文总数的68.3%，超过1000篇的学科为20个，比2015年增加3个，如表20-30所示。

表 20-30 热点论文的学科分布

学科	论文篇数	学科	论文篇数	学科	论文篇数
化学	25351	数学	2434	核科学技术	367
生物学	14910	农学	1547	管理学	360
物理学	11839	机械、仪表	1366	工程与技术基础学科	341
临床医学	11395	预防医学与卫生学	1238	信息、系统科学	332
材料科学	10612	力学	1177	航空航天	266
基础医学	5971	土木建筑	1126	林学	263
电子、通信与自动控制	5195	食品	1080	中医学	262
计算技术	4487	水利	708	交通运输	258
地学	4359	天文学	557	矿山工程技术	158
环境科学	4094	水产学	542	军事医学与特种医学	111
药物学	3792	动力与电气	520	安全科学技术	64
能源科学技术	3517	畜牧、兽医	461	其他	48
化工	2545	冶金、金属学	415	轻工、纺织	5

20.3 结语

20.3.1 中国作者国际论文学术影响力进一步提升

从以上各项数据的统计结果看，2016 年的 SCI 论文产出中，与 2015 年相比，显示论文影响力的指标中，较多指标的增长率都高于中国 SCI 论文的增长率 9.7%。例如，论文被引次数居学科前 0.1% 的增长了 79.8%；176 个学科期刊影响因子居首位的论文数增长了 1.9%；总被引次数和影响因子同时居学科前 1/10 的论文增长了 180.0%；以我为主的国际合作论文数增长了 17.6%；发表于《自然》系列刊中的论文增长了 12.7%。这些成绩的取得是全国科技人员努力的结果，来之不易，更要巩固。

20.3.2 高等院校仍是中国产生高影响论文的主力军

2016 年中国的国际论文（SCI 论文）中，高等院校作者的论文占据较高的比例，高影响力的论文也占据高的比例。例如，论文被引次数居学科前 0.1% 的论文中，全国为 741 篇，高等院校为 621 篇，占比为 83.8%；176 个学科期刊影响因子居首位的论文中，全国为 6270 篇，高等院校为 5153 篇，占比为 82.2%；总被引次数和影响因子同时居学科前 1/10 的论文中，全国 26653 篇，高等院校 21661 篇，占比为 81.3%；以我为主的国际合作论文总数为 59322 篇，高等院校为 44680 篇，占比为 75.3%；发表于《自然》系列刊中的论文中，全部为 505 篇，高等院校为 309 篇，占比为 61.2%；极高影响因子和总被引次数的刊物中，全国发表论文 180 篇，高等院校发表 116 篇，占比达 64.4%。以上的计数只计算了校园本部，不含所附属的机构数。由此看来，中国高等院校仍是中国产生高影响论文的主力军，还应继续发挥高等院校教学和科研人员数庞大的优势来提升中国科技论文的国际影响。

20.3.3 进一步发挥各类实验室在基础研究中的作用

2016年，中国各类实验室产生的SCI论文数（仅计Article、Review）为98216篇，占全国SCI论文278000篇的35.3%，也即是说，1/3以上的论文产自各类实验室，而就论文的即年被引看，全国被引次数是134655篇，实验室的论文被引53555篇，占39.8%。实验室的论文不仅数量多，而且被引次数所占比例也高。因此，发挥实验室在提升中国论文的数量和影响力方面还是很重要的。

20.3.4 发表论文的数量和质量还会上升

据有关方面发布的信息，过去10年间，中国的基础研究经费由155.8亿元增加到了670.6亿元，可以说，有国家各项利好科研政策和资金的持续支持，中国一定会在今后产出非常多的科研成果，也即还会有较多高影响高质量的论文向世界展示。

20.3.5 在十九大精神鼓舞下中国科技工作者们继续前进

十九大的主要精神是科技创新和建立一个强大的中国，而基础科学是创新的基础，只有基础打好了，创新才有动力和来源。SCI论文就是基础科学研究成果的表现。我们论文的影响力提高了，论文的质量提高了，表示基础科学研究水平也提高了。在科学技术和其他各个方面，中国正处于由大国变成强国的历史时期，我们有信心和力量在不远的未来实现建立一个世界科技强国的目标。

注：本文数据主要采集自可进行国际比较，并能进行学术指标评估的Clarivate公司出产的2016 SCI和JCR数据。以上文字和图表中所列据Web of Science、SCI、SCIE和JCR等，是作者根据这些系统提供的数据加工整理产生的。以上各章节中所描述的论文仅指文献类型中的Articles和Review）

参考文献

[1] 中国科学技术信息研究所.2015年度中国科技论文统计与分析（年度研究报告）.北京：科学技术文献出版社，2017：263-286.

[2] 杨卫.渐入佳境的中国基础研究[N].光明日报，2017-10-17（2）.

[3] 中国高质量科研对世界总体贡献居全球第二位[N].科学网，2016-01-15.

[4] 我国科技人力资源总量突破8000万[N].科技日报，2016-04-21.

[5] 2016自然指数排行榜、中国高质量科研产出呈现两位数增长[N].科技日报，2016-04-21.

[6] Thomson Scientific 2016.ISI Web of Knowledge：Web of Science[DB/OL]. [WWW document]. URL http：//portal.isiknowledge.com/web of science.

[7] Thomson Scientific 2016.ISI Web of Knowledge [DB/OL]. Journal citation reports 2015.[WWW document].URL http：//portal.isiknowledge.com/journal citation reports.

附　录

附录 1　2016 年 SCI 收录的中国科技期刊

ACTA MATHEMATICA SCIENTIA
ACTA MECHANICA SINICA
ACTA MECHANICA SOLIDA SINICA
ACTA METALLURGICA SINICA-ENGLISH LETTERS
ACTA OCEANOLOGICA SINICA
ADVANCES IN APPLIED MATHEMATICS AND MECHANICS
ADVANCES IN ATMOSPHERIC SCIENCES
ASIAN JOURNAL OF ANDROLOGY
BIOMEDICAL AND ENVIRONMENTAL SCIENCES
BUILDING SIMULATION
CELLULAR & MOLECULAR IMMUNOLOGY
CHEMICAL RESEARCH IN CHINESE UNIVERSITIES
CHINESE ANNALS OF MATHEMATICS SERIES B
CHINESE JOURNAL OF AERONAUTICS
CHINESE JOURNAL OF CHEMICAL ENGINEERING
CHINESE JOURNAL OF CHEMICAL PHYSICS
CHINESE JOURNAL OF MECHANICAL ENGINEERING
CHINESE JOURNAL OF NATURAL MEDICINES
CHINESE JOURNAL OF OCEANOLOGY AND LIMNOLOGY
CHINESE JOURNAL OF POLYMER SCIENCE
CHINESE JOURNAL OF STRUCTURAL CHEMISTRY
CURRENT ZOOLOGY
FRONTIERS OF COMPUTER SCIENCE
FRONTIERS OF STRUCTURAL AND CIVIL ENGINEERING
FUNGAL DIVERSITY
GENOMICS PROTEOMICS & BIOINFORMATICS
GEOSCIENCE FRONTIERS
HEPATOBILIARY & PANCREATIC DISEASES INTERNATIONAL
INSECT SCIENCE
INTERNATIONAL JOURNAL OF MINERALS METALLURGY AND MATERIALS
JOURNAL OF COMPUTATIONAL MATHEMATICS
JOURNAL OF COMPUTER SCIENCE AND TECHNOLOGY
JOURNAL OF DIABETES
JOURNAL OF EARTH SCIENCE
JOURNAL OF ENERGY CHEMISTRY
JOURNAL OF HUAZHONG UNIVERSITY OF SCIENCE AND TECHNOLOGY-MEDICAL SCIENCES
JOURNAL OF HYDRODYNAMICS
JOURNAL OF INFRARED AND MILLIMETER WAVES
JOURNAL OF INORGANIC MATERIALS
JOURNAL OF MATERIALS SCIENCE & TECHNOLOGY
JOURNAL OF METEOROLOGICAL RESEARCH
JOURNAL OF MOLECULAR CELL BIOLOGY
JOURNAL OF MOUNTAIN SCIENCE
JOURNAL OF OCEAN UNIVERSITY OF CHINA
JOURNAL OF PLANT ECOLOGY
JOURNAL OF RARE EARTHS
JOURNAL OF SYSTEMATICS AND EVOLUTION
JOURNAL OF SYSTEMS ENGINEERING AND ELECTRONICS
JOURNAL OF SYSTEMS SCIENCE AND COMPLEXITY
JOURNAL OF THERMAL SCIENCE
JOURNAL OF WUHAN UNIVERSITY OF TECHNOLOGY-MATERIALS SCIENCE EDITION

NEUROSCIENCE BULLETIN
PARTICUOLOGY
PEDOSPHERE
PETROLEUM EXPLORATION AND DEVELOPMENT
PHOTONICS RESEARCH
PLASMA SCIENCE & TECHNOLOGY
PROGRESS IN NATURAL SCIENCE
RESEARCH IN ASTRONOMY AND ASTROPHYSICS
TRANSLATIONAL CANCER RESEARCH
ACTA GEOLOGICA SINICA—ENGLISH EDITION
VIROLOGICA SINICA
ACTA PHYSICO—CHIMICA SINICA
ACTA MATHEMATICA SINICA—ENGLISH SERIES
ACTA METALLURGICA SINICA
ACTA PETROLOGICA SINICA
ACTA PHARMACOLOGICA SINICA
ACTA POLYMERICA SINICA
APPLIED MATHEMATICS AND MECHANICS—ENGLISH EDITION
ASIAN PACIFIC JOURNAL OF TROPICAL MEDICINE
CELL RESEARCH
CHEMICAL JOURNAL OF CHINESE UNIVERSITIES—CHINESE
CHINA COMMUNICATIONS
CHINESE CHEMICAL LETTERS
CHINESE JOURNAL OF ANALYTICAL CHEMISTRY
CHINESE JOURNAL OF CANCER
CHINESE JOURNAL OF CATALYSIS
CHINESE JOURNAL OF CHEMISTRY
CHINESE JOURNAL OF GEOPHYSICS—CHINESE EDITION
CHINESE JOURNAL OF INORGANIC CHEMISTRY
CHINESE JOURNAL OF INTEGRATIVE MEDICINE
CHINESE JOURNAL OF ORGANIC CHEMISTRY
CHINESE MEDICAL JOURNAL
CHINESE OPTICS LETTERS
CHINESE PHYSICS B
CHINESE PHYSICS C
CHINESE PHYSICS LETTERS
CNS NEUROSCIENCE & THERAPEUTICS
COMMUNICATIONS IN THEORETICAL PHYSICS
FRONTIERS OF INFORMATION TECHNOLOGY & ELECTRONIC ENGINEERING
INTERNATIONAL JOURNAL OF DIGITAL EARTH
INTERNATIONAL JOURNAL OF OPHTHALMOLOGY
JOURNAL OF CENTRAL SOUTH UNIVERSITY
JOURNAL OF DIGESTIVE DISEASES
JOURNAL OF ENVIRONMENTAL SCIENCES—CHINA
JOURNAL OF GENETICS AND GENOMICS
JOURNAL OF INTEGRATIVE PLANT BIOLOGY
JOURNAL OF IRON AND STEEL RESEARCH INTERNATIONAL
JOURNAL OF ZHEJIANG UNIVERSITY—SCIENCE A
JOURNAL OF ZHEJIANG UNIVERSITY—SCIENCE B
JOURNAL OF ZHEJIANG UNIVERSITY—SCIENCE C-COMPUTERS & ELECTRONICS
LIGHT: SCIENCE & APPLICATIONS
MOLECULAR PLANT
NANO RESEARCH
NUCLEAR SCIENCE AND TECHNIQUES
PROGRESS IN BIOCHEMISTRY AND BIOPHYSICS
PROGRESS IN CHEMISTRY
PROTEIN & CELL
RARE METAL MATERIALS AND ENGINEERING
RARE METALS
SCIENCE CHINA—CHEMISTRY
SCIENCE CHINA—EARTH SCIENCES

SCIENCE CHINA—INFORMATION SCIENCES
SCIENCE CHINA—LIFE SCIENCES
SCIENCE CHINA—MATERIALS
SCIENCE CHINA—MATHEMATICS
SCIENCE CHINA—PHYSICS MECHANICS & ASTRONOMY
SCIENCE CHINA—TECHNOLOGICAL SCIENCES
SPECTROSCOPY AND SPECTRAL ANALYSIS
TRANSACTIONS OF NONFERROUS METALS SOCIETY OF CHINA
TRANSPORTMETRICA A—TRANSPORT SCIENCE
ACTA CHIMICA SINICA
CHINESE GEOGRAPHICAL SCIENCE
CHINESE JOURNAL OF CANCER RESEARCH
EARTHQUAKE ENGINEERING AND ENGINEERING VIBRATION
EAST ASIAN JOURNAL ON APPLIED MATHEMATICS
ENDOSCOPIC ULTRASOUND
ENGINEERING APPLICATIONS OF COMPUTATIONAL FLUID MECHANICS
FRICTION
FRONTIERS OF CHEMICAL SCIENCE AND ENGINEERING
FRONTIERS OF EARTH SCIENCE
FRONTIERS OF ENVIRONMENTAL SCIENCE & ENGINEERING
FRONTIERS OF MATERIALS SCIENCE
FRONTIERS OF MATHEMATICS IN CHINA
FRONTIERS OF MEDICINE
FRONTIERS OF PHYSICS
HIGH POWER LASER SCIENCE AND ENGINEERING
INTEGRATIVE ZOOLOGY
INTERDISCIPLINARY SCIENCES—COMPUTATIONAL LIFE SCIENCES
INTERNATIONAL JOURNAL OF AGRICULTURAL AND BIOLOGICAL ENGINEERING
INTERNATIONAL JOURNAL OF DISASTER RISK SCIENCE
INTERNATIONAL JOURNAL OF ORAL SCIENCE
INTERNATIONAL JOURNAL OF SEDIMENT RESEARCH
JOURNAL OF ADVANCED CERAMICS
JOURNAL OF ANIMAL SCIENCE AND BIOTECHNOLOGY
JOURNAL OF ARID LAND
JOURNAL OF BIONIC ENGINEERING
JOURNAL OF FORESTRY RESEARCH
JOURNAL OF GEOGRAPHICAL SCIENCES
JOURNAL OF GERIATRIC CARDIOLOGY
JOURNAL OF INTEGRATIVE AGRICULTURE
JOURNAL OF MODERN POWER SYSTEMS AND CLEAN ENERGY
JOURNAL OF SPORT AND HEALTH SCIENCE
JOURNAL OF TRADITIONAL CHINESE MEDICINE
JOURNAL OF TROPICAL METEOROLOGY
NANO—MICRO LETTERS
NATIONAL SCIENCE REVIEW
NEW CARBON MATERIALS
NUMERICAL MATHEMATICS—THEORY METHODS AND APPLICATIONS
PETROLEUM SCIENCE
THORACIC CANCER
ACTA MATHEMATICAE APPLICATAE SINICA-ENGLISH SERIES
ADVANCED STEEL CONSTRUCTION
ADVANCES IN MANUFACTURING
ALGEBRA COLLOQUIUM
APPLIED GEOPHYSICS
APPLIED MATHEMATICS—A JOURNAL OF CHINESE UNIVERSITIES SERIES B
ASIAN HERPETOLOGICAL RESEARCH
ASIAN JOURNAL OF SURGERY
AVIAN RESEARCH
BONE RESEARCH
CANCER BIOLOGY MEDICINE
CHINA FOUNDRY
CHINA OCEAN ENGINEERING

CHINA PETROLEUM PROCESSING & PETROCHEMICAL TECHNOLOGY	NEURAL REGENERATION RESEARCH
WORLD JOURNAL OF PEDIATRICS	JOURNAL OF ORTHOPAEDIC SURGERY
JOURNAL OF EXERCISE SCIENCE & FITNESS	TRANSPORTMETRICA B—TRANSPORT DYNAMICS
ACTA PHYSICA SINICA	TSINGHUA SCIENCE AND TECHNOLOGY
SCIENCE BULLETIN	CHINESE SCIENCE BULLETIN

附录2　2016年Inspec收录的中国期刊

ACTA AERONAUTICA ET ASTRONAUTICA SINICA	1000-6893	BIOSURFACE AND BIOTRIBOLOGY	2405-4518
ACTA GEOCHIMICA	2096-0956	BUILDING ENERGY EFFICIENCY	1673-7237
ACTA GEOLOGICA SINICA (ENGLISH EDITION)	1000-9515	BUILDING SIMULATION	1996-3599
ACTA MATHEMATICA SCIENTIA	0252-9602	CAAI TRANSACTIONS ON INTELLIGENT SYSTEMS	1673-4785
ACTA MECHANICA SOLIDA SINICA	0894-9166	CEMENT ENGINEERING	1007-0389
ACTA NUMERICA	0962-4929	CES TRANSACTIONS ON ELECTRICAL MACHINES AND SYSTEMS	2096-3564
ACTA OCEANOLOGICA SINICA	0253-505X	CHINA COMMUNICATIONS	1673-5447
ACTA PHOTONICA SINICA	1004-4213	CHINA ENVIRONMENTAL SCIENCE	1000-6923
ACTA PHYSICA SINICA	1000-3290	CHINA JOURNAL OF HIGHWAY AND TRANSPORT	1001-7372
ACTA PHYSICO—CHIMICA SINICA	1000-6818	CHINA MECHANICAL ENGINEERING	1004-132X
ADVANCED TECHNOLOGY OF ELECTRICAL ENGINEERING AND ENERGY	1003-3076	CHINA OCEAN ENGINEERING	0890-5487
ADVANCES IN ATMOSPHERIC SCIENCES	0256-1530	CHINA RAILWAY SCIENCE	1001-4632
ADVANCES IN CLIMATE CHANGE RESEARCH	1674-9278	CHINA SURFACTANT DETERGENT & COSMETICS	1001-1803
ADVANCES IN COLLOID AND INTERFACE SCIENCE	0001-8686	CHINA TEXTILE LEADER	1003-3025
APPLIED GEOPHYSICS	1672-7975	CHINA TEXTILE SCIENCE	2072-5809
APPLIED MATHEMATICS AND MECHANICS (CHINESE EDITION)	1000-0887	CHINESE JOURNAL OF AERONAUTICS	1000-9361
APPLIED MATHEMATICS AND MECHANICS (ENGLISH EDITION)	0253-4827	CHINESE JOURNAL OF APPLIED AND ENVIRONMENTAL BIOLOGY	1006-687X
AUDIO ENGINEERING	1002-8684	CHINESE JOURNAL OF BIOMEDICAL ENGINEERING	0258-8021
AUTOMATION ; INSTRUMENTATION	1001-9944	CHINESE JOURNAL OF CHEMICAL ENGINEERING	1004-9541
BATTERY BIMONTHLY	1001-1579		

CHINESE JOURNAL OF CHEMICAL PHYSICS	1674-0068
CHINESE JOURNAL OF COMPUTERS	0254-4164
CHINESE JOURNAL OF ELECTRICAL ENGINEERING	2096-1529
CHINESE JOURNAL OF ELECTRON DEVICES	1005-9490
CHINESE JOURNAL OF ELECTRONICS	1022-4653
CHINESE JOURNAL OF LIQUID CRYSTALS AND DISPLAYS	1007-2780
CHINESE JOURNAL OF MECHANICAL ENGINEERING	1000-9345
CHINESE JOURNAL OF NONFERROUS METALS	1004-0609
CHINESE JOURNAL OF POLYMER SCIENCE	0256-7679
CHINESE JOURNAL OF QUANTUM ELECTRONICS	1007-5461
CHINESE JOURNAL OF SENSORS AND ACTUATORS	1004-1699
CHINESE JOURNAL OF SPACE SCIENCE	0254-6124
CHINESE MEDICAL EQUIPMENT JOURNAL	1003-8868
CHINESE PHYSICS B	1674-1056
CHINESE PHYSICS C	1674-1137
CHINESE PHYSICS LETTERS	0256-307X
COMMUNICATIONS IN COMPUTATIONAL PHYSICS	1815-2406
COMPUTATIONAL ECOLOGY AND SOFTWARE	2220-721X
COMPUTATIONAL MATERIALS SCIENCE	0927-0256
COMPUTER AIDED ENGINEERING	1006-0871
COMPUTER ENGINEERING	1000-3428
COMPUTER ENGINEERING AND APPLICATIONS	1002-8331

COMPUTER ENGINEERING AND DESIGN	1000-7024
COMPUTER ENGINEERING AND SCIENCE	1007-130X
COMPUTER INTEGRATED MANUFACTURING SYSTEMS	1006-5911
CONTROL AND DECISION	1001-0920
CONTROL THEORY & APPLICATIONS	1000-8152
CORROSION SCIENCE AND PROTECTION TECHNOLOGY	1002-6495
COTTON TEXTILE TECHNOLOGY	1001-7415
CSEE JOURNAL OF POWER AND ENERGY SYSTEMS	2096-0042
DEFENCE TECHNOLOGY	2214-9147
DENDROCHRONOLOGIA	1125-7865
DETERGENT & COSMETICS	1006-7264
DIGITAL COMMUNICATIONS AND NETWORKS	2352-8648
EARTH SCIENCE—JOURNAL OF CHINA UNIVERSITY OF GEOSCIENCES	1000-2383
EARTHQUAKE ENGINEERING AND ENGINEERING DYNAMICS	1000-1301
EARTHQUAKE ENGINEERING AND ENGINEERING VIBRATION	1671-3664
ELECTRIC MACHINES AND CONTROL	1007-449X
ELECTRIC POWER	1004-9649
ELECTRIC POWER AUTOMATION EQUIPMENT	1006-6047
ELECTRIC POWER CONSTRUCTION	1000-7229
ELECTRIC POWER SCIENCE AND ENGINEERING	1672-0792
ELECTRIC WELDING MACHINE	1001-2303
ELECTRICAL MEASUREMENT AND INSTRUMENTATION	1001-1390
ELECTRONIC COMPONENTS AND MATERIALS	1001-2028

ELECTRONIC SCIENCE AND TECHNOLOGY	1007-7820
ELECTRONICS OPTICS & CONTROL	1671-637X
ELECTROPLATING ; FINISHING	1004-227X
ENERGY STORAGE SCIENCE AND TECHNOLOGY	2095-4239
ENGINEERING	2095-8099
ENGINEERING JOURNAL OF WUHAN UNIVERSITY	1671-8844
ENGINEERING LETTERS	1816-093X
FIRE CONTROL & COMMAND CONTROL	1002-0640
FRICTION	2223-7690
FRONTIERS IN ENERGY	2095-1701
FRONTIERS OF CHEMICAL SCIENCE AND ENGINEERING	2095-0179
FRONTIERS OF COMPUTER SCIENCE	2095-2228
FRONTIERS OF EARTH SCIENCE	2095-0195
FRONTIERS OF ENVIRONMENTAL SCIENCE ; ENGINEERING	2095-2201
FRONTIERS OF INFORMATION TECHNOLOGY ; ELECTRONIC ENGINEERING	2095-9184
FRONTIERS OF MECHANICAL ENGINEERING	2095-0233
FRONTIERS OF OPTOELECTRONICS	2095-2759
FRONTIERS OF PHYSICS	2095-0462
FRONTIERS OF STRUCTURAL AND CIVIL ENGINEERING	2095-2430
GEODESY AND GEODYNAMICS	1674-9847
GEOMATICS AND INFORMATION SCIENCE OF WUHAN UNIVERSITY	1671-8860
GEOSCIENCE FRONTIERS	1674-9871
GEO—SPATIAL INFORMATION SCIENCE	1009-5020
GREEN ENERGY & ENVIRONMENT	2468-0257
HEBEI JOURNAL OF INDUSTRIAL SCIENCE & TECHNOLOGY	1008-1534
HIGH POWER LASER AND PARTICLE BEAMS	1001-4322
HIGH VOLTAGE APPARATUS	1001-1609
HIGH VOLTAGE ENGINEERING	1003-6520
IMAGING SCIENCE AND PHOTOCHEMISTRY	1674-0475
INDUSTRIAL ENGINEERING AND MANAGEMENT	1007-5429
INDUSTRIAL ENGINEERING JOURNAL	1007-7375
INDUSTRY AND MINE AUTOMATION	1671-251X
INFORMATION AND CONTROL	1002-0411
INFRARED AND LASER ENGINEERING	1007-2276
INSTRUMENT TECHNIQUE AND SENSOR	1002-1841
INSULATING MATERIALS	1009-9239
INSULATORS AND SURGE ARRESTERS	1003-8337
INTERNATIONAL JOURNAL OF AGRICULTURAL AND BIOLOGICAL ENGINEERING	1934-6344
INTERNATIONAL JOURNAL OF AUTOMATION AND COMPUTING	1476-8186
INTERNATIONAL JOURNAL OF COMPUTER NETWORK AND INFORMATION SECURITY	2074-9090
INTERNATIONAL JOURNAL OF CYBER—SECURITY AND DIGITAL FORENSICS	2305-0012
INTERNATIONAL JOURNAL OF DIGITAL EARTH	1753-8947
INTERNATIONAL JOURNAL OF DIGITAL INFORMATION AND WIRELESS COMMUNICATIONS	2225-658X
INTERNATIONAL JOURNAL OF IMAGE, GRAPHICS AND SIGNAL PROCESSING	2074-9074

INTERNATIONAL JOURNAL OF INFORMATION ENGINEERING AND ELECTRONIC BUSINESS	2074-9023
INTERNATIONAL JOURNAL OF INFORMATION TECHNOLOGY AND COMPUTER SCIENCE	2074-9007
INTERNATIONAL JOURNAL OF INTELLIGENT SYSTEMS AND APPLICATIONS	2074-904X
INTERNATIONAL JOURNAL OF MINERALS, METALLURGY AND MATERIALS	1674-4799
INTERNATIONAL JOURNAL OF MINING SCIENCE AND TECHNOLOGY	2095-2686
INTERNATIONAL JOURNAL OF MODERN EDUCATION AND COMPUTER SCIENCE	2075-0161
INTERNATIONAL JOURNAL OF NEW COMPUTER ARCHITECTURES AND THEIR APPLICATIONS	2220-9085
INTERNATIONAL JOURNAL OF SEDIMENT RESEARCH	1001-6279
JOURNAL OF ACADEMY OF ARMORED FORCE ENGINEERING	1672-1497
JOURNAL OF ADVANCED CERAMICS	2226-4108
JOURNAL OF AERONAUTICAL MATERIALS	1005-5053
JOURNAL OF AEROSPACE POWER	1000-8055
JOURNAL OF APPLIED OPTICS	1002-2082
JOURNAL OF APPLIED SCIENCES—ELECTRONICS AND INFORMATION ENGINEERING	0255-8297
JOURNAL OF ATMOSPHERIC AND ENVIRONMENTAL OPTICS	1673-6141
JOURNAL OF BEIJING INSTITUTE OF TECHNOLOGY	1004-0579
JOURNAL OF BEIJING NORMAL UNIVERSITY (NATURAL SCIENCE)	0476-0301
JOURNAL OF BEIJING UNIVERSITY OF AERONAUTICS AND ASTRONAUTICS	1001-5965
JOURNAL OF BEIJING UNIVERSITY OF TECHNOLOGY	0254-0037
JOURNAL OF CENTRAL SOUTH UNIVERSITY (SCIENCE AND TECHNOLOGY)	1672-7207
JOURNAL OF CENTRAL SOUTH UNIVERSITY. SCIENCE & TECHNOLOGY OF MINING AND METALLURGY	2095-2899
JOURNAL OF CHINA THREE GORGES UNIVERSITY (NATURAL SCIENCES)	1672-948X
JOURNAL OF CHINA UNIVERSITIES OF POSTS AND TELECOMMUNICATIONS	1005-8885
JOURNAL OF CHINA UNIVERSITY OF PETROLEUM (NATURAL SCIENCE EDITION)	1673-5005
JOURNAL OF CHINESE COMPUTER SYSTEMS	1000-1220
JOURNAL OF CHINESE INERTIAL TECHNOLOGY	1005-6734
JOURNAL OF CHINESE SOCIETY FOR CORROSION AND PROTECTION	1005-4537
JOURNAL OF CHONGQING UNIVERSITY (ENGLISH EDITION)	1671-8224
JOURNAL OF CHONGQING UNIVERSITY OF POSTS AND TELECOMMUNICATION (NATURAL SCIENCE EDITION)	1673-825X
JOURNAL OF COMPUTATIONAL MATHEMATICS	0254-9409
JOURNAL OF COMPUTER AIDED DESIGN & COMPUTER GRAPHICS	1003-9775
JOURNAL OF COMPUTER APPLICATIONS	1001-9081

JOURNAL OF COMPUTER SCIENCE AND TECHNOLOGY	1000-9000
JOURNAL OF DALIAN UNIVERSITY OF TECHNOLOGY	1000-8608
JOURNAL OF DATA ACQUISITION AND PROCESSING	1004-9037
JOURNAL OF DETECTION CONTROL	1008-1194
JOURNAL OF DONGHUA UNIVERSITY (ENGLISH EDITION)	1672-5220
JOURNAL OF EARTH SCIENCE	1674-487X
JOURNAL OF EAST CHINA UNIVERSITY OF SCIENCE AND TECHNOLOGY (NATURAL SCIENCE EDITION)	1006-3080
JOURNAL OF ELECTRIC POWER SCIENCE AND TECHNOLOGY	1673-9140
JOURNAL OF ELECTRONIC SCIENCE AND TECHNOLOGY	1674-862X
JOURNAL OF ENERGY CHEMISTRY	2095-4956
JOURNAL OF ENVIRONMENTAL SCIENCES	1001-0742
JOURNAL OF EQUIPMENT ACADEMY	2095-3828
JOURNAL OF FOOD SCIENCE AND TECHNOLOGY	2095-6002
JOURNAL OF FRONTIERS OF COMPUTER SCIENCE AND TECHNOLOGY	1673-9418
JOURNAL OF GEOGRAPHICAL SCIENCES	1009-637X
JOURNAL OF GUANGDONG UNIVERSITY OF TECHNOLOGY	1007-7162
JOURNAL OF HEBEI NORMAL UNIVERSITY (NATURAL SCIENCE EDITION)	1000-5854
JOURNAL OF HEBEI UNIVERSITY OF SCIENCE AND TECHNOLOGY	1008-1542
JOURNAL OF HEBEI UNIVERSITY OF TECHNOLOGY	1007-2373
JOURNAL OF HENAN UNIVERSITY OF SCIENCE & TECHNOLOGY, NATURAL SCIENCE	1672-6871
JOURNAL OF HUAZHONG UNIVERSITY OF SCIENCE AND TECHNOLOGY (NATURAL SCIENCE EDITION)	1671-4512
JOURNAL OF HUNAN UNIVERSITY (NATURAL SCIENCES)	1674-2974
JOURNAL OF HYDRODYNAMICS, SER. B	1001-6058
JOURNAL OF IRON AND STEEL RESEARCH, INTERNATIONAL	1006-706X
JOURNAL OF IRRIGATION AND DRAINAGE ENGINEERING	0733-9437
JOURNAL OF JILIN UNIVERSITY (SCIENCE EDITION)	1671-5489
JOURNAL OF LANZHOU UNIVERSITY OF TECHNOLOGY	1673-5196
JOURNAL OF MARINE SCIENCE AND APPLICATION	1671-9433
JOURNAL OF MECHANICAL ENGINEERING	0577-6686
JOURNAL OF MINERALOGY AND PETROLOGY	1001-6872
JOURNAL OF NANJING FORESTRY UNIVERSITY (NATURAL SCIENCES EDITION)	1000-2006
JOURNAL OF NANJING UNIVERSITY OF AERONAUTICS & ASTRONAUTICS	1005-2615
JOURNAL OF NANJING UNIVERSITY OF POSTS AND TELECOMMUNICATIONS	1673-5439
JOURNAL OF NANJING UNIVERSITY OF SCIENCE AND TECHNOLOGY	1005-9830
JOURNAL OF NATIONAL UNIVERSITY OF DEFENSE TECHNOLOGY	1001-2486
JOURNAL OF NATURAL DISASTERS	1004-4574
JOURNAL OF NATURAL SCIENCE OF HUNAN NORMAL UNIVERSITY	1000-2537

JOURNAL OF NAVAL UNIVERSITY OF ENGINEERING	1009-3486
JOURNAL OF NORTH CHINA ELECTRIC POWER UNIVERSITY (NATURAL SCIENCE EDITION)	1007-2691
JOURNAL OF NORTH UNIVERSITY OF CHINA (NATURAL SCIENCE EDITION)	1673-3193
JOURNAL OF NORTHEASTERN UNIVERSITY (NATURAL SCIENCE)	1005-3026
JOURNAL OF OCEAN ENGINEERING AND SCIENCE	2468-0133
JOURNAL OF OCEANOGRAPHY	0916-8370
JOURNAL OF PLA UNIVERSITY OF SCIENCE AND TECHNOLOGY (NATURAL SCIENCE EDITION)	1009-3443
JOURNAL OF QINGDAO UNIVERSITY	1006-1037
JOURNAL OF QINGDAO UNIVERSITY OF SCIENCE AND TECHNOLOGY (NATURAL SCIENCE EDITION)	1672-6987
JOURNAL OF QINGDAO UNIVERSITY OF TECHNOLOGY	1673-4602
JOURNAL OF RARE EARTHS	1002-0721
JOURNAL OF ROCK MECHANICS AND GEOTECHNICAL ENGINEERING	1674-7755
JOURNAL OF ROCKET PROPULSION	1672-9374
JOURNAL OF SEMICONDUCTORS	1674-4926
JOURNAL OF SHANGHAI JIAOTONG UNIVERSITY	1006-2467
JOURNAL OF SHANGHAI JIAOTONG UNIVERSITY (SCIENCE)	1007-1172
JOURNAL OF SHENYANG UNIVERSITY OF TECHNOLOGY	1000-1646
JOURNAL OF SHENZHEN POLYTECHNIC	1672-0318
JOURNAL OF SHENZHEN UNIVERSITY SCIENCE AND ENGINEERING	1000-2618
JOURNAL OF SICHUAN UNIVERSITY (ENGINEERING SCIENCE EDITION)	1009-3087
JOURNAL OF SIGNAL PROCESSING	1003-0530
JOURNAL OF SOFTWARE	1000-9825
JOURNAL OF SOLID ROCKET TECHNOLOGY	1006-2793
JOURNAL OF SOUTH CHINA UNIVERSITY OF TECHNOLOGY (NATURAL SCIENCE EDITION)	1000-565X
JOURNAL OF SOUTHEAST UNIVERSITY (ENGLISH EDITION)	1003-7985
JOURNAL OF SOUTHEAST UNIVERSITY (NATURAL SCIENCE EDITION)	1001-0505
JOURNAL OF SYSTEM SIMULATION	1004-731X
JOURNAL OF SYSTEMS ENGINEERING AND ELECTRONICS	1004-4132
JOURNAL OF SYSTEMS SCIENCE AND COMPLEXITY	1009-6124
JOURNAL OF SYSTEMS SCIENCE AND SYSTEMS ENGINEERING	1004-3756
JOURNAL OF TEST AND MEASUREMENT TECHNOLOGY	1671-7449
JOURNAL OF THE CHINA SOCIETY FOR SCIENTIFIC AND TECHNICAL INFORMATION	1000-0135
JOURNAL OF THERMAL SCIENCE AND TECHNOLOGY	1671-8097
JOURNAL OF TIANJIN UNIVERSITY (SCIENCE AND TECHNOLOGY)	0493-2137
JOURNAL OF TONGJI UNIVERSITY (NATURAL SCIENCE)	0253-374X
JOURNAL OF TRAFFIC AND TRANSPORTATION ENGINEERING	1671-1637
JOURNAL OF UNIVERSITY OF ELECTRONIC SCIENCE AND TECHNOLOGY OF CHINA	1001-0548
JOURNAL OF UNIVERSITY OF SCIENCE AND TECHNOLOGY OF CHINA	0253-2778

JOURNAL OF VIBRATION ENGINEERING	1004-4523
JOURNAL OF WUHAN UNIVERSITY (NATURAL SCIENCE EDITION)	1671-8836
JOURNAL OF WUHAN UNIVERSITY OF TECHNOLOGY	1671-4431
JOURNAL OF XIAMEN UNIVERSITY (NATURAL SCIENCE)	0438-0479
JOURNAL OF XI'AN JIAOTONG UNIVERSITY	0253-987X
JOURNAL OF XI'AN UNIVERSITY OF TECHNOLOGY	1006-4710
JOURNAL OF XIDIAN UNIVERSITY	1001-2400
JOURNAL OF YANGZHOU UNIVERSITY (AGRICULTURAL AND LIFE SCIENCE EDITION)	1671-4652
JOURNAL OF YANGZHOU UNIVERSITY (NATURAL SCIENCE EDITION)	1007-824X
JOURNAL OF ZHEJIANG UNIVERSITY (SCIENCE EDITION)	1008-9497
JOURNAL OF ZHEJIANG UNIVERSITY OF TECHNOLOGY	1006-4303
JOURNAL OF ZHEJIANG UNIVERSITY, SCIENCE A (APPLIED PHYSICS & ENGINEERING)	1673-565X
JOURNAL OF ZHEJIANG UNIVERSITY (ENGINEERING SCIENCE)	1008-973X
JOURNAL OF ZHENGZHOU UNIVERSITY ENGINEERING SCIENCE	1671-6833
JOURNAL ON COMMUNICATIONS	1000-436X
LASER TECHNOLOGY	1001-3806
LIGHT INDUSTRY MACHINERY	1005-2895
METALLURGICAL INDUSTRY AUTOMATION	1000-7059
MICROELECTRONICS	1004-3365
MICROMOTORS	1001-6848
MICRONANOELECTRONIC TECHNOLOGY	1671-4776
MICROSYSTEMS & NANOENGINEERING	2055-7434
MICROWAVE AND OPTICAL TECHNOLOGY LETTERS	0895-2477
MODERN APPLIED PHYSICS	2095-6223
NANO RESEARCH	1998-0124
NANO-MICRO LETTERS	2311-6706
NANOTECHNOLOGY AND PRECISION ENGINEERING	1672-6030
NATURAL GAS INDUSTRY	1000-0976
NUCLEAR SCIENCE AND TECHNIQUES	1001-8042
NUCLEAR TECHNOLOGY	0029-5450
OPTICS AND PRECISION ENGINEERING	1004-924X
OPTOELECTRONICS LETTERS	1673-1905
ORDNANCE INDUSTRY AUTOMATION	1006-1576
PARTICUOLOGY	1674-2001
PETROLEUM	2405-6561
PETROLEUM RESEARCH	2096-2495
PETROLEUM SCIENCE	1672-5107
PHOTONIC SENSORS	1674-9251
PLASMA SCIENCE AND TECHNOLOGY	1009-0630
PROCESS AUTOMATION INSTRUMENTATION	1000-0380
PROGRESS IN NATURAL SCIENCE: MATERIALS INTERNATIONAL	1002-0071
RAILWAY COMPUTER APPLICATION	1005-8451
RARE METALS	1001-0521
RESEARCH AND EXPLORATION IN LABORATORY	1006-7167
ROBOT	1002-0446

SCIENCE & TECHNOLOGY REVIEW	1000-7857
SCIENCE CHINA TECHNOLOGICAL SCIENCES	1674-7321
SEMICONDUCTOR TECHNOLOGY	1003-353X
SHANGHAI KOUQIANG YIXUE	1006-7248
SHANGHAI METALS	1001-7208
SOLID EARTH SCIENCES	2451-912X
SOUTHERN POWER SYSTEM TECHNOLOGY	1674-0629
SPACECRAFT ENGINEERING	1673-8748
SPECIAL CASTING & NONFERROUS ALLOYS	1001-2249
SPECIAL OIL & GAS RESERVOIRS	1006-6535
SYSTEMS ENGINEERING AND ELECTRONICS	1001-506X
TECHNICAL ACOUSTICS	1000-3630
TELECOMMUNICATION ENGINEERING	1001-893X
TELECOMMUNICATIONS SCIENCE	1000-0801
THEORETICAL AND APPLIED MECHANICS LETTERS	2095-0349
TOBACCO SCIENCE & TECHNOLOGY	1002-0861
TRANSACTIONS OF BEIJING INSTITUTE OF TECHNOLOGY	1001-0645
TRANSACTIONS OF NANJING UNIVERSITY OF AERONAUTICS & ASTRONAUTICS	1005-1120
TRANSACTIONS OF NONFERROUS METALS SOCIETY OF CHINA	1003-6326
TSINGHUA SCIENCE AND TECHNOLOGY	1007-0214
VIDEO ENGINEERING	1002-8692
WATER RESOURCES AND POWER	1000-7709
WORLD EARTHQUAKE ENGINEERING	1007-6069
WUHAN UNIVERSITY JOURNAL OF NATURAL SCIENCES	1007-1202
WULI	0379-4148
ZHEJIANG ELECTRIC POWER	1007-1881
ZTE COMMUNICATIONS	1673-5188

附录 3　2016 年 Medline 收录的中国期刊

ACTA BIOCHIMICA ET BIOPHYSICA SINICA
LIXUE XUEBAO
ACTA PHARMACOLOGICA SINICA
ASIAN JOURNAL OF ANDROLOGY
BEIJING DAXUE XUEBAO YIXUEBAN
BINGDU XUEBAO
CELL RESEARCH
CELLULAR MOLECULAR IMMUNOLOGY
ZHONGGUO HUAXUE KUAIBAO
CHINESE JOURNAL OF CANCER
CHINESE JOURNAL OF CANCER RESEARCH
CHINESE JOURNAL OF INTEGRATIVE MEDICINE
ZHONGHUA CHUANGSHANG ZAZHI
CHINESE MEDICAL JOURNAL
CHINESE MEDICAL SCIENCES JOURNAL
CHINESE OPTICS LETTERS
CHONGQING YIXUE
COMMUNICATIONS IN NONLINEAR SCIENCE
NUMERICAL SIMULATION
CURRENT ZOOLOGY
DONGWUXUE YANJIU
FAYIXUE ZAZHI
FRONTIERS IN BIOLOGY
GENOMICS PROTEOMICS BIOINFORMATICS
GUANGPUXUE YU GUANGPUFENXI
HUAXI KOUQIANG YIXUE ZAZHI
HUANJING KEXUE
INSECT SCIENCE
INTERNATIONAL JOURNAL OF ORAL SCIENCE

JOURNAL OF ANIMAL SCIENCE AND BIOTECHNOLOGY
JOURNAL OF BIOMEDICAL RESEARCH
JOURNAL OF ENVIRONMENTAL SCIENCES CHINA
JOURNAL OF GENETICS AND GENOMICS=YICHUAN XUEBAO
JOURNAL OF GERIATRIC CARDIOLOGY JGC
JOURNAL OF HUAZHONG UNIVERSITY OF SCIENCE AND TECHNOLOGY MEDICAL SCIENCES
JOURNAL OF INTEGRATIVE PLANT BIOLOGY
JOURNAL OF MATERIALS SCIENCE TECHNOLOGY
JOURNAL OF MOLECULAR CELL BIOLOGY
JOURNAL OF ZHEJIANG UNIVERSITY SCIENCE B
LINCHUANG ER BI YAN HOU TOU JING WAIKE ZAZHI
MOLECULAR PLANT
NANFANG YIKE DAXUE XUEBAO
NEURAL REGENERATION RESEARCH
NEUROSCIENCE BULLETIN
PETROLEUM SCIENCE
PROTEIN CELL
SCIENCE CHINA LIFE SCIENCES
SCIENCE CHINA MATHEMATICS
SEPU CHINESE JOURNAL OF CHROMATOGRAPHY
SHANGHAI ARCHIVES OF PSYCHIATRY
SHANGHAI KOUQIANG YIXUE=SHANGHAI JOURNAL OF STOMATOLOGY
SHENGLIKEXUE JINZHAN [PROGRESS IN PHYSIOLOGY]
SHENGLI XUEBAO (ACTA PHYSIOLOGICA SINICA)
SHENGWU GONGCHENG XUEBAO
SHENGWU YIXUE GONGCHENGXUE ZAZHI
SICHUAN DAXUE XUEBAO YIXUEBAN
WEISHENGWU XUEBAO
WEISHENG YANJIU
WORLD JOURNAL OF GASTROENTEROLOGY
XIBAO YU FENZI MIANYIXUE ZAZHI
YAOXUE XUEBAO
YICHUAN=HEREDITAS
YIYONG SHENGWU LIXUE
YINGYONG SHENGTAI XUEBAO
ZHEJIANG DAXUE XUEBAO YIXUEBAN
ZHENCI YANJIU
ZHONGNAN DAXUE XUEBAO YIXUEBAN
ZHONGGUO DANGDAI ERKE ZAZHI
ZHONGGUO FEIAI ZAZHI
ZHONGGUO GUSHANG=CHINA JOURNAL OF ORTHOPAEDICS AND TRAUMATOLOGY
ZHONGGUO SHIYAN XUEYEXUE ZAZHI
ZHONGGUO XIUFU CHONGJIAN WAIKE ZAZHI
ZHONGGUO XUEXI CHONGBING FANGZHI ZAZHI
ZHONGGUO YILIAO QIXIE ZAZHI
ZHONGGUO YIXUE KEXUEYUAN XUEBAO
ZHONGGUO YINGYONG SHENGLIXUE ZAZHI
ZHONGGUO ZHENJIU
ZHONGGUO ZHONGXIYI JIEHE ZAZHI
ZHONGGUO ZHONGYAO ZAZHI
ZHONGHUA BINGLIXUE ZAZHI
ZHONGHUA ER BI YAN HOU TOU JING WAIKE ZAZHI
ZHONGHUA ERKE ZAZHI
ZHONGHUA FUCHANKE ZAZHI
ZHONGHUA GANZANGBING ZAZHI
ZHONGHUA JIEHE HE HUXI ZAZHI
ZHONGHUA KOUQIANG YIXUE ZAZHI
ZHONGHUA LAODONG WEISHENG ZHIYEBING ZAZHI
ZHONGHUA LIUXINGBINGXUE ZAZHI
ZHONGHUA NANKEXUE
ZHONGHUA NEIKE ZAZHI
ZHONGHUA SHAOSHANG ZAZHI
ZHONGHUA WAI KE ZA ZHI
ZHONGHUA WEICHANG WAIKE ZA ZHI
ZHONGHUA XINXUEGUANBING ZAZHI
ZHONGHUA XUEYEXUE ZAZHI
ZHONGHUA YANKE ZAZHI
ZHONGHUA YISHI ZAZHI
ZHONGHUA YIXUE YICHUANXUE ZAZHI
ZHONGHUA YI XUE ZAZHI
ZHONGHUA YUFANG YIXUE ZAZHI
ZHONGHUA ZHENGXING WAIKE ZAZHI
ZHONGHUA ZHONGLIU ZAZHI

附录 4 2016 年 CA plus 核心期刊（Core Journal）收录的中国期刊

Publication Title	ISSN	Chinese Title
ACTA PHARMACOLOGICASINICA	1671–4083	中国药理学报（英文版）
BONE RESEARCH	2095–6231	骨研究
BOPUXUE ZAZHI	1000–4556	波谱学杂志
CAILIAO RECHULI XUEBAO	1009–6264	材料热处理学报
CHEMICAL RESEARCH IN CHINESE UNIVERSITIES	1005–9040	高等学校化学研究（英文版）
CHINESE CHEMICAL LETTERS	1001–8417	中国化学快报（英文版）
CHINESE JOURNAL OF CHEMICAL ENGINEERING	1004–9541	中国化学工程学报（英文版）
CHINESE JOURNAL OF CHEMICAL PHYSICS	1674–0068	化学物理学报（英文版）
CHINESE JOURNAL OF CHEMISTRY	1001–604X	中国化学（英文版）
CHINESE JOURNAL OF GEOCHEMISTRY	1000–9426	中国地球化学学报（英文版）
CHINESE JOURNAL OF POLYMER SCIENCE	0256–7679	高分子科学（英文版）
CHINESE JOURNAL OF STRUCTURAL CHEMISTRY	0254–5861	结构化学（中 / 英文版）
CHINESE PHYSICS C	1674–1137	中国物理（C，英文版）
CUIHUA XUEBAO	0253–9837	催化学报
DIANHUAXUE	1006–3471	电化学
DIQIU HUAXUE	0379–1726	地球化学
FENXI HUAXUE	0253–3820	分析化学
FENZI CUIHUA	1001–3555	分子催化
GAODENG XUEXIAO HUAXUE XUEBAO	0251–0790	高等学校化学学报
GAOFENZI CAILIAO KEXUE YU GONGCHENG	1000–7555	高分子材料科学与工程
GAOFENZI XUEBAO	1000–3304	高分子学报
GAOXIAO HUAXUE GONGCHENG XUEBAO	1003–9015	高校化学工程学报
GONGNENG GAOFENZI XUEBAO	1008–9357	功能高分子学报
GUANGPUXUE YU GUANGPUFENXI	1000–0593	光谱学与光谱分析
GUIJINSHU	1004–0676	贵金属
GUISUANYAN XUEBAO	0454–5648	硅酸盐学报
GUOCHENG GONGCHENG XUEBAO	1009–606X	过程工程学报
HECHENG XIANGJIAO GONGYE	1000–1255	合成橡胶工业
HUADONG LIGONG DAXUE XUEBAO (ZIRAN KEXUEBAN)	1006–3080	华东理工大学学报（自然科学版）
HUAGONG XUEBAO (CHINESE EDITION)	0438–1157	化工学报
HUANJING HUAXUE	0254–6108	环境化学
HUANJING KEXUE XUEBAO	0253–2468	环境科学学报
HUAXUE FANYING GONGCHENG YU GONGYI	1001–7631	化学反应工程与工艺
HUAXUE SHIJI	0258–3283	化学试剂
HUAXUE TONGBAO	0441–3776	化学通报
HUAXUE XUEBAO	0567–7351	化学学报
JINSHU XUEBAO	0412–1961	金属学报
JISUANJI YU YINGYONG HUAXUE	1001–4160	计算机与应用化学
LIGHT: SCIENCE & APPLICATIONS	2047–7538	光：科学与应用（英文版）
LINCHAN HUAXUE YU GONGYE	0253–2417	林产化学与工业
MOLECULAR PLANT	1674–2052	分子植物（英文版）
RANLIAO HUAXU EXUEBAO	0253–2409	燃料化学学报
RARE METALS (BEIJING, CHINA)	1001–0521	稀有金属（英文版）
RENGONG JINGTI XUEBAO	1000–985X	人工晶体学报
SCIENCE CHINA (CHEMISTRY)	1674–7291	中国科学（化学，英文版）
SEPU	1000–8713	色谱

续表

Publication Title	ISSN	Chinese Title
SHIYOU HUAGONG	1000-8144	石油化工
SHIYOUXUEBAO (SHIYOU JIAGONG)	1001-8719	石油学报（石油加工）
SHUICHULI JISHU	1000-3770	水处理技术
WUJI HUAXUE XUEBAO	1001-4861	无机化学学报
WULI HUAXUE XUEBAO	1000-6818	物理化学学报
WULI XUEBAO	1000-3290	物理学报
YINGXIANG KEXUE YU GUANGHUAXUE	1674-0475	影像科学与光化学
YINGYONG HUAXUE	1000-0518	应用化学
YOUJI HUAXUE	0253-2786	有机化学
ZHIPU XUEBAO	1004-2997	质谱学报
ZHONGGUO SHENGWU HUAXUE YU FENZI SHENGWU XUEBAO	1007-7626	中国生物化学与分子生物学报
ZHONGGUO WUJI FENXI HUAXUE	2095-1035	中国无机分析化学

附录5　2016年Ei收录的中国期刊

TRANSLITERATED TITLE
ACTA GEOCHIMICA
ACTA MECHANICA SOLIDA SINICA
ACTA METALLURGICA SINICA (ENGLISH LETTERS)
APPLIED MATHEMATICS AND MECHANICS (ENGLISH EDITION)
BAOZHA YU CHONGJI
BEIJING HANGKONG HANGTIAN DAXUE XUEBAO
BEIJING LIGONG DAXUE XUEBAO
BEIJING YOUDIAN DAXUE XUEBAO
BINGGONG XUEBAO
BUILDING SIMULATION
CAIKUANG YU ANQUAN GONGCHENG XUEBAO
CAILIAO DAOBAO
CAILIAO GONGCHENG
CAILIAO YANJIU XUEBAO
CEHUI XUEBAO
CHINA OCEAN ENGINEERING
CHINESE JOURNAL OF AERONAUTICS
CHINESE JOURNAL OF CATALYSIS
CHINESE JOURNAL OF CHEMICAL ENGINEERING
CHINESE JOURNAL OF MECHANICAL ENGINEERING (ENGLISH EDITION)
CHINESE OPTICS LETTERS
CHINESE PHYSICS B
CHUAN BO LI XUE
CONTROL THEORY AND TECHNOLOGY
DADI GOUZAO YU CHENGKUANGXUE
DIANGONG JISHU XUEBAO
DIANJI YU KONGZHI XUEBAO
DIANLI XITONG ZIDONGHUA
DIANLI ZIDONGHUA SHEBEI
DIANWANG JISHU
DIANZI KEJI DAXUE XUEBAO
DIANZI YU XINXI XUEBAO
DILI XUEBAO
DIQIU KEXUE ZHONGGUO DIZHI DAXUE XUEBAO
DIQIU WULI XUEBAO
DIXUE QIANYUAN
DIZHEN DIZHI
DIZHI XUEBAO
DONGBEI DAXUE XUEBAO
DONGNAN DAXUE XUEBAO (ZIRAN KEXUE BAN)
EARTHQUAKE ENGINEERING AND ENGINEERING VIBRATION
FAGUANG XUEBAO
FANGZHI XUEBAO
FENXI HUAXUE
FRONTIERS OF CHEMICAL SCIENCE AND ENGINEERING

FRONTIERS OF COMPUTER SCIENCE
FRONTIERS OF ENVIRONMENTAL SCIENCE AND ENGINEERING
FRONTIERS OF INFORMATION TECHNOLOGY & ELECTRONIC ENGINEERING
FRONTIERS OF OPTOELECTRONICS
FRONTIERS OF STRUCTURAL AND CIVIL ENGINEERING
FUHE CAILIAO XUEBAO
GAO XIAO HUA XUE GONG CHENG XUE BAO
GAODENG XUEXIAO HUAXUE XUEBAO
GAODIANYA JISHU
GAOFENZI CAILIAO KEXUE YU GONGCHENG
GONGCHENG KEXUE XUEBAO
GONGCHENG KEXUE YU JISHU
GONGCHENG LIXUE
GUANG PU XUE YU GUANG PU FEN XI
GUANGXUE JINGMI GONGCHENG
GUANGXUE XUEBAO
GUANGZI XUEBAO
GUOFANG KEJI DAXUE XUEBAO
HANGKONG DONGLI XUEBAO
HANGKONG XUEBAO
HANJIE XUEBAO
HANNENG CAILIAO
HARBIN GONGCHENG DAXUE XUEBAO
HARBIN GONGYE DAXUE XUEBAO
HEDONGLI GONGCHENG
HIGH TECHNOLOGY LETTERS
HONGWAI YU HAOMIBO XUEBAO
HONGWAI YU JIGUANG GONGCHENG
HSI—AN CHIAO TUNG TA HSUEH
HUAGONG JINZHAN
HUAGONG XUEBAO
HUANAN LIGONG DAXUE XUEBAO
HUANJING KEXUE
HUAZHONG KEJI DAXUE XUEBAO (ZIRAN KEXUE BAN)
HUNAN DAXUE XUEBAO
HUPO KEXUE
INTERNATIONAL JOURNAL OF AUTOMATION AND COMPUTING
INTERNATIONAL JOURNAL OF INTELLIGENT COMPUTING AND CYBERNETICS
INTERNATIONAL JOURNAL OF MINERALS, METALLURGY AND MATERIALS
INTERNATIONAL JOURNAL OF MINING SCIENCE AND TECHNOLOGY
JIANZHU CAILIAO XUEBAO
JIANZHU JIEGOU XUEBAO
JIAOTONG YUNSHU GONGCHENG XUEBAO
JIAOTONG YUNSHU XITONG GONGCHENG YU XINXI
JILIN DAXUE XUEBAO (GONGXUEBAN)
JINGXI HUAGONG
JINSHU XUEBAO
JIQIREN
JISUANJI FUZHU SHEJI YU TUXINGXUE XUEBAO
JISUANJI JICHENG ZHIZAO XITONG
JISUANJI XUEBAO
JISUANJI YANJIU YU FAZHAN
JIXIE GONGCHENG XUEBAO
JOURNAL OF BEIJING INSTITUTE OF TECHNOLOGY (ENGLISH EDITION)
JOURNAL OF BIONIC ENGINEERING
JOURNAL OF CENTRAL SOUTH UNIVERSITY (ENGLISH EDITION)
JOURNAL OF CHINA UNIVERSITIES OF POSTS AND TELECOMMUNICATIONS
JOURNAL OF COMPUTER SCIENCE AND TECHNOLOGY
JOURNAL OF ENERGY CHEMISTRY
JOURNAL OF ENVIRONMENTAL SCIENCES (CHINA)
JOURNAL OF HYDRODYNAMICS
JOURNAL OF IRON AND STEEL RESEARCH INTERNATIONAL
JOURNAL OF MATERIALS SCIENCE AND TECHNOLOGY
JOURNAL OF RARE EARTHS
JOURNAL OF SHANGHAI JIAOTONG UNIVERSITY (SCIENCE)

JOURNAL OF SOUTHEAST UNIVERSITY (ENGLISH EDITION)
JOURNAL OF SYSTEMS ENGINEERING AND ELECTRONICS
JOURNAL OF SYSTEMS SCIENCE AND COMPLEXITY
JOURNAL OF SYSTEMS SCIENCE AND SYSTEMS ENGINEERING
JOURNAL OF THERMAL SCIENCE
JOURNAL OF ZHEJIANG UNIVERSITY: SCIENCE A
JOURNAL WUHAN UNIVERSITY OF TECHNOLOGY, MATERIALS SCIENCE EDITION
KEXUE TONGBAO (CHINESE)
KONGZHI LILUN YU YINGYONG
KONGZHI YU JUECE
KUEI SUAN JEN HSUEH PAO
KUNG CHENG JE WU LI HSUEH PAO
LIGHT: SCIENCE & APPLICATIONS
LINYE KEXUE
LIXUE JINZHAN
LIXUE XUEBAO
MEITAN XUEBAO
MOCAXUE XUEBAO
NANO RESEARCH
NEIRANJI XUEBAO
NONGYE GONGCHENG XUEBAO
NONGYE JIXIE XUEBAO
OPTOELECTRONICS LETTERS
PARTICUOLOGY
PHOTONIC SENSORS
PLASMA SCIENCE AND TECHNOLOGY
QIAOLIANG JIANSHE
QICHE GONGCHENG
QINGHUA DAXUE XUEBAO
RANLIAO HUAXUE XUEBAO
RARE METALS
RUAN JIAN XUE BAO
SCIENCE BULLETIN
SCIENCE CHINA CHEMISTRY
SCIENCE CHINA EARTH SCIENCES
SCIENCE CHINA INFORMATION SCIENCES
SCIENCE CHINA: PHYSICS, MECHANICS AND ASTRONOMY
SHANGHAI JIAOTONG DAXUE XUEBAO
SHENGWU YIXUE GONGCHENGXUE ZAZHI
SHENGXUE XUEBAO
SHIPIN KEXUE
SHIYOU DIQIU WULI KANTAN
SHIYOU KANTAN YU KAIFA
SHIYOU XUEBAO
SHIYOU XUEBAO, SHIYOU JIAGONG
SHIYOU YU TIANRANQI DIZHI
SHUIKEXUE JINZHAN
SHUILI XUEBAO
TAIYANGNENG XUEBAO
TIANJIN DAXUE XUEBAO (ZIRAN KEXUE YU GONGCHENG JISHU BAN)
TIANRANQI GONGYE
TIEDAO GONGCHENG XUEBAO
TIEDAO XUEBAO
TIEN TZU HSUEH PAO
TONGJI DAXUE XUEBAO
TONGXIN XUEBAO
TRANSACTIONS OF NANJING UNIVERSITY OF AERONAUTICS AND ASTRONAUTICS
TRANSACTIONS OF NONFERROUS METALS SOCIETY OF CHINA (ENGLISH EDITION)
TRANSACTIONS OF TIANJIN UNIVERSITY
TSINGHUA SCIENCE AND TECHNOLOGY
TUIJIN JISHU
TUMU GONGCHENG XUEBAO
WATER SCIENCE AND ENGINEERING
WUHAN DAXUE XUEBAO (XINXI KEXUE BAN)
WUJI CAILIAO XUEBAO
WULI XUEBAO
XI TONG GONG CHENG YU DIAN ZI JI SHU
XI'AN DIANZI KEJI DAXUE XUEBAO
XIBEI GONGYE DAXUE XUEBAO
XINAN JIAOTONG DAXUE XUEBAO
XINXING TAN CAILIAO
XITONG GONGCHENG LILUN YU SHIJIAN
XIYOU JINSHU

XIYOU JINSHU CAILIAO YU GONGCHENG
YANSHI XUEBAO
YANSHILIXUE YU GONGCHENG XUEBAO
YANTU GONGCHENG XUEBAO
YANTU LIXUE
YAOGAN XUEBAO
YI QI YI BIAO XUE BAO
YINGYONG JICHU YU GONGCHENG KEXUE XUEBAO
YUANZINENG KEXUE JISHU
YUHANG XUEBAO
ZHEJIANG DAXUE XUEBAO (GONGXUEBAN)
ZHENDONG CESHI YU ZHENDUAN
ZHENDONG GONGCHENG XUEBAO
ZHENDONG YU CHONGJI
ZHIPU XUEBAO
ZHONGGUO BIAOMIAN GONGCHENG
ZHONGGUO DIANJI GONGCHENG XUEBAO
ZHONGGUO GONGLU XUEBAO
ZHONGGUO GUANXING JISHU XUEBAO
ZHONGGUO HUANJING KEXUE
ZHONGGUO JIGUANG
ZHONGGUO KEXUE JISHU KEXUE (CHINESE)
ZHONGGUO KUANGYE DAXUE XUEBAO
ZHONGGUO SHIPIN XUEBAO
ZHONGGUO SHIYOU DAXUE XUEBAO (ZIRAN KEXUE BAN)
ZHONGGUO TIEDAO KEXUE
ZHONGGUO YOUSE JINSHU XUEBAO
ZHONGGUO ZAOCHUAN
ZHONGNAN DAXUE XUEBAO (ZIRAN KEXUE BAN)
ZIDONGHUA XUEBAO

附录 6 2016 年中国内地第一作者在《NATURE》《SCIENCE》《CELL》期刊上发表的论文

论文题目	Monkey kingdom
第一作者	Cyranoski, David
所属机构	Nature, Shanghai, Peoples R China
来源期刊	NATURE
被引次数	5
论文题目	RED STAR RISING
第一作者	Normile, Dennis
所属机构	No Org, Beijing
来源期刊	SCIENCE
被引次数	0
论文题目	China's sponge cities to soak up rainwater
第一作者	Liu, Dasheng
所属机构	山东省生态学会
来源期刊	NATURE
被引次数	1
论文题目	Supervise Chinese environment policy
第一作者	Zhang, Bo
所属机构	环境保护部信息中心
来源期刊	NATURE
被引次数	1

续表

论文题目	The genetic history of Ice Age Europe
第一作者	Fu, Qiaomei
所属机构	中国科学院古脊椎动物与古人类研究所
来源期刊	NATURE
被引次数	39
论文题目	The contribution of China’s emissions to global climate forcing
第一作者	Li, Bengang
所属机构	北京大学
来源期刊	NATURE
被引次数	15
论文题目	Formation of new stellar populations from gas accreted by massive young star clusters
第一作者	Li, Chengyuan
所属机构	北京大学
来源期刊	NATURE
被引次数	6
论文题目	Generation of influenza a viruses as live but replication–incompetent virus vaccines
第一作者	Si, Longlong
所属机构	北京大学
来源期刊	SCIENCE
被引次数	6
论文题目	Outburst flood at 1920 BCE supports historicity of China’s great flood and the Xia dynasty
第一作者	Wu, Qinglong
所属机构	北京大学
来源期刊	SCIENCE
被引次数	11
论文题目	Covalently bonded single-molecule junctions with stable and reversible photoswitched conductivity
第一作者	Jia, Chuancheng
所属机构	北京大学
来源期刊	SCIENCE
被引次数	33
论文题目	Nuclear quantum effects of hydrogen bonds probed by tip-enhanced inelastic electron tunneling
第一作者	Guo, Jing
所属机构	北京大学
来源期刊	SCIENCE
被引次数	9
论文题目	ASASSN–15lh: A highly super-luminous supernova
第一作者	Dong, Subo
所属机构	北京大学

续表

来源期刊	SCIENCE
被引次数	27
论文题目	Continuous directional water transport on the peristome surface of Nepenthes alata
第一作者	Chen, Huawei
所属机构	北京航空航天大学
来源期刊	NATURE
被引次数	41
论文题目	Open up research evaluation in China
第一作者	Yang, Lihua
所属机构	北京航空航天大学
来源期刊	NATURE
被引次数	1
论文题目	Comment on “A bacterium that degrades and assimilates poly(ethylene terephthalat)”
第一作者	Yang, Yu
所属机构	北京航空航天大学
来源期刊	SCIENCE
被引次数	1
论文题目	Ultrahigh power factor and thermoelectric performance in hole-doped single-crystal SnSe
第一作者	Zhao, Lidong
所属机构	北京航空航天大学
来源期刊	SCIENCE
被引次数	168
论文题目	China’s partial emission control
第一作者	Lin, Aijun
所属机构	北京化工大学
来源期刊	SCIENCE
被引次数	1
论文题目	Take responsibility for electronic-waste disposal
第一作者	Wang, Zhaohua
所属机构	北京理工大学
来源期刊	NATURE
被引次数	0
论文题目	Premature downgrade of panda’s status
第一作者	Kang, Dongwei
所属机构	北京林业大学
来源期刊	SCIENCE
被引次数	0
论文题目	Ventilating Beijing cannot fix pollution

续表

第一作者	Liu, Yansui
所属机构	北京师范大学
来源期刊	NATURE
被引次数	0
论文题目	Quantum criticality with two length scales
第一作者	Shao, Hui
所属机构	北京师范大学
来源期刊	SCIENCE
被引次数	7
论文题目	China: standardize R&D costing
第一作者	Sun, Yutao
所属机构	大连理工大学
来源期刊	NATURE
被引次数	0
论文题目	Follicular CXCR5-expressing $CD8^+$ T cells curtail chronic viral infection
第一作者	He, Ran
所属机构	第三军医大学
来源期刊	NATURE
被引次数	26
论文题目	Asymmetry in supramolecular assembly
第一作者	Slim, Suzette
所属机构	电子科技大学
来源期刊	SCIENCE
被引次数	0
论文题目	Stuck between a rock and a hard place
第一作者	Hu, Yingchao
所属机构	东北师范大学
来源期刊	NATURE
被引次数	0
论文题目	Information integration and communication in plant growth regulation
第一作者	Chaiwanon, Juthamas
所属机构	福建农林大学
来源期刊	CELL
被引次数	7
论文题目	Photoactivation and inactivation of arabidopsis cryptochrome 2
第一作者	Wang, Qin
所属机构	福建农林大学
来源期刊	SCIENCE

续表

被引次数	6
论文题目	Suppression of enhancer overactivation by a RACK7–histone demethylase complex
第一作者	Shen, Hongjie
所属机构	复旦大学
来源期刊	CELL
被引次数	12
论文题目	Evidence for a spinon fermi surface in a triangular-lattice quantum-spin-liquid candidate
第一作者	Shen, Yao
所属机构	复旦大学
来源期刊	NATURE
被引次数	7
论文题目	Photocontrol of fluid slugs in liquid crystal polymer microactuators
第一作者	Lv, Jiuan
所属机构	复旦大学
来源期刊	NATURE
被引次数	15
论文题目	Suffocation of gene expression
第一作者	Ye, Dan
所属机构	复旦大学
来源期刊	NATURE
被引次数	0
论文题目	National natural science foundation of china: funding excellent basic research for 30 years
第一作者	Yang, Wei
所属机构	国家自然科学基金委员会
来源期刊	NATURE
被引次数	0
论文题目	Industry parks limit circular economy
第一作者	Miao, Xin
所属机构	哈尔滨工业大学
来源期刊	NATURE
被引次数	0
论文题目	The crystal structure of Cpf 1 in complex with CRISPR RNA
第一作者	Dong, De
所属机构	哈尔滨工业大学
来源期刊	NATURE
被引次数	19
论文题目	Political priorities
第一作者	Miao, Xin

续表

所属机构	哈尔滨工业大学
来源期刊	SCIENCE
被引次数	0
论文题目	Public participation in China's project plans
第一作者	Qi, Guoyou
所属机构	华东理工大学
来源期刊	SCIENCE
被引次数	0
论文题目	Reforming China's science awards
第一作者	Qi, Guoyou
所属机构	华东理工大学
来源期刊	SCIENCE
被引次数	0
论文题目	Observation of the efimovian expansion in scale-invariant fermi gases
第一作者	Deng, Shujin
所属机构	华东师范大学
来源期刊	SCIENCE
被引次数	3
论文题目	The C-elegans taste receptor homolog LITE-1 is a photoreceptor
第一作者	Gong, Jianke
所属机构	华中科技大学
来源期刊	CELL
被引次数	2
论文题目	Comment on "Cycling Li-O-2 batteries via LiOH formation and decompositi"
第一作者	Shen, Yue
所属机构	华中科技大学
来源期刊	SCIENCE
被引次数	5
论文题目	Structural basis of *N*-6-adenosine methylation by the METTL3-METTL14 complex
第一作者	Wang, Xiang
所属机构	华中农业大学
来源期刊	NATURE
被引次数	17
论文题目	Revive China' s green GDP programme
第一作者	Wang, Jinnan
所属机构	环境保护部环境规划院
来源期刊	NATURE
被引次数	3

续表

论文题目	Protecting China’s soil by law
第一作者	Wang, Jinnan
所属机构	环境保护部环境规划院
来源期刊	SCIENCE
被引次数	0
论文题目	Accelerated crystallization of zeolites via hydroxyl free radicals
第一作者	Feng, Guodong
所属机构	吉林大学
来源期刊	SCIENCE
被引次数	12
论文题目	Lower-mantle materials under pressure
第一作者	Chen, Jiuhua
所属机构	吉林大学
来源期刊	SCIENCE
被引次数	1
论文题目	Soil clean-up needs cash and clarity
第一作者	Qu, Changsheng
所属机构	江苏省环境科学研究院
来源期刊	NATURE
被引次数	0
论文题目	Tracing haematopoietic stem cell formation at single-cell resolution
第一作者	Zhou, Fan
所属机构	军事医学科学院
来源期刊	NATURE
被引次数	18
论文题目	Trading away ancient amber’s secrets
第一作者	Wang, Shuo
所属机构	昆明理工大学
来源期刊	SCIENCE
被引次数	0
论文题目	Benefits of trade in amber fossils
第一作者	Chen, Jun
所属机构	临沂大学
来源期刊	NATURE
被引次数	1
论文题目	Mass seasonal bioflows of high-flying insect migrants
第一作者	Hu, Gao
所属机构	南京农业大学

续表

来源期刊	SCIENCE
被引次数	1
论文题目	Presynaptic excitation via GABAB receptors in habenula cholinergic neurons regulates fear memory expression
第一作者	Zhang, Juen
所属机构	清华大学
来源期刊	CELL
被引次数	3
论文题目	Structure of mammalian respiratory supercomplex $\mathrm{I}_1\mathrm{III}_2\mathrm{IV}_1$
第一作者	Wu, Meng
所属机构	清华大学
来源期刊	CELL
被引次数	6
论文题目	Structural insights into the niemann–pick C1 (NPC1)–mediated cholesterol transfer and ebola infection
第一作者	Gong, Xin
所属机构	清华大学
来源期刊	CELL
被引次数	26
论文题目	Structure and regulation of the chromatin remodeller ISWI
第一作者	Yan, Lijuan
所属机构	清华大学
来源期刊	NATURE
被引次数	2
论文题目	The architecture of the mammalian respirasome
第一作者	Gu, Jinke
所属机构	清华大学
来源期刊	NATURE
被引次数	14
论文题目	Allelic reprogramming of the histone modification H3K4me3 in early mammalian development
第一作者	Zhang, Bingjie
所属机构	清华大学
来源期刊	NATURE
被引次数	12
论文题目	Structure of the voltage-gated calcium channel Ca(v)1.1 at 3.6 angstrom resolution
第一作者	Wu, Jianping
所属机构	清华大学

续表

来源期刊	NATURE
被引次数	15
论文题目	DWARF14 is a non-canonical hormone receptor for strigolactone
第一作者	Yao, Ruifeng
所属机构	清华大学
来源期刊	NATURE
被引次数	13
论文题目	The landscape of accessible chromatin in mammalian preimplantation embryos
第一作者	Wu, Jingyi
所属机构	清华大学
来源期刊	NATURE
被引次数	16
论文题目	The bacteriophage φ29 tail possesses a pore-forming loop for cell membrane penetration
第一作者	Xu, Jingwei
所属机构	清华大学
来源期刊	NATURE
被引次数	2
论文题目	Diverse roles of assembly factors revealed by structures of late nuclear pre-60S ribosomes
第一作者	Wu, Shan
所属机构	清华大学
来源期刊	NATURE
被引次数	19
论文题目	Holistic hydropower scheme for China
第一作者	Tang, Wenzhe
所属机构	清华大学
来源期刊	NATURE
被引次数	0
论文题目	Structure of a yeast activated spliceosome at 3.5 angstrom resolution
第一作者	Yan, Chuangye
所属机构	清华大学
来源期刊	SCIENCE
被引次数	27
论文题目	Structure of a yeast catalytic step Ⅰ spliceosome at 3.4 angstrom resolution
第一作者	Wan, Ruixue
所属机构	清华大学
来源期刊	SCIENCE
被引次数	29
论文题目	Discovery of robust in-plane ferroelectricity in atomic-thick SnTe

续表

第一作者	Chang, Kai
所属机构	清华大学
来源期刊	SCIENCE
被引次数	12
论文题目	The 3.8 angstrom structure of the U4/U6.U5 tri-snRNP: insights into spliceosome assembly and catalysis
第一作者	Wan, Ruixue
所属机构	清华大学
来源期刊	SCIENCE
被引次数	40
论文题目	Structural basis for the gating mechanism of the type 2 ryanodine receptor RyR2
第一作者	Peng, Wei
所属机构	清华大学
来源期刊	SCIENCE
被引次数	7
论文题目	FeO_2 and FeOOH under deep lower–mantle conditions and Earth's oxygen-hydrogen cycles
第一作者	Hu, Qingyang
所属机构	上海高压科学技术先进研究中心
来源期刊	NATURE
被引次数	10
论文题目	Nicaragua canal may not benefit shipping
第一作者	Chen, Jihong
所属机构	上海海事大学
来源期刊	NATURE
被引次数	1
论文题目	Four routes to better maritime governance
第一作者	Wan, Zheng
所属机构	上海海事大学
来源期刊	NATURE
被引次数	0
论文题目	Three steps to a green shipping industry
第一作者	Wan, Zheng
所属机构	上海海事大学
来源期刊	NATURE
被引次数	5
论文题目	Drug repositioning needs a rethink
第一作者	Ding, Xianting
所属机构	上海交通大学

续表

来源期刊	NATURE
被引次数	1
论文题目	Water scheme acts as ecological buffer
第一作者	Lin, Han
所属机构	上海交通大学
来源期刊	NATURE
被引次数	0
论文题目	Crystal structure of the human cannabinoid receptor CB1
第一作者	Hua, Tian
所属机构	上海科技大学
来源期刊	CELL
被引次数	10
论文题目	Centralized pilot for e-waste processing
第一作者	Tang, Ya
所属机构	四川大学
来源期刊	NATURE
被引次数	0
论文题目	Deletions linked to TP53 loss drive cancer through p53-independent mechanisms
第一作者	Liu, Yu
所属机构	四川大学华西医院
来源期刊	NATURE
被引次数	11
论文题目	Biaxially strained PtPb/Pt core/shell nanoplate boosts oxygen reduction catalysis
第一作者	Bu, Lingzheng
所属机构	苏州大学
来源期刊	SCIENCE
被引次数	10
论文题目	Distinct features of H3K4me3 and H3K27me3 chromatin domains in pre-implantation embryos
第一作者	Liu, Xiaoyu
所属机构	同济大学附属第一妇婴保健院；上海市第一妇婴保健院
来源期刊	NATURE
被引次数	14
论文题目	Multi-organ site metastatic reactivation mediated by non-canonical discoidin domain receptor 1 signaling
第一作者	Gao, Hua
所属机构	同济大学附属东方医院；上海市东方医院
来源期刊	CELL

续表

被引次数	8
论文题目	Print flexible solar cells
第一作者	Cheng, Yi-Bing
所属机构	武汉理工大学
来源期刊	NATURE
被引次数	1
论文题目	The Asian monsoon over the past 640,000 years and ice age terminations
第一作者	Cheng, Hai
所属机构	西安交通大学
来源期刊	NATURE
被引次数	15
论文题目	The evolving quality of frictional contact with graphene
第一作者	Li, Suzhi
所属机构	西安交通大学
来源期刊	NATURE
被引次数	5
论文题目	Save the world's primates in peril
第一作者	Yang, Bin
所属机构	西北大学
来源期刊	SCIENCE
被引次数	0
论文题目	Rescued wildlife in China remains at risk
第一作者	Zhou, Zhaomin
所属机构	西华师范大学
来源期刊	SCIENCE
被引次数	0
论文题目	What a city is for: remaking the politics of displacement
第一作者	Williams, Austin
所属机构	西交利物浦大学
来源期刊	NATURE
被引次数	0
论文题目	Eyes on the street: the life of jane Jacobs
第一作者	Williams, Austin
所属机构	西交利物浦大学
来源期刊	NATURE
被引次数	0
论文题目	Prevent misuse of eco-compensation
第一作者	Fang, Qinhua

续表

所属机构	厦门大学
来源期刊	NATURE
被引次数	0
论文题目	Photochemical route for synthesizing atomically dispersed palladium catalysts
第一作者	Liu, Pengxin
所属机构	厦门大学
来源期刊	SCIENCE
被引次数	42
论文题目	Adapting Chinese cities to climate change
第一作者	Fang, Qinhua
所属机构	厦门大学
来源期刊	SCIENCE
被引次数	0
论文题目	Conservation: big data boost in China
第一作者	Wu, Ruidong
所属机构	云南大学
来源期刊	NATURE
被引次数	0
论文题目	China's ecosystems: focus on biodiversity
第一作者	Wu, Ruidong
所属机构	云南大学
来源期刊	SCIENCE
被引次数	1
论文题目	Citizens arrest river pollution in China
第一作者	Zhang, Tuqiao
所属机构	浙江大学
来源期刊	NATURE
被引次数	0
论文题目	Boost basic research in China
第一作者	Yang, Wei
所属机构	浙江大学
来源期刊	NATURE
被引次数	3
论文题目	Spend more on soil clean-up in China
第一作者	Yao, Yijun
所属机构	浙江大学
来源期刊	NATURE
被引次数	1

续表

论文题目	Pore chemistry and size control in hybrid porous materials for acetylene capture from ethylene
第一作者	Cui, Xili
所属机构	浙江大学
来源期刊	SCIENCE
被引次数	55
论文题目	Western boundary currents regulated by interaction between ocean eddies and the atmosphere
第一作者	Ma, Xiaohui
所属机构	中国海洋大学
来源期刊	NATURE
被引次数	9
论文题目	Streamlining China's protected areas
第一作者	Li, Junsheng
所属机构	中国环境科学研究院
来源期刊	SCIENCE
被引次数	0
论文题目	Redefining the invertebrate RNA virosphere
第一作者	Shi, Mang
所属机构	中国疾病预防控制中心
来源期刊	NATURE
被引次数	5
论文题目	Visualizing coherent intermolecular dipole-dipole coupling in real space
第一作者	Zhang, Yang
所属机构	中国科学技术大学
来源期刊	NATURE
被引次数	19
论文题目	Partially oxidized atomic cobalt layers for carbon dioxide electroreduction to liquid fuel
第一作者	Gao, Shan
所属机构	中国科学技术大学
来源期刊	NATURE
被引次数	88
论文题目	Realization of two-dimensional spin-orbit coupling for Bose-Einstein condensates
第一作者	Wu, Zhan
所属机构	中国科学技术大学
来源期刊	SCIENCE
被引次数	31
论文题目	Synthetic nacre by predesigned matrix-directed mineralization

续表

第一作者	Mao, Libo
所属机构	中国科学技术大学
来源期刊	SCIENCE
被引次数	18
论文题目	Selective conversion of syngas to light olefins
第一作者	Jiao, Feng
所属机构	中国科学院大连化学物理研究所
来源期刊	SCIENCE
被引次数	49
论文题目	Strengthen China's flood control
第一作者	Zhou, Yang
所属机构	中国科学院地理科学与资源研究所
来源期刊	NATURE
被引次数	0
论文题目	China-US cooperation to advance nuclear power
第一作者	Cao, Junji
所属机构	中国科学院地球环境研究所
来源期刊	SCIENCE
被引次数	2
论文题目	TMCO1 is an eR Ca^{2+} Load-activated Ca^{2+} channel
第一作者	Wang, Qiaochu
所属机构	中国科学院动物研究所
来源期刊	CELL
被引次数	4
论文题目	Generation and application of mouse-rat allodiploid embryonic stem cells
第一作者	Li, Xin
所属机构	中国科学院动物研究所
来源期刊	CELL
被引次数	4
论文题目	China: change tack to boost basic research
第一作者	Didham, Raphael K
所属机构	中国科学院动物研究所
来源期刊	NATURE
被引次数	0
论文题目	China's ecosystems: overlooked species
第一作者	Jiang, Zhigang
所属机构	中国科学院动物研究所
来源期刊	SCIENCE

续表

被引次数	0
论文题目	Sperm tsRNAs contribute to intergenerational inheritance of an acquired metabolic disorder
第一作者	Chen, Qi
所属机构	中国科学院动物研究所
来源期刊	SCIENCE
被引次数	71
论文题目	Oligocene primates from China reveal divergence between African and Asian primate evolution
第一作者	Ni, Xijun
所属机构	中国科学院古脊椎动物与古人类研究所
来源期刊	SCIENCE
被引次数	3
论文题目	A Silurian maxillate placoderm illuminates jaw evolution
第一作者	Zhu, Min
所属机构	中国科学院古脊椎动物与古人类研究所
来源期刊	SCIENCE
被引次数	3
论文题目	Pluripotency without Proliferation
第一作者	Shu, Xiaodong
所属机构	中国科学院广州生物医药与健康研究院
来源期刊	CELL
被引次数	0
论文题目	The seahorse genome and the evolution of its specialized morphology
第一作者	Lin, Qiang
所属机构	中国科学院南海海洋研究所
来源期刊	NATURE
被引次数	0
论文题目	Nuclear power: deployment speed response
第一作者	Cao, Junji
所属机构	中国科学院气溶胶化学与物理重点实验室
来源期刊	SCIENCE
被引次数	0
论文题目	Cobalt carbide nanoprisms for direct production of lower olefins from syngas
第一作者	Zhong, Liangshu
所属机构	中国科学院上海高等研究院
来源期刊	NATURE
被引次数	16
论文题目	Abiotic stress signaling and responses in plants

续表

第一作者	Zhu, Jiankang
所属机构	中国科学院上海生命科学研究院
来源期刊	CELL
被引次数	9
论文题目	Genomic architecture of heterosis for yield traits in rice
第一作者	Huang, Xuehui
所属机构	中国科学院上海生命科学研究院
来源期刊	NATURE
被引次数	7
论文题目	Potentiating the antitumour response of $CD8^+$ T cells by modulating cholesterol metabolism
第一作者	Yang, Wei
所属机构	中国科学院上海生命科学研究院
来源期刊	NATURE
被引次数	30
论文题目	Structural basis for activity regulation of MLL family methyltransferases
第一作者	Li, Yanjing
所属机构	中国科学院上海生命科学研究院
来源期刊	NATURE
被引次数	16
论文题目	TET-mediated DNA demethylation controls gastrulation by regulating Lefty-Nodal signalling
第一作者	Dai, Haiqiang
所属机构	中国科学院上海生命科学研究院
来源期刊	NATURE
被引次数	4
论文题目	Enantioselective cyanation of benzylic C—H bonds via copper-catalyzed radical relay
第一作者	Zhang, Wen
所属机构	中国科学院上海有机化学研究所
来源期刊	SCIENCE
被引次数	19
论文题目	Autism-like behaviours and germline transmission in transgenic monkeys overexpressing MeCP2
第一作者	Liu, Zhen
所属机构	中国科学院神经科学研究所
来源期刊	NATURE
被引次数	34
论文题目	Rate oceans' capital to help achieve SDGs

续表

第一作者	Lu, Yonglong
所属机构	中国科学院生态环境研究中心
来源期刊	NATURE
被引次数	0
论文题目	Metal-organic frameworks as selectivity regulators for hydrogenation reactions
第一作者	Zhao, Meiting
所属机构	中国科学院生态环境研究中心
来源期刊	NATURE
被引次数	17
论文题目	Improvements in ecosystem services from investments in natural capital
第一作者	Ouyang, Zhiyun
所属机构	中国科学院生态环境研究中心
来源期刊	SCIENCE
被引次数	20
论文题目	Pore-forming activity and structural autoinhibition of the gasdermin family
第一作者	Ding, Jingjin
所属机构	中国科学院生物物理研究所
来源期刊	NATURE
被引次数	53
论文题目	Structure of spinach photosystem Ⅱ-LHC Ⅱ supercomplex at 3.2 angstrom resolution
第一作者	Wei, Xuepeng
所属机构	中国科学院生物物理研究所
来源期刊	NATURE
被引次数	31
论文题目	Pore architecture of TRIC channels and insights into their gating mechanism
第一作者	Yang, Hanting
所属机构	中国科学院生物物理研究所
来源期刊	NATURE
被引次数	3
论文题目	Response to Comment on "Extended-resolution structured illumination imaging of endocytic and cytoskeletal dynami"
第一作者	Li, Dong
所属机构	中国科学院生物物理研究所
来源期刊	SCIENCE
被引次数	6
论文题目	Ebola Viral Glycoprotein Bound to Its Endosomal Receptor Niemann-Pick C1
第一作者	Wang, Han
所属机构	中国科学院微生物研究所

续表

来源期刊	CELL
被引次数	35
论文题目	Fixing carbon, unnaturally
第一作者	Gong, Fuyu
所属机构	中国科学院微生物研究所
来源期刊	SCIENCE
被引次数	0
论文题目	New allies fight for China's environment
第一作者	Lu, S.
所属机构	中国科学院遥感与数字地球研究所
来源期刊	SCIENCE
被引次数	0
论文题目	A receptor heteromer mediates the male perception of female attractants in plants
第一作者	Wang, Tong
所属机构	中国科学院遗传与发育生物学研究所
来源期刊	NATURE
被引次数	23
论文题目	Zika virus causes testis damage and leads to male infertility in mice
第一作者	Ma, Wenqiang
所属机构	中国农业大学
来源期刊	CELL
被引次数	16
论文题目	Closing yield gaps in China by empowering smallholder farmers
第一作者	Zhang, Weifeng
所属机构	中国农业大学
来源期刊	NATURE
被引次数	4
论文题目	Cancel Yulin's annual dog meat festival
第一作者	Meng, Qinghui
所属机构	中国农业科学院农业环境与可持续发展研究所
来源期刊	SCIENCE
被引次数	0
论文题目	Hematopoietic-derived galectin-3 causes cellular and systemic insulin resistance
第一作者	Li, Pingping
所属机构	中国医学科学院药物研究所
来源期刊	CELL
被引次数	3
论文题目	Measures of success reply

续表

第一作者	Li, Dayuan
所属机构	中南大学
来源期刊	SCIENCE
被引次数	0
论文题目	China boom leaves children behind
第一作者	Yuan, Peng
所属机构	中南大学湘雅医院
来源期刊	NATURE
被引次数	1
论文题目	Discovery of an Active RAG Transposon Illuminates the Origins of V(D)J Recombination
第一作者	Huang, Shengfeng
所属机构	中山大学
来源期刊	CELL
被引次数	0
论文题目	Toward a prospective molecular evolution
第一作者	He, Xionglei
所属机构	中山大学
来源期刊	SCIENCE
被引次数	1
论文题目	Lens regeneration using endogenous stem cells with gain of visual function
第一作者	Lin, Haotian
所属机构	中山大学中山眼科中心
来源期刊	NATURE
被引次数	19
论文题目	China draws lines to green future
第一作者	Sang Weiguo
所属机构	中央民族大学
来源期刊	NATURE
被引次数	1

附录7 2016年《美国数学评价》收录的中国科技期刊

ACTA MATH. APPL. SIN.

ACTA MATH. APPL. SIN. ENGL. SER.

ACTA MATH. SCI. SER. A CHIN. ED.

ACTA MATH. SCI. SER. B ENGL. ED.

ACTA MATH. SIN. (ENGL. SER.)

ACTA MATH. SINICA (CHIN. SER.)

ADV. MATH. (CHINA)

ANN. APPL. MATH.

APPL. MATH. J. CHINESE UNIV. SER. A	J. COMPUT. MATH.
APPL. MATH. J. CHINESE UNIV. SER. B	J. MATH. RES. APPL.
CHIN. ANN. MATH. SER. B	MATH. NUMER. SIN.
CHIN. J. MATH. (N.Y.)	NANJING DAXUE XUEBAO SHUXUE BANNIAN KAN
CHINESE ANN. MATH. SER. A	NUMER. MATH. J. CHINESE UNIV.
CHINESE J. APPL. PROBAB. STATIST.	SCI. CHINA MATH.
COMMUN. MATH. RES.	SOUTHEAST ASIAN BULL. MATH.
FRONT. MATH. CHINA	STATIST. SINICA

附录 8　2016 年 SCIE 收录中国论文居前 100 位的期刊

排名	期刊名称	收录中国论文篇数
1	SCIENTIFIC REPORTS	7582
2	RSC ADVANCES	6814
3	PLOS ONE	3579
4	ONCOTARGET	3031
5	INTERNATIONAL JOURNAL OF CLINICAL AND EXPERIMENTAL MEDICINE	2755
6	ACS APPLIED MATERIALS & INTERFACES	1884
7	JOURNAL OF ALLOYS AND COMPOUNDS	1725
8	INTERNATIONAL JOURNAL OF CLINICAL AND EXPERIMENTAL PATHOLOGY	1459
9	MEDICINE	1448
10	NEUROCOMPUTING	1386
11	MITOCHONDRIAL DNA PART A	1346
12	MOLECULAR MEDICINE REPORTS	1239
13	JOURNAL OF MATERIALS CHEMISTRY A	1226
14	CERAMICS INTERNATIONAL	1219
15	CHEMICAL COMMUNICATIONS	1192
16	ELECTROCHIMICA ACTA	1190
17	MATERIALS LETTERS	1149
18	TUMOR BIOLOGY	1097
19	OPTICS EXPRESS	1072
20	ONCOLOGY LETTERS	1052
21	APPLIED SURFACE SCIENCE	1040
22	NANOSCALE	986
23	ACTA PHYSICA SINICA	954
24	CHINESE PHYSICS B	944

续表

排名	期刊名称	收录中国论文篇数
25	EXPERIMENTAL AND THERAPEUTIC MEDICINE	928
26	SENSORS	924
27	OPTIK	885
28	PHYSICAL CHEMISTRY CHEMICAL PHYSICS	885
29	ENVIRONMENTAL SCIENCE AND POLLUTION RESEARCH	867
30	MATHEMATICAL PROBLEMS IN ENGINEERING	863
31	APPLIED PHYSICS LETTERS	831
32	MATERIALS & DESIGN	828
33	INTERNATIONAL JOURNAL OF HYDROGEN ENERGY	810
34	CHEMICAL ENGINEERING JOURNAL	786
35	JOURNAL OF MATERIALS SCIENCE-MATERIALS IN ELECTRONICS	771
36	BASIC & CLINICAL PHARMACOLOGY & TOXICOLOGY	766
37	APPLIED THERMAL ENGINEERING	758
38	BIORESOURCE TECHNOLOGY	746
39	JOURNAL OF THE AMERICAN COLLEGE OF CARDIOLOGY	744
40	GENETICS AND MOLECULAR RESEARCH	737
41	RARE METAL MATERIALS AND ENGINEERING	736
42	SPECTROSCOPY AND SPECTRAL ANALYSIS	731
43	JOURNAL OF NANOSCIENCE AND NANOTECHNOLOGY	722
43	SENSORS AND ACTUATORS B-CHEMICAL	722
45	BIOCHEMICAL AND BIOPHYSICAL RESEARCH COMMUNICATIONS	715
46	FRONTIERS IN PLANT SCIENCE	709
47	BIOMED RESEARCH INTERNATIONAL	707
48	PHYSICAL REVIEW B	698
49	INTERNATIONAL JOURNAL OF MOLECULAR SCIENCES	695
50	JOURNAL OF POWER SOURCES	684
51	INTERNATIONAL JOURNAL OF ADVANCED MANUFACTURING TECHNOLOGY	678
52	ANGEWANDTE CHEMIE—INTERNATIONAL EDITION	668
53	MATERIALS SCIENCE AND ENGINEERING A—STRUCTURAL MATERIALS PROPERTIES MICROSTRUCTURE AND PROCESSING	666
54	JOURNAL OF MATERIALS CHEMISTRY C	657
55	ONCOLOGY REPORTS	655
56	SPRINGERPLUS	650
57	JOURNAL OF PHYSICAL CHEMISTRY C	641
58	ORGANIC LETTERS	636
59	CHEMOSPHERE	630
60	DALTON TRANSACTIONS	609
61	DESALINATION AND WATER TREATMENT	608
62	MOLECULES	604

续表

排名	期刊名称	收录中国论文篇数
63	APPLIED OPTICS	601
64	ONCOTARGETS AND THERAPY	590
65	SCIENCE OF THE TOTAL ENVIRONMENT	589
66	ENVIRONMENTAL EARTH SCIENCES	566
67	NATURE COMMUNICATIONS	565
68	BIOSENSORS & BIOELECTRONICS	564
68	CONSTRUCTION AND BUILDING MATERIALS	564
70	APPLIED ENERGY	556
71	ADVANCED MATERIALS	555
72	CHINESE MEDICAL JOURNAL	539
73	OPTICS COMMUNICATIONS	535
74	PHYSICAL REVIEW A	524
75	FUEL	508
76	ANALYTICAL CHEMISTRY	506
77	AIP ADVANCES	505
78	CHEMISTRY—A EUROPEAN JOURNAL	504
79	INDUSTRIAL & ENGINEERING CHEMISTRY RESEARCH	496
79	JOURNAL OF THE AMERICAN CHEMICAL SOCIETY	496
81	MEDICAL SCIENCE MONITOR	496
82	JOURNAL OF CLEANER PRODUCTION	494
83	AMERICAN JOURNAL OF TRANSLATIONAL RESEARCH	487
84	PHYSICAL REVIEW D	483
85	JOURNAL OF APPLIED POLYMER SCIENCE	478
86	CRYSTENGCOMM	476
87	FOOD CHEMISTRY	469
88	PHYSICA A—STATISTICAL MECHANICS AND ITS APPLICATIONS	466
89	SUSTAINABILITY	464
90	ENERGY & FUELS	463
91	OPTICS LETTERS	457
92	ANALYTICAL METHODS	455
93	ADVANCES IN MECHANICAL ENGINEERING	454
94	INTERNATIONAL JOURNAL OF HEAT AND MASS TRANSFER	452
95	INTERNATIONAL JOURNAL OF ELECTROCHEMICAL SCIENCE	450
96	JOURNAL OF APPLIED PHYSICS	446
97	EUROPEAN REVIEW FOR MEDICAL AND PHARMACOLOGICAL SCIENCES	444
98	NEW JOURNAL OF CHEMISTRY	443
99	CARBOHYDRATE POLYMERS	438
100	ASTROPHYSICAL JOURNAL	435

附录 9　2016 年 Ei 收录的中国论文数居前 100 位的期刊

期刊	论文数
RSC ADVANCES	6717
ACS APPLIED MATERIALS AND INTERFACES	1876
JOURNAL OF ALLOYS AND COMPOUNDS	1697
OPTICS EXPRESS	1604
APPLIED SURFACE SCIENCE	1598
ELECTRONIC JOURNAL OF GEOTECHNICAL ENGINEERING	1459
JOURNAL OF MATERIALS SCIENCE	1362
JOURNAL OF MATERIALS CHEMISTRY A	1190
NONGYE GONGCHENG XUEBAO/TRANSACTIONS OF THE CHINESE SOCIETY OF AGRICULTURAL ENGINEERING	1171
CHINESE PHYSICS B	1131
OPTIK	1124
SHIPIN KEXUE/FOOD SCIENCE	1078
CERAMICS INTERNATIONAL	1077
MATERIALS LETTERS	1072
WULI XUEBAO/ACTA PHYSICA SINICA	1045
ELECTROCHIMICA ACTA	1027
NEUROCOMPUTING	1021
JOURNAL OF ENGINEERING THERMOPHYSICS	961
NANOSCALE	953
APPLIED THERMAL ENGINEERING	934
INTERNATIONAL JOURNAL OF SIMULATION	929
OPEN CYBERNETICS AND SYSTEMICS JOURNAL	916
GUANGPUXUE YU GUANGPU FENXI/SPECTROSCOPY AND SPECTRAL ANALYSIS	881
SENSORS (SWITZERLAND)	877
ZHENDONG YU CHONGJI/JOURNAL OF VIBRATION AND SHOCK	860
ZHONGGUO DIANJI GONGCHENG XUEBAO/PROCEEDINGS OF THE CHINESE SOCIETY OF ELECTRICAL ENGINEERING	836
SENSORS AND ACTUATORS, B: CHEMICAL	834
MATHEMATICAL PROBLEMS IN ENGINEERING	833
NONGYEJIXIEXUEBAO/TRANSACTIONS OF THE CHINESE SOCIETY FOR AGRICULTURAL MACHINERY	829
APPLIED PHYSICS LETTERS	818
INTERNATIONAL JOURNAL OF HYDROGEN ENERGY	808
MATERIALS AND DESIGN	803
JOURNAL OF COMPUTATIONAL AND THEORETICAL NANOSCIENCE	769
INTERNATIONAL JOURNAL OF ADVANCED MANUFACTURING TECHNOLOGY	736
CHEMOSPHERE	727
JOURNAL OF NANOSCIENCE AND NANOTECHNOLOGY	720
CHEMICAL ENGINEERING JOURNAL	718
HUAGONG XUEBAO/CIESC JOURNAL	718
ANGEWANDTECHEMIE-INTERNATIONAL EDITION	713
HONGWAI YU JIGUANG GONGCHENG/INFRARED AND LASER ENGINEERING	694
ZHONGNAN DAXUE XUEBAO (ZIRAN KEXUE BAN)/JOURNAL OF CENTRAL SOUTH UNIVERSITY (SCIENCE AND TECHNOLOGY)	687
BIORESOURCE TECHNOLOGY	677
DIANGONG JISHU XUEBAO/TRANSACTIONS OF CHINA ELECTROTECHNICAL SOCIETY	671
YANTU LIXUE/ROCK AND SOIL MECHANICS	656
JOURNAL OF MATERIALS CHEMISTRY C	654
MATERIALS SCIENCE AND ENGINEERING A	642
JOURNAL OF POWER SOURCES	639
OPTICS LETTERS	626
JIXIE GONGCHENG XUEBAO/JOURNAL OF MECHANICAL ENGINEERING	623

SCIENCE OF THE TOTAL ENVIRONMENT	617
OPTICS COMMUNICATIONS	614
XIYOU JINSHU CAILIAO YU GONGCHENG/RARE METAL MATERIALS AND ENGINEERING	614
ADVANCED MATERIALS	611
GUANGXUE XUEBAO/ACTA OPTICA SINICA	606
JOURNAL OF PHYSICAL CHEMISTRY C	605
HUANJING KEXUE/ENVIRONMENTAL SCIENCE	603
DIANWANG JISHU/POWER SYSTEM TECHNOLOGY	593
DALTON TRANSACTIONS	584
GUANGXUE JINGMI GONGCHENG/OPTICS AND PRECISION ENGINEERING	582
BINGGONG XUEBAO/ACTA ARMAMENTARII	578
APPLIED ENERGY	576
APPLIED OPTICS	564
CONSTRUCTION AND BUILDING MATERIALS	561
GAODIANYA JISHU/HIGH VOLTAGE ENGINEERING	560
BIOSENSORS AND BIOELECTRONICS	559
CHEMISTRY – A EUROPEAN JOURNAL	554
DIANLI XITONG ZIDONGHUA/AUTOMATION OF ELECTRIC POWER SYSTEMS	550
CAILIAODAOBAO/MATERIALS REVIEW	549
ENVIRONMENTAL EARTH SCIENCES	542
IEEE TRANSACTIONS ON APPLIED SUPERCONDUCTIVITY	542
PHYSICA A	522
JOURNAL OF CLEANER PRODUCTION	515
ZHONGGUO JIGUANG/CHINESE JOURNAL OF LASERS	514
FUEL	512
ZHONGGUO HUANJING KEXUE/CHINA ENVIRONMENTAL SCIENCE	512
HUAGONG JINZHAN/CHEMICAL INDUSTRY AND ENGINEERING PROGRESS	510
MEITAN XUEBAO/JOURNAL OF THE CHINA COAL SOCIETY	494
INTERNATIONAL JOURNAL OF HEAT AND MASS TRANSFER	493
YUANZINENG KEXUE JISHU/ATOMIC ENERGY SCIENCE AND TECHNOLOGY	485
TAIYANGNENG XUEBAO/ACTA ENERGIAE SOLARIS SINICA	484
ENERGY	480
JOURNAL OF APPLIED POLYMER SCIENCE	480
JOURNAL OF THE AMERICAN CHEMICAL SOCIETY	478
AIP ADVANCES	475
JOURNAL OF HAZARDOUS MATERIALS	473
CHEMICAL ENGINEERING TRANSACTIONS	472
INDUSTRIAL AND ENGINEERING CHEMISTRY RESEARCH	467
PHYSICAL REVIEW A	467
JOURNAL OF NATURAL GAS SCIENCE AND ENGINEERING	463
GONGCHENG LIXUE/ENGINEERING MECHANICS	457
XITONG GONGCHENG YU DIANZI JISHU/SYSTEMS ENGINEERING AND ELECTRONICS	453
ANALYTICAL METHODS	450
ENVIRONMENTAL POLLUTION	450
CHINESE JOURNAL OF GEOPHYSICS (ACTA GEOPHYSICA SINICA)	447
GAOFENZI CAILIAO KEXUE YU GONGCHENG/POLYMERIC MATERIALS SCIENCE AND ENGINEERING	439
JOURNAL OF CHINESE INSTITUTE OF FOOD SCIENCE AND TECHNOLOGY	437
JOURNAL OF APPLIED PHYSICS	436
IEEE PHOTONICS JOURNAL	431
CARBON	429
ANALYTICAL CHEMISTRY	424

附录 10　2016 年总被引次数居前 100 位的中国科技期刊

排名	期刊名称	总被引次数	排名	期刊名称	总被引次数
1	生态学报	21364	41	中华中医药杂志	6460
2	中国电机工程学报	19265	42	中国医药导报	6349
3	农业工程学报	17932	43	护理学杂志	6213
4	食品科学	14687	44	水土保持学报	6028
5	应用生态学报	12948	45	岩土工程学报	5918
6	电力系统自动化	12079	46	计算机工程与应用	5903
7	中国农业科学	11241	47	现代中西医结合杂志	5892
8	电网技术	10688	48	中国环境科学	5863
9	中国农学通报	10629	49	地理研究	5844
10	中国中药杂志	10286	50	中国药房	5735
11	岩石力学与工程学报	10151	51	地质学报	5595
12	环境科学	10024	52	农业环境科学学报	5547
13	机械工程学报	9343	53	石油学报	5396
14	中国实验方剂学杂志	9238	54	植物营养与肥料学报	5325
15	管理世界	8994	55	植物生态学报	5320
16	岩石学报	8951	56	中华流行病学杂志	5251
17	中国组织工程研究	8868	57	生态环境学报	5246
18	地理学报	8839	58	土壤学报	5242
19	煤炭学报	8777	59	经济地理	5239
20	中国妇幼保健	8610	60	中华心血管病杂志	5237
21	食品工业科技	8389	61	资源科学	5207
22	中华护理杂志	8369	62	中医杂志	5200
23	岩土力学	8304	63	医学综述	5132
24	电工技术学报	8300	64	中华中医药学刊	5122
25	中草药	8211	65	天然气工业	5089
26	电力系统保护与控制	7872	66	振动与冲击	5049
27	物理学报	7796	67	中国实用护理杂志	5047
28	中华医学杂志	7763	68	中国公共卫生	5021
29	中国全科医学	7658	69	中成药	5009
30	现代预防医学	7601	70	中国中西医结合杂志	5001
31	地球物理学报	7333	71	仪器仪表学报	4993
32	实用医学杂志	7298	72	石油勘探与开发	4907
33	高电压技术	7280	73	地学前缘	4877
34	农业机械学报	7130	74	自然资源学报	4851
35	山东医药	6797	75	地理科学	4783
36	科学通报	6740	76	中国科学 地球科学	4776
37	护理研究	6734	77	环境工程学报	4769
38	环境科学学报	6683	78	系统工程理论与实践	4723
39	作物学报	6574	79	中国人口资源与环境	4709
40	生态学杂志	6541	80	中华现代护理杂志	4685

续表

排名	期刊名称	总被引次数	排名	期刊名称	总被引次数
81	光谱学与光谱分析	4583	91	计算机应用研究	4366
82	西北植物学报	4523	92	电子学报	4302
83	化工学报	4494	93	CHINESE MEDICAL JOURNAL	4301
84	中药材	4481	94	国际检验医学杂志	4295
85	水利学报	4475	95	计算机工程	4269
86	中华结核和呼吸杂志	4473	96	中国学校卫生	4190
87	园艺学报	4467	97	中国激光	4185
88	光学学报	4409	98	软件学报	4177
89	林业科学	4387	99	江苏农业科学	4122
90	热加工工艺	4376	100	CHINESE PHYSICS B	4092

附录 11 2016 年影响因子居前 100 位的中国科技期刊

排名	期刊名称	影响因子	排名	期刊名称	影响因子
1	石油勘探与开发	4.024	25	电工技术学报	2.301
2	地理学报	3.894	26	中国人口资源与环境	2.270
3	中国感染与化疗杂志	3.068	27	植物生态学报	2.267
4	INTERNATIONAL JOURNAL OF COAL SCIENCE & TECHNOLOGY	3.034	28	煤炭学报	2.260
			29	石油实验地质	2.213
			30	分子催化	2.204
5	电力系统保护与控制	2.812	31	中华显微外科杂志	2.179
6	中华心血管病杂志	2.794	32	地质学报	2.166
7	南开管理评论	2.783	33	电子测量与仪器学报	2.141
8	中国电机工程学报	2.717	34	地理科学	2.079
9	中国石油勘探	2.654	35	CHINESE JOURNAL OF CANCER RESEARCH	2.074
10	中华危重病急救医学	2.652			
11	石油学报	2.625	36	生态学报	2.010
12	中华护理杂志	2.589	37	计算机学报	1.990
13	第四纪研究	2.585	38	应用生态学报	1.967
14	地理研究	2.539	39	地学前缘	1.947
15	电力系统自动化	2.518	40	天然气工业	1.946
16	中华妇产科杂志	2.496	41	中国中西医结合急救杂志	1.942
17	地理科学进展	2.459	41	中国肿瘤	1.942
18	石油与天然气地质	2.429	43	仪器仪表学报	1.937
19	电网技术	2.405	44	水科学进展	1.934
20	管理世界	2.364	45	自然资源学报	1.912
21	高电压技术	2.342	46	软件学报	1.911
22	油气地质与采收率	2.341	47	中华消化外科杂志	1.905
23	土壤学报	2.338	48	环境科学	1.878
24	植物营养与肥料学报	2.318	49	冰川冻土	1.876

续表

排名	期刊名称	影响因子	排名	期刊名称	影响因子
50	农业工程学报	1.862	76	气象与环境科学	1.647
51	中国农业科学	1.854	77	中华肝胆外科杂志	1.645
52	中华神经科杂志	1.846	78	中国科学 地球科学	1.639
53	中国农业资源与区划	1.843	79	电力自动化设备	1.638
54	草业学报	1.827	80	气候变化研究进展	1.632
55	中国光学	1.821	81	中国实用外科杂志	1.624
56	中国环境科学	1.818	82	中华流行病学杂志	1.618
57	资源科学	1.816	83	测绘学报	1.599
58	气象	1.806	84	中华疾病控制杂志	1.591
59	色谱	1.798	85	中国矿业大学学报	1.590
60	中华肿瘤杂志	1.788	86	地球物理学报	1.580
61	作物学报	1.785	87	中草药	1.578
62	地球科学进展	1.781	88	科研管理	1.576
63	中国循环杂志	1.773	89	城市规划学刊	1.571
64	经济地理	1.747	90	科学学研究	1.569
65	岩石力学与工程学报	1.728	91	中国激光	1.563
66	中华骨科杂志	1.717	92	农业机械学报	1.561
67	天然气地球科学	1.706	93	生物多样性	1.550
68	岩石学报	1.705	94	中华泌尿外科杂志	1.541
69	中华儿科杂志	1.704	95	国外电子测量技术	1.538
70	管理科学学报	1.702	95	临床麻醉学杂志	1.538
71	中国疫苗和免疫	1.690	97	高原气象	1.536
72	管理科学	1.669	98	地球学报	1.520
73	中华糖尿病杂志	1.663	99	LIGHT SCIENCE & APPLICATIONS	1.518
74	磁共振成像	1.658			
75	中国沙漠	1.650	100	中华放射学杂志	1.515

附　表

附表 1　2016 年度国际科技论文总数居世界前列的国家（地区）

国家（地区）	2016 年收录的科技论文篇数			2016 年收录的科技论文总篇数	占科技论文总数比例	排名
	SCI	Ei	CPCI-S			
世界科技论文总数	1895406	682977	559885	3138268	100.0%	
美国	504156	118929	139020	762105	24.3%	1
中国	325374	225635	85407	636416	20.3%	2
英国	147167	35495	31328	213990	6.8%	3
德国	126987	38972	31253	197212	6.3%	4
日本	94974	33129	27935	156038	5.0%	5
印度	72755	36946	30112	139813	4.5%	6
法国	87855	29871	21238	138964	4.4%	7
意大利	83655	23839	21045	128539	4.1%	8
加拿大	78996	22734	17536	119266	3.8%	9
韩国	64723	28764	12468	105955	3.4%	10
西班牙	67011	21379	14602	102992	3.3%	11
澳大利亚	71718	19397	11554	102669	3.3%	12
俄罗斯	38778	19796	17269	75843	2.4%	13
巴西	50589	13133	8516	72238	2.3%	14
荷兰	46450	10107	8975	65532	2.1%	15
伊朗	34914	19362	3302	57578	1.8%	16
土耳其	35875	10037	7327	53239	1.7%	17
瑞士	36554	9086	7151	52791	1.7%	18
波兰	31241	11795	9451	52487	1.7%	19
瑞典	30692	8838	6219	45749	1.5%	20
比利时	25568	6693	5341	37602	1.2%	21
丹麦	22386	5030	4324	31740	1.0%	22
奥地利	19386	5208	4914	29508	0.9%	23
墨西哥	19152	5208	4280	28640	0.9%	24
葡萄牙	16744	6134	4967	27845	0.9%	25
以色列	19343	4113	4133	27589	0.9%	26
新加坡	15053	7200	4670	26923	0.9%	27
捷克	14251	5095	6386	25732	0.8%	28
马来西亚	12135	6809	6543	25487	0.8%	29
沙特阿拉伯	15749	7006	2282	25037	0.8%	30

注：中国台湾地区三系统论文总数 48066 篇，占 1.5%；香港特区三系统论文总数 23258 篇，占 0.7%；澳门特区三系统论文总数 2543 篇，占 0.1%。

附表 2　2016 年 SCI 主要国家（地区）发表科技论文情况

国家（地区）	历年排名					2016年发表的科技论文总篇数	占收录科技论文总数比例
	2012年	2013年	2014年	2015年	2016年		
世界科技论文总数						1895406	100.0%
美国	1	1	1	1	1	504156	26.6%
中国	2	2	2	2	2	325374	17.2%
英国	3	3	3	3	3	147167	7.8%
德国	4	4	4	4	4	126987	6.7%
日本	5	5	5	5	5	94974	5.0%
法国	6	6	6	6	6	87855	4.6%
意大利	7	7	7	7	7	83655	4.4%
加拿大	8	8	8	8	8	78996	4.2%
印度	11	10	9	10	9	72755	3.8%
澳大利亚	12	11	11	9	10	71718	3.8%
西班牙	9	9	10	11	11	67011	3.5%
韩国	10	12	12	12	12	64723	3.4%
巴西	13	13	13	13	13	50589	2.7%
荷兰	14	14	14	14	14	46450	2.5%
俄罗斯	16	15	16	15	15	38778	2.0%
瑞士	15	16	15	16	16	36554	1.9%
土耳其	18	17	17	17	17	35875	1.9%
伊朗	19	18	18	18	18	34914	1.8%
波兰	21	20	21	19	19	31241	1.6%
瑞典	20	19	20	20	20	30692	1.6%
比利时	22	21	22	21	21	25568	1.3%
丹麦	23	22	23	22	22	22386	1.2%
奥地利	25	24	24	23	23	19386	1.0%
以色列	24	23	26	24	24	19343	1.0%
墨西哥	26	25	27	25	25	19152	1.0%
葡萄牙	27	26	25	26	26	16744	0.9%
沙特阿拉伯				27	27	15749	0.8%
新加坡	29	28	28	28	28	15053	0.8%
捷克			29	29	29	14251	0.8%
挪威					30	14174	0.7%

注：2016 年 SCI 收录中国台湾地区 SCI 论文数 27674 篇，占 1.5%；香港特区论文数 14014 篇，占 0.7%；澳门特区论文数 1463 篇，占 0.1%。

附表 3　2016 年 CPCI-S 收录的主要国家（地区）科技论文情况

国家（地区）	历年排名					2016 年发表的科技论文总篇数	占收录科技论文总数比例
	2012 年	2013 年	2014 年	2015 年	2016 年		
世界科技论文总数						559885	100.0%
美国	1	1	1	1	1	139020	24.8%
中国	2	2	2	2	2	85407	15.3%
英国	5	4	4	3	3	31328	5.6%
德国	4	5	3	4	4	31253	5.6%
印度	9	9	8	6	5	30112	5.4%
日本	3	3	5	5	6	27935	5.0%
法国	6	6	7	8	7	21238	3.8%
意大利	7	7	6	7	8	21045	3.8%
加拿大	8	8	9	9	9	17536	3.1%
俄罗斯	18	17	12	12	10	17269	3.1%
西班牙	10	11	10	10	11	14602	2.6%
韩国	11	10	11	11	12	12468	2.2%
澳大利亚	15	12	14	13	13	11554	2.1%
波兰	16	16	17	16	14	9451	1.7%
荷兰	14	14	15	15	15	8975	1.6%
巴西	13	13	13	14	16	8516	1.5%
土耳其	21	15	20	20	17	7327	1.3%
瑞士	17	18	18	17	18	7151	1.3%
马来西亚				21	19	6543	1.2%
捷克	25	22	22	18	20	6386	1.1%
瑞典	19	19	21	19	21	6219	1.1%
比利时	20	20	23	22	22	5341	1.0%
罗马尼亚				24	23	5248	0.9%
葡萄牙	23	21	24	23	24	4967	0.9%
奥地利	22	24	25	25	25	4914	0.9%
新加坡	30	29	31	28	26	4670	0.8%
丹麦	29	26	27	26	27	4324	0.8%
墨西哥	28	25	27		28	4280	0.8%
以色列	26	23	29	30	29	4133	0.7%
希腊	27	27	28	27	30	3874	0.7%

注：2016 年 CPCI-S 收录的中国台湾地区论文数为 8072 篇，占 1.4%，香港特区论文数为 3342 篇，占 0.6%，澳门特区论文数为 370 篇，占 0.1%。

附表 4　2016 年 Ei 收录的主要国家（地区）科技论文情况

国家（地区）	历年排名					2016 年收录的科技论文总篇数	占收录科技论文总数比例
	2012 年	2013 年	2014 年	2015 年	2016 年		
世界科技论文总数						682977	100.0%
中国	1	1	1	1	1	225635	33.0%
美国	2	2	2	2	2	118929	17.4%
德国	4	3	3	3	3	38972	5.7%
印度	6	6	4	5	4	36946	5.4%
英国	5	5	5	6	5	35495	5.2%
日本	3	4	6	4	6	33129	4.9%
法国	7	7	8	7	7	29871	4.4%
韩国	8	8	7	8	8	28764	4.2%
意大利	10	9	9	9	9	23839	3.5%
加拿大	9	11	11	10	10	22734	3.3%
西班牙	11	10	10	11	11	21379	3.1%
俄罗斯	12	13	13	12	12	19796	2.9%
澳大利亚	14	12	12	13	13	19397	2.8%
伊朗	15	14	14	14	14	19362	2.8%
巴西	16	15	16	15	15	13133	1.9%
波兰	18	17	17	16	16	11795	1.7%
荷兰	17	16	18	17	17	10107	1.5%
土耳其	20	18	20	19	18	10037	1.5%
瑞士	19	19	19	18	19	9086	1.3%
瑞典	21	20	21	20	20	8838	1.3%
新加坡	22	21	22	21	21	7200	1.1%
沙特阿拉伯		26	27	24	22	7006	1.0%
马来西亚	25	23	24	23	23	6809	1.0%
比利时	23	22	23	22	24	6693	1.0%
葡萄牙	26	24	26	25	25	6134	0.9%
奥地利	27	25	28	26	26	5208	0.8%
墨西哥				30	27	5208	0.8%
捷克		29	29	27	28	5095	0.7%
丹麦	28	28	31	28	29	5030	0.7%
埃及					30	4721	0.7%

注：2016 年 Ei 收录的中国台湾地区论文数为 12320 篇，占 1.8%；香港特区论文数为 5902 篇，占 0.9%；澳门特区论文数为 710 篇，占 0.1%。

附表 5 2016 年 SCI、Ei 和 CPCI-S 收录的中国科技论文学科分布情况

学科	SCI		Ei		CPCI-S		论文总篇数	排名
	论文篇数	比例	论文篇数	比例	论文篇数	比例		
数学	8746	3.01%	4626	2.17%	342	0.48%	13714	15
力学	2743	0.94%	3605	1.69%	290	0.41%	6638	18
信息、系统科学	770	0.26%	627	0.29%	249	0.35%	1646	30
物理学	29470	10.14%	10571	4.95%	4082	5.71%	44123	6
化学	45503	15.66%	7944	3.72%	340	0.48%	53787	1
天文学	1544	0.53%	436	0.20%	44	0.06%	2024	29
地学	10537	3.63%	12944	6.07%	1992	2.79%	25473	9
生物学	34657	11.92%	16966	7.95%	588	0.82%	52211	2
预防医学与卫生学	3236	1.11%	0	0.00%	98	0.14%	3334	26
基础医学	19260	6.63%	337	0.16%	1134	1.59%	20731	10
药物学	8839	3.04%	0	0.00%	251	0.35%	9090	17
临床医学	32109	11.05%	0	0.00%	3713	5.20%	35822	8
中医学	1040	0.36%	0	0.00%	0	0.00%	1040	35
军事医学与特种医学	277	0.10%	0	0.00%	0	0.00%	277	39
农学	3775	1.30%	213	0.10%	80	0.11%	4068	23
林学	688	0.24%	0	0.00%	4	0.01%	692	38
畜牧、兽医	1387	0.48%	0	0.00%	6	0.01%	1393	33
水产学	1285	0.44%	0	0.00%	6	0.01%	1291	34
测绘科学技术	0	0.00%	2295	1.08%	0	0.00%	2295	27
材料科学	21993	7.57%	20354	9.54%	2398	3.36%	44745	5
工程与技术基础学科	1488	0.51%	871	0.41%	3785	5.30%	6144	19
矿山工程技术	377	0.13%	1036	0.49%	2	0.00%	1415	32
能源科学技术	6476	2.23%	9665	4.53%	3281	4.59%	19422	12
冶金、金属学	1676	0.58%	7896	3.70%	28	0.04%	9600	16
机械、仪表	4253	1.46%	8657	4.06%	3331	4.66%	16241	13
动力与电气	754	0.26%	12798	6.00%	930	1.30%	14482	14
核科学技术	1246	0.43%	217	0.10%	130	0.18%	1593	31
电子、通信与自动控制	13012	4.48%	14757	6.92%	17964	25.14%	45733	4
计算技术	11401	3.92%	10503	4.92%	17915	25.07%	39819	7
化工	4500	1.55%	251	0.12%	244	0.34%	4995	21
轻工、纺织	7	0.00%	906	0.42%	0	0.00%	913	36
食品	1965	0.68%	61	0.03%	117	0.16%	2143	28
土木建筑	2460	0.85%	15622	7.32%	1694	2.37%	19776	11
水利	1803	0.62%	2962	1.39%	67	0.09%	4832	22
交通运输	690	0.24%	4326	2.03%	211	0.30%	5227	20
航空航天	898	0.31%	2051	0.96%	417	0.58%	3366	25
安全科学技术	101	0.03%	227	0.11%	471	0.66%	799	37
环境科学	8667	2.98%	37948	17.78%	1614	2.26%	48229	3
管理学	830	0.29%	1604	0.75%	1088	1.52%	3522	24
其他	184	0.06%	109	0.05%	2556	3.58%	2849	
合计	290647	100.00%	213385	100.00%	71462	100.00%	575494	

附表 6　2016 年 SCI、Ei 和 CPCI-S 收录的中国科技论文地区分布情况

地区	SCI		Ei		CPCI-S		论文总数	位次
	论文（篇）	比重	论文（篇）	比重	论文（篇）	比重		
北京	48578	16.71%	37223	17.44%	15369	21.51%	101170	1
天津	8510	2.93%	7100	3.33%	1830	2.56%	17440	12
河北	3723	1.28%	3618	1.70%	1636	2.29%	8977	19
山西	2906	1.00%	2499	1.17%	352	0.49%	5757	22
内蒙古	929	0.32%	779	0.37%	259	0.36%	1967	27
辽宁	10572	3.64%	8845	4.15%	3056	4.28%	22473	10
吉林	7054	2.43%	5319	2.49%	1646	2.30%	14019	15
黑龙江	7719	2.66%	7357	3.45%	2349	3.29%	17425	13
上海	26306	9.05%	15834	7.42%	5231	7.32%	47371	3
江苏	30948	10.65%	22528	10.56%	6361	8.90%	59837	2
浙江	14741	5.07%	9419	4.41%	2636	3.69%	26796	8
安徽	7749	2.67%	6226	2.92%	1658	2.32%	15633	14
福建	5792	1.99%	3755	1.76%	882	1.23%	10429	18
江西	3020	1.04%	2284	1.07%	1088	1.52%	6392	21
山东	15114	5.20%	9147	4.29%	2967	4.15%	27228	7
河南	6717	2.31%	4748	2.23%	1493	2.09%	12958	17
湖北	15444	5.31%	11557	5.42%	4047	5.66%	31048	6
湖南	9551	3.29%	8498	3.98%	2344	3.28%	20393	11
广东	18145	6.24%	9621	4.51%	4070	5.70%	31836	5
广西	2190	0.75%	1272	0.60%	621	0.87%	4083	24
海南	642	0.22%	251	0.12%	208	0.29%	1101	28
重庆	6721	2.31%	5021	2.35%	1412	1.98%	13154	16
四川	12231	4.21%	9830	4.61%	3058	4.28%	25119	9
贵州	1184	0.41%	665	0.31%	300	0.42%	2149	26
云南	2918	1.00%	1488	0.70%	713	1.00%	5119	23
西藏	29	0.01%	15	0.01%	9	0.01%	53	31
陕西	15160	5.22%	14580	6.83%	4855	6.79%	34595	4
甘肃	3945	1.36%	2784	1.30%	626	0.88%	7355	20
青海	250	0.09%	127	0.06%	90	0.13%	467	30
宁夏	311	0.11%	175	0.08%	80	0.11%	566	29
新疆	1548	0.53%	820	0.38%	216	0.30%	2584	25
总计	290647	100.00%	213385	100.00%	71462	100.00%	575494	

附表 7 2016 年 SCI、Ei 和 CPCI-S 收录的中国科技论文分学科地区分布情况

学科	北京	天津	河北	山西	内蒙古	辽宁	吉林	黑龙江	上海	江苏	浙江
数学	1842	425	241	166	47	421	271	365	1030	1372	672
力学	1315	240	87	55	21	314	70	285	574	748	375
信息、系统科学	279	45	39	9	7	79	29	55	110	186	91
物理学	7680	1440	665	714	158	1292	1407	1392	3734	4281	1917
化学	7390	2018	618	830	196	2116	2166	1422	4771	5885	2715
天文学	642	16	16	14	2	27	39	17	184	230	28
地学	7220	533	272	155	83	677	623	507	1191	2630	757
生物学	7778	1569	693	367	206	1576	1325	1312	4915	5710	2860
预防医学与卫生学	650	56	35	17	13	112	60	74	322	339	197
基础医学	2675	545	362	91	67	598	586	490	2321	1955	1252
药物学	1009	231	155	62	30	503	330	186	778	1061	508
临床医学	6024	936	503	157	77	1054	643	554	4813	3162	2369
中医学	267	39	8	5	2	26	12	20	113	133	58
军事医学与特种医学	49	10	1	1	0	11	5	5	39	27	7
农学	876	28	62	33	24	135	68	121	87	587	229
林学	218	4	1	2	2	19	6	65	10	67	29
畜牧、兽医	218	4	15	15	19	18	58	81	25	200	41
水产学	21	18	4	6	2	34	3	15	126	121	114
测绘科学技术	412	86	43	13	8	63	51	54	156	245	113
材料科学	6278	1604	707	766	212	2240	1271	1521	3925	4264	1823
工程与技术基础学科	907	164	340	47	25	300	199	211	307	587	218
矿山工程技术	338	13	26	32	4	93	14	22	32	237	19
能源科学技术	4362	637	363	268	71	657	351	592	1360	1817	829
冶金、金属	1785	260	231	189	50	938	210	347	615	699	248
机械、仪表	2722	512	424	151	45	775	468	786	1246	1611	662
动力与电气	2596	542	251	154	43	540	325	587	1038	1574	647
核科学技术	373	13	9	3	5	41	7	45	158	60	23
电子、通信与自动控制	9124	1203	686	327	69	1728	845	1983	3058	5353	1936
计算技术	7900	891	787	210	139	1999	805	1185	2657	3627	1714
化工	872	345	33	107	16	302	61	142	464	599	311
轻工、纺织	156	44	21	15	7	35	20	23	52	99	54
食品	310	62	27	10	14	58	46	60	80	373	159
土木建筑	3003	719	321	176	78	873	286	806	1800	2337	791
水利	1102	163	60	39	22	125	113	168	264	566	175
交通运输	1193	148	65	23	14	201	153	168	468	550	197
航空航天	986	73	36	16	1	99	59	220	184	426	59
安全科学技术	236	48	22	4	4	32	15	24	35	41	23
环境科学	9203	1560	625	481	151	2063	922	1369	3818	5546	2269
管理学	490	143	79	18	11	231	54	101	287	249	176
其他	669	53	44	9	22	68	43	45	224	283	131
合计	101170	17440	8977	5757	1967	22473	14019	17425	47371	59837	26796

续表

学科	安徽	福建	江西	山东	河南	湖北	湖南	广东	广西	海南	重庆
数学	407	386	253	757	525	668	608	642	135	26	444
力学	176	73	45	200	97	331	261	210	17	5	150
信息、系统科学	55	24	26	70	57	121	50	88	11	3	28
物理学	1888	773	544	1687	1034	2308	1498	1901	188	32	851
化学	1799	1546	762	2729	1423	2507	1833	2814	344	119	958
天文学	111	18	17	73	37	88	42	47	10	3	32
地学	563	303	157	1609	306	2073	773	994	113	33	323
生物学	1179	1144	576	3091	1266	2996	1420	3902	444	221	1323
预防医学与卫生学	56	39	33	151	63	190	87	312	28	23	102
基础医学	358	349	215	1584	681	1087	500	1881	296	48	595
药物学	163	118	107	714	475	394	196	666	74	44	236
临床医学	462	573	335	1858	760	1469	1093	3688	370	53	1119
中医学	17	14	6	36	17	35	14	98	11	2	13
军事医学与特种医学	1	3	2	10	5	13	10	22	1	1	10
农学	58	79	29	156	130	294	88	210	39	42	70
林学	9	51	6	4	9	13	12	34	4	4	3
畜牧、兽医	22	21	17	68	44	95	43	69	16	9	24
水产学	3	84	14	262	14	131	15	198	5	9	15
测绘科学技术	57	32	20	105	76	202	99	73	11	1	49
材料科学	1295	870	578	2035	941	2209	1900	2264	362	62	1100
工程与技术基础学科	147	62	116	312	219	376	207	264	73	16	143
矿山工程技术	52	5	5	76	46	98	87	24	4	0	51
能源科学技术	471	246	96	1172	320	1102	513	912	107	13	491
冶金、金属	266	131	143	320	167	390	743	328	52	5	249
机械、仪表	472	204	184	588	322	830	587	569	96	15	467
动力与电气	393	193	141	453	299	780	512	676	79	13	350
核科学技术	293	11	5	19	14	60	24	31	4	0	25
电子、通信与自动控制	1276	631	299	1549	849	2214	1753	2323	285	56	1006
计算技术	1229	734	657	1570	998	2404	1749	2115	288	98	874
化工	113	92	32	282	86	167	149	240	31	1	63
轻工、纺织	30	13	9	39	30	39	33	39	9	2	23
食品	51	55	76	99	65	109	25	218	7	12	28
土木建筑	368	289	161	738	392	1209	1031	774	110	14	586
水利	136	59	29	214	105	392	87	170	26	8	89
交通运输	92	60	27	162	79	303	238	153	20	4	143
航空航天	47	18	10	66	39	124	234	47	5	1	18
安全科学技术	22	9	13	32	16	43	37	32	3	0	15
环境科学	1319	1010	459	2118	816	2761	1630	2517	351	70	947
管理学	112	67	168	117	85	217	114	139	14	28	85
其他	65	40	20	103	51	206	98	152	40	5	56
合计	15633	10429	6392	27228	12958	31048	20393	31836	4083	1101	13154

续表

学科	四川	贵州	云南	西藏	陕西	甘肃	青海	宁夏	新疆	合计
数学	580	103	176	0	751	291	6	21	83	13714
力学	274	13	28	0	610	53	1	3	7	6638
信息、系统科学	51	3	15	0	101	11	1	0	2	1646
物理学	2425	156	250	1	3028	655	25	32	167	44123
化学	2233	255	545	2	2203	1154	51	71	312	53787
天文学	48	21	109	0	71	44	0	1	37	2024
地学	934	183	172	0	1445	596	27	28	193	25473
生物学	1850	228	873	21	2332	597	81	51	305	52211
预防医学与卫生学	122	19	36	0	122	33	7	3	33	3334
基础医学	796	103	178	2	682	171	14	49	200	20731
药物学	291	61	158	1	364	92	9	22	52	9090
临床医学	1684	139	195	0	1320	162	21	42	187	35822
中医学	38	6	15	0	16	12	1	1	5	1040
军事医学与特种医学	19	1	3	0	17	1	0	0	3	277
农学	102	19	45	0	302	82	7	10	56	4068
林学	20	4	31	1	35	21	1	0	7	692
畜牧、兽医	105	1	5	2	95	39	3	1	20	1393
水产学	42	2	10	0	17	2	3	0	1	1291
测绘科学技术	98	6	25	2	144	37	2	3	9	2295
材料科学	1969	122	482	0	3007	684	49	41	164	44745
工程与技术基础学科	264	41	74	0	408	82	8	6	21	6144
矿山工程技术	44	11	20	0	56	4	1	0	1	1415
能源科学技术	999	33	123	0	1265	166	16	13	57	19422
冶金、金属	279	23	129	0	601	171	7	5	19	9600
机械、仪表	773	55	107	4	1287	232	8	11	28	16241
动力与电气	730	30	80	1	1272	141	9	6	27	14482
核科学技术	143	1	2	0	175	46	0	2	1	1593
电子、通信与自动控制	2637	93	196	1	3894	235	20	35	69	45733
计算技术	1493	129	349	6	2728	319	26	23	116	39819
化工	165	9	41	0	188	56	5	12	11	4995
轻工、纺织	37	1	7	0	62	8	0	1	5	913
食品	40	2	19	0	101	23	3	1	10	2143
土木建筑	956	41	95	0	1472	258	14	15	63	19776
水利	174	22	45	3	340	73	5	3	55	4832
交通运输	356	4	12	0	334	49	1	2	8	5227
航空航天	67	2	6	0	507	13	0	0	3	3366
安全科学技术	35	0	3	1	50	0	0	0	4	799
环境科学	1928	183	391	5	2730	679	32	50	226	48229
管理学	181	17	38	0	250	42	0	0	9	3522
其他	137	7	31	0	213	21	3	2	8	2849
合计	25119	2149	5119	53	34595	7355	467	566	2584	575494

附表 8 2016 年 SCI、Ei 和 CPCI-S 收录的中国科技论文分地区机构分布情况

地区	高等院校	科研机构	企业	医疗机构	其他	合计
北京	67631	24294	1296	2190	5759	101170
天津	15961	399	77	208	795	17440
河北	7838	173	67	254	645	8977
山西	5028	392	70	46	221	5757
内蒙古	1735	12	8	22	190	1967
辽宁	19004	2619	100	187	563	22473
吉林	11333	2334	19	54	279	14019
黑龙江	16831	249	26	47	272	17425
上海	40367	4629	255	345	1775	47371
江苏	54218	2117	437	1029	2036	59837
浙江	23669	1190	91	821	1025	26796
安徽	13399	1645	32	53	504	15633
福建	8897	1014	15	154	349	10429
江西	5967	37	26	44	318	6392
山东	22485	1688	132	1644	1279	27228
河南	11085	237	67	617	952	12958
湖北	28034	1604	114	203	1093	31048
湖南	19433	203	35	177	545	20393
广东	26307	2536	242	541	2210	31836
广西	3575	88	6	60	354	4083
海南	721	197	0	45	138	1101
重庆	12271	191	95	79	518	13154
四川	21046	1975	216	313	1569	25119
贵州	1557	270	3	88	231	2149
云南	3830	811	25	72	381	5119
西藏	28	3	0	1	21	53
陕西	31553	1161	209	238	1434	34595
甘肃	5072	1735	19	93	436	7355
青海	180	219	7	18	43	467
宁夏	523	1	4	0	38	566
新疆	1756	539	29	36	224	2584
总计	481334	54562	3722	9679	26197	575494

附表 9　2016 年 SCI 收录 2 种文献类型论文数居前 50 位的中国高等院校

排名	高等院校	论文篇数	排名	高等院校	论文篇数
1	浙江大学	6231	26	首都医科大学	1946
2	上海交通大学	6215	27	北京理工大学	1900
3	清华大学	5023	28	厦门大学	1890
4	北京大学	4500	29	电子科技大学	1887
5	华中科技大学	4310	30	中国石油大学	1797
6	四川大学	4157	30	北京科技大学	1797
7	复旦大学	3970	32	华东理工大学	1734
8	西安交通大学	3948	33	中国地质大学	1705
9	山东大学	3923	34	东北大学	1650
10	吉林大学	3824	35	湖南大学	1614
11	哈尔滨工业大学	3763	36	北京师范大学	1605
12	中山大学	3667	37	西北农林科技大学	1571
13	中南大学	3557	38	郑州大学	1549
14	南京大学	3159	39	兰州大学	1547
15	武汉大学	3113	40	中国农业大学	1514
16	天津大学	3095	41	江南大学	1508
17	同济大学	2857	42	江苏大学	1495
18	中国科学技术大学	2784	43	南京农业大学	1491
19	东南大学	2608	44	中国矿业大学	1452
20	华南理工大学	2463	45	西南大学	1451
21	北京航空航天大学	2399	46	南京航空航天大学	1423
22	大连理工大学	2337	47	上海大学	1415
23	苏州大学	2318	48	南开大学	1392
24	重庆大学	1999	49	西安电子科技大学	1387
25	西北工业大学	1988	50	南京医科大学	1380

附表 10　2016 年 SCI 收录 2 种文献类型论文数居前 50 位的中国研究机构

排名	研究机构	论文篇数	排名	研究机构	论文篇数
1	中国科学院合肥物质科学研究院	740	11	中国科学院金属研究所	412
2	中国科学院化学研究所	739	12	军事医学科学院	404
3	中国工程物理研究院	721	13	中国水产科学研究院	397
4	中国科学院长春应用化学研究所	716	14	中国科学院海洋研究所	391
5	中国科学院大连化学物理研究所	624	15	中国科学院兰州化学物理研究所	390
6	中国科学院生态环境研究中心	537	16	中国科学院海西研究院	363
7	中国科学院物理研究所	465	17	中国科学院上海硅酸盐研究所	362
8	中国科学院地理科学与资源研究所	442	18	中国科学院上海生命科学研究院	350
9	中国科学院过程工程研究所	423	19	中国科学院宁波工业技术研究院	323
10	中国科学院地质与地球物理研究所	417	20	中国科学院理化技术研究所	322

续表

排名	研究机构	论文篇数	排名	研究机构	论文篇数
21	中国林业科学研究院	310	36	中国科学院上海药物研究所	224
22	中国科学院高能物理研究所	305	37	中国科学院长春光学精密机械与物理研究所	223
23	中国科学院大气物理研究所	304	37	中国科学院水生生物研究所	223
24	中国疾病预防控制中心	286	39	中国科学院自动化研究所	222
25	中国科学院半导体研究所	285	40	中国科学院南京地理与湖泊研究所	220
26	中国科学院遥感与数字地球研究所	283	41	中国科学院上海应用物理研究所	217
27	中国科学院上海光学精密机械研究所	277	42	中国科学院深圳先进技术研究院	214
28	中国科学院南海海洋研究所	276	43	中国中医科学院	203
29	中国科学院寒区旱区环境与工程研究所	273	44	国家纳米科学中心	199
30	中国科学院上海有机化学研究所	272	45	中国科学院微生物研究所	197
31	中国科学院动物研究所	265	45	中国医学科学院肿瘤研究所	197
32	中国科学院昆明植物研究所	249	47	中国医学科学院药物研究所	194
33	中国科学院广州地球化学研究所	244	48	中国农业科学院植物保护研究所	189
34	中国科学院南京土壤研究所	243	49	中国科学院上海微系统与信息技术研究所	188
35	中国科学院植物研究所	241	50	中国科学院山西煤炭化学研究所	185

附表 11 2016 年 CPCI-S 收录科技论文数居前 50 位的中国高等院校

排名	高等院校	论文篇数	排名	高等院校	论文篇数
1	清华大学	1764	19	中国科学技术大学	614
2	北京航空航天大学	1597	20	山东大学	610
3	上海交通大学	1454	21	南京航空航天大学	606
4	哈尔滨工业大学	1409	22	中山大学	592
5	西安交通大学	1184	22	北京交通大学	592
6	国防科学技术大学	1177	24	南京理工大学	590
7	浙江大学	1162	25	天津大学	557
8	电子科技大学	1102	26	哈尔滨工程大学	543
9	北京邮电大学	1010	27	吉林大学	534
10	华中科技大学	978	28	武汉理工大学	520
11	东南大学	935	29	东北大学	516
12	北京理工大学	931	30	大连理工大学	494
13	北京大学	930	31	复旦大学	490
14	华北电力大学	911	32	西安电子科技大学	463
15	西北工业大学	754	33	上海大学	447
16	武汉大学	725	34	北京工业大学	428
17	同济大学	666	35	重庆大学	423
18	华南理工大学	637	36	南京邮电大学	407

续表

排名	高等院校	论文篇数
37	中南大学	382
38	西南交通大学	379
39	苏州大学	368
40	河海大学	349
41	南京大学	345
42	四川大学	343
43	厦门大学	321
44	西安理工大学	310
45	北京科技大学	296
46	合肥工业大学	267
46	解放军理工大学	267
48	湖南大学	254
49	中国石油大学	236
50	长安大学	231

附表 12　2016 年 CPCI-S 收录科技论文数居前 50 位的中国研究机构

排名	研究机构	论文篇数
1	中国科学院自动化研究所	212
2	中国科学院遥感与数字地球研究所	181
3	中国科学院信息工程研究所	172
4	中国工程物理研究院	153
5	中国科学院深圳先进技术研究院	142
6	中国科学院沈阳自动化研究所	123
7	中国科学院电工研究所	112
8	中国科学院电子学研究所	111
8	中国科学院声学研究所	111
10	中国科学院计算技术研究所	107
11	中国科学院半导体研究所	90
12	中国科学院光电技术研究所	89
13	中国科学院软件研究所	87
14	中国计量科学研究院	79
15	中国科学院西安光学精密机械研究所	72
16	中国科学院数学与系统科学研究院	68
17	中国科学院国家空间科学中心	62
18	中国科学院上海微系统与信息技术研究所	54
19	北京市农林科学院	50
19	中国水利水电科学研究院	50
19	机械科学研究总院	50
22	中国科学院地质与地球物理研究所	49
22	中国科学院微电子研究所	49
24	山东省科学院	48
25	中国科学院光电研究院	47
26	中国科学院上海技术物理研究所	46
27	中国科学院高能物理研究所	42
28	中国科学院长春应用化学研究所	41
28	中国铁道科学研究院	41
30	长江水利委员会长江科学院	40
31	中国科学院地理科学与资源研究所	39
31	中国科学院国家天文台	39
33	中国科学院上海光学精密机械研究所	34
34	中国科学院武汉岩土力学研究所	33
35	中国科学院上海天文台	29
35	中国科学院重庆绿色智能技术研究院	29
37	中国医学科学院肿瘤研究所	28
37	南京水利科学研究院	28
39	交通运输部天津水运工程科学研究院	27
40	中国科学院合肥物质科学研究院	24
40	中国标准化研究院	24
42	中国科学院苏州纳米技术与纳米仿生研究所	23
42	中国农业科学院农业信息研究所	23
42	交通运输部公路科学研究院	23
45	中国科学院近代物理研究所	22
45	中国科学院力学研究所	22
45	中国农业科学院作物科学研究所	22
45	中国科学院紫金山天文台	22
45	中国科学院国家授时中心	22
50	中国科学院宁波工业技术研究院	21

附表 13　2016 年 Ei 收录科技论文数居前 50 位的中国高等院校

排名	高等院校	论文篇数	排名	高等院校	论文篇数
1	清华大学	5160	26	南京航空航天大学	1976
2	哈尔滨工业大学	4165	27	东北大学	1963
3	浙江大学	4090	28	电子科技大学	1863
4	天津大学	3617	29	湖南大学	1839
5	上海交通大学	3521	30	西安电子科技大学	1769
6	西安交通大学	3325	31	南京理工大学	1697
7	华中科技大学	2984	32	北京交通大学	1640
8	北京航空航天大学	2943	33	南京大学	1588
9	华南理工大学	2720	34	中国地质大学	1549
10	中南大学	2710	35	国防科学技术大学	1535
11	同济大学	2672	36	江苏大学	1451
12	东南大学	2644	37	华北电力大学	1440
13	大连理工大学	2596	38	华东理工大学	1433
14	吉林大学	2585	39	西南交通大学	1425
15	西北工业大学	2578	40	上海大学	1343
16	重庆大学	2442	41	江南大学	1249
17	四川大学	2408	42	复旦大学	1236
18	北京理工大学	2392	42	苏州大学	1236
19	北京科技大学	2388	44	北京工业大学	1220
20	武汉大学	2372	45	武汉理工大学	1213
21	中国石油大学	2259	46	哈尔滨工程大学	1190
22	中国科学技术大学	2195	47	厦门大学	1182
23	山东大学	2126	48	北京化工大学	1169
24	中国矿业大学	2055	49	北京邮电大学	1101
25	北京大学	1984	50	合肥工业大学	1077

附录 14　2016 年 Ei 收录的中国科技论文数居前 50 位的中国研究机构

排名	研究机构	论文篇数	排名	研究机构	论文篇数
1	中国工程物理研究院	780	10	中国科学院生态环境研究中心	370
2	中国科学院合肥物质科学研究院	700	11	中国科学院上海光学精密机械研究所	359
3	中国科学院化学研究所	591	11	中国科学院兰州化学物理研究所	359
4	中国科学院长春应用化学研究所	542	13	中国科学院南海海洋研究所	356
5	中国科学院长春光学精密机械与物理研究所	488	14	中国科学院上海硅酸盐研究所	332
6	中国科学院自动化研究所	474	15	中国科学院物理研究所	324
7	中国科学院大连化学物理研究所	454	16	中国科学院理化技术研究所	309
8	中国科学院金属研究所	402	17	中国科学院半导体研究所	288
9	中国科学院过程工程研究所	371	18	中国农业科学院作物科学研究所	282

续表

排名	研究机构	论文篇数	排名	研究机构	论文篇数
19	中国科学院地质与地球物理研究所	270	35	中国科学院工程热物理研究所	162
20	中国科学院宁波工业技术研究院	255	36	中国科学院电子学研究所	161
21	中国科学院海西研究院	240	37	中国科学院上海有机化学研究所	157
22	中国地质科学院地质力学研究所	228	38	中国科学院深圳先进技术研究院	154
23	中国科学院遥感与数字地球研究所	226	39	中国科学院沈阳自动化研究所	146
24	中国科学院地理科学与资源研究所	223	40	中国科学院南京地理与湖泊研究所	140
25	中国林业科学研究院	215	41	中国科学院高能物理研究所	137
26	中国科学院武汉岩土力学研究所	209	41	中国环境科学研究院	137
27	中国科学院广州能源研究所	198	43	中国科学院电工研究所	134
28	中国科学院上海微系统与信息技术研究所	189	44	中国科学院大气物理研究所	132
29	中国科学院西安光学精密机械研究所	184	45	中国科学院青岛生物能源与过程研究所	125
30	中国科学院山西煤炭化学研究所	183	46	中国科学院苏州纳米技术与纳米仿生研究所	122
31	中国科学院力学研究所	180	47	中国科学院计算技术研究所	121
32	国家纳米科学中心	177	48	中国科学院声学研究所	119
33	中国科学院上海应用物理研究所	168	49	中国科学院北京纳米能源与系统研究所	115
33	中国科学院寒区旱区环境与工程研究所	168	50	西北核技术研究所	114

附表 15 1999—2016 年 SCIE 收录的中国科技论文在国内外科技期刊上发表的比例

年度	论文总篇数	在中国期刊上发表		在非中国期刊上发表	
		论文篇数	所占比例	论文篇数	所占比例
1999	19936	7647	38.40%	12289	61.60%
2000	22608	9208	40.70%	13400	59.30%
2001	25889	9580	37.00%	16309	63.00%
2002	31572	11425	36.20%	20147	63.80%
2003	38092	12441	32.70%	25651	67.30%
2004	45351	13498	29.80%	31853	70.20%
2005	62849	16669	26.50%	46180	73.50%
2006	71184	16856	23.70%	54328	76.30%
2007	79669	18410	23.10%	61259	76.90%
2008	92337	20804	22.50%	71533	77.50%
2009	108806	22229	20.40%	86577	79.60%
2010	121026	25934	21.40%	95092	78.60%
2011	136445	22988	16.80%	113457	83.20%
2012	158615	22903	14.40%	135712	85.60%
2013	204061	23271	11.40%	180790	88.60%
2014	235139	22805	9.70%	212334	90.30%
2015	265469	22324	8.40%	243145	91.60%
2016	290647	21789	7.50%	268858	92.50%

附表 16　1993—2016 年 Ei 收录的中国科技论文在国内外科技期刊上发表的比例

年度	论文总篇数	在中国期刊上发表		在非中国期刊上发表	
		论文篇数	所占比例	论文篇数	所占比例
1993	4970	3275	65.90%	1695	34.10%
1994	8006	5623	70.20%	2383	29.77%
1995	6791	3038	44.74%	3753	55.26%
1996	8035	4997	62.19%	3038	37.81%
1997	9834	5121	52.07%	4713	47.93%
1998	8220	4160	50.61%	4060	49.39%
1999	13155	8324	63.28%	4831	36.72%
2000	13991	8293	59.27%	5698	40.73%
2001	15605	9055	58.03%	6550	41.97%
2002	19268	12810	66.48%	6458	33.52%
2003	26857	13528	50.37%	13329	49.63%
2004	32881	17442	53.05%	15439	46.95%
2005	60301	35262	58.48%	25039	41.52%
2006	65041	33454	51.44%	31587	48.56%
2007	75568	40656	53.80%	34912	46.20%
2008	85381	45686	53.51%	39695	46.49%
2009	98115	46415	47.31%	51700	52.69%
2010	119374	56578	47.40%	62796	52.60%
2011	116343	54602	46.93%	61741	53.07%
2012	116429	51146	43.93%	65283	56.07%
2013	163688	49912	30.49%	113776	69.51%
2014	172569	54727	31.71%	117842	68.29%
2015	217313	62532	28.78%	154781	71.22%
2016	213385	55263	25.90%	158122	74.10%

附表 17　2007—2016 年 Medline 收录的中国科技论文在国内外科技期刊上发表的比例

年度	论文总篇数	在中国期刊上发表		在非中国期刊上发表	
		论文篇数	所占比例	论文篇数	所占比例
2007	33116	14476	43.71%	18640	56.29%
2008	41460	15400	37.14%	26060	62.86%
2009	47581	15216	31.98%	32365	68.02%
2010	56194	15468	27.53%	40726	72.47%
2011	64983	15812	24.33%	49171	75.67%
2012	77427	16292	21.04%	61135	78.96%
2013	90021	15468	17.18%	74553	82.82%
2014	104444	15022	14.38%	89422	85.62%
2015	117086	16383	13.99%	100703	86.01%
2016	128163	12847	10.02%	115316	89.98%

数据来源：Medline 2007—2016。

附表 18 2016 年 Ei 收录的中国台湾地区和香港特区的论文按学科分布情况

学科	中国台湾地区			中国香港特区		
	论文篇数	所占比例	学科排名	论文篇数	所占比例	学科排名
数学	173	1.68%	17	114	3.75%	10
力学	199	1.94%	16	44	1.45%	18
信息、系统科学	42	0.41%	23	12	0.40%	23
物理学	557	5.42%	8	167	5.50%	9
化学	262	2.55%	13	83	2.73%	14
天文学	10	0.10%	28	3	0.10%	27
地学	593	5.77%	7	170	5.60%	8
生物学	1200	11.68%	2	323	10.64%	2
基础医学	34	0.33%	24	5	0.16%	26
农学	1	0.01%	32	1	0.03%	30
测绘科学技术	119	1.16%	18	70	2.30%	16
材料科学	1367	13.31%	1	288	9.48%	3
工程与技术基础学科	68	0.66%	20	16	0.53%	22
矿山工程技术	14	0.14%	27	2	0.07%	28
能源科学技术	480	4.67%	10	173	5.70%	7
冶金、金属学	361	3.51%	11	84	2.77%	13
机械、仪表	500	4.87%	9	105	3.46%	12
动力与电气	710	6.91%	5	181	5.96%	6
核科学技术	4	0.04%	30	1	0.03%	30
电子、通信与自动控制	1070	10.42%	3	286	9.42%	4
计算技术	868	8.45%	4	198	6.52%	5
化工	17	0.17%	26	2	0.07%	28
轻工、纺织	49	0.48%	22	20	0.66%	21
食品	2	0.02%	31	0	0.00%	
土木建筑	606	5.90%	6	360	11.85%	1
水利	116	1.13%	19	28	0.92%	19
交通运输	221	2.15%	15	80	2.63%	15
航空航天	62	0.60%	21	24	0.79%	20
安全科学技术	6	0.06%	29	11	0.36%	24
环境科学	309	3.01%	12	110	3.62%	11
管理学	233	2.27%	14	67	2.21%	17
其他	20	0.19%	25	9	0.30%	25
总计	10273	100.00%		3037	100.00%	

附表19　2007—2016年SCI网络版收录的中国科技论文在2016年被引情况按学科分布

学科	未被引论文篇数	被引论文篇数	被引次数	总论文篇数	平均被引次数	论文未被引率
数学	25705	61019	455902	86724	5.26	29.64%
力学	2898	11689	100755	14587	6.91	19.87%
信息、系统科学	1784	4837	53735	6621	8.12	26.94%
物理学	44934	163239	1624315	208173	7.80	21.58%
化学	48017	295385	5235373	343402	15.25	13.98%
天文学	1699	11420	157808	13119	12.03	12.95%
地学	12896	49951	601650	62847	9.57	20.52%
生物学	39234	167142	2155470	206376	10.44	19.01%
预防医学与卫生学	4586	12621	132612	17207	7.71	26.65%
基础医学	29092	73169	865668	102261	8.47	28.45%
药物学	9563	34404	378281	43967	8.60	21.75%
临床医学	64061	132374	1403242	196435	7.14	32.61%
中医学	1832	4095	23842	5927	4.02	30.91%
军事医学与特种医学	542	1610	16990	2152	7.89	25.19%
农学	4550	19250	245458	23800	10.31	19.12%
林学	733	2161	18583	2894	6.42	25.33%
畜牧、兽医	2256	4611	27303	6867	3.98	32.85%
水产学	1299	5513	56578	6812	8.31	19.07%
测绘科学技术	1	16	136	17	8.00	5.88%
材料科学	24700	114263	1475518	138963	10.62	17.77%
工程与技术基础学科	4653	8171	103692	12824	8.09	36.28%
矿山工程技术	420	1533	12733	1953	6.52	21.51%
能源科学技术	4416	23965	357772	28381	12.61	15.56%
冶金、金属学	5421	13897	79573	19318	4.12	28.06%
机械、仪表	6250	17904	163472	24154	6.77	25.88%
动力与电气	427	2583	26397	3010	8.77	14.19%
核科学技术	1927	3617	23562	5544	4.25	34.76%
电子、通信与自动控制	17068	51256	573343	68324	8.39	24.98%
计算技术	14902	42515	487048	57417	8.48	25.95%
化工	3091	22037	312458	25128	12.43	12.30%
轻工、纺织	4	25	121	29	4.17	13.79%
食品	1762	11797	129810	13559	9.57	13.00%

续表

学科	未被引论文篇数	被引论文篇数	被引次数	总论文篇数	平均被引次数	论文未被引率
土木建筑	2654	9474	91415	12128	7.54	21.88%
水利	1732	5118	44223	6850	6.46	25.28%
交通运输	832	2298	18641	3130	5.96	26.58%
航空航天	1229	3105	19962	4334	4.61	28.36%
安全科学技术	75	386	3277	461	7.11	16.27%
环境科学	7257	41677	666017	48934	13.61	14.83%
管理学	1117	4197	45953	5314	8.65	21.02%
其他	43	112	2207	155	14.24	27.74%

数据来源：2007—2016 年 SCI 网络版。

附表 20　2007—2016 年 SCI 网络版收录的中国科技论文在 2016 年被引情况按地区分布

地区	未被引论文篇数	被引论文篇数	被引次数	总论文篇数	平均被引次数	论文未被引率
北京	64707	248395	3418365	313102	10.92	20.67%
天津	10178	39127	518577	49305	10.52	20.64%
河北	5895	14730	128731	20625	6.24	28.58%
山西	3876	11099	101923	14975	6.81	25.88%
内蒙古	1427	3232	22861	4659	4.91	30.63%
辽宁	13980	52913	688326	66893	10.29	20.90%
吉林	9388	37054	581886	46442	12.53	20.21%
黑龙江	9561	35533	416499	45094	9.24	21.20%
上海	33230	137909	1958373	171139	11.44	19.42%
江苏	35666	131560	1594668	167226	9.54	21.33%
浙江	19238	73339	904636	92577	9.77	20.78%
安徽	9499	37577	535708	47076	11.38	20.18%
福建	6514	27241	396207	33755	11.74	19.30%
江西	4411	11159	106743	15570	6.86	28.33%
山东	18392	62816	667096	81208	8.21	22.65%
河南	9310	23851	210574	33161	6.35	28.08%
湖北	17703	69736	893506	87439	10.22	20.25%

续表

地区	未被引论文篇数	被引论文篇数	被引次数	总论文篇数	平均被引次数	论文未被引率
湖南	12069	43543	478506	55612	8.60	21.70%
广东	22080	76044	954160	98124	9.72	22.50%
广西	3145	8665	73634	11810	6.23	26.63%
海南	982	1972	13414	2954	4.54	33.24%
重庆	8527	26632	271967	35159	7.74	24.25%
四川	17239	51911	506269	69150	7.32	24.93%
贵州	1607	3695	33810	5302	6.38	30.31%
云南	3912	13073	125250	16985	7.37	23.03%
西藏	44	54	422	98	4.31	44.90%
陕西	19027	63081	620565	82108	7.56	23.17%
甘肃	4898	22484	297432	27382	10.86	17.89%
青海	348	846	6795	1194	5.69	29.15%
宁夏	412	896	5582	1308	4.27	31.50%
新疆	2330	5247	42749	7577	5.64	30.75%

数据来源：2007—2016年SCI网络版。

附表21 2007—2016年SCI网络版收录的中国科技论文累计被引篇数居前50位的高等院校

排名	高等院校	被引篇数	被引次数	排名	高等院校	被引篇数	被引次数
1	浙江大学	33197	496683	14	天津大学	14168	168388
2	清华大学	29799	507907	15	大连理工大学	14166	194495
3	上海交通大学	22475	306129	16	中山大学	13899	226852
4	北京大学	21832	390177	17	中南大学	11966	130336
5	哈尔滨工业大学	18906	238130	18	华南理工大学	11949	175900
6	复旦大学	16904	324137	19	武汉大学	11841	189028
7	中国科学技术大学	16734	296876	20	东南大学	11769	157866
8	吉林大学	16491	219042	21	南开大学	10862	210464
9	南京大学	16465	281386	22	北京航空航天大学	10621	102855
10	华中科技大学	15504	200558	23	兰州大学	10191	152561
11	山东大学	15344	204629	24	华东理工大学	10181	164257
12	西安交通大学	14744	163292	25	同济大学	10113	121045
13	四川大学	14614	173360	26	中国农业大学	9811	124281

续表

排名	高等院校	被引篇数	被引次数	排名	高等院校	被引篇数	被引次数
27	厦门大学	9491	150840	39	江南大学	6643	80693
28	苏州大学	8958	143677	40	华东师范大学	6560	89290
29	电子科技大学	8727	80350	41	东北大学	6409	64028
30	西北工业大学	8682	76827	42	西北农林科技大学	6218	57403
31	重庆大学	8451	79341	43	西安电子科技大学	6086	54449
32	北京师范大学	8342	103728	44	南京航空航天大学	5879	69763
33	北京科技大学	8028	81639	45	南京理工大学	5873	68503
34	湖南大学	7976	126366	46	国防科学技术大学	5823	46895
35	北京理工大学	7968	91087	47	中国地质大学	5792	68723
36	北京化工大学	7254	107943	48	华中农业大学	5779	70959
37	上海大学	7038	85800	49	中国海洋大学	5646	60655
38	南京农业大学	6660	82829	50	西南大学	5585	65892

附表 22　2007—2016 年 SCI 网络版收录的中国科技论文累计被引篇数居前 50 位的研究机构

排名	研究机构	被引篇数	被引次数
1	中国科学院长春应用化学研究所	6587	203935
2	中国科学院化学研究所	6563	200912
3	中国科学院大连化学物理研究所	4781	120205
4	中国科学院物理研究所	4392	101460
5	中国科学院合肥物质科学研究院	3971	61708
6	中国科学院金属研究所	3847	91852
7	中国科学院生态环境研究中心	3622	72829
8	中国科学院上海硅酸盐研究所	3467	76741
9	中国科学院上海生命科学研究院	3342	78523
10	中国科学院海西研究院	3034	66507
11	中国科学院兰州化学物理研究所	2960	57641
12	中国科学院地质与地球物理研究所	2696	48307
13	中国科学院上海有机化学研究所	2580	74634
14	中国科学院海洋研究所	2419	30364
15	中国科学院过程工程研究所	2408	40545
16	中国科学院半导体研究所	2334	24268
17	中国科学院上海光学精密机械研究所	2255	21336

续表

排名	研究机构	被引篇数	被引次数
18	中国科学院理化技术研究所	2198	43576
19	中国科学院动物研究所	2102	28390
20	中国科学院大气物理研究所	2097	28650
21	中国科学院大学	2065	25217
22	中国科学院广州地球化学研究所	2056	43927
23	中国科学院高能物理研究所	2055	30929
24	中国科学院上海药物研究所	1973	31900
25	中国科学院植物研究所	1922	33768
26	中国科学院昆明植物研究所	1921	21493
27	中国疾病预防控制中心	1745	29454
28	中国科学院水生生物研究所	1652	20910
29	中国科学院数学与系统科学研究院	1606	23684
30	中国科学院微生物研究所	1543	22096
31	中国科学院寒区旱区环境与工程研究所	1542	17715
32	中国科学院南海海洋研究所	1485	14916
33	中国科学院长春光学精密机械与物理研究所	1423	20769
34	中国科学院宁波工业技术研究院	1353	19512
35	中国科学院南京土壤研究所	1321	20466
36	中国科学院上海应用物理研究所	1289	23268
37	中国科学院上海微系统与信息技术研究所	1286	13026
38	中国水产科学研究院	1280	10240
39	中国科学院国家天文台	1276	15326
40	中国科学院山西煤炭化学研究所	1263	19756
41	中国工程物理研究院	1244	7039
42	中国科学院生物物理研究所	1203	21814
43	中国科学院力学研究所	1165	12061
44	中国医学科学院药物研究所	1142	12182
45	中国林业科学研究院	1125	8976
46	中国科学院遗传与发育生物学研究所	1100	27897
46	中国科学院自动化研究所	1100	21319
48	中国科学院沈阳应用生态研究所	1098	14060
49	中国科学院华南植物园	1084	12610
50	国家纳米科学中心	1054	31741

数据来源：2007—2016年SCI网络版。

附表 23　2016 年 CSTPCD 收录的中国科技论文按学科分布

学科	论文篇数	所占比例	排名
数学	5664	1.15%	24
力学	1886	0.38%	34
信息、系统科学	332	0.07%	39
物理学	5460	1.10%	25
化学	9823	1.99%	18
天文学	525	0.11%	38
地学	14068	2.85%	11
生物学	14217	2.88%	10
预防医学与卫生学	16100	3.26%	8
基础医学	17311	3.50%	7
药物学	13361	2.70%	12
临床医学	136606	27.64%	1
中医学	21727	4.40%	4
军事医学与特种医学	2524	0.51%	32
农学	21203	4.29%	5
林学	3663	0.74%	28
畜牧、兽医	6391	1.29%	21
水产学	1869	0.38%	35
测绘科学技术	3077	0.62%	31
材料科学	5934	1.20%	23
工程与技术基础学科	3259	0.66%	30
矿山工程技术	6781	1.37%	20
能源科学技术	5985	1.21%	22
冶金、金属学	13269	2.68%	13
机械、仪表	10847	2.19%	16
动力与电气	3800	0.77%	27
核科学技术	1133	0.23%	36
电子、通信与自动控制	25108	5.08%	3
计算技术	29799	6.03%	2
化工	12528	2.53%	14
轻工、纺织	2308	0.47%	33
食品	9631	1.95%	19
土木建筑	11860	2.40%	15
水利	3440	0.70%	29
交通运输	10153	2.05%	17
航空航天	5367	1.09%	26
安全科学技术	233	0.05%	40
环境科学	14922	3.02%	9
管理学	940	0.19%	37
其他	21103	4.27%	6
合计	494207	100.00%	

附表24　2016年CSTPCD收录的中国科技论文按地区分布

地区	论文篇数	所占比例	排名
北京	66620	13.48%	1
天津	13296	2.69%	14
河北	18476	3.74%	11
山西	7933	1.61%	24
内蒙古	4918	1.00%	27
辽宁	19955	4.04%	9
吉林	8520	1.72%	20
黑龙江	11486	2.32%	17
上海	29534	5.98%	3
江苏	44201	8.94%	2
浙江	19445	3.93%	10
安徽	12447	2.52%	15
福建	8745	1.77%	18
江西	6817	1.38%	25
山东	22045	4.46%	8
河南	17945	3.63%	12
湖北	25956	5.25%	6
湖南	14036	2.84%	13
广东	28382	5.74%	5
广西	8416	1.70%	21
海南	3426	0.69%	28
重庆	12081	2.44%	16
四川	23388	4.73%	7
贵州	6377	1.29%	26
云南	8015	1.62%	23
西藏	303	0.06%	32
陕西	29390	5.95%	4
甘肃	8120	1.64%	22
青海	1463	0.30%	31
宁夏	2124	0.43%	29
新疆	8698	1.76%	19
不详	1649	0.33%	
总计	494207	100.00%	

附表 25 2016 年 CSTPCD 收录的中国科技论文分学科按地区分布

学科	北京	天津	河北	山西	内蒙古	辽宁	吉林	黑龙江	上海
数学	463	141	167	156	124	170	125	124	240
力学	314	48	35	39	16	118	9	60	180
信息、系统科学	44	9	12	2	7	27	3	9	28
物理学	938	127	119	168	63	130	229	122	416
化学	1061	347	207	257	94	500	393	229	609
天文学	146	4	3	2	1	6	3	4	47
地学	3058	367	431	126	102	330	383	187	311
生物学	1718	364	286	252	282	432	263	454	853
预防医学与卫生学	2727	395	620	212	98	393	133	228	1211
基础医学	2030	475	753	219	190	543	272	348	1110
药物学	1867	358	536	158	93	714	204	215	857
临床医学	16289	3029	8144	1483	1216	4931	1729	2281	9286
中医学	3212	783	952	161	167	851	453	769	1087
军事医学与特种医学	497	79	133	12	27	64	20	28	283
农学	1851	164	554	686	356	689	482	729	330
林学	581	9	57	41	43	69	45	333	27
畜牧、兽医	647	44	182	107	215	172	372	266	133
水产学	56	32	24	6	3	87	17	35	365
测绘科学技术	391	89	29	21	10	116	17	21	71
材料科学	616	195	121	129	129	427	44	144	374
工程与技术基础学科	432	74	86	84	19	180	56	100	268
矿山工程技术	1143	16	265	418	127	497	57	80	58
能源科学技术	1544	338	225	15	8	264	28	418	98
冶金、金属学	1627	277	715	352	213	1152	181	336	678
机械、仪表	1086	279	391	417	92	628	265	205	553
动力与电气	667	172	103	77	57	179	116	142	344
核科学技术	346	8	6	20	1	16	5	25	178
电子、通信与自动控制	3668	835	788	354	156	702	585	508	1462
计算技术	3642	830	724	603	224	1459	596	774	1728
化工	1492	550	336	363	145	763	225	366	871
轻工、纺织	127	105	37	15	22	59	12	39	196
食品	800	310	202	182	118	396	289	430	399
土木建筑	1574	451	231	128	106	464	64	271	1266
水利	401	121	36	46	26	130	32	23	103
交通运输	1251	411	159	93	43	467	232	222	1052
航空航天	1572	171	50	22	7	281	79	205	287
安全科学技术	39	4	8	4	3	9	5	6	6
环境科学	2421	608	393	260	157	693	191	333	799
管理学	113	42	6	10	1	71	11	22	95
其他	4169	635	350	233	157	776	295	395	1275
总计	66620	13296	18476	7933	4918	19955	8520	11486	29534

续表

学科	江苏	浙江	安徽	福建	江西	山东	河南	湖北
数学	368	201	233	199	144	218	321	235
力学	228	58	65	18	17	39	31	108
信息、系统科学	30	7	6	8	4	11	23	20
物理学	430	166	254	86	66	164	156	218
化学	776	484	285	226	210	501	415	363
天文学	75	8	12	2	2	27	5	18
地学	1171	277	281	230	164	1254	294	760
生物学	1041	684	290	393	203	673	432	578
预防医学与卫生学	1181	837	380	299	175	768	420	820
基础医学	1229	789	469	407	238	786	633	863
药物学	1195	821	369	254	173	641	388	806
临床医学	11548	6443	3861	2274	1235	5777	4088	8353
中医学	1832	830	413	299	286	1138	801	1020
军事医学与特种医学	191	96	51	33	16	140	69	116
农学	1702	660	310	598	357	1235	1191	809
林学	198	195	28	165	72	70	87	39
畜牧、兽医	571	167	106	129	78	366	332	149
水产学	114	119	17	59	23	291	27	115
测绘科学技术	232	59	39	40	56	120	365	627
材料科学	452	169	120	95	212	226	229	253
工程与技术基础学科	307	145	94	42	66	114	102	163
矿山工程技术	561	29	268	64	189	372	642	196
能源科学技术	174	53	11	10	7	706	164	351
冶金、金属学	1026	282	278	118	448	504	567	559
机械、仪表	1373	438	322	129	178	443	511	508
动力与电气	335	177	88	23	39	135	108	191
核科学技术	26	16	63	8	18	10	6	39
电子、通信与自动控制	2662	838	842	343	273	739	1029	1320
计算技术	3452	1000	1051	587	484	992	1400	1379
化工	1167	510	265	151	247	718	456	537
轻工、纺织	407	203	35	60	20	101	167	55
食品	933	471	185	242	192	481	544	357
土木建筑	1263	490	202	256	127	387	350	674
水利	582	118	39	22	59	69	200	440
交通运输	933	225	164	145	115	309	196	937
航空航天	677	33	39	22	51	112	71	55
安全科学技术	17	8	2	3	1	4	10	15
环境科学	1704	551	402	308	248	643	383	604
管理学	95	21	40	29	11	30	13	85
其他	1943	767	468	369	313	731	719	1221
总计	44201	19445	12447	8745	6817	22045	17945	25956

续表

学科	湖南	广东	广西	海南	重庆	四川	贵州	云南
数学	123	213	123	36	205	234	144	96
力学	81	36	10	1	40	122	5	13
信息、系统科学	10	10	1		7	15	1	7
物理学	138	194	46	5	104	341	47	28
化学	243	484	194	63	157	446	178	226
天文学	4	9	5	2	5	14	11	44
地学	228	513	171	47	135	796	201	255
生物学	386	838	309	218	346	573	345	476
预防医学与卫生学	345	1278	337	125	501	750	235	290
基础医学	493	1553	326	126	655	676	352	367
药物学	282	735	233	102	304	655	204	134
临床医学	2785	10777	2872	1382	3621	7212	1665	1764
中医学	845	1590	444	144	280	1073	330	285
军事医学与特种医学	29	163	40	13	53	133	15	40
农学	673	668	527	459	359	739	654	727
林学	217	151	184	114	34	86	91	343
畜牧、兽医	140	242	160	53	106	343	135	116
水产学	24	237	39	25	41	24	32	12
测绘科学技术	124	140	36	7	50	124	9	49
材料科学	222	245	75	24	121	307	61	171
工程与技术基础学科	127	135	23	6	63	134	20	49
矿山工程技术	321	63	66	3	288	125	105	215
能源科学技术	13	151	14	10	70	583	18	16
冶金、金属学	685	380	155	6	317	577	131	375
机械、仪表	298	317	125	8	307	605	81	77
动力与电气	105	157	27	5	61	83	11	51
核科学技术	30	44	1	2	7	178	1	2
电子、通信与自动控制	830	1321	332	32	713	1349	155	221
计算技术	998	1114	486	59	726	1228	195	373
化工	341	583	173	54	139	461	180	196
轻工、纺织	69	106	27	2	35	78	12	73
食品	291	736	171	106	254	410	197	174
土木建筑	460	658	172	31	364	400	100	105
水利	55	84	26	3	61	208	22	88
交通运输	646	398	70	8	400	640	62	68
航空航天	209	24	4	1	12	250	5	5
安全科学技术	8	5	4		5	16	5	7
环境科学	492	794	227	62	409	624	171	223
管理学	32	61	9	3	17	32	6	8
其他	634	1175	172	79	709	744	185	246
总计	14036	28382	8416	3426	12081	23388	6377	8015

续表

学科	西藏	陕西	甘肃	青海	宁夏	新疆	不详	合计
数学		466	212	10	58	106	9	5664
力学		133	40	2	13	2	5	1886
信息、系统科学		21	4		5	1		332
物理学		430	119	6	5	42	103	5460
化学	7	462	162	50	50	124	20	9823
天文学		41	11	1		10	3	525
地学	23	846	470	129	35	445	48	14068
生物学	27	590	366	61	70	360	54	14217
预防医学与卫生学	28	454	211	53	131	444	21	16100
基础医学	13	645	225	67	93	331	35	17311
药物学	6	519	156	53	54	220	55	13361
临床医学	44	7005	1523	478	609	2553	349	136606
中医学	12	664	478	60	109	334	25	21727
军事医学与特种医学		92	33	6	10	36	6	2524
农学	58	1418	749	86	258	1107	18	21203
林学	16	166	77	10	17	84	14	3663
畜牧、兽医	16	231	308	65	55	379	6	6391
水产学	1	14	8	1		20	1	1869
测绘科学技术		157	38	5	3	31	1	3077
材料科学		481	98	22	30	30	112	5934
工程与技术基础学科		277	69	3	3	17	1	3259
矿山工程技术	5	461	55	17	18	54	3	6781
能源科学技术		395	76	2	2	205	16	5985
冶金、金属学	1	935	243	20	58	52	21	13269
机械、仪表		907	183	8	20	86	7	10847
动力与电气		261	48	3	4	30	1	3800
核科学技术		42	26	1	1	7		1133
电子、通信与自动控制	5	2501	262	26	53	179	25	25108
计算技术	7	2777	520	43	67	257	24	29799
化工	1	786	200	46	58	134	14	12528
轻工、纺织		171	8	11	3	52	1	2308
食品	5	318	145	18	66	208	1	9631
土木建筑	1	864	239	14	27	83	38	11860
水利	6	197	42	11	20	116	54	3440
交通运输	1	676	163	7	10	33	17	10153
航空航天	1	1058	44	1	2	2	15	5367
安全科学技术		31	4	2		2		233
环境科学	10	745	217	35	39	161	15	14922
管理学		63	6			6	2	940
其他	9	1090	282	30	68	355	509	21103
总计	303	29390	8120	1463	2124	8698	1649	494207

附表 26　2016 年 CSTPCD 收录的中国科技论文篇数分地区按机构分布

地区	论文篇数					
	高等院校	研究机构	医疗机构[①]	企业	其他	合计
北京	33834	16863	9436	3456	3031	66620
天津	9173	1181	1442	491	1009	13296
河北	8970	1057	6817	724	908	18476
山西	5667	838	794	198	436	7933
内蒙古	3673	294	512	184	255	4918
辽宁	15036	1450	1894	751	824	19955
吉林	6722	1122	321	160	195	8520
黑龙江	9944	791	302	179	270	11486
上海	21788	3004	2066	1138	1538	29534
江苏	31876	3469	6020	1128	1708	44201
浙江	10550	1929	5098	905	963	19445
安徽	9252	789	1665	258	483	12447
福建	5853	893	1324	379	296	8745
江西	5324	508	569	199	217	6817
山东	13296	2626	3915	963	1245	22045
河南	11935	1691	2352	644	1323	17945
湖北	17245	1948	5164	746	853	25956
湖南	10909	810	1358	344	615	14036
广东	15557	2972	6485	1556	1812	28382
广西	5004	1081	1699	403	229	8416
海南	1224	606	1393	152	51	3426
重庆	8998	723	1511	315	534	12081
四川	14632	2583	4542	680	951	23388
贵州	4405	738	632	317	285	6377
云南	5044	1261	867	380	463	8015
西藏	152	53	48	42	8	303
陕西	20731	2187	4307	780	1385	29390
甘肃	4986	1307	1175	340	312	8120
青海	575	294	383	151	60	1463
宁夏	1442	212	226	97	147	2124
新疆	5778	1137	1093	387	303	8698
不详	72	30	3	1538	6	1649
总计	319647	56447	75413	19985	22715	494207

数据来源：CSTPCD 2016。

①此处医院的数据不包括高等院校所属医院数据。

附表 27 2016 年 CSTPCD 收录的中国科技论文篇数分学科按机构分布

学科	论文篇数					
	高等院校	研究机构	医疗机构[①]	企业	其他	合计
数学	5450	133	2	22	57	5664
力学	1618	198	2	31	37	1886
信息、系统科学	302	24		4	2	332
物理学	4252	1007	6	48	147	5460
化学	7405	1476	31	327	584	9823
天文学	250	237			38	525
地学	6989	3920	6	590	2563	14068
生物学	10469	2929	274	162	383	14217
预防医学与卫生学	7368	3790	3395	111	1436	16100
基础医学	11308	1377	3893	178	555	17311
药物学	7496	1139	3598	335	793	13361
临床医学	73523	3136	57136	175	2636	136606
中医学	14816	1187	4954	298	472	21727
军事医学与特种医学	1199	195	985	14	131	2524
农学	12096	6869	11	551	1676	21203
林学	2400	947	2	22	292	3663
畜牧、兽医	4357	1486	15	194	339	6391
水产学	1143	644	10	24	48	1869
测绘科学技术	2013	541		151	372	3077
材料科学	4772	612	3	352	195	5934
工程与技术基础学科	2587	452	5	163	52	3259
矿山工程技术	3962	573	1	2084	161	6781
能源科学技术	2982	1483	1	1445	74	5985
冶金、金属学	9478	1439	3	2171	178	13269
机械、仪表	8351	1276	47	859	314	10847
动力与电气	2951	407		388	54	3800
核科学技术	422	500	12	137	62	1133
电子、通信与自动控制	18332	3653	44	2411	668	25108
计算技术	25392	2631	92	997	687	29799
化工	8599	1515	33	2066	315	12528
轻工、纺织	1607	218	2	393	88	2308
食品	7071	1431	9	568	552	9631
土木建筑	8831	1252	3	1454	320	11860
水利	2109	654		393	284	3440
交通运输	6821	919		2016	397	10153
航空航天	3298	1513	2	265	289	5367

续表

学科	论文篇数					
	高等院校	研究机构	医疗机构[①]	企业	其他	合计
安全科学技术	165	27		3	38	233
环境科学	10369	2388	8	885	1272	14922
管理学	870	23	28	4	15	940
其他	16224	2246	800	424	1409	21103
总计	319647	56447	75413	22715	19985	494207

数据来源：CSTPCD 2016。

①此处医院的数据不包括高等院校所属医院数据。

附表 28　2016 年 CSTPCD 收录各学科科技论文的引用文献情况

学科	论文篇数	参考文献篇数（A）	均篇参考文献篇数	中文引文篇数（B）	B/A	外文引文数(C)	C/A
数学	5664	85312	15.06	21643	0.25	63669	0.75
力学	1886	36181	19.18	11227	0.31	24954	0.69
信息、系统科学	332	5839	17.59	2105	0.36	3734	0.64
物理学	5460	131522	24.09	13425	0.10	118097	0.90
化学	9823	248131	25.26	38261	0.15	209870	0.85
天文学	525	19741	37.60	2478	0.13	17263	0.87
地学	14068	443006	31.49	212198	0.48	230808	0.52
生物学	14217	422753	29.74	114819	0.27	307934	0.73
预防医学与卫生学	16100	209575	13.02	134413	0.64	75162	0.36
基础医学	17311	335259	19.37	94808	0.28	240451	0.72
药物学	13361	219492	16.43	90023	0.41	129469	0.59
临床医学	136606	2209299	16.17	815761	0.37	1393538	0.63
中医学	21727	334175	15.38	229528	0.69	104647	0.31
军事医学与特种医学	2524	37353	14.80	16033	0.43	21320	0.57
农学	21203	470932	22.21	289790	0.62	181142	0.38
林学	3663	89926	24.55	53905	0.60	36021	0.40
畜牧、兽医	6391	130288	20.39	57935	0.44	72353	0.56
水产学	1869	50932	27.25	25495	0.50	25437	0.50
测绘科学技术	3077	46365	15.07	28167	0.61	18198	0.39
材料科学	5934	128108	21.59	35683	0.28	92425	0.72
工程与技术基础学科	3259	52343	16.06	21338	0.41	31005	0.59
矿山工程技术	6781	82515	12.17	67976	0.82	14539	0.18

续表

学科	论文篇数	参考文献篇数（A）	均篇参考文献篇数	中文引文篇数（B）	B/A	外文引文数(C)	C/A
能源科学技术	5985	105141	17.57	73553	0.70	31588	0.30
冶金、金属学	13269	176551	13.31	87457	0.50	89094	0.50
机械、仪表	10847	137741	12.70	86166	0.63	51575	0.37
动力与电气	3800	64100	16.87	26610	0.42	37490	0.58
核科学技术	1133	13406	11.83	4742	0.35	8664	0.65
电子、通信与自动控制	25108	381335	15.19	196363	0.51	184972	0.49
计算技术	29799	467262	15.68	190572	0.41	276690	0.59
化工	12528	206697	16.50	94246	0.46	112451	0.54
轻工、纺织	2308	30677	13.29	21033	0.69	9644	0.31
食品	9631	197328	20.49	109582	0.56	87746	0.44
土木建筑	11860	172293	14.53	111333	0.65	60960	0.35
水利	3440	48733	14.17	33082	0.68	15651	0.32
交通运输	10153	129453	12.75	82606	0.64	46847	0.36
航空航天	5367	88835	16.55	37658	0.42	51177	0.58
安全科学技术	233	4661	20.00	3299	0.71	1362	0.29
环境科学	14922	324360	21.74	161996	0.50	162364	0.50
管理学	940	23063	24.54	8580	0.37	14483	0.63
其他	21103	437391	20.73	207966	0.48	229425	0.52

数据来源：CSTPCD 2016。

附表 29　2016 年 CSTPCD 收录科技论文数居前 50 位的高等院校

排名	高等院校	论文篇数	排名	高等院校	论文篇数
1	首都医科大学	5998	12	复旦大学	2730
2	上海交通大学	5738	13	南京医科大学	2557
3	北京大学	4277	14	中国医科大学	2499
4	武汉大学	4102	15	安徽医科大学	2364
5	四川大学	3768	16	西安交通大学	2318
6	中南大学	3119	17	南京大学	2257
7	华中科技大学	3038	18	天津大学	2241
8	吉林大学	3006	19	新疆医科大学	2191
9	同济大学	2921	20	郑州大学	2171
10	中山大学	2876	21	哈尔滨医科大学	2156
11	浙江大学	2875	22	重庆医科大学	2092

续表

排名	高等院校	论文篇数
23	中国石油大学	2090
24	清华大学	2033
25	河海大学	2012
26	江苏大学	1911
27	北京中医药大学	1896
28	南京中医药大学	1879
29	中国矿业大学	1874
30	南京航空航天大学	1811
31	第二军医大学	1721
32	第四军医大学	1703
33	天津医科大学	1681
34	河北医科大学	1673
35	昆明理工大学	1672
36	华南理工大学	1642
37	江南大学	1623
38	西北农林科技大学	1618
39	西南交通大学	1610
40	中国地质大学	1605
41	南昌大学	1586
42	山东大学	1584
43	南方医科大学	1563
44	合肥工业大学	1489
45	第三军医大学	1452
46	哈尔滨工业大学	1431
47	苏州大学	1427
48	华北电力大学	1412
49	北京航空航天大学	1380
49	西北工业大学	1380

附表 30　2016 年 CSTPCD 收录科技论文数居前 50 位的研究机构

排名	研究机构	论文篇数
1	中国中医科学院	1138
2	中国疾病预防控制中心	888
3	中国林业科学研究院	672
4	中国水产科学研究院	665
5	中国农业科学院农业质量标准与检测技术研究所	628
6	中国科学院地理科学与资源研究所	523
7	军事医学科学院	498
8	中国工程物理研究院	492
9	中国热带农业科学院	458
10	江苏省农业科学院	447
11	中国科学院长春光学精密机械与物理研究所	412
12	山西省农业科学院	343
13	中国食品药品检定研究院	320
14	山东省农业科学院	316
15	福建省农业科学院	307
16	中国医学科学院肿瘤研究所	288
17	中国地质科学院	261
18	中国环境科学研究院	239
19	广东省疾病预防控制中心	230
20	云南省农业科学院	229
21	湖北省农业科学院	227
22	广西农业科学院	222
23	北京市疾病预防控制中心	208
24	中国科学院生态环境研究中心	204
25	中国科学院海洋研究所	201
26	中国水利水电科学研究院	200
27	河南省农业科学院	194
28	中国科学院地质与地球物理研究所	193
28	中国科学院寒区旱区环境与工程研究所	193
30	广东省农业科学院	186
31	中国科学院西安光学精密机械研究所	182
32	南京水利科学研究院	173
33	中国科学院新疆生态与地理研究所	166
34	上海市农业科学院	162
35	四川省农业科学院	160
36	新疆农业科学院	159
37	中国空气动力研究与发展中心	158
38	首都儿科研究所	151

续表

排名	研究机构	论文篇数	排名	研究机构	论文篇数
39	中国科学院遥感与数字地球研究所	150	45	中国科学院金属研究所	132
40	北京市农林科学院	145	45	上海市疾病预防控制中心	132
40	机械科学研究总院	145	47	中国科学院声学研究所	131
42	天津市疾病预防控制中心	140	48	中国农业科学院北京畜牧兽医研究所	130
43	西安热工研究院有限公司	136	49	中国科学院半导体研究所	128
44	中国科学院上海光学精密机械研究所	133	50	浙江省疾病预防控制中心	126

附表31　2016年CSTPCD收录科技论文数居前50位的医疗机构

排名	医疗机构	论文篇数	排名	医疗机构	论文篇数
1	解放军总医院	1833	27	首都医科大学附属北京友谊医院	601
2	四川大学华西医院	1409	28	昆山市中医医院	590
3	武汉大学人民医院	1272	29	内蒙古科技大学包头医学院第一附属医院	588
4	北京协和医院	1234	30	吉林大学白求恩第一医院	565
5	中国医科大学附属盛京医院	1105	31	南方医院	560
6	华中科技大学同济医学院附属同济医院	1020	32	中南大学湘雅医院	545
7	江苏省人民医院	847	33	首都医科大学附属北京朝阳医院	544
7	新疆医科大学第一附属医院	847	34	安徽省立医院	534
9	郑州大学第一附属医院	843	35	山东大学齐鲁医院	526
10	重庆医科大学附属第一医院	777	36	广西医科大学第一附属医院	525
11	第四军医大学西京医院	769	37	西南医科大学附属医院	522
12	中国医科大学附属第一医院	714	38	上海交通大学医学院附属第九人民医院	517
13	青岛大学附属医院	712	39	北京大学人民医院	516
14	安徽医科大学第一附属医院	707	40	上海交通大学医学院附属新华医院	513
15	北京大学第三医院	703	41	武汉大学中南医院	488
16	第二军医大学附属长海医院	699	42	延安大学附属医院	484
17	北京大学第一医院	692	43	中山大学附属第一医院	480
18	哈尔滨医科大学附属第一医院	689	44	四川省医学科学院·四川省人民医院	478
19	南京军区南京总医院	672	45	首都医科大学附属北京同仁医院	463
20	首都医科大学附属北京安贞医院	667	46	河北医科大学第二医院	455
21	哈尔滨医科大学附属第二医院	643	47	华中科技大学同济医学院附属协和医院	448
22	西安交通大学医学院第一附属医院	641	48	上海交通大学医学院附属仁济医院	446
23	首都医科大学宣武医院	631	49	复旦大学附属中山医院	440
24	南京鼓楼医院	625	50	广东省中医院	433
25	上海市第六人民医院	616			
26	上海交通大学医学院附属瑞金医院	613			

附表 32 2016 年 CSTPCD 收录科技论文数居前 30 位的农林牧渔类高等院校

排名	高等院校	论文篇数	排名	高等院校	论文篇数
1	西北农林科技大学	1701	16	内蒙古农业大学	649
2	南京农业大学	1345	17	河南农业大学	648
3	中国农业大学	1144	18	吉林农业大学	638
4	北京林业大学	1052	19	山东农业大学	605
5	四川农业大学	1004	20	沈阳农业大学	592
6	东北林业大学	1003	21	中南林业科技大学	512
7	华南农业大学	930	22	青岛农业大学	492
8	湖南农业大学	822	23	山西农业大学	442
9	华中农业大学	820	24	安徽农业大学	433
10	新疆农业大学	813	25	云南农业大学	418
11	东北农业大学	800	26	浙江农林大学	376
12	南京林业大学	778	27	江西农业大学	363
13	甘肃农业大学	771	28	西南林业大学	324
14	河北农业大学	751	29	北京农学院	246
15	福建农林大学	658	30	黑龙江八一农垦大学	226

附表 33 2016 年 CSTPCD 收录科技论文数居前 30 位的师范类高等院校

排名	师范类高等院校	论文篇数	排名	师范类高等院校	论文篇数
1	北京师范大学	1776	16	辽宁师范大学	438
2	华东师范大学	1382	17	贵州师范大学	398
3	陕西师范大学	1076	18	安徽师范大学	390
4	南京师范大学	992	19	江西师范大学	384
5	华中师范大学	839	20	山东师范大学	350
6	福建师范大学	783	21	内蒙古师范大学	345
7	华南师范大学	736	22	天津师范大学	334
8	湖南师范大学	592	23	重庆师范大学	325
9	东北师范大学	589	24	云南师范大学	317
10	首都师范大学	577	25	江苏师范大学	314
11	西北师范大学	575	26	四川师范大学	308
12	上海师范大学	551	27	河北师范大学	303
13	河南师范大学	501	28	广西师范大学	275
14	浙江师范大学	495	29	哈尔滨师范大学	256
15	杭州师范大学	466	30	新疆师范大学	213

附表 34　2016 年 CSTPCD 收录科技论文数居前 30 位的医药学类高等院校

排名	医药学类高等院校	论文篇数	排名	医药学类高等院校	论文篇数
1	首都医科大学	6161	16	河北医科大学	1562
2	南京医科大学	3309	17	第三军医大学	1561
3	安徽医科大学	2574	18	浙江中医药大学	1424
4	中国医科大学	2304	19	上海中医药大学	1395
4	重庆医科大学	2304	20	天津中医药大学	1229
6	哈尔滨医科大学	2267	21	广州中医药大学	1225
7	南京中医药大学	2097	22	湖北医药学院	1181
8	新疆医科大学	2093	23	广州医科大学	1139
9	天津医科大学	1971	24	山西医科大学	1094
10	北京中医药大学	1958	25	山东中医药大学	1043
11	南方医科大学	1878	26	辽宁中医药大学	1025
12	温州医科大学	1871	27	福建医科大学	961
13	第二军医大学	1748	28	贵州医科大学	903
14	第四军医大学	1716	29	潍坊医学院	880
15	广西医科大学	1574	30	昆明医学院	864

附表 35　2016 年 CSTPCD 收录科技论文数居前 50 位的城市

排名	城市	论文篇数	排名	城市	论文篇数
1	北京	64526	20	乌鲁木齐	6137
2	上海	28635	21	太原	6054
3	南京	22725	22	济南	5536
4	西安	21079	23	石家庄	5316
5	武汉	18488	24	大连	5086
6	广州	17109	25	南昌	4895
7	成都	14579	26	福州	4602
8	天津	13027	27	贵阳	4433
9	重庆	11912	28	南宁	4367
10	长沙	10486	29	深圳	3697
11	沈阳	10114	30	无锡	3288
12	杭州	9580	31	咸阳	2966
13	郑州	9138	32	呼和浩特	2954
14	哈尔滨	8777	33	徐州	2913
15	合肥	7558	34	唐山	2880
16	青岛	7390	35	苏州	2658
17	兰州	6896	36	海口	2397
18	长春	6468	37	镇江	2314
19	昆明	6399	38	宁波	2264

续表

排名	城市	论文篇数	排名	城市	论文篇数
39	保定	2022	45	吉林	1661
40	银川	1864	46	烟台	1615
41	绵阳	1857	47	常州	1609
42	厦门	1838	48	秦皇岛	1578
43	桂林	1754	49	扬州	1548
44	洛阳	1735	50	温州	1457

附表 36 2016 年 CSTPCD 统计科技论文被引次数居前 50 位的高等院校

排名	高等院校	被引次数	排名	高等院校	被引次数
1	北京大学	36545	26	西北工业大学	11673
2	上海交通大学	34098	27	东南大学	10684
3	浙江大学	31131	28	北京航空航天大学	10682
4	首都医科大学	25890	29	南方医科大学	10508
5	清华大学	24747	30	南京医科大学	10156
6	中南大学	22756	31	南京航空航天大学	10016
7	华中科技大学	21981	32	华北电力大学	9998
8	中山大学	21459	33	安徽医科大学	9861
9	南京大学	20726	34	大连理工大学	9639
10	同济大学	20581	35	第二军医大学	9438
11	四川大学	19857	36	中国医科大学	9298
12	武汉大学	18892	37	兰州大学	9110
13	复旦大学	18236	38	北京中医药大学	9042
14	中国地质大学	17575	39	北京师范大学	9014
15	西北农林科技大学	17521	40	重庆医科大学	8889
16	吉林大学	16736	41	郑州大学	8833
17	中国石油大学	16601	42	江苏大学	8751
18	西安交通大学	15177	43	西南大学	8746
19	中国农业大学	14429	44	南京中医药大学	8650
20	重庆大学	14090	45	河海大学	8649
21	南京农业大学	13583	46	北京科技大学	8634
22	哈尔滨工业大学	13548	47	天津医科大学	8579
23	天津大学	12661	48	湖南大学	8079
24	华南理工大学	12395	49	合肥工业大学	7975
25	山东大学	12364	50	第三军医大学	7919

附表37 2016年CSTPCD统计科技论文被引次数居前50位的研究机构

排名	研究机构	被引次数	排名	研究机构	被引次数
1	中国科学院地理科学与资源研究所	12928	26	中国科学院地球化学研究所	2302
2	中国疾病预防控制中心	8356	27	中国科学院水利部水土保持研究所	2292
3	中国中医科学院	7883	28	中国工程物理研究院	2290
4	中国科学院地质与地球物理研究所	6490	29	中国热带农业科学院	2223
5	中国林业科学研究院	6323	30	中国科学院海洋研究所	2208
6	中国科学院寒区旱区环境与工程研究所	6155	31	中国水利水电科学研究院	2014
7	中国水产科学研究院	5243	32	中国科学院遥感与数字地球研究所	2002
8	中国科学院生态环境研究中心	4932	33	中国科学院武汉岩土力学研究所	1932
9	中国科学院南京土壤研究所	4091	34	中国地震局地质研究所	1919
10	中国科学院大气物理研究所	3743	35	中国农业科学院作物科学研究所	1856
11	中国地质科学院地质研究所	3733	36	广东省农业科学院	1565
12	中国科学院长春光学精密机械与物理研究所	3511	36	中国农业科学院农业环境与可持续发展研究所	1565
13	中国科学院沈阳应用生态研究所	3500	38	北京市农林科学院	1526
14	军事医学科学院	3350	39	中国医学科学院药用植物研究所	1505
15	中国地质科学院矿产资源研究所	3294	40	山东省农业科学院	1482
16	中国医学科学院肿瘤研究所	3270	41	福建省农业科学院	1452
17	中国科学院南京地理与湖泊研究所	3184	42	中国科学院水利部成都山地灾害与环境研究所	1434
18	中国科学院广州地球化学研究所	3134	43	山西省农业科学院	1404
19	中国科学院新疆生态与地理研究所	3076	44	国家气象中心	1354
20	中国农业科学院农业资源与农业区划研究所	2990	45	中国农业科学院植物保护研究所	1346
21	江苏省农业科学院	2899	46	中国科学院水生生物研究所	1344
22	中国科学院植物研究所	2830	47	广东省疾病预防控制中心	1334
23	中国气象科学研究院	2681	48	国家气候中心	1330
24	中国科学院东北地理与农业生态研究所	2585	49	中国气象局兰州干旱气象研究所	1323
25	中国环境科学研究院	2472	50	中国科学院亚热带农业生态研究所	1318

附表38 2016年CSTPCD统计科技论文被引次数居前50位的医疗机构

排名	医疗机构	被引次数	排名	医疗机构	被引次数
1	解放军总医院	10356	6	华中科技大学同济医学院附属同济医院	4517
2	北京协和医院	7268	7	北京大学人民医院	4237
3	四川大学华西医院	6419	8	上海交通大学医学院附属瑞金医院	3930
4	南京军区南京总医院	4838			
5	北京大学第一医院	4773			

续表

排名	医疗机构	被引次数	排名	医疗机构	被引次数
9	北京大学第三医院	3922	31	首都医科大学附属北京友谊医院	2602
10	南方医院	3796	32	第三军医大学西南医院	2540
11	第二军医大学附属长海医院	3572	33	第二军医大学附属长征医院	2535
12	中山大学附属第一医院	3529	34	首都医科大学附属北京同仁医院	2479
13	中国医科大学附属盛京医院	3469	35	广西医科大学第一附属医院	2472
14	复旦大学附属中山医院	3266	36	上海交通大学医学院附属新华医院	2454
15	重庆医科大学附属第一医院	3219	36	中日友好医院	2454
16	复旦大学附属华山医院	3201	38	北京军区总医院	2431
17	江苏省人民医院	3185	39	中国医学科学院阜外心血管病医院	2420
18	上海市第六人民医院	3144	40	新疆医科大学第一附属医院	2371
19	首都医科大学宣武医院	3072	41	中国中医科学院广安门医院	2360
20	武汉大学人民医院	3054	42	安徽省立医院	2292
21	中国医科大学附属第一医院	3047	43	南京鼓楼医院	2288
22	首都医科大学附属北京安贞医院	2935	44	广东省人民医院	2223
23	华中科技大学同济医学院附属协和医院	2906	45	首都医科大学附属北京朝阳医院	2203
24	第四军医大学西京医院	2869	46	北京医院	2200
25	中南大学湘雅二医院	2844	47	吉林大学白求恩第一医院	2080
26	中南大学湘雅医院	2792	48	上海交通大学医学院附属第九人民医院	2026
27	上海交通大学医学院附属仁济医院	2740	49	中山大学孙逸仙纪念医院	2018
28	郑州大学第一附属医院	2720	50	上海市第一人民医院	2007
29	安徽医科大学第一附属医院	2700			
30	青岛大学附属医院	2636			

附表 39 2016 年 CSTPCD 收录的各类基金资助来源产出论文情况

排名	基金来源	论文篇数	所占比例
1	国家自然科学基金委员会各项基金	123889	38.01%
2	科技部其他基金项目	37060	11.37%
3	国内大学、研究机构和公益组织资助	21234	6.52%
4	其他部委基金项目	11785	3.62%
5	江苏省科学基金与资助	6204	1.90%
6	广东省科学基金与资助	5445	1.67%
7	河北省科学基金与资助	4675	1.43%
8	上海市科学基金与资助	4670	1.43%
9	北京市科学基金与资助	4597	1.41%
10	国内企业资助	4501	1.38%
11	浙江省科学基金与资助	4171	1.28%
12	陕西省科学基金与资助	4108	1.26%

续表

排名	基金来源	论文篇数	所占比例
13	四川省科学基金与资助	3763	1.15%
14	河南省科学基金与资助	3743	1.15%
15	国家教育部基金	3497	1.07%
16	山东省科学基金与资助	3368	1.03%
17	湖北省科学基金与资助	2932	0.90%
18	辽宁省科学基金与资助	2879	0.88%
19	农业部基金项目	2828	0.87%
20	广西壮族自治区科学基金与资助	2759	0.85%
21	军队系统基金	2686	0.82%
22	湖南省科学基金与资助	2503	0.77%
23	国家社会科学基金	2480	0.76%
24	安徽省科学基金与资助	2209	0.68%
25	重庆市科学基金与资助	2190	0.67%
26	贵州省科学基金与资助	2123	0.65%
27	福建省科学基金与资助	2113	0.65%
28	黑龙江省科学基金与资助	2096	0.64%
29	吉林省科学基金与资助	1879	0.58%
30	山西省科学基金与资助	1727	0.53%
31	云南省科学基金与资助	1633	0.50%
32	天津市科学基金与资助	1536	0.47%
33	新疆维吾尔自治区科学基金与资助	1534	0.47%
34	中国科学院科学基金与资助	1432	0.44%
35	江西省科学基金与资助	1350	0.41%
36	甘肃省科学基金与资助	1239	0.38%
37	地质行业科学技术发展基金	1200	0.37%
38	内蒙古自治区科学基金与资助	1047	0.32%
39	海南省科学基金与资助	966	0.30%
40	国家中医药管理局基金项目	958	0.29%
41	卫生计生委基金项目	523	0.16%
42	国土资源部基金项目	499	0.15%
43	宁夏回族自治区科学基金与资助	446	0.14%
44	水利部基金项目	439	0.13%
45	青海省科学基金与资助	355	0.11%
46	中国地震局基金项目	337	0.10%
47	国家林业局基金项目	323	0.10%
48	国家国防科技工业局基金项目	292	0.09%
49	海外公益组织、基金机构、学术机构、研究机构资助	283	0.09%
50	交通运输部基金项目	265	0.08%
51	中国工程院基金项目	261	0.08%
52	国家海洋局基金项目	243	0.07%

续表

排名	基金来源	论文篇数	所占比例
53	中国气象局基金项目	232	0.07%
54	住房和城乡建设部基金项目	168	0.05%
55	工业和信息化部基金项目	167	0.05%
56	国内个人资助	140	0.04%
57	环境保护部基金项目	111	0.03%
58	西藏自治区科学基金与资助	93	0.03%
59	国家发展和改革委员会基金项目	92	0.03%
60	国家测绘局基金项目	44	0.01%
61	人力资源和社会保障部基金项目	39	0.01%
62	中国科学技术协会基金项目	34	0.01%
63	国家食品药品监督管理局基金项目	24	0.01%
64	中国社会科学院基金项目	8	0.00%
65	海外个人资助	2	0.00%
66	国家铁路局基金项目	2	0.00%
67	海外公司和跨国公司资助	1	0.00%
	其他资助	27468	8.43%
	合计	325900	100.00%

附表 40　2016 年 CSTPCD 收录的各类基金资助产出论文的机构分布

机构类型	基金论文篇数	所占比例
高等院校	218985	67.19%
科研机构	39929	12.25%
医疗机构	49475	15.18%
管理部门及其他	10188	3.13%
公司企业	7323	2.25%
合计	325900	100.00%

附表 41　2016 年 CSTPCD 收录的各类基金资助产出论文的学科分布

序号	学科	基金论文篇数	所占比例	学科排名
1	数学	5103	1.57%	21
2	力学	1628	0.50%	32
3	信息、系统科学	298	0.09%	38
4	物理学	5071	1.56%	22
5	化学	8606	2.64%	13
6	天文学	475	0.15%	37
7	地学	12673	3.89%	8

续表

序号	学科	基金论文篇数	所占比例	学科排名
8	生物学	13234	4.06%	7
9	预防医学与卫生学	8207	2.52%	15
10	基础医学	11453	3.51%	10
11	药物学	7153	2.19%	18
12	临床医学	60068	18.43%	1
13	中医学	15772	4.84%	6
14	军事医学与特种医学	1165	0.36%	34
15	农学	19576	6.01%	3
16	林学	3419	1.05%	26
17	畜牧、兽医	5682	1.74%	20
18	水产学	1814	0.56%	31
19	测绘科学技术	2338	0.72%	30
20	材料科学	4	0.00%	40
21	工程与技术基础学科	3691	1.13%	25
22	矿山工程技术	4228	1.30%	24
23	能源科学技术	4268	1.31%	23
24	冶金、金属学	9792	3.00%	11
25	机械、仪表	7323	2.25%	17
26	动力与电气	2982	0.92%	28
27	核科学技术	651	0.20%	36
28	电子、通信与自动控制	17718	5.44%	4
29	计算技术	22917	7.03%	2
30	化工	8564	2.63%	14
31	轻工、纺织	1588	0.49%	33
32	食品	7634	2.34%	16
33	土木建筑	8693	2.67%	12
34	水利	2515	0.77%	29
35	交通运输	7024	2.16%	19
36	航空航天	3353	1.03%	27
37	安全科学技术	221	0.07%	39
38	环境科学	12227	3.75%	9
39	管理学	815	0.25%	35
40	其他	15957	4.90%	5
	合计	325900	100.00%	

附表 42　2016 年 CSTPCD 收录的各类基金资助产出论文的地区分布

序号	地区	基金论文篇数	所占比例	排名
1	北京	42314	12.98%	1
2	天津	10005	3.07%	13
3	河北	9281	2.85%	14
4	山西	5211	1.60%	24
5	内蒙古	3309	1.02%	27
6	辽宁	13113	4.02%	9
7	吉林	6141	1.88%	21
8	黑龙江	8534	2.62%	15
9	上海	19171	5.88%	4
10	江苏	29641	9.10%	2
11	浙江	12530	3.84%	10
12	安徽	8333	2.56%	16
13	福建	6397	1.96%	19
14	江西	5196	1.59%	25
15	山东	13812	4.24%	8
16	河南	11656	3.58%	11
17	湖北	15691	4.81%	6
18	湖南	10376	3.18%	12
19	广东	18764	5.76%	5
20	广西	6327	1.94%	20
21	海南	2186	0.67%	28
22	重庆	8246	2.53%	17
23	四川	14040	4.31%	7
24	贵州	4941	1.52%	26
25	云南	6058	1.86%	22
26	西藏	24	0.01%	31
27	陕西	19214	5.90%	3
28	甘肃	5984	1.84%	23
29	青海	876	0.27%	30
30	宁夏	1504	0.46%	29
31	新疆	6450	1.98%	18
32	不详	575	0.18%	
	合计	325900	100.00%	

附表 43 2016 年 CSTPCD 收录的基金论文数居前 50 位的高等院校

排名	高等院校	基金论文篇数	排名	高等院校	基金论文篇数
1	武汉大学	2357	26	哈尔滨工业大学	1221
2	上海交通大学	2247	27	江苏大学	1219
3	中南大学	2042	28	重庆大学	1209
4	浙江大学	1946	29	贵州大学	1191
5	中国石油大学	1802	30	西南大学	1186
6	四川大学	1790	31	北京工业大学	1124
6	同济大学	1790	32	东北大学	1119
8	天津大学	1761	33	华北电力大学	1106
9	吉林大学	1681	34	湖南大学	1096
10	中国矿业大学	1615	35	复旦大学	1089
11	清华大学	1611	36	中山大学	1084
12	北京大学	1576	37	西北工业大学	1073
13	西北农林科技大学	1537	38	南京中医药大学	1042
14	河海大学	1533	38	长安大学	1042
15	南京航空航天大学	1444	40	东南大学	1039
16	中国地质大学	1430	41	北京科技大学	1033
17	华南理工大学	1396	42	太原理工大学	1023
18	昆明理工大学	1374	43	郑州大学	1013
19	江南大学	1368	44	中国海洋大学	990
20	西南交通大学	1353	45	南昌大学	985
21	华中科技大学	1317	46	南京大学	958
22	合肥工业大学	1270	47	中国农业大学	955
23	西安交通大学	1263	48	南京农业大学	936
24	北京中医药大学	1246	49	南京理工大学	927
25	大连理工大学	1238	50	广西大学	924

附表 44 2016 年 CSTPCD 收录的基金论文数居前 50 位的研究机构

排名	研究机构	基金论文篇数
1	中国林业科学研究院	658
2	中国水产科学研究院	656
3	中国农业科学院农业质量标准与检测技术研究所	593
4	中国疾病预防控制中心	531
5	中国科学院地理科学与资源研究所	512
6	中国热带农业科学院	434
6	江苏省农业科学院	434
8	中国科学院大学	430
9	中国科学院长春光学精密机械与物理研究所	360

续表

排名	研究机构	基金论文篇数
10	山西省农业科学院	320
11	中国石油勘探开发研究院	318
12	山东省农业科学院	312
13	福建省农业科学院	304
14	中国地质科学院	241
15	中国中医科学院	238
16	中国环境科学研究院	227
17	湖北省农业科学院	221
17	广西农业科学院	221
19	云南省农业科学院	218
20	中国食品药品检定研究院	211
21	中国电力科学研究院	208
22	中国工程物理研究院	204
23	中国科学院海洋研究所	198
24	中国科学院生态环境研究中心	195
25	河南省农业科学院	193
26	中国科学院寒区旱区环境与工程研究所	191
27	中国科学院地质与地球物理研究所	183
27	广东省农业科学院	183
29	中国水利水电科学研究院	178
30	中国科学院西安光学精密机械研究所	167
31	军事医学科学院	165
32	中国科学院新疆生态与地理研究所	164
33	上海市农业科学院	157
34	四川省农业科学院	155
34	新疆农业科学院	155
36	中海石油研究中心	152
37	广东省疾病预防控制中心	149
38	南京水利科学研究院	148
39	中国科学院遥感与数字地球研究所	139
40	北京市农林科学院	138
41	中国农业科学院北京畜牧兽医研究所	127
42	安徽省农业科学院	117

续表

排名	研究机构	基金论文篇数
43	吉林省农业科学院	116
44	中国科学院上海光学精密机械研究所	114
44	中国科学院半导体研究所	114
44	中国航空研究院	114
47	甘肃省农业科学院	112
48	中国科学院大气物理研究所	111
48	浙江省农业科学院	111
50	河北省农林科学院	109

附表 45　2016 年 CSTPCD 收录的论文按作者合著关系的学科分布

学科	单一作者		同机构合著		同省合著		省际合著		国际合著		论文总篇数
	论文篇数	比例	论文篇数	比例	论文篇数	比例	论文篇数	比例	论文篇数	比例	
数学	928	16.4%	3023	53.4%	762	13.5%	873	15.4%	78	1.4%	5664
力学	83	4.4%	1237	65.6%	214	11.3%	322	17.1%	30	1.6%	1886
信息、系统科学	27	8.1%	221	66.6%	49	14.8%	35	10.5%		0.0%	332
物理学	232	4.2%	3483	63.8%	717	13.1%	866	15.9%	162	3.0%	5460
化学	323	3.3%	6377	64.9%	1713	17.4%	1289	13.1%	121	1.2%	9823
天文学	34	6.5%	255	48.6%	59	11.2%	133	25.3%	44	8.4%	525
地学	604	4.3%	6150	43.7%	2460	17.5%	4518	32.1%	336	2.4%	14068
生物学	322	2.3%	8301	58.4%	2856	20.1%	2441	17.2%	297	2.1%	14217
预防医学与卫生学	1281	8.0%	9176	57.0%	3951	24.5%	1593	9.9%	99	0.6%	16100
基础医学	799	4.6%	9984	57.7%	4422	25.5%	1977	11.4%	129	0.7%	17311
药物学	884	6.6%	7468	55.9%	3315	24.8%	1618	12.1%	76	0.6%	13361
临床医学	12208	8.9%	85547	62.6%	27970	20.5%	10453	7.7%	428	0.3%	136606
中医学	1660	7.6%	10721	49.3%	6793	31.3%	2441	11.2%	112	0.5%	21727
军事医学与特种医学	119	4.7%	1544	61.2%	508	20.1%	341	13.5%	12	0.5%	2524
农学	678	3.2%	11509	54.3%	5448	25.7%	3388	16.0%	180	0.8%	21203
林学	133	3.6%	1900	51.9%	877	23.9%	714	19.5%	39	1.1%	3663
畜牧、兽医	139	2.2%	3616	56.6%	1591	24.9%	1023	16.0%	22	0.3%	6391
水产学	24	1.3%	1111	59.4%	374	20.0%	352	18.8%	8	0.4%	1869
测绘科学技术	212	6.9%	1572	51.1%	423	13.7%	840	27.3%	30	1.0%	3077
材料科学	139	2.3%	3711	62.5%	978	16.5%	1030	17.4%	76	1.3%	5934

续表

学科	单一作者		同机构合著		同省合著		省际合著		国际合著		论文总篇数
	论文篇数	比例	论文篇数	比例	论文篇数	比例	论文篇数	比例	论文篇数	比例	
工程与技术基础学科	125	3.8%	2179	66.9%	436	13.4%	477	14.6%	42	1.3%	3259
矿山工程技术	1269	18.7%	3373	49.7%	817	12.0%	1286	19.0%	36	0.5%	6781
能源科学技术	530	8.9%	2467	41.2%	887	14.8%	2058	34.4%	43	0.7%	5985
冶金、金属学	1041	7.8%	7556	56.9%	2169	16.3%	2364	17.8%	139	1.0%	13269
机械、仪表	684	6.3%	6957	64.1%	1551	14.3%	1607	14.8%	48	0.4%	10847
动力与电气	131	3.4%	2415	63.6%	485	12.8%	726	19.1%	43	1.1%	3800
核科学技术	38	3.4%	718	63.4%	143	12.6%	228	20.1%	6	0.5%	1133
电子、通信与自动控制	1859	7.4%	14668	58.4%	3746	14.9%	4617	18.4%	218	0.9%	25108
计算技术	2570	8.6%	19425	65.2%	3892	13.1%	3640	12.2%	272	0.9%	29799
化工	983	7.8%	7949	63.4%	1942	15.5%	1576	12.6%	78	0.6%	12528
轻工、纺织	230	10.0%	1290	55.9%	372	16.1%	402	17.4%	14	0.6%	2308
食品	405	4.2%	6093	63.3%	1865	19.4%	1217	12.6%	51	0.5%	9631
土木建筑	1119	9.4%	6206	52.3%	2085	17.6%	2251	19.0%	199	1.7%	11860
水利	257	7.5%	1765	51.3%	575	16.7%	805	23.4%	38	1.1%	3440
交通运输	956	9.4%	5474	53.9%	1444	14.2%	2162	21.3%	117	1.2%	10153
航空航天	208	3.9%	3573	66.6%	601	11.2%	948	17.7%	37	0.7%	5367
安全科学技术	14	6.0%	123	52.8%	51	21.9%	44	18.9%	1	0.4%	233
环境科学	816	5.5%	8256	55.3%	2938	19.7%	2746	18.4%	166	1.1%	14922
管理学	86	9.1%	544	57.9%	165	17.6%	124	13.2%	21	2.2%	940
社会科学和其他	3200	15.2%	11386	54.0%	3266	15.5%	2924	13.9%	327	1.5%	21103
总计	37350	7.6%	289323	58.5%	94910	19.2%	68449	13.9%	4175	0.8%	494207

附表 46　2016 年 CSTPCD 收录的论文按作者合著关系的地区分布

地区	单一作者		同机构合著		同省合著		省际合著		国际合著		论文总篇数
	论文篇数	比例	论文篇数	比例	论文篇数	比例	论文篇数	比例	论文篇数	比例	
北京	4741	7.1%	38424	57.8%	11586	17.4%	10850	16.3%	919	1.4%	66520
天津	1509	8.5%	9623	54.5%	3959	22.4%	2529	14.3%	50	0.3%	17670
河北	865	6.1%	8293	58.4%	2592	18.3%	2329	16.4%	116	0.8%	14195
山西	818	10.3%	4571	57.6%	1327	16.7%	1175	14.8%	43	0.5%	7934
内蒙古	551	11.2%	2552	52.0%	1027	20.9%	748	15.2%	34	0.7%	4912
辽宁	1565	7.9%	12230	61.5%	3357	16.9%	2598	13.1%	137	0.7%	19887

续表

地区	单一作者		同机构合著		同省合著		省际合著		国际合著		论文总篇数
	论文篇数	比例	论文篇数	比例	论文篇数	比例	论文篇数	比例	论文篇数	比例	
吉林	365	4.3%	5022	58.9%	1760	20.6%	1299	15.2%	86	1.0%	8532
黑龙江	594	5.2%	7178	62.5%	1952	17.0%	1660	14.5%	100	0.9%	11484
上海	2057	7.0%	18821	63.7%	4921	16.7%	3383	11.5%	346	1.2%	29528
江苏	2990	6.8%	26887	60.8%	8313	18.8%	5601	12.7%	424	1.0%	44215
浙江	1263	6.5%	10881	55.9%	4731	24.3%	2428	12.5%	172	0.9%	19475
安徽	769	6.2%	7660	61.8%	1991	16.1%	1891	15.3%	80	0.6%	12391
福建	752	8.6%	5253	60.1%	1601	18.3%	1042	11.9%	95	1.1%	8743
江西	378	5.6%	4123	60.6%	1168	17.2%	1089	16.0%	46	0.7%	6804
山东	1678	7.6%	11499	52.2%	5396	24.5%	3292	14.9%	161	0.7%	22026
河南	1789	10.0%	9877	55.0%	3515	19.6%	2702	15.1%	64	0.4%	17947
湖北	2010	7.7%	15801	60.8%	4500	17.3%	3471	13.4%	208	0.8%	25990
湖南	722	5.1%	8375	59.7%	2776	19.8%	2040	14.5%	127	0.9%	14040
广东	1899	6.7%	16387	57.8%	6725	23.7%	3073	10.8%	284	1.0%	28368
广西	671	8.0%	5013	59.7%	1692	20.1%	983	11.7%	42	0.5%	8401
海南	316	9.0%	2024	57.8%	622	17.8%	518	14.8%	20	0.6%	3500
重庆	1034	8.6%	7480	61.9%	1872	15.5%	1610	13.3%	82	0.7%	12078
四川	2186	9.3%	13725	58.7%	4358	18.6%	2969	12.7%	157	0.7%	23395
贵州	391	6.1%	3374	52.7%	1558	24.4%	1049	16.4%	26	0.4%	6398
云南	458	5.5%	4706	56.8%	1932	23.3%	1131	13.7%	58	0.7%	8285
西藏	2	6.5%	12	38.7%	6	19.4%	11	35.5%	0	0.0%	31
陕西	3030	10.3%	17320	59.0%	5080	17.3%	3787	12.9%	148	0.5%	29365
甘肃	485	6.0%	4679	57.5%	1737	21.3%	1198	14.7%	42	0.5%	8141
青海	214	14.6%	739	50.5%	255	17.4%	249	17.0%	6	0.4%	1463
宁夏	108	5.1%	1132	53.3%	514	24.2%	353	16.6%	16	0.8%	2123
新疆	363	4.2%	4967	57.2%	2051	23.6%	1254	14.4%	47	0.5%	8682
不详	777	46.1%	695	41.3%	36	2.1%	137	8.1%	39	2.3%	1684
总计	37350	7.6%	289323	58.5%	94910	19.2%	68449	13.9%	4175	0.8%	494207

附表 47 2016 年 CSTPCD 统计被引次数较多的基金资助项目情况

排名	基金资助项目	被引次数	所占比例
1	国家自然科学基金委员会各项基金	304056	30.74%
2	其他部委基金项目	156304	15.80%
3	科技部其他基金项目	68597	6.94%
4	国家重点基础研究发展计划（973 计划）	48390	4.89%
5	其他资助	36154	3.66%
6	国家高技术研究发展计划（863 计划）	34394	3.48%
7	国家教育部基金	27152	2.75%
8	国内大学、研究机构和公益组织资助	21666	2.19%
9	广东省科学基金与资助	18805	1.90%
10	江苏省科学基金与资助	16947	1.71%
11	中国科学院基金与资助	16311	1.65%
12	上海市科学基金与资助	13895	1.40%
13	国家“五年计划”攻关项目	13065	1.32%
14	浙江省科学基金与资助	12068	1.22%
15	北京市科学基金与资助	10623	1.07%
16	国内企业资助	9629	0.97%
17	国家社会科学基金	8840	0.89%
18	山东省科学基金与资助	8052	0.81%
19	河南省科学基金与资助	7557	0.76%
20	河北省科学基金与资助	7482	0.76%
21	陕西省科学基金与资助	6952	0.70%
22	湖南省科学基金与资助	6860	0.69%
23	四川省科学基金与资助	6770	0.68%
24	福建省科学基金与资助	6070	0.61%
25	农业部基金项目	5915	0.60%
26	广西壮族自治区科学基金与资助	5744	0.58%
27	辽宁省科学基金与资助	5673	0.57%
28	湖北省科学基金与资助	5500	0.56%
29	黑龙江省科学基金与资助	5388	0.54%
30	安徽省科学基金与资助	4975	0.50%
31	重庆市科学基金与资助	4403	0.45%
32	云南省科学基金与资助	4135	0.42%
33	贵州省科学基金与资助	3707	0.37%
34	军队系统基金	3641	0.37%
35	天津市科学基金与资助	3575	0.36%
36	海外公司和跨国公司资助	3529	0.36%
37	吉林省科学基金与资助	3468	0.35%

续表

排名	基金资助项目	被引次数	所占比例
38	山西省科学基金与资助	3419	0.35%
39	甘肃省科学基金与资助	3189	0.32%
40	新疆维吾尔自治区科学基金与资助	2945	0.30%
41	江西省科学基金与资助	2919	0.30%
42	国防基础科研项目	2720	0.28%
43	国家中医药管理局基金	1936	0.20%
44	科学专项基金	1873	0.19%
45	海外公益组织、基金机构、学术机构、研究机构资助	1829	0.18%
46	地质行业科学技术发展基金	1629	0.16%
47	国家重大基础研究项目	1606	0.16%
48	国家重点实验室	1558	0.16%
49	内蒙古自治区科学基金与资助	1401	0.14%
50	国家林业局基金项目	1163	0.12%

附表48 2016年CSTPCD统计被引的各类基金资助论文次数按学科分布情况

学科	被引次数	所占比例	排名
数学	7248	0.73%	29
力学	6035	0.61%	33
信息、系统科学	4594	0.46%	35
物理学	8093	0.82%	26
化学	21459	2.17%	12
天文学	1247	0.13%	38
地学	86255	8.72%	3
生物学	57173	5.78%	5
预防医学与卫生学	20178	2.04%	15
基础医学	24651	2.49%	11
药物学	15213	1.54%	20
临床医学	114984	11.63%	1
中医学	41044	4.15%	9
军事医学与特种医学	2491	0.25%	37
农学	102097	10.32%	2
林学	15808	1.60%	18
畜牧、兽医	13169	1.33%	24
水产学	7074	0.72%	30
测绘科学技术	7007	0.71%	31
材料科学	9965	1.01%	25

续表

学科	被引次数	所占比例	排名
工程与技术基础学科	4428	0.45%	36
矿山工程技术	14909	1.51%	21
能源科学技术	21391	2.16%	13
冶金、金属学	20521	2.07%	14
机械、仪表	17019	1.72%	17
动力与电气	14460	1.46%	22
核科学技术	692	0.07%	40
电子、通信与自动控制	53699	5.43%	7
计算技术	54452	5.51%	6
化工	17823	1.80%	16
轻工、纺织	6875	0.70%	32
食品	14318	1.45%	23
土木建筑	26721	2.70%	10
水利	7285	0.74%	28
交通运输	15612	1.58%	19
航空航天	8059	0.81%	27
安全科学技术	831	0.08%	39
环境科学	53420	5.40%	8
管理学	5783	0.58%	34
其他	65001	6.57%	4
合计	989084	100.00%	

附表 49　2016 年 CSTPCD 统计被引的各类基金资助论文次数按地区分布情况

地区	被引次数	所占比例	排名
北京	195355	19.75%	1
天津	22909	2.32%	15
河北	21823	2.21%	17
山西	11197	1.13%	23
内蒙古	6281	0.64%	24
辽宁	36280	3.67%	10
吉林	19625	1.98%	16
黑龙江	24788	2.51%	12
上海	55321	5.59%	5
江苏	95353	9.64%	2
浙江	40603	4.11%	5

续表

地区	被引次数	所占比例	排名
安徽	22625	2.29%	10
福建	17561	1.78%	11
江西	11937	1.21%	14
山东	40504	4.10%	5
河南	25379	2.57%	7
湖北	44090	4.46%	4
湖南	34852	3.52%	5
广东	57825	5.85%	2
广西	13037	1.32%	8
海南	3890	0.39%	10
重庆	23681	2.39%	4
四川	37259	3.77%	3
贵州	9388	0.95%	6
云南	13557	1.37%	5
西藏	491	0.05%	8
陕西	56004	5.66%	2
甘肃	22581	2.28%	2
青海	2357	0.24%	5
宁夏	3135	0.32%	4
新疆	14621	1.48%	2
其他	4775	0.48%	2
合计	989084	100.00%	

附表50　2016年CSTPCD收录的科技论文数居前30位的企业

排名	单位	论文篇数
1	中国煤炭科工集团	639
2	中国石油化工集团公司	616
3	中国海洋石油有限公司	612
4	中国交通建设集团有限公司	605
5	中国航空工业集团公司	373
6	中国中铁股份有限公司	372
7	中国石油天然气集团公司	310
8	中国中车股份有限公司	221
9	中国南方电网有限责任公司	185
10	西安热工研究院有限公司	134

续表

排名	单位	论文篇数
11	中国铁建股份有限公司	125
12	天地科技股份有限公司	109
13	江苏康缘药业股份有限公司	97
13	煤炭科学技术研究院有限公司	97
15	云南中烟工业有限责任公司	81
16	中国核电工程有限公司	76
17	海洋石油工程股份有限公司	69
18	中国中钢集团公司	66
19	国家电网公司	63
20	长沙矿山研究院有限责任公司	61
21	长城汽车股份有限公司	59
21	铁道第三勘察设计院集团有限公司	59
23	中国电建集团成都勘测设计研究院有限公司	54
24	国电南瑞科技股份有限公司	51
25	中国中化集团公司	47
25	洛阳轴研科技股份有限公司	47
27	攀钢集团研究院有限公司	46
27	上海市政工程设计研究总院（集团）有限公司	46
29	兰州生物制品研究所有限责任公司	45
29	宝钢集团有限公司	45

附表 51　2016 年 SCI 收录中国数学领域科技论文数居前 20 位的机构排名

排名	单位	论文篇数
1	北京大学	135
2	山东大学	114
3	北京师范大学	107
3	中南大学	107
5	哈尔滨工业大学	106
6	中国科学院数学与系统科学研究院	102
6	南开大学	102
8	中国科学技术大学	100
9	兰州大学	99
10	厦门大学	95

续表

排名	单位	论文篇数
11	大连理工大学	94
11	复旦大学	94
13	武汉大学	91
14	中国矿业大学	88
14	西南大学	88
16	上海交通大学	86
17	四川大学	84
18	西安交通大学	83
19	浙江大学	82
19	西北工业大学	82

附表 52 2016 年 SCI 收录中国物理领域科技论文数居前 20 位的机构排名

排名	单位	论文篇数
1	清华大学	719
2	华中科技大学	622
3	西安交通大学	610
4	中国科学技术大学	601
5	哈尔滨工业大学	566
6	浙江大学	564
7	北京大学	556
8	南京大学	484
9	天津大学	457
10	上海交通大学	425
11	吉林大学	410
12	电子科技大学	403
13	复旦大学	362
14	东南大学	343
15	四川大学	337
16	北京航空航天大学	336
17	山东大学	333
18	中国科学院物理研究所	330
19	北京理工大学	317
20	中国科学院合肥物质科学研究院	292

附表 53 2016 年 SCI 收录中国化学领域科技论文数居前 20 位的机构排名

排名	单位	论文篇数
1	浙江大学	890
2	吉林大学	871
3	四川大学	835
4	清华大学	832
5	华东理工大学	657
6	北京大学	656
7	苏州大学	655
8	中国科学技术大学	646
9	哈尔滨工业大学	629
9	华南理工大学	629
11	天津大学	612
12	南京大学	580
12	山东大学	580
14	复旦大学	571
15	中国科学院化学研究所	570
16	北京化工大学	556
17	中国科学院长春应用化学研究所	505
18	南开大学	490
19	上海交通大学	478
20	华中科技大学	460

附表 54 2016 年 SCI 收录中国天文领域科技论文数居前 10 位的机构排名

排名	单位	论文篇数
1	中国科学院国家天文台	143
2	北京大学	96
3	南京大学	88
4	中国科学技术大学	84
5	中国科学院云南天文台	70
6	中国科学院紫金山天文台	69
7	中国科学院上海天文台	65
8	中国科学院高能物理研究所	61
9	山东大学	48
10	北京师范大学	37

附表 55　2016 年 SCI 收录中国地学领域科技论文数居前 20 位的机构排名

排名	单位	论文篇数
1	中国地质大学	691
2	武汉大学	376
3	中国科学院地质与地球物理研究所	339
4	中国海洋大学	291
5	中国石油大学	288
6	南京大学	275
7	中国科学院大气物理研究所	259
8	北京大学	258
9	南京信息工程大学	256
10	北京师范大学	226
11	吉林大学	198
12	中国科学院遥感应用研究所	178
13	中国矿业大学	172
14	河海大学	169
15	中国科学院地理科学与资源研究所	163
16	同济大学	162
17	清华大学	159
18	中国科学技术大学	146
19	浙江大学	137
20	中国科学院海洋研究所	128

附表 56　2016 年 SCI 收录中国生物领域科技论文数居前 20 位的机构排名

排名	单位	论文篇数
1	浙江大学	812
2	南京农业大学	652
3	西北农林科技大学	559
4	华中农业大学	526
5	清华大学	514
6	中山大学	478
7	复旦大学	470
8	北京大学	446
8	中国农业大学	446
10	山东大学	444
11	上海交通大学	394
12	华东理工大学	371
13	天津大学	368

续表

排名	单位	论文篇数
14	西南大学	326
15	四川大学	322
16	江南大学	310
17	四川农业大学	307
18	中国科学院上海生命科学研究院	302
19	中国海洋大学	288
20	吉林大学	276

附表 57 2016 年 SCI 收录中国医学领域科技论文数居前 20 位的机构排名

排名	单位	论文篇数
1	上海交通大学	2646
2	中山大学	2166
3	复旦大学	2155
4	首都医科大学	1974
5	四川大学	1867
6	浙江大学	1849
7	中国医学科学院；北京协和医学院	1821
8	北京大学	1808
9	山东大学	1477
10	中南大学	1348
11	华中科技大学	1150
12	吉林大学	1126
13	南京医科大学	970
14	中国医科大学	946
15	南方医科大学	935
16	天津医科大学	881
17	苏州大学	863
18	西安交通大学	856
19	武汉大学	854
20	解放军总医院；解放军第 301 医院	842

附表 58　2016 年 SCI 收录中国农学领域科技论文数居前 10 位的机构排名

排名	单位	论文篇数
1	南京农业大学	408
2	中国农业大学	402
3	西北农林科技大学	368
4	华中农业大学	326
5	四川农业大学	194
6	华南农业大学	172
7	中国水产科学研究院	153
8	浙江大学	146
9	北京林业大学	129
10	中国海洋大学	116

附表 59　2016 年 SCI 收录中国材料科学领域科技论文数居前 20 位的机构排名

排名	单位	论文篇数
1	哈尔滨工业大学	565
2	西北工业大学	528
3	北京科技大学	514
4	清华大学	489
5	中南大学	480
6	华南理工大学	435
7	上海交通大学	411
8	西安交通大学	389
9	天津大学	376
10	北京航空航天大学	347
11	东北大学	341
12	四川大学	322
13	重庆大学	301
14	浙江大学	290
15	华中科技大学	287
16	山东大学	271
17	吉林大学	267
18	大连理工大学	253
19	武汉理工大学	247
20	东华大学	245

附表 60　2016 年 SCI 收录中国环境科学领域科技论文数居前 20 位的机构排名

排名	单位	论文篇数
1	中国科学院生态环境研究中心	260
2	北京师范大学	249
3	清华大学	244
4	浙江大学	223
5	南京大学	204
6	同济大学	198
7	北京大学	183
8	中国地质大学	162
9	河海大学	141
10	中国科学院地理科学与资源研究所	130
11	哈尔滨工业大学	120
12	西北农林科技大学	109
13	中国农业大学	102
14	武汉大学	96
15	中国环境科学研究院	95
16	山东大学	94
17	中国科学院南京土壤研究所	93
17	上海交通大学	93
19	中国矿业大学	87
20	中国科学院寒区旱区环境与工程研究所	85

附表 61　2016 年 SCI 收录的科技期刊数量较多的出版机构排名

排名	出版机构	收录期刊数
1	SCIENCE PRESS	30
2	SPRINGER	28
3	ELSEVIER B.V.	16
4	WILEY	10
5	OXFORD UNIV PRESS	5
5	TSINGHUA UNIV PRESS	5
7	CAMBRIDGE UNIV PRESS	4
7	CHINESE ACAD SCIENCES	4
7	IOP PUBLISHING LTD	4
7	MEDKNOW PUBLICATIONS & MEDIA PVT LTD	4
11	CHINESE PHYSICAL SOC	3
11	HIGHER EDUCATION PRESS	3
11	TAYLOR & FRANCIS LTD	3
11	ZHEJIANG UNIV	3

附表 62　2016 年 SCI 收录中国科技论文数居前 50 位的城市

排名	城市	论文篇数	排名	城市	论文篇数
1	北京	48578	26	南昌	2502
2	上海	26306	27	太原	2439
3	南京	18973	28	徐州	2032
4	武汉	14395	29	无锡	1926
5	广州	14149	30	咸阳	1751
6	西安	13153	31	镇江	1731
7	杭州	10478	32	宁波	1426
8	成都	10470	33	温州	1339
9	天津	8510	34	石家庄	1318
10	长沙	8083	35	南宁	1315
11	哈尔滨	7180	36	乌鲁木齐	1128
12	重庆	6721	37	新乡	978
13	长春	6545	38	贵阳	951
14	合肥	6361	39	绵阳	919
15	济南	6079	40	常州	891
16	沈阳	5131	41	扬州	875
17	青岛	5029	42	烟台	872
18	大连	4554	43	保定	868
19	兰州	3870	44	秦皇岛	855
20	郑州	3383	45	湘潭	732
21	苏州	3053	46	桂林	694
22	厦门	2706	47	呼和浩特	674
23	昆明	2658	48	洛阳	626
24	福州	2655	49	泰安	615
25	深圳	2542	50	南通	597

附表 63　2016 年 Ei 收录的中国科技论文数居前 50 位的城市

排名	城市	论文篇数	排名	城市	论文篇数
1	北京	37223	11	哈尔滨	6850
2	上海	15834	12	重庆	5021
3	南京	14078	13	合肥	4935
4	西安	13474	14	长春	4865
5	武汉	10924	15	大连	4076
6	成都	8271	16	沈阳	3859
7	广州	7117	17	青岛	3753
8	天津	7100	18	济南	3319
9	长沙	7067	19	兰州	2716
10	杭州	7043	20	郑州	2262

续表

排名	城市	论文篇数	排名	城市	论文篇数
21	太原	2200	36	咸阳	838
22	厦门	1890	37	湘潭	771
23	徐州	1803	38	常州	736
24	南昌	1795	39	贵阳	597
25	深圳	1788	40	乌鲁木齐	596
26	镇江	1743	41	桂林	578
27	苏州	1726	42	烟台	575
28	福州	1619	43	南宁	571
29	无锡	1406	44	呼和浩特	558
30	昆明	1401	45	新乡	516
31	宁波	1183	46	洛阳	478
32	秦皇岛	1147	47	焦作	454
33	绵阳	1124	48	扬州	388
34	保定	941	49	大庆	369
35	石家庄	852	50	锦州	331

附表 64　2016 年 CPCI-S 收录的中国科技论文数居前 50 位的城市

排名	城市	论文篇数	排名	城市	论文篇数
1	北京	15369	19	郑州	877
2	上海	5231	20	南昌	866
3	西安	4712	21	青岛	853
4	南京	4412	22	昆明	618
5	武汉	3746	23	苏州	591
6	成都	2577	24	保定	588
7	广州	2543	25	兰州	559
8	哈尔滨	2163	26	石家庄	509
9	杭州	2063	27	厦门	485
10	长沙	2034	28	太原	315
11	天津	1830	29	桂林	309
12	沈阳	1539	30	福州	287
13	重庆	1412	31	无锡	277
14	合肥	1379	32	镇江	255
15	济南	1351	33	洛阳	245
16	长春	1332	34	吉林	237
17	大连	1113	35	秦皇岛	236
18	深圳	1044	35	徐州	236

续表

排名	城市	论文篇数	排名	城市	论文篇数
37	宁波	235	44	乌鲁木齐	159
38	贵阳	232	45	锦州	153
39	烟台	211	46	扬州	151
40	南宁	207	47	威海	145
41	绵阳	206	48	海口	141
42	常州	183	49	廊坊	127
43	呼和浩特	161	50	南通	118